Practical Natural Language Processing 推薦序

Practical NLP 直接把焦點放在一個被忽略的族群：業界的從業人員與商業主管！雖然坊間有許多書籍專門探討基礎的 ML 演算法，但這本書揭露真實的系統結構：從電子商務 app 到虛擬助理。本書描繪了現代生產系統的真實情況，不僅教導深度學習，也傳授經驗法則及處理線，這些做法定義了部署 NLP 系統的（真實）先進方法。作者們會將鏡頭拉遠，教導如何提出問題，同時也會大膽地將鏡頭拉近，聚焦於髒汙的細節，包括如何處理雜亂的資料，以及維持即時系統。對渴望實際建構和部署 NLP 的專業人士而言，本書具備不可估量的價值。

—*Zachary Lipton*，*Carnegie Mellon* 大學助理教授，*Amazon AI* 科學家，
Dive into Deep Learning 的作者

本書彌合自然語言處理（NLP）的研究和實際應用之間的鴻溝，它介紹許多運用 NLP 的熱門領域，包括醫療保健、電子商務與金融，以簡明且易懂的方式完成核心任務。整體而言，這本很棒的手冊將教你如何在你的行業中充分利用當前的 NLP。

—*Sebastian Ruder*，*Google DeepMind* 研究科學家

市面上的電腦科學書籍有兩種：非學術人員難以親近，卻可以讓你深度了解一個領域的學術教科書，以及列舉特定問題解決方案的「配方書」，但它們不提供協助讀者到處使用配方的技術基礎。本書同時提供這兩個區塊的優點，它既全面，且平易近人。可以幫讀者建立堅實的自然語言處理基礎…如果你想要在 NLP 中從零進步到一，看這本書就對了！

—*Marc Najork*，*Google AI* 研究工程總監，
ACM & IEEE 研究員

坊間有許多討論編程技巧的教科書、研究論文和書籍，但沒有一本書告訴你如何從零開始建構端對端 NLP 系統。很高與看到這本實際應用 NLP 的書籍，它填補了這個有迫切需求的空缺。作者精心、深思熟慮且清楚地介紹 NLP 的每一個層面，它們都是在建構大型實用系統時必須注意的地方。這本書也納入大量的範例，以及各種應用領域和產業鏈。任何一位有抱負的 NLP 工程師、想要運用語言技術來創業的企業家，以及想要看到發明出來的東西被真正的用戶使用的學術研究人員都需要這本書。

—*Monojit*，*Microsoft Research India* 首席研究員，印度理工學院克勒格布爾校區，阿育王大學，海得拉巴國際資訊科技研究所的兼職教授

本書彌合了理論與實務之間的空白，它不但解釋底層的概念，也關注跨越各種產業鏈的實際部署。書中有許多經歷實戰且千錘百煉的實務建議，無論是調整開源程式庫的參數、設定建立模型所需的資料處理線，還是進行優化以快速執行推斷。這是 *NLP app* 工程師必讀的書籍。

—*Vinayak Hegde*，*Microsoft For Startups* 常駐 *CTO*

本書展示如何將 NLP 付諸實踐。它填補了 NLP 理論與實務工程之間的空白。作者們完成一項偉大的工作——將製作高品質機器學習系統所需的深奧設計藝術以及架構簡化。真希望我在職涯早期就能夠接觸這本書，這樣我就可以避免許多錯誤了…對每一位想要開發穩健的、高性能的 NLP 系統的人來說，我相信這本書都是必不可少的讀物。

—*Siddharth Sharma*，*Facebook* 機器學習工程師

我覺得這本書不僅是 NLP 從業者必備的，對研究社群而言也是一本寶貴的參考書，可讓他們了解真正的 app 的問題空間。我很喜歡這本書，希望它可以成為一個長期的專案，加入最新的 NLP 應用趨勢！

—*Mengting Wan*，*Airbnb* 資料科學家（*ML & NLP*），*Microsoft* 研究員

全面建構真正的 NLP 系統
自然語言處理最佳實務

Practical Natural Language Processing

A Comprehensive Guide to Building Real-World NLP Systems

Sowmya Vajjala、*Bodhisattwa Majumder*、
Anuj Gupta 和 *Harshit Surana*　著
賴屹民　譯

O'REILLY

僅將本書獻給我們的顧問：

Detmar Meurers、Julian McAuley、

Kannan Srinathan 和 Luis von Ahn。

目錄

第二部分　要領

第四部分　整合一切

引言

近年來，自然語言處理（NLP）領域已經發生了翻天覆地的變化，無論是在方法論上，還是它所支持的應用。方法論方面的進步包括新的文件表示法，以及新的語言合成新技術。隨之而來的是新的應用，從開放式對話系統，到使用自然語言來建立可解釋模型。最後，這些進步讓 NLP 在相關領域站穩腳跟，例如電腦視覺與推薦系統。在 Amazon、三星與美國國家自然科學基金會的支持之下，我的實驗室正在進行其中的一些專案。

準備使用 NLP 技術的從業者也想要隨著 NLP 擴展至這些令人期待的新領域。我在加州大學聖地牙哥分校任教的資料科學課程（CSE 258）中看到越來越多學生在進行以 NLP 為主的專案，該堂課通常是計算機科學系中學生最多的一堂。對工程師、產品經理、科學家、學生和希望用自然語言資料來建構 app 的愛好者而言，NLP 正迅速成為必備的技能。一方面，現在我們比過往任何時刻都更容易使用新的 NLP 與機器學習工具和程式庫來建立自然語言模型。但另一方面，教導 NLP 的資源必須考慮日益成長且多樣化的對象。對最近才開始採用 NLP 的機構，或是初次使用自然語言資料的學生來說更是如此。

在過去幾年裡，我很開心可以和 Bodhisattwa Majumder 一起開發令人期待的 NLP app 和進行交流，因此，很高興聽到他（與 Sowmya Vajjala、Anuj Gupta、Harshit Surana）想要寫一本關於 NLP 的書籍。他們都有廣泛的 NLP 擴展經驗，無論是在初創企業的早期階段、MIT Media Lab、Microsoft Research 還是 Google AI 裡面。

我很開心聽到他們在書中採取端對端方法，讓這本書很適合一系列的情境，也可以幫助讀者在建構 NLP app 時，面對各種錯綜複雜的選項。他們對於現代 NLP 應用（例如聊天機器人）以及跨學科主題（例如電子商務和零售）的關注更是讓我充滿期待。這些主題對產業主管和研究人員來說特別實用，也是目前的教科書很少討論的重要主題。這本書不僅是探索自然語言處理領域的首要資源，也是讓經驗豐富的從業人員探索既有領域的最新發展的指南。

— *Julian McAuley*

加州大學聖地牙哥分校，

計算機科學與工程教授

前言

自然語言處理（NLP）是結合計算機科學、人工智慧與語言學的領域，其目的是建構可以處理和了解人類語言的系統。自 NLP 在 1950 年代出現一直到最近，它都一直是學術界與研究實驗室的領域，需要長期的正規教育和培訓。但 NLP 在過去十年來的突破，讓它在零售、醫療保健、金融、行銷、人力資源，以及許多領域中的使用量越來越多，這種趨勢有很多驅動因素：

- 在業界無處不在，而且容易使用的 NLP 工具、技術與 API。現在是建構快速的 NLP 解決方案的最佳時機。
- 由於出現更具解釋性且更通用的方法，即使是複雜的 NLP 任務的基本性能也有所改善，那些任務包括開放領域對話任務、問題回答，這些都是之前無法做到的。
- 有越來越多機構（包括 Google、Microsoft 與 Amazon）投入大量資金在更具互動性的消費產品上，在這些產品中，語言是主要的交流媒介。
- 有越來越多開源資料組，以及使用它們時的標準性能數據可用，它們是這場革命的催化劑，防止專用的資料組被少數機構與個人壟斷，因而阻礙 NLP 的發展。
- NLP 已經可以處理英語等主要語言之外的語言了，即使是未被普遍數位化的語言也有資料組和專屬模型，進而導致現在每個人都可以在智慧手機使用近乎完美的自動機器翻譯工具。

隨著 NLP 越來越普遍，有越來越多 NLP 系統建構者想要從這個主題的有限經驗和理論知識中突破，本書希望從應用的角度解決這個需求。本書的主旨是引導讀者在商業環境中建立、迭代和擴展 NLP 系統，並且為不同的產業鏈定製它們。

著作動機

現在已經有很多熱門的 NLP 書籍了，其中有些是教科書，側重理論，有些則是透過大量的範例程式來介紹 NLP 概念，有些專門介紹特定的 NLP 或機器學習程式庫，並提供使用這些程式庫來解決各種 NLP 問題的「操作」指南。那麼，為什麼你需要另一本 NLP 書籍？

我們曾經在頂尖的大學與技術公司建構與擴展 NLP 解決方案超過十年，在指導同事和其他工程師時，我們發現業界的 NLP 實踐法與新人（尤其是剛開始製作 NLP 的工程師）的技術之間有不小的差距。這些差距在我們為 NLP 業界專家舉辦的研討會裡面更是明顯，我們在那裡發現商業與工程主管也有這些差距。

大部分的線上課程與書籍都以玩具用例與流行的資料組（通常是大型的、乾淨的、具備良好定義的）來探討 NLP 問題。雖然這種做法可以傳授普通的 NLP 方法，但我們認為它無法提供足夠的基礎來解決真正的新問題，以及開發具體的解決方案。據我們所知，在建構真正的 app 時經常遇到的一些問題都不是用現有的資源來處理的，那些問題包括收集資料、處理有雜訊的資料與訊號、漸進開發解決方案，還有將解決方案當成更大規模的 app 的一部分來部署時可能出現的問題。我們也看到，大部分的場景都沒有開發 NLP 系統的最佳實踐法。我們認為應該用一本書來填補這個空白，這就是這本書誕生的原因！

哲學

我們想要提供一個具備整體性的實際觀點來協助讀者在更大型的生產環境之中成功地建構真正的 NLP 解決方案。因此，大部分的章節都會展示相關 Git 版本庫裡面的程式碼。本書也提供廣泛的參考文獻，讓讀者可以更深入地研究。本書將從一個簡單的解決方案開始，採取業界常見的最簡可行產品（minimum viable product，MVP）方法來逐步建構更複雜的解決方案。我們也會根據我們的經驗與教訓提供一些建議。在可能的情況下，每一章都會討論該主題的最新技術，大部分的章節都有真實用例的案例研究。

想像一下，你要在你的機構中建構聊天機器人或原文分類系統。起初，你可能只有少量資料，或完全沒有資料可以使用，此時適合採取基本的解決方案，例如規則式系統，或傳統的機器學習。但是隨著資料的累積，你或許會開始使用更精密的 NLP 技術（通常是資料密集型的），包括深度學習。這個旅途的每一步都有數十種方法可選，本書將協助你走出這個迷宮。

範圍

本書將全面介紹如何建構真正的 NLP app。我們將介紹典型的 NLP 專案的完整生命周期——從資料收集到監控模型，其中有些步驟適合任何一種 ML 處理線，有些只用於 NLP。我們也會介紹特定任務的案例研究與領域專屬的指南，說明如何從零開始建構 NLP 系統。我們特別加入豐富的任務，包括原文分類、問題回答、資訊提取，以及對話系統。類似地，我們也提供如何在不同的領域執行這些工作的方法，包括電子商務、醫療保健、社交媒體及金融等領域。因為我們探討的主題與情境有一定的深度和廣度，所以我們不會一步一步地解釋程式碼和所有概念。對於實作的細節，我們有詳細的原始碼 notebook。本書的程式段落包含核心的邏輯，通常會跳過初階步驟，例如設定程式庫或匯入程式包，因為它們都可以在相關的 notebook 裡面找到。為了介紹如此寬廣的概念，我們提供超過 450 個廣泛的參考資料來深入研究這些主題。本書是一本日常食譜，可在你建構任何 NLP 系統時提供實用的觀點，也可以當成跳板，在你的領域中擴展 NLP 的應用。

誰該看這本書

本書適合正在為真正的用例建構 NLP app 的所有人，包括軟體開發者、測試員、機器學習工程師、資料工程師、MLOps 工程師、NLP 工程師、資料科學家、產品經理、人力資源主管、VP、CXO，及新公司創辦人，此外，也包括涉及資料建立和標注程序的所有人——簡而言之，就是在產業中，以任何形式參與 NLP 系統的建構的每一個人。雖然並非所有章節都適合每一位角色，但我們會盡量清楚地解釋，不使用難解的術語，讓讀者更直觀地理解。我們相信對每一位想要全面了解如何建構 NLP app 的人而言，每一章都有一些東西可以引起興趣。

有些章節不需要太多編程經驗就可以理解，而且程式的部分可以視需要跳過。例如，沒有任何編程經驗的讀者可以了解第 1 章與第 9 章的前兩節，或第 11 章的「資料科學流程」與「在你的機構中成功發展 AI」這兩節。當你閱讀本書時，你會在各章裡面發現更多這種小節。但是，為了讓本書、其 notebook 及參考文獻提供最大的益處，我們希望讀者具備下列的背景知識：

- 具備中等水準的 Python 編程能力。比如說，了解 Python 的功能，例如串列生成式、知道怎麼撰寫函式與類別，以及使用既有的程式庫。熟悉軟體開發周期（SDLC）的各個層面，例如設計、開發、測試、DevOps 等。

- 具備基本的機器學習知識，包括熟悉常用的機器學習演算法，例如羅吉斯迴歸、決策樹，還有在 Python 中利用既有的程式庫（例如 scikit-learn）來使用演算法。
- 了解 NLP 的基礎知識有幫助，但不是必要的。知道原文分類以及專名個體識別等任務的概念也有幫助。

你會學到什麼

我們的讀者主要包括為各種產業鏈建構真正的 NLP 系統的工程師與科學家。常見的職稱包括：軟體工程師、NLP 工程師、ML 工程師及資料科學家。本書應該也可以幫助產品經理和工程主管，但可能無法幫助頂尖的 NLP 研究者，因為我們並未探討 NLP 概念的深層理論和技術細節。透過這本書，你將：

- 了解在 NLP 領域中，廣泛的問題陳述方式、任務與解決方案。
- 知道如何實作與評估各種 NLP 應用程式，並且在過程中，使用機器學習和深度學習方法。
- 根據各種商業問題與產業鏈來微調 NLP 解決方案。
- 為特定的任務、資料組，和 NLP 產品階段評估各種演算法與做法。
- 規劃 NLP 產品周期，並且藉著遵守 NLP 系統的發布、部署與 DevOps 來製作軟體解決方案。
- 從商業與產品主管的角度了解 NLP 的最佳實踐法、機會和路線圖。

你也會學到如何針對不同的產業鏈（例如醫療保健、金融與零售）調整解決方案，此外，你將了解在各種產業鏈可能遇到的注意事項。

本書架構

本書分成四大部分，圖 P-1 描述書中的各章。與其他章不相連的獨立章是最容易在閱讀時跳過的。

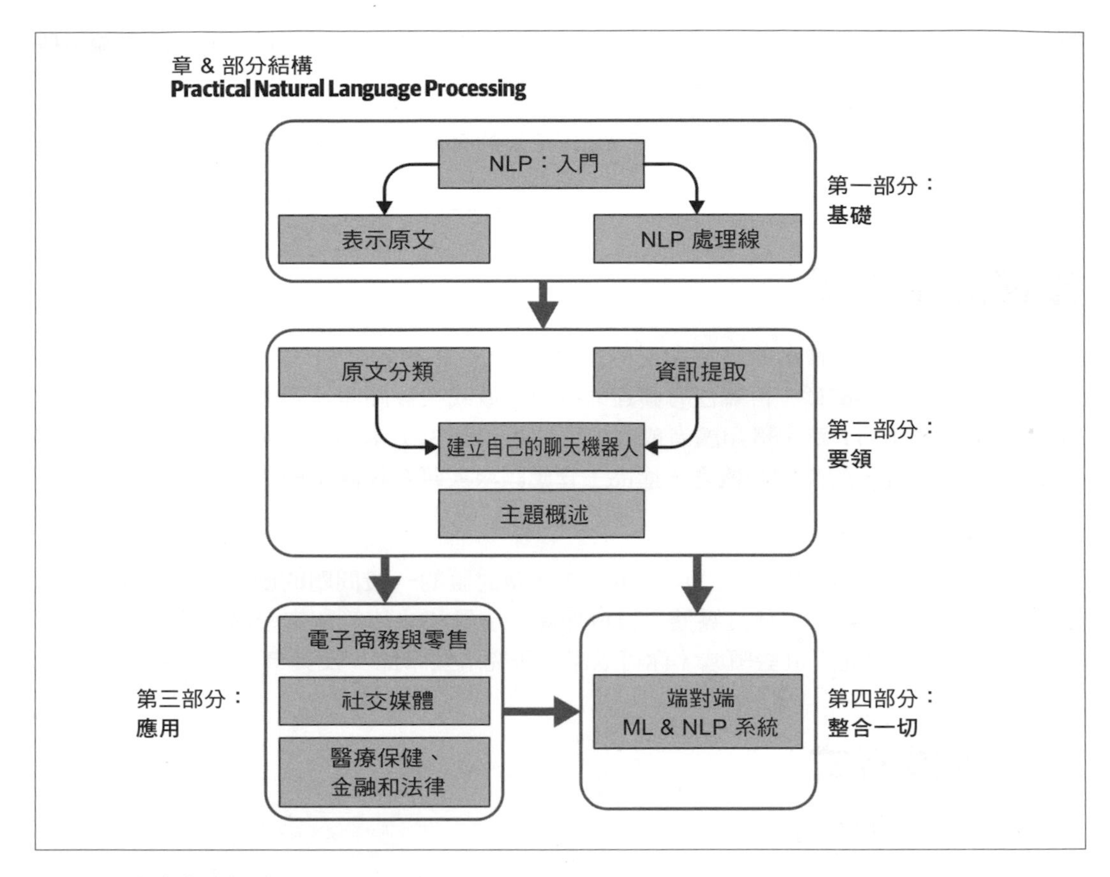

圖 P-1　本書章節架構

第一部分，**基礎**，是本書其餘部分的基石，它概要介紹 NLP（第 1 章）、討論在建構 NLP 系統時的典型資料處理和模型建立處理線（第 2 章），並介紹在 NLP 內表示文字資料的各種方式（第 3 章）。

第二部分，**要領**，關注最常見的 NLP 應用，特別注重真實世界的用例。在可能的情況下，我們會展示眼前問題的多種解決方案，並示範如何在不同的選項之間進行選擇。我們介紹的應用包括原文分類（第 4 章）、資訊提取（第 5 章）與聊天機器人的建構（第 6 章）。我們也會介紹其他的應用，例如搜尋、主題建模、原文摘要生成，以及機器翻譯，並討論實際的用例（第 7 章）。

第三部分，**應用**（第 8–10 章）特別關注大量使用 NLP 的三個產業鏈，並詳細討論這些領域的具體問題，以及如何使用 NLP 來解決這些問題。

最後，第四部分（第 11 章）藉著處理 NLP 系統的實務端對端部署所涉及的問題，來整合學過的所有內容。

如何閱讀本書

這本書的讀法取決於讀者的角色和目的。對鑽研 NLP 的資料科學家或工程師而言，我們建議先閱讀第 1–6 章，再關注有興趣的特定領域或次級問題。對領導者而言，我們建議關注第 1、2 和 11 章，這類讀者或許也可以閱讀第 3–7 章的案例研究，了解關於從零開始建構 NLP app 的流程的概念。產品主管應該深入研究相關章節的參考文獻，以及第 11 章。

NLP 在各種領域裡面的應用方式可能與第 3–7 章討論的一般問題的應用方式不同。這就是我們更關注電子商務、社交媒體、醫療保健、金融和法律等特定領域的原因。如果你的興趣或工作使你進入這些領域，你可以深入研究這些章節，及其參考文獻。

本書編排方式

本書採取下列編排方式：

斜體（*Italic*）

代表新術語、URL、email 地址、檔名，與副檔名。

定寬體（`Constant width`）

在長程式中使用，或是在文章中代表變數、函式名稱、資料庫、資料型態、環境變數、陳述式、關鍵字等程式元素。

定寬粗體（**`Constant width bold`**）

代表應由使用者親自輸入的命令或其他文字。

等寬斜體（*`Constant width italic`*）

代表使用者所提供的值，或由上下文決定的值。

這個圖案代表提示或建議。

這個圖案代表註解。

這個圖案代表警告或注意。

使用範例程式

你可以在 *https://oreil.ly/PracticalNLP* 下載輔助教材（範例程式、習題等）。

如果你在使用範例程式時遇到技術性問題，可寄 email 至 *bookquestions@oreilly.com*。

本書旨在協助你完成工作。一般來說，除非你更動了程式的重要部分，否則你可以在自己的程式或文件中使用本書的程式碼而不需要聯繫出版社取得授權。例如，使用這本書的程式段落來編寫程式不需要取得授權，出售或發表 O'Reilly 書籍的範例需要取得授權。引用這本書的內容與範例程式碼來回答問題不需要我們的授權，但是在產品的文件中大量使用本書的範例程式，則需要我們的授權。

我們感激你列出內容的出處，但不強制要求。出處一般包含書名、作者、出版社和 ISBN。例如："Practical Natural Language Processing by Sowmya Vajjala, Bodhisattwa Majumder, Anuj Gupta, and Harshit Surana (O'Reilly). Copyright 2020 Anuj Gupta, Bodhisattwa Prasad Majumder, Sowmya Vajjala, and Harshit Surana, 978-1-492-05405-4."

如果你覺得自己使用範例程式的程度超出上述的允許範圍，歡迎隨時與我們聯繫：*permissions@oreilly.com*。

誌謝

像本書這類的著作是知識的匯總，因此，它不可能孤立存在。在寫這本書的時候，我們從好幾本書、研究論文、軟體專案，以及網際網路的許多資源中得到很多靈感與資訊。感謝 NLP 與機器學習社群的辛勞，我們只是站在這些巨人的肩膀上。很多人參加了作者的演講和研討會並參與討論，從而引發撰寫這本書及形塑書籍前提的想法，感謝他們。這本書是很多人長期合作的成果，許多人用不同的方式支持我們的工作。

O'Reilly 的校閱 Will Scott、Darren Cook、Ramya Balasubramaniam、Priyanka Raghavan 和 Siddharth Narayanan 提出細心、仔細的評論和寶貴的意見，幫助我們改善初稿，感謝你們。Siddharth Sharma、Sumod Mohan、Vinayak Hegde、Aasish Pappu、Taranjeet Singh、Kartikay Bagla 與 Varun Purushotham 所提供的詳細回饋協助了內容品質的提升。

感謝 Rui Shu、Shreyans Dhankhar、Jitin Kapila、Kumarjit Pathak、Ernest Kirubakaran Selvaraj、Robin Singh、Ayush Datta、Vishal Gupta 與 Nachiketh 協助我們準備程式 notebook 的初期版本。特別感謝 Varun Purushotham 花了好幾週反覆閱讀草稿，以及準備和反覆檢查程式 notebook。如果沒有他的貢獻，本書將無法如此。

感謝 O'Reilly Media 團隊，沒有他們就沒有這本書：Jonathan Hassell，感謝您給我們這個機會；Melissa Potter，感謝您在旅途中定期關心我們，並且耐心回答我們所有問題！感謝 Beth Kelly 與 Holly Forsyth 的所有幫助與支持，將章節草稿變成一本書。

最後，以下是每位作者的個人感謝文：

Sowmya：我將第一位且最大的感謝獻給我的女兒，Sahasra Malathi，她正好在我寫這本書的時候出生，並且滿週歲。寫書並不容易，和新生兒一起寫書更不簡單，然而，我們做到了，感謝你，Sahasra ！我的母親 Geethamani 和我的丈夫 Sriram 在寫作的各個階段幫忙照顧孩子和做家事來支持我的寫作。我的朋友 Purnima 與 Visala 一向願意聆聽我興奮地分享最新進度，以及對本書的抱怨。我的上司 Cyril Goutte 自始至終都鼓勵我，並檢查我的寫作進度。與前同事 Chris Cardinal 和 Eric Le Fort 的討論，讓我學到很多為業界問題開發 NLP 解決方案的知識，如果沒有他們，我可能永遠不會將它們納入書中。感謝他們提供的支持。

Bodhisattwa：藉此機會，我要感謝我的父母不計一切的犧牲和不斷的鼓勵造就今日的我。他們為我的生活注入愛與奉獻。感謝我的導師，Animesh Mukherjee 教授與 Pawan Goyal 教授，讓我認識 NLP 的世界，以及 Julian McAuley 教授，在我的博士生涯中，他深深地影響我的技術、學術和個人發展。我所參與的其他教授開的課程都對我在這門

學科中的學習產生重大的影響，包括 Taylor Berg-Kirkpatrick、Lawrence Saul、David Kriegman、Debasis Sengupta、Sudeshna Sarkar 與 Sourav Sen Gupta。在本書的早期階段，Walmart Labs 的同事們讓我有動力實現這個瘋狂的想法，尤其是 Subhasish Misra、Arunita Das、Smaranya Dey、Sumanth Prabhu 與 Rajesh Bhat。Google AI、Microsoft Research、Amazon Alexa 的導師們，以及 UCSD NLP Group 的同事們，感謝你們在過程中給我的支持和幫助。還有，我要特別感謝好朋友 Sanchaita Hazra、Sujoy Paul 與 Digbalay Bose 在這個巨型專案中與我並肩作戰。最後，如果沒有其他的作者，這一切將無法實現，他們都相信這個專案，並且一起堅持到最後一刻！

Anuj：首先，我要衷心地感謝我的太太 Anu 和兒子 Nirvaan。如果沒有他們堅定不移的支持，我就不可能在過去三年裡努力完成這本書，非常感謝你們！我也要感謝父母和家人對我的鼓勵。Saurabh Arora 帶領我到 NLP 世界，在此向他致敬。非常感謝我的朋友，已故的 Vivek Jain 與 Mayur Hemani，他們總是鼓勵我堅持到底，尤其是在面臨困境的時候。我還要感謝在 Bangalore 的機器學習社群的所有優秀人員，特別是 Sumod Mohan、Vijay Gabale、Nishant Sinha、Ashwin Kumar、Mukundhan Srinivasan、Zainab Bawa 與 Naresh Jain，感謝因為有他們的參與，而有那些精采且發人深省的討論。感謝在 CSTAR、Airwoot、FreshWorks、Huawei Research、Intuit 與 Vahan 的同事，感謝他們教我的一切。感謝我的教授 Kannan Srinathan、P.R.K Rao 與 B. Yegnanarayana，他們的指導對我產生深遠的影響。

Harshit：我要感謝我的父母支持和鼓勵我去追求每一個瘋狂的想法。深深感謝我親愛的朋友 Preeti Shrimal 與 Dev Chandan，他們一直在我寫這本書的過程中陪伴我。致我的共同創辦人 Abhimanyu Vyas 與 Aviral Mathur，感謝你們調整創業工作來協助我完成這本書。感謝在 Quipio 與 Notify.io 的前同事們，他們協助我釐清思路，尤其是 Zubin Wadia、Amit Kumar 與 Naveen Koorakula。如果沒有我的教授和他們給我的一切，這一切都不可能實現，感謝 Luis von Ahn、Anil Kumar Singh、Alan W Black、William Cohen、Lori Levin 與 Carlos Guestrin 教授。我還要感謝 Kaustuv DeBiswas、Siddharth Narayanan、Siddharth Sharma、Alok Parlikar、Nathan Schneider、Aasish Pappu、Manish Jawa、Sumit Pandey 與 Mohit Ranka 在旅途的各個時刻給我的支持。

第一部分

基礎

第一章

NLP：入門

語言並非只是單字，它是一種文化、
一種傳統、統一群體的機制，
創造一個群體的完整歷史，
這些事物都會在語言中呈現。

—Noam Chomsky

想像一位虛構的人物，John Doe。他是一家快速發展的科技初創公司的首席技術官。在忙碌的一天裡，John 醒來，與他的數位助理對話：

John：「今天天氣怎樣？」

數位助理：「今天室外溫度 37 度，不會下雨。」

John：「我有什麼行程？」

數位助理：「下午 4 點有個戰略會議，下午 5:30 有個全體會議。根據今天的交通狀況，建議在上午 8:15 之前出發，前往辦公室。」

John 在穿衣服時，詢問助手他的穿搭風格：

John：「我今天要怎麼穿？」

數位助理：「白色應該不錯。」

你可能用過 Amazon Alexa、Google Home 或 Apple Siri 等智慧助理來做類似的事情。我們不是用程式語言和這些助理交談的，而是用我們的自然語言——大家用來溝通的語言。自古以來，這種自然語言就是人類交流的主要媒介。但是電腦只會處理二進制資料，也就是 0 和 1。雖然我們可以用二進制來表示語言資料，但怎麼讓機器了解這些語言？這就是自然語言處理（NLP）的用武之地了，它是計算機科學的一個領域，專門處理分析、建模和了解人類語言。每一種涉及人類語言的智慧型 app 背後都有一些 NLP。本書將解釋什麼是 NLP，以及如何使用 NLP 來建構和擴展智慧型 app。由於 NLP 問題的開放性，一個特定的問題可以用幾十種替代方案來解決，本書將協助你在迷宮般的選項中找出方向，並建議你如何根據問題做出最好的選擇。

在深入研究如何為各種應用場景實作 NLP 解決方案之前，本章的目的是快速介紹什麼是 NLP。我們會先概述真實場景中的許多 NLP 應用，再介紹建構各種 NLP 應用基礎的各種任務。接下來，我們會從 NLP 的角度來了解語言，並討論為何 NLP 是個難題。在此之後，我們將簡介經驗法則、機器學習與深度學習，再介紹一些常用的 NLP 演算法。然後，我們會演練一個 NLP 應用。在本章的最後，我們將概述本書的後續章節。圖 1-1 是用各種 NLP 任務與應用來整理的章節概要。

圖 1-1　NLP 任務與應用

我們先來看一下經常在日常生活中看到，而且將 NLP 當成主要元件來使用的一些應用程式。

在真實世界中的 NLP

NLP 是我們在日常生活中使用的廣泛軟體的重要成分。在這一節，我們將介紹一些關鍵的應用，並且看一下在各種不同的 NLP 應用程式中常見的任務。本節進一步解釋圖 1-1 中的應用，本書其餘的部分會更詳細的解釋它們。

核心應用：

- email 平台，例如 Gmail、Outlook 等，廣泛使用 NLP 來提供一系列的產品功能，例如垃圾郵件分類、收件箱優先順序、行事曆事件提取、自動完成等。我們將在第 4 章與第 5 章更詳細討論其中的一些功能。
- 語音助理，例如 Apple Siri、Google Assistant、Microsoft Cortana 與 Amazon Alexa 都依靠廣泛的 NLP 技術來與用戶互動，了解用戶的指令，以及做出相應的回應。第 6 章會介紹這種系統的關鍵層面，該章主要討論聊天機器人。
- 現今網際網路的基石——現代搜尋引擎（例如 Google 與 Bing）重度使用 NLP 來處理各種次級任務，例如了解指令、擴展查詢、問題回答、資訊檢索、排序和分類結果等，族繁不及備載。第 7 章會討論其中的一些次級任務。
- 現今世界越來越常使用機器翻譯系統（例如 Google Translate、Bing Microsoft Translator 與 Amazon Translate）來處理廣泛的場景與商務用例。這些服務都是 NLP 的直接應用。第 7 章會介紹機器翻譯。

其他的應用有：

- 跨領域的機構分析社交媒體源，來深入了解顧客的聲音，我們會在第 8 章討論。
- NLP 被廣泛地用來解決 Amazon 這類的電子商務平台的各種用例，包括：從產品說明提取相關資訊，以及了解用戶的評論。詳情見第 9 章。
- NLP 被進一步用來解決醫療保健、金融和法律等領域的用例。詳情見第 10 章。
- Arria [1] 等公司正使用 NLP 技術來自動產生各種領域的報告，包括天氣預報和金融服務。

- NLP 是拼寫和語法糾正工具的支柱，例如 Grammarly，以及在 Microsoft Word 與 Google Docs 裡面的拼寫檢查工具。

- *Jeopardy!* 是熱門的電視智力競賽節目。在節目中，參賽者要根據以答案形式提供的各種線索，以問題形式作出正確的回答。IBM 開發了 Watson AI 來與節目的頂級參賽者競賽，贏得 100 萬美元的頭獎，比世界冠軍更多。Watson AI 是用 NLP 技術來建構的，它是 NLP 機器人贏得世界級競賽的例子之一。

- 許多學習 / 評估工具及技術都使用 NLP，例如 Graduate Record Examination（GRE）等考試的自動評分、抄襲檢測（例如 Turnitin）、智慧教學系統，及語言學習 app（例如 Duolingo）。

- NLP 被用來建構大型的知識庫，例如 Google Knowledge Graph，它在搜尋與問題回答等應用中很實用。

以上並非詳盡的清單，許多其他的應用領域也越來越頻繁地使用 NLP，新的 NLP 應用也正在不斷出現。我們的重點是藉著討論各種類型的 NLP 問題，以及如何解決它們，來介紹這些應用的建構方法背後的哲學。為了讓你了解本書即將介紹的東西，並理解在建構這些 NLP app 時的細微差別，我們來看一些重要的 NLP 任務，它們是許多 NLP app 和產業用例的基礎。

NLP 任務

有一些基本的任務經常在各種不同的 NLP 專案中出現。由於這些任務具備重複性質和基礎性質，所以它們已經被廣泛地研究了。掌握它們可以讓你做好準備，建構橫跨產業鏈的各種 NLP app。（我們也會看到圖 1-1 之中的一些任務。）我們先簡單介紹它們：

語言建模

這種任務是根據前面的單字來預測句子接下來的單字。這個任務的目標是學習特定語言中出現一系列單字的機率。語言建模可以為各種問題建構解決方案，例如語音辨識、光學字元辨識、手寫辨識、機器翻譯和拼寫糾正。

原文分類

這種任務是根據原文的內容，將原文分類至一組已知類別。到目前為止，原文分類是最流行的 NLP 任務，它也被用來開發各種工具，包括 email 垃圾郵件識別和情緒分析。

資訊提取

顧名思義，這種任務可從原文中提取相關資訊，例如 email 裡面的行事曆事件，或社交媒體貼文中提到的人名。

資訊檢索

這種任務是在一個大集合中尋找與用戶查詢指令有關的文件。Google Search 之類的 app 是著名的資訊檢索用例。

對話代理人

這種任務是建構以人類語言交談的對話系統。Alexa、Siri 是這項任務常見的 app。

原文摘要生成

這項任務是為較長的原文創造精簡的摘要，同時保留核心內容，以及整體文章的意思。

問題回答

這種任務是建構可以自動回答以自然語言提出的問題的系統。

機器翻譯

這是將一段原文從一種語言翻譯成另一種語言的任務。Google Translate 之類的工具是這種任務常見的應用。

主題建模

這種任務的目的是找出一群文件的主題結構。主題建模是常見的原文挖掘（text-mining）工具，文學與生物資訊學等領域都使用它。

圖 1-2 是開發這些任務的解決方案的相對難易度。

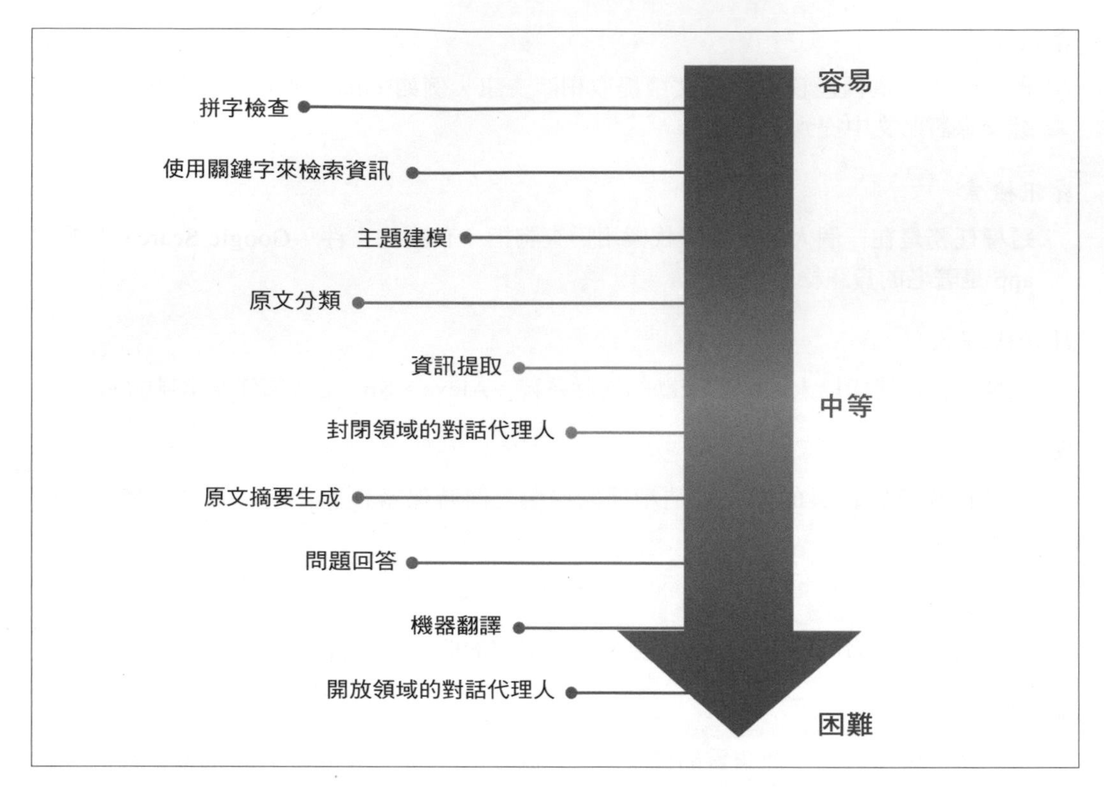

圖 1-2　NLP 任務的相對難易度

在本書的其餘章節中，我們將了解這些任務的挑戰，並學習如何為特定的用例開發解決方案（甚至圖中的困難任務）。為此，了解人類語言的本質，以及將處理語言的工作自動化是很有幫助的，接下來兩節將簡要介紹它們。

什麼是語言？

語言是一種結構化的溝通系統，它包含各種成分（例如字元、單字、句子等）的複雜組合。語言學是有系統地研究語言的學科。為了研究 NLP，我們必須了解語言學的一些語言結構，本節將介紹它們，並說明它們與之前列出的 NLP 任務有什麼關係。

人類語言可以分成四個主要成分：音素（phoneme）、詞素（morpheme）與詞元（lexeme）、語法（syntax），以及語境（context）。NLP 應用程式需要關於這些元素的各種級別的知識，從語言的基本聲音（音素）到有意義地表達事情的原文（語境）。

圖 1-3 是這些語言的主要成分、它們包含哪些東西，以及哪些 NLP 應用需要該項知識。圖中有一些尚未介紹的詞（例如解析、單字 embedding 等）會在接下來的前三章介紹。

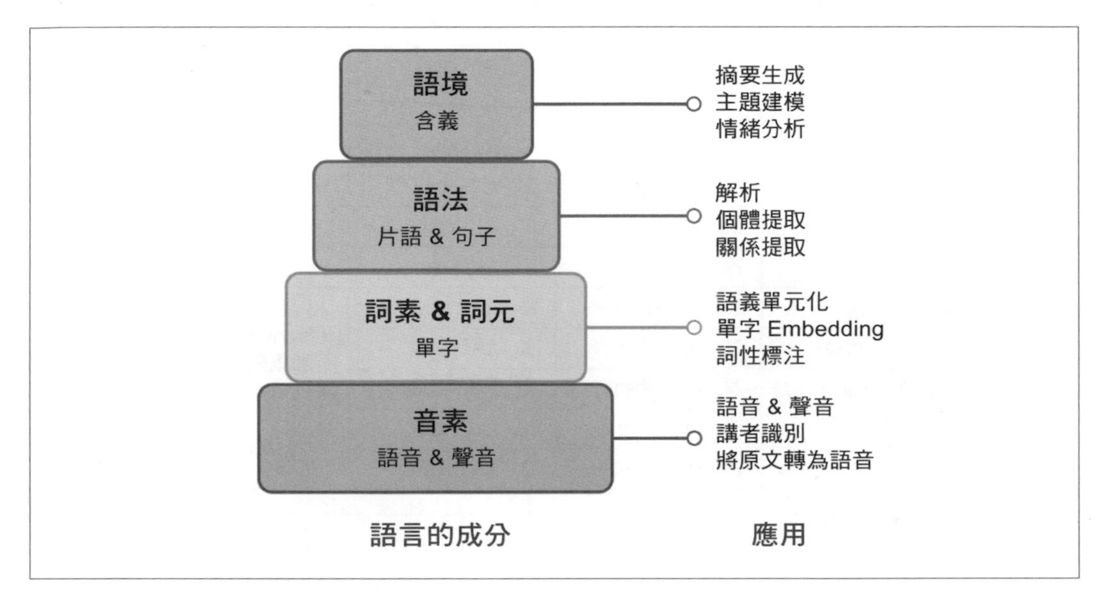

圖 1-3　語言的成分及其應用

語言的成分

我們先來了解一下這些語言成分是什麼，以及 NLP 涉及的挑戰背景。

音素

音素是語言最小的聲音單位。它們本身可能沒有任何意義，但是當它們與其他音素結合時，即可產生意義。例如，標準英語有 44 個音素，它們是單一字母或字母的組合 [2]。圖 1-4 是這些音素和範例單字。音素在牽涉「語音理解」的應用中特別重要，例如語音辨識、將語音轉換為原文，以及將原文轉換為語音。

子音音素及單字範例		母音音素及單字範例	
1. /b/ - bat	13. /s/ - sun	1. /a/ - ant	13. /oi/ - coin
2. /k/ - cat	14. /t/ - tap	2. /e/ - egg	14. /ar/ - farm
3. /d/ - dog	15. /v/ - van	3. /i/ - in	15. /or/ - for
4. /f/ - fan	16. /w/ - wig	4. /o/ - on	16. /ur/ - hurt
5. /g/ - go	17. /y/ - yes	5. /u/ - up	17. /air/ - fair
6. /h/ - hen	18. /z/ - zip	6. /ai/ - rain	18. /ear/ - dear
7. /j/ - jet	19. /sh/ - shop	7. /ee/ - feet	19. /ure/[4] - sure
8. /l/ - leg	20. /ch/ - chip	8. /igh/ - night	20. /ə/ - corner（'schwa' - 不加重的母音，接近 /u/）
9. /m/ - map	21. /th/ - thin	9. /oa/ - boat	
10. /n/ - net	22. /**th**/ - then	10. /**oo**/ - boot	
11. /p/ - pen	23. /ng/ - ring	11. /oo/ - look	
12. /r/ - rat	24. /zh/[3] - vision	12. /ow/ - cow	

圖 1-4　音素與範例

詞素與詞元

詞素（morpheme）是最小的有意義語言單位，它是由音素組成的。並非所有詞素都是單字，但所有的字首（prefix）與字尾（suffix）都是詞素。例如，在單字「multimedia」中，「multi-」不是單字，而是一個字首，當它和「media」放在一起時會改變意思，所以「multi-」是個詞素。圖 1-5 是一些單字及其詞素。對「cats」與「unbreakable」這種單字而言，它們的詞素只是整個字的組成部分，至於「tumbling」與「unreliability」這種單字，將單字分解成詞素時，會產生一些變化。

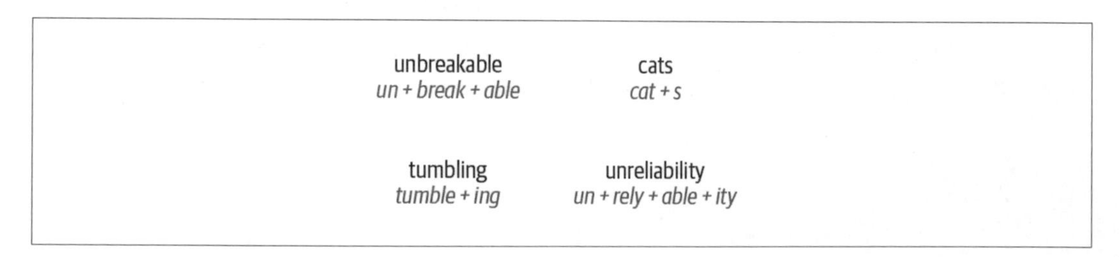

圖 1-5　詞素範例

詞元（lexeme）是詞素因為彼此間的意義產生的結構性變化。例如，「run」與「running」屬於同一個詞元形式。形態分析（morphological analysis）是藉著研究單字的詞素與詞元來分析單字的結構，它是許多 NLP 任務的基本元素，那些任務有語義單元化（tokenization）、詞幹提取（stemming）、學習單字 embedding、詞性標注等，接下來的章節會介紹它們。

語法

語法是在一種語言中，使用單字與子句來建構正確句子的規則。在語言學裡面，語法結構有許多表達形式。有一種常見的做法是用解析樹（parse tree）來表示句子。圖 1-6 是兩個英語句子的解析樹。

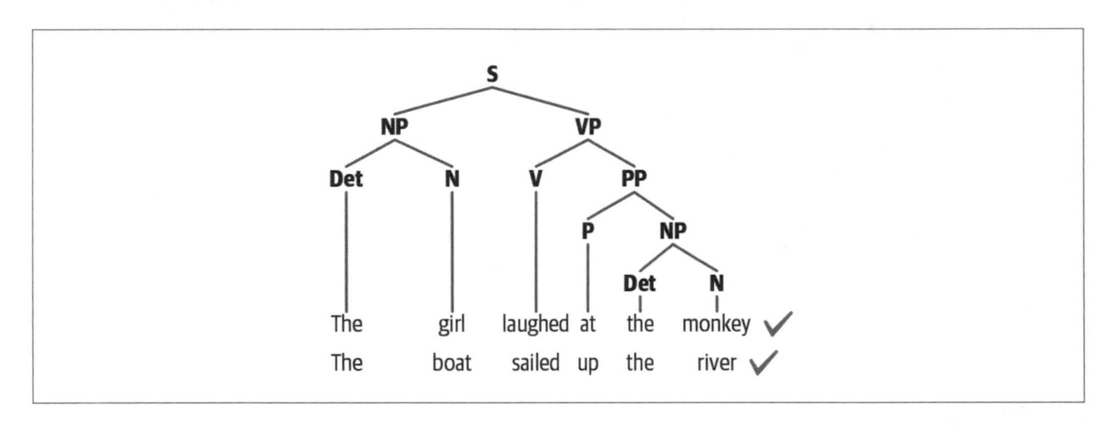

圖 1-6 兩個語法相似的句子的語法結構

它表現了語言的階層結構，最底層是單字，接下來是詞性標注，接下來是子句，最後是最高層的句子。在圖 1-6 裡面的兩個句子有相似的結構，因此有相似的語法解析樹。在這種表示法中，N 代表名詞，V 代表動詞，P 代表介詞，NP 是名詞子句，VP 是動詞子句。圖中的名詞子句是「The girl」與「The boat」，動詞子句是「laughed at the monkey」與「sailed up the river」。語法結構遵守語言的語法規則（例如句子是由一個 NP 與一個 VP 組成的），這套規則也引導語言處理工作的一些基本任務，例如解析。解析是自動建構這種樹狀結構的 NLP 任務。個體提取與關係提取是建構這種解析知識的 NLP 任務，我們將在第 5 章深入探討。注意，上述的解析結構是英語特有的，有些語言的語法有很大的差異，那種語言的處理方法也會相應改變。

語境

語境就是將語言的各種部分組合起來，來傳達特定的意思。語境包括長期參考（long-term references）、世界知識、常識，以及單字與子句的字面意義。這意味著一個句子可能因為背景的不同而改變，因為單字與子句有時有很多種意思。語境通常是由語義（semantic）和語用（pragmatic）組成的。語意是在沒有外部情境的情況下，單字與句子的直接意義。語用則包含對話時的世界知識與外部情境，讓我們可以推斷隱含的意義。諷刺偵測、摘要生成與主題建模等複雜的 NLP 任務都是大量使用語境的任務。

語言學是針對語言進行的研究，因此它本身就是個廣闊的領域，我們只介紹一些基本的概念來說明語言知識在 NLP 中的作用。不同的 NLP 任務需要不同程度的語言元素建構知識，感興趣的讀者可以參考 Emily Bender [3, 4] 探討 NLP 語言學基礎的書籍，來進一步研究。知道語言的基本元素有哪些之後，我們來看看為什麼電腦很難理解語言，以及為何 NLP 具有挑戰性。

為何 NLP 具有挑戰性？

為什麼 NLP 是個有挑戰性的問題領域？人類語言的模糊性和創造性只是讓 NLP 領域的門檻很高的其中兩個特性而已。本節將從語言的模糊性開始談起，詳細地探討每一種特性。

模糊性

模糊性代表意義的不確定性。大部分的人類語言在本質上都是模棱兩可的。看看這段句子：「I made her duck.」這個句子有很多種意思。第一種是：我為她煮了一隻鴨。第二種是：我讓她彎腰來閃避一個物體（此外還有其他的意思，留給讀者思考）。這句話的模糊性來自「made」這個字的使用，這句話的意思取決於它的背景，如果它出現在親子故事書裡面，它應該是第一個意思，但是如果它出現在體育領域書籍裡面，它應該是第二個意思。我們看到的例子是一個直接句（direct sentence）。

如果句子涉及象徵語言（figurative language），也就是習慣用語（idiom），模糊性還會提升。例如，「He is as good as John Doe.」試著回答「How good is he?」答案依 John Doe 有多好而定。圖 1-7 是個語言模糊性的例子。

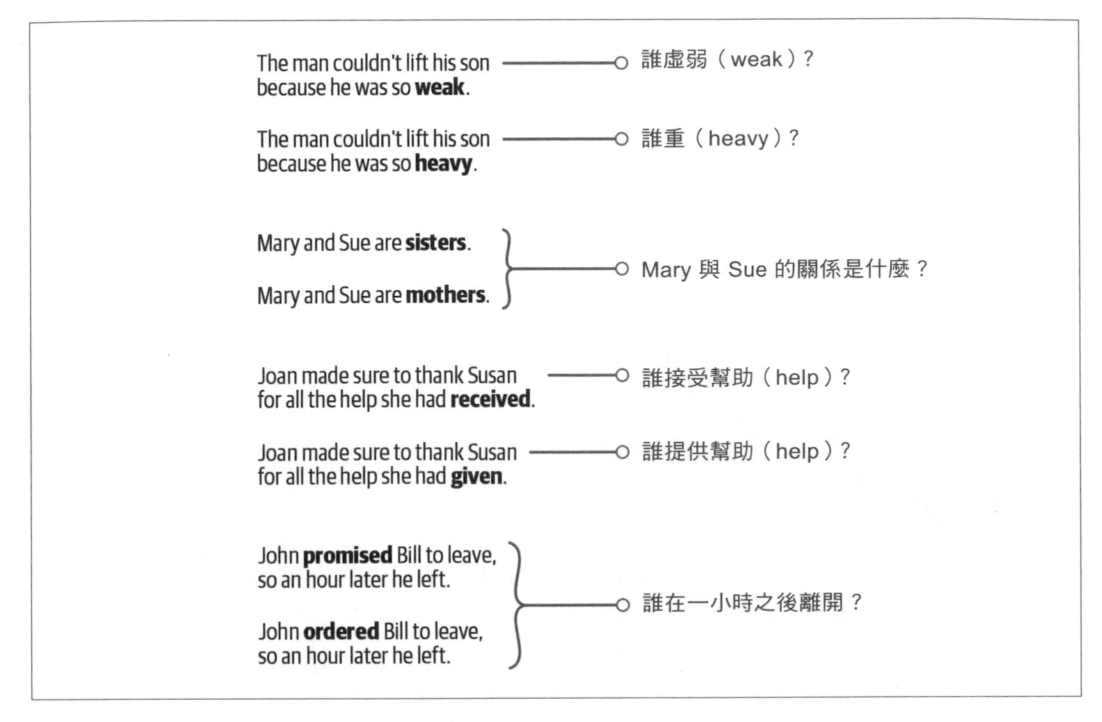

圖 1-7　語言模糊性案例，來自 Winograd Schema Challenge

這些例子來自 Winograd Schema Challenge [5]，書名來自史丹福大學的 Terry Winograd 教授。在這種模式中，成對的句子裡面只有少數單字不同，但是這些句子的意思往往因為這種小差異而天差地別。雖然人類很容易解決這些例子的模糊性，但大部分的 NLP 技術都無法解決它們。考慮圖中的成對句子與它們旁邊的問題，經過一些思考，我們應該可以知道一個單字的變化如何改變答案。你可以做另一個實驗：在現成的 NLP 系統（例如 Google Translate）中嘗試各種例子，看看這種模糊性如何影響（或不影響）系統的輸出。

常識

「常識」是人類語言的關鍵層面之一。它是大部分的人都知道的事實集合。在任何對話中，我們都假設這些事實是眾所週知的，因此不會特別說出它們，但它們與句子的意思有關。例如這兩個句子：「man bit dog」與「dog bit man」，我們都知道第一個句子不太可能發生，但第二個非常有可能，為什麼？因為我們都「知道」人極不可能咬狗，此外，狗會咬人是大家都知道的事情。我們需要這種知識才能說第一句不太可能發生，而第二句可能發生。注意，這兩句話都沒有提到這個常識。人類一向使用常識來理解和處理任何語言。上面的兩個句子的語法很相似，但是電腦很難區分兩者，因為它缺乏人類所擁有的常識。在 NLP 中，將人類的所有常識植入計算模型是一項關鍵的挑戰。

創造性

語言並不是只根據規則，它也有創造性層面，任何語言都有各種風格、方言、流派和變體，詩歌就是一個很好的語言創造性案例。讓電腦理解創造性不但在 NLP 裡面是個難題，在一般的 AI 中也是如此。

跨語言的多樣性

對世界上大多數的語言來說，任何兩種語言的詞彙之間都沒有直接的對映關係。所以我們很難將一種語言的 NLP 解決方案移植到另一種語言。能夠處理一種語言的解決方案可能完全無法處理另一種語言。這意味著我們只能從「建構一個處理所有語言的解決方案」和「單獨為各種語言建構解決方案」之中選擇一種，第一種做法在概念上非常困難，但另一種既費力且費時。

以上的所有問題都使得 NLP 成為一個具有挑戰性但又值得研究的領域。在了解如何用 NLP 處理其中一些挑戰之前，我們來了解一下常見的 NLP 問題解決方法。在更深入了解 NLP 的各種做法之前，我們先來看一下機器學習與深度學習和 NLP 有什麼關係。

機器學習、深度學習與 NLP：概要

大致上說，人工智慧（AI）是電腦科學的一個分支，它的目的是建構一個系統來執行需要人類智慧的任務，有時它也稱為「機器智慧」。AI 的基礎是在 1950 年 Dartmouth College 的一個研討會上奠定的 [6]。最初，AI 都是以邏輯、經驗法則和規則系統構成的。機器學習（ML）是 AI 的分支，其目的是開發可以從大量案例中學習，進而自動執行任務的演算法，因此不需要人工創造規則。深度學習（DL）是機器學習的分支，它採用人工神經網路結構。ML、DL 與 NLP 都是 AI 的次級領域，圖 1-8 是它們之間的關係。

在圖中，雖然 NLP、ML 與 DL 之間有一些重疊的區域，但它們仍然完全不相同的研究領域。與 AI 的其他早期工作一樣，早期的 NLP 應用也採用規則與經驗法則。但是在過去數十年裡，NLP 應用程式的開發已經被 ML 的方法深深地影響，最近也經常有人使用 DL 來建構 NLP 應用程式。所以，本節將簡單地介紹 ML 與 DL。

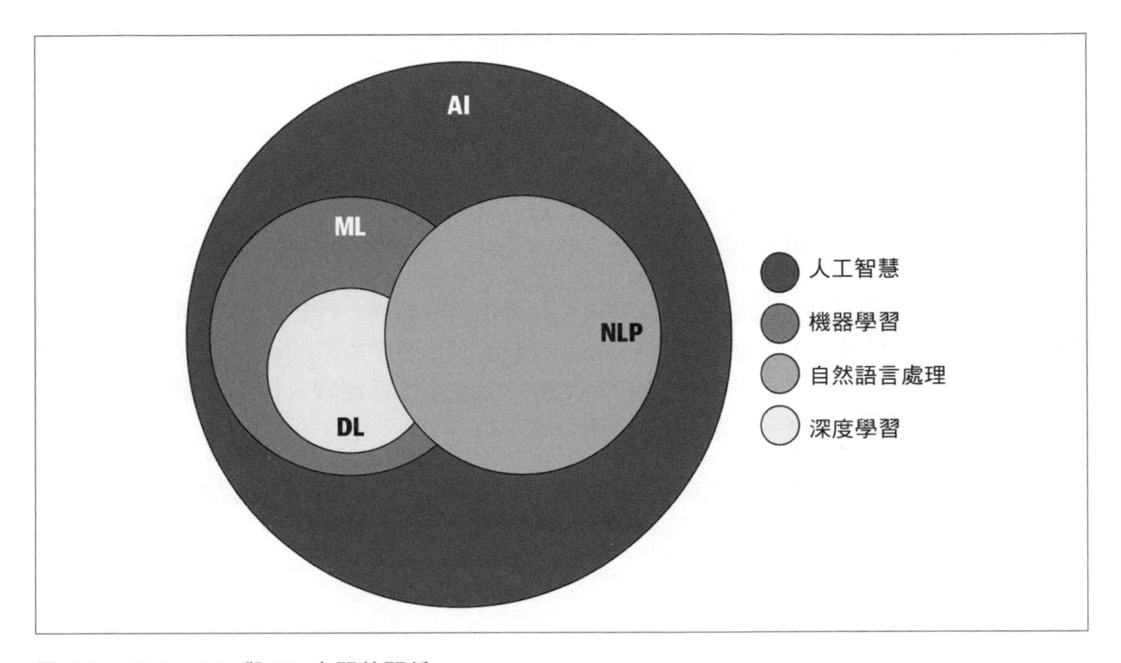

圖 1-8　NLP、ML 與 DL 之間的關係

ML 的目標是在沒有明確指引的情況下從案例（稱為「訓練資料」）「學習」如何執行任務。這通常是藉著建立訓練資料的數值形式（稱為「特徵」），並使用這種形式來學習案例的模式來完成的。機器學習演算法可以分成三種主要模式：監督學習、無監督學習，及強化學習。監督學習的目標是使用許多輸入 / 輸出形式的範例來學習將輸入對映至輸出的函數，那些輸入 / 輸出稱為**訓練資料**，輸出則被具體稱為**標籤**（*label*）或**基準真相**（*ground truth*）。與語言有關的監督學習問題包括將 email 訊息分類為垃圾郵件和非垃圾郵件，根據這兩個類別的幾千個案例。這是在 NLP 中常見的場景，這本書將不斷展示監督學習的例子，尤其是在第 4 章。

無監督學習是根據輸入資料，在沒有任何參考輸出的情況下尋找隱含模式的機器學習方法，也就是說，相較於監督學習，無監督學習使用的是大量的無標籤資料。在 NLP 中，這種任務的其中一種案例就是在不了解有哪些主題的情況下，在大量文字資料中找出可能的主題。這種任務稱為**主題建模**（*topic modeling*），我們將在第 7 章討論它。

真實世界的 NLP 專案經常採用半監督學習，這種方法使用一小組有標籤的資料，以及大量無標籤的資料。半監督學習使用這兩種資料組來學習手頭的任務。最後一種，但也很重要的是，強化學習處理的是「缺少大量有標籤或無標籤資料，並且採用試誤法」的學習任務。這種學習是在自足（self-contained）的環境之中完成的，而且是透過環境促成的回饋（獎勵或懲罰）來改善的。這種學習方式在應用 NLP 中還很罕見，它在電腦遊戲（例如圍棋或西洋棋）、自動駕駛汽車的設計中，以及在機器人技術中比較常見。

深度學習是機器學習的一個分支，它採用人工神經網路結構。神經網路的概念來自人腦的神經，以及它們彼此的互動方式。在過去的十年裡，深度學習的神經結構已經成功地改善各種智慧型應用的性能了，例如圖像與語音辨識和機器翻譯，這導致業界採用深度學習解決方案的數量激增，包括 NLP 應用程式。

本書將討論如何使用這些方法來開發各種 NLP 應用程式。我們接著來討論解決 NLP 問題的各種做法。

NLP 的方法

解決 NLP 問題的方法通常分成三類：經驗法則、機器學習，及深度學習。本節只是各種方法的介紹 —— 如果你無法完全理解這些概念，不用擔心，本書的其餘部分將更詳細地探討它們。我們先來討論經驗法則式 NLP。

採用經驗法則的 NLP

與其他早期的人工智慧系統相似的是，早期的 NLP 系統也是試著為眼前的任務構建規則來建立的。為了制定將要納入程式中的規則，開發者必須具備該領域的專業知識。這種系統也需要字典與同義詞詞典之類的資源，通常要用一段時間來編譯它們，並將它們數位化。以詞典為主的情緒分析（lexicon-based sentiment analysis）就是使用這種資源來設計規則來解決 NLP 問題的一種例子。它使用原文中的肯定詞和否定詞的數量來判斷原文的情緒。第 4 章會簡單介紹這種技術。

除了字典與同義詞詞典之外，也有人建構出更精密的知識庫來協助處理一般的 NLP 問題，尤其是以規則為主的 NLP。其中一個例子是 Wordnet [7]，它是個資料庫，裡面有單字以及單字之間的語義關係，這種關係包括同義詞、下位詞（hyponym）與分體詞（meronym）。同義詞代表不同的單字有相似的意義。下位詞代表 is-type-of（一種 …）關係。例如，棒球、相撲和網球都是體育的下位詞。分體詞代表 is-part-of（… 的一部分）關係。例如，手與腿都是身體的分體詞。這些資訊在建構語言的規則式系統時都很有用。圖 1-9 是單字之間的這些關係，它是用 Wordnet 繪成的。

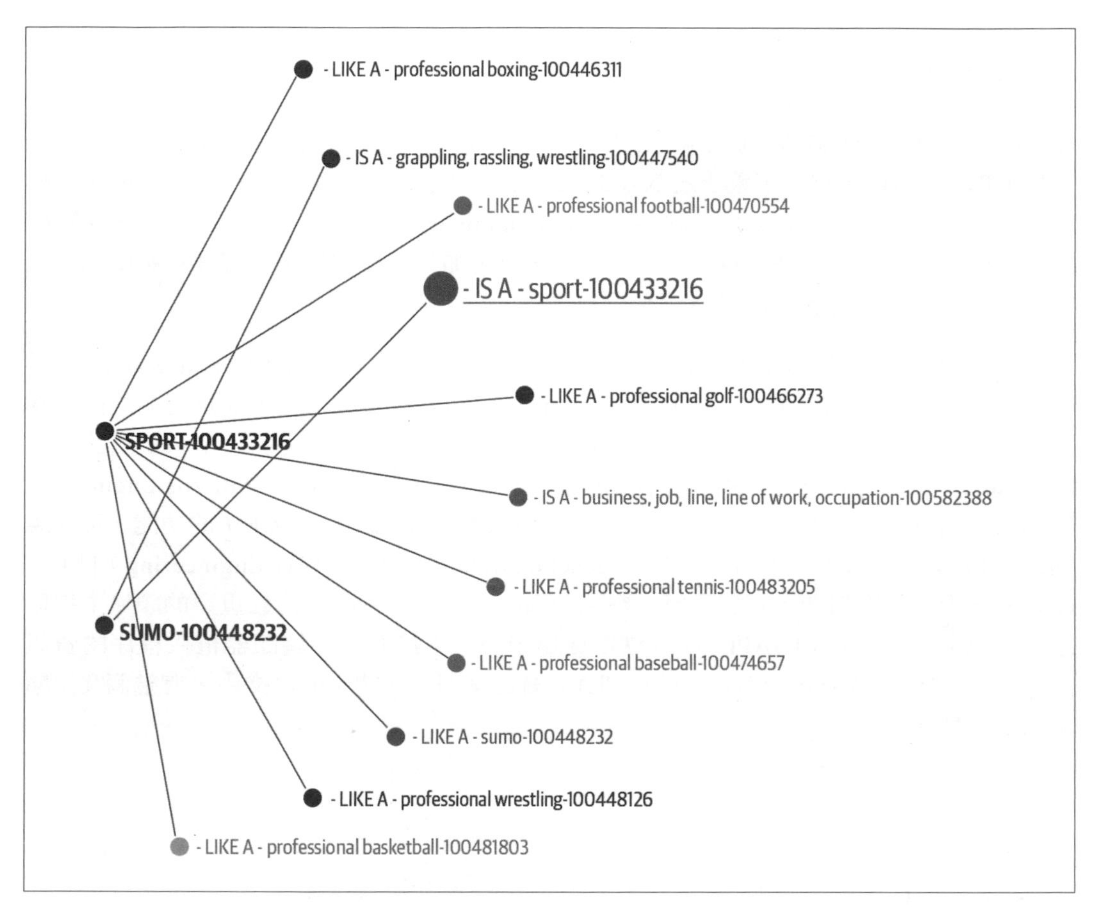

圖 1-9　單字「sport」的 Wordnet 圖 [8]

最近，Open Mind Common Sense [9] 之類的知識庫也納入世界常識知識，可以協助建構這種規則式的系統。雖然我們目前看到的辭彙資源大都是基於單字級別的資訊，但規則式系統不只採用單字，也可以使用其他形式的資訊。接著會介紹其中的一些。

正規表達式（regex）是很適合用來分析原文，和建構規則式系統的工具。regex 是一組字元或模式，其用途是比對及找出原文中的次級字串。例如，'^([a-zA-Z0-9_\-\.]+)@([a-zA-Z0-9_\-\.]+)\.([a-zA-Z]{2,5})$' 可用來找出一段原文內的所有 email ID。regex 也很適合用來將領域知識整合至 NLP 系統，例如，假設我們透過聊天室或 email 接收顧客投訴，想要建構系統來自動識別他們投訴的產品，我們有一系列的產品代號對映至特定的品牌名稱，此時可以用 regex 來輕鬆地比對它們。

regex 是建構規則式系統的常見手段。StanfordCoreNLP 這類的 NLP 軟體具備 TokensRegex [10]，它是定義正規表達式的框架，可以識別原文中的模式，並使用匹配的原文來建立規則。regex 用於確定性（deterministic）比對——也就是說，它要嘛匹配，要嘛不匹配，機率性 regex 是它的分支，藉著加入匹配的機率來處理這種限制。感興趣的讀者可以研究 pregex [11] 之類的程式庫。

上下文無關文法（Context-free grammar，CFG）是一種形式文法（formal grammar），其用途是建構自然語言模型。CFG 是 Noam Chomsky 教授發明的，他是著名的語言學家和科學家。CFG 可用來描述比較複雜且階層式的資訊，它們可能是 regex 無法描述的。Earley 解析器 [12] 可以解析各種 CFG。JAPE（Java Annotation Patterns Engine）之類的語法語言可用來模擬更複雜的規則 [13]。JAPE 有 regex 以及 CFG 的功能，可在規則式 NLP 系統中使用，例如 GATE（General Architecture for Text Engineering）[14]。GATE 的用途是從封閉、定義良好、覆蓋範圍的準確性與完整性比較重要的領域中提取原文。例如，有人使用 JAPE 與 GATE 從臨床報告中提取心律調節器植入程序的資訊 [15]。圖 1-10 的 GATE 介面是一個規則式系統的案例，在圖中的原文中，有幾個突出顯示的資訊種類。

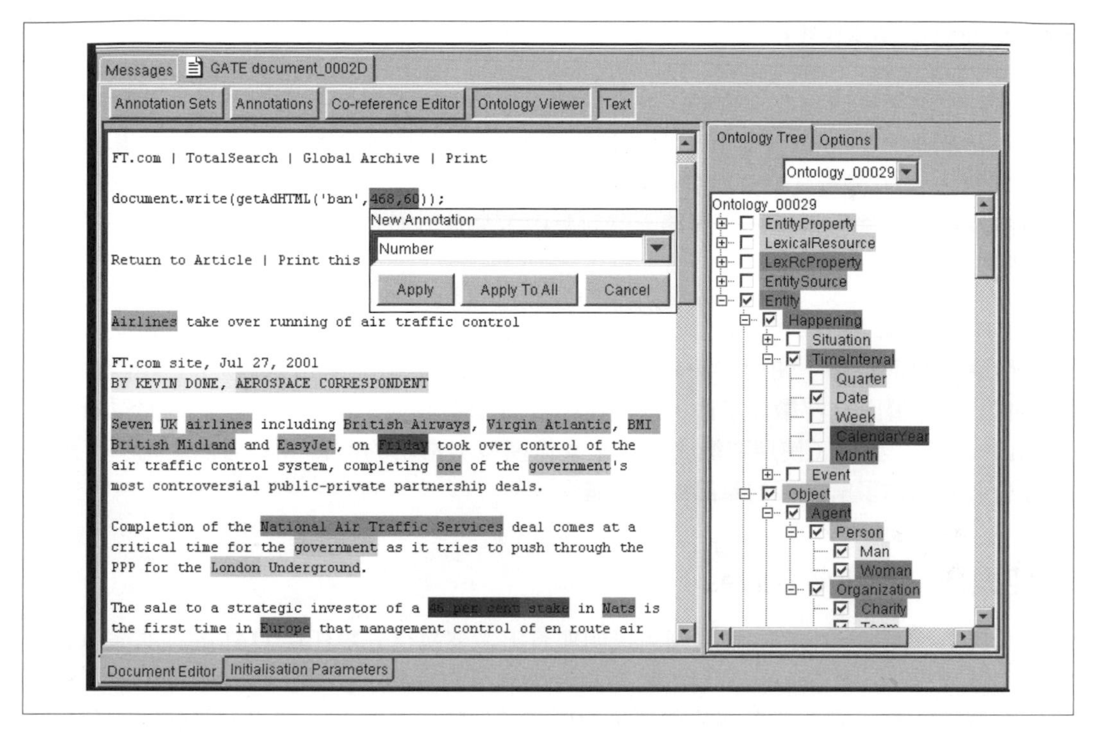

圖 1-10　GATE 工具

即使是現在，在 NLP 專案的完整生命周期中，規則與經驗法則仍然扮演重要的角色。一方面，它們是建構第一版的 NLP 系統的好方法。簡單地說，規則和經驗法則可幫助你快速建構模型的第一個版本，進而更理解眼前的問題。我們將在第 4 章與第 11 章深入討論這個部分。規則與經驗法則在機器學習式 NLP 系統也很實用。在專案生命周期頻譜的另一端，規則與經驗法則被用來填補系統中的空白。任何一種運用統計學、機器學習或深度學習技術來建構的 NLP 系統都會出錯，有些錯誤的代價很高，例如，醫療保健系統在察看病人的醫療紀錄之後，錯誤地不建議進行一項關鍵的檢查，這個錯誤甚至可能要人命。規則與經驗法則很適合在生產系統中填補這種空白。接下來，我們把焦點轉到 NLP 的機器學習技術。

NLP 的機器學習

機器學習也被用來處理文字資料，就像它被用來處理其他形式的資料那樣，例如圖像、語音與結構性資料。監督機器學習技術（例如分類法與回歸法）被大量用來處理各種 NLP 任務，例如將新文章分成各種新聞標題（體育或政治等）。另一方面，預測數值的回歸技術可以根據股票在社交媒體上的討論內容來估計股價。類似地，無監督分群演算法可用來聚類原文文件。

NLP 的任何一種機器學習法，無論是監督還是無監督，都可以用三個相同的步驟來描述：從原文提取特徵，使用特徵表示法來學習模型，以及評估和改善模型。我們會在第 3 章進一步學習原文特徵表示法，以及在第 2 章學習評估。接下來，我們會簡單看一些在 NLP 的第二步驟（使用特徵表示法來學習模型）常用的監督 ML 方法。初步了解這些方法可協助你了解稍後的章節討論的概念。

單純貝氏（Naive Bayes）

單純貝氏是採用貝氏定理（從名稱可以明顯看出）來執行分類任務 [16] 的經典演算法。它使用貝氏定理，根據輸入資料的特徵集合來計算它看到一個類別標籤的機率。這種演算法有個特性是，它假設各個特徵都是與所有其他特徵無關的。就之前談到的新聞分類案例而言，取得領域專有的單字在文章中的數量即可用數字來表示原文，例如體育專有的，或政治專用的單字。我們假設這些單字的數量彼此間是沒有關係的。如果這個假設成立，我們就可以使用單純貝氏來分類新聞文章。雖然這在許多情況下是一種強而有力的假設，但單純貝氏通常被當成原文分類任務的起始演算法。主要的原因是它很容易了解，而且訓練和執行速度非常快。

支援向量機（Support vector machine）

支援向量機（SVM）是另一種流行的分類 [17] 演算法。任何一種分類演算法的目標都是學習決策邊界，這個邊界隔開不同的原文類別（例如在新聞分類例子中的政治 vs. 體育）。決策邊界可能是線性或非線性（例如一個圓）的。SVM 可以學習線性與非線性決策邊界，將屬於不同類別的資料點分開。線性決策邊界會學習如何以明顯展示類別差異的方式來表示資料。以二維特徵表示法為例，在圖 1-11 中，黑點與白點屬於不同的類別（例如體育與政治新聞群體）。SVM 可學習最佳決策邊界，讓不同類別的點之間有最大的距離。SVM 最大的優點是它們對資料的變動與雜訊的抵抗力很強，主要缺點是訓練花費的時間，以及無法在有大量訓練資料時擴展。

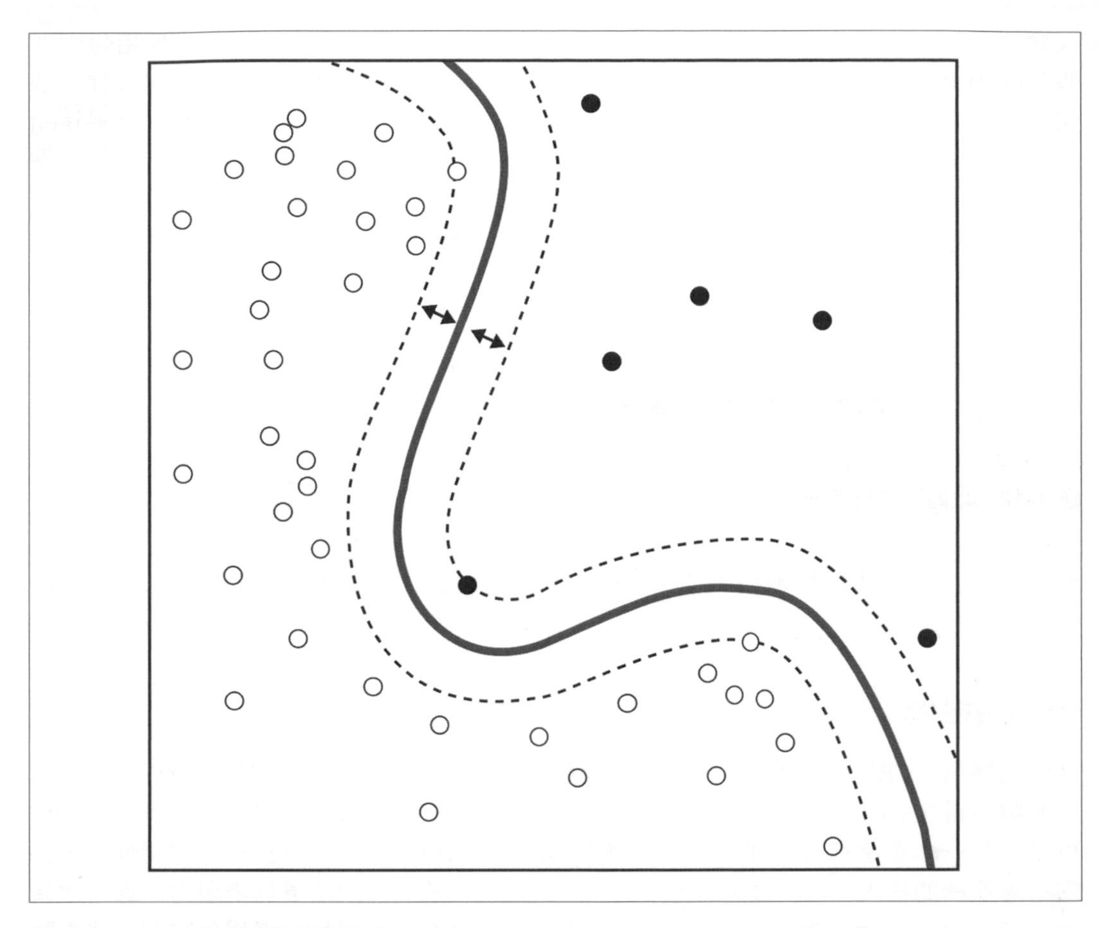

圖 1-11　SVM 的二維特徵表示法

隱性馬可夫模型（Hidden Markov Model）

隱性馬可夫模型（HMM）是一種統計模型 [18]，它假設資料是由底層的不可見且具備隱性狀態的程序產生的，也就是說，我們只能在資料被產生出來時看到它。HMM 就是試著用資料來建立隱性狀態的模型。例如，「詞性（POS）標注」這種 NLP 任務的工作是將詞性標記指派給句子。有人用 HMM 來對原文資料進行 POS 標注。在此，我們假設原文是根據隱藏在原文底層的語法產生的。隱性狀態是詞性的一部分，它實質上遵循語言語法定義句子的結構，但我們只能觀察被這些潛在狀態控制的單字。與此同時，HMM 也做出馬可夫假設，也就是說，每個隱性狀態都依靠之前的一或多個狀態而定。

人類語言本質上是連續的，句子裡面的單字依它之前的內容而定。因此，採用這兩種假設的 HMM 很適合用來建構文字資料模型。圖 1-12 是個 HMM 範例，它可以從一個句子中學習詞性。JJ（形容詞）與 NN（名詞）這種詞性是隱性狀態，而句子「natural language processing (nlp)⋯」可被直接看到。

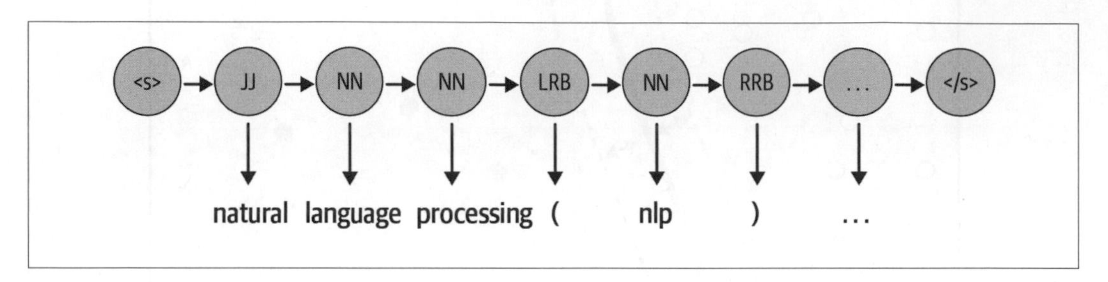

圖 1-12　以圖形來表示 HMM

要進一步了解 NLP 的 HMM，請參考 Jurafsky 教授的著作 *Speech and Language Processing* 的第 8 章 [19]。

條件隨機場

條件隨機場（CRF）是另一種用來處理連續資料的演算法。從概念上講，CRF 實質上是對連續資料裡面的各個元素執行分類工作 [20]。想像同一個 POS 標注案例，其中，CRF 可以對每一個單字進行標注，做法是將它們分類成 POS 標記池裡面的某個詞性。因為它考慮連續的輸入，以及標記的上下文，所以它比一般的分類法更具表現力，通常效果也更好。CRF 處理 POS 標注之類的任務時的表現比 HMM 更好，這種任務需要依靠語言的連續性質。我們將在第 5、6 與 9 章討論 CRF 及其變體和應用。

以上是各種 NLP 任務經常使用的 ML 演算法，初步了解這些 ML 方法有助於了解本書討論的各種解決方案。此外，了解各種演算法的使用時機也很重要，後續的章節會討論這個部分。如果你要更深入了解機器學習流程的其他步驟和理論細節，我們推薦 Christopher Bishop 的著作 *Pattern Recognition and Machine Learning* [21]。如果你想要了解更多實用的機器學習觀點，Aurélien Géron 的書 [22] 是很棒的入門資源。接下來，我們來看看 NLP 的深度學習方法。

NLP 的深度學習

我們已經簡要介紹在各種 NLP 任務中大量使用的機器學習方法了。在過去的幾年裡，我們看到人們開始大量使用神經網路來處理複雜、無結構的資料。語言實質上是複雜且無結構的。因此，我們必須使用表現力和學習能力更好的模型來了解與解決語言任務。接下來要介紹一些流行的深度神經網路結構，它們已經成為 NLP 的現狀了。

遞迴神經網路

如前所述，語言實質上是連續的，任何一種語言的句子都是從一邊流向另一邊的（例如英語是從左往右閱讀的），因此，可從輸入文字的一邊逐步讀到另一邊的模型很適合用來理解語言。遞迴神經網路（RNN）是專門牢記這種循續處理和學習過程的。RNN 的神經單元可以記住它們迄今為止處理過的東西，這種記憶是暫時性的，當 RNN 讀取下一個單字時，會隨著每一個時步儲存與更新資訊。圖 1-13 是展開的 RNN，以及它在不同的時步追蹤輸入資訊的做法。

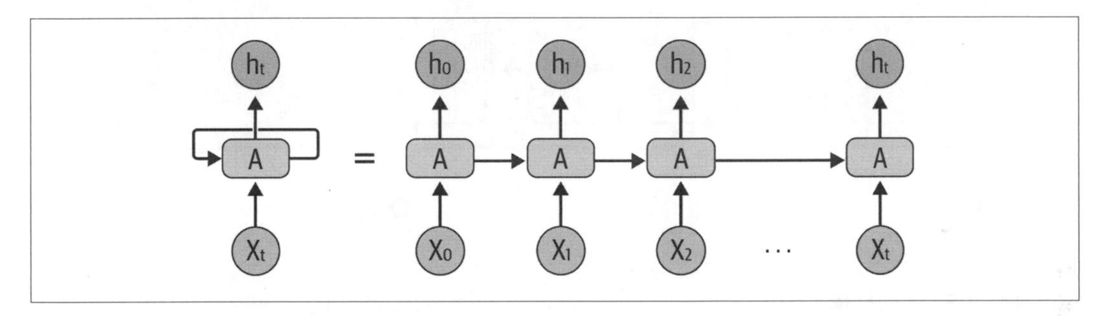

圖 1-13　展開的遞迴神經網路 [23]

RNN 很適合處理各種 NLP 任務，例如原文分類、專名個體識別、機器翻譯等。你也可以使用 RNN 來生成原文，這種任務的目的是讀取之前的原文，並預測下一個單字，或下一個字元。"The Unreasonable Effectiveness of Recurrent Neural Networks" [24] 詳細介紹了 RNN 的通用性，以及它們在 NLP 之內與之外的各種應用。

長短期記憶

雖然 RNN 有很好的能力與通用性，但它依然有健忘的問題——它們無法記住比較長的上下文，因此，它們不擅長處理很長的原文，但是冗長的原文是常見的情況。長短期記憶網路（LSTM）是一種 RNN，它是為了緩解 RNN 的這種缺點而發明的。LSTM 的做法是捨棄不相關的上下文，只記住處理眼前任務所需的部分上下文，這樣它就可以減輕用一個向量表示法來記住冗長的上下文的負擔。因為 LSTM 採取這種變通方法，它已經在大部分的應用中取代 RNN 了。閘控迴流單元（GRU）是 RNN 的另一種變體，通常在語言生成中使用。（Christopher Olah 的文章 [23] 詳細地探討 RNN 模型家族。）圖 1-14 是一個 LSTM 單位的結構，我們將在第 4、5、6 與 9 章討論 LSTM 在各種 NLP 應用裡面的用法。

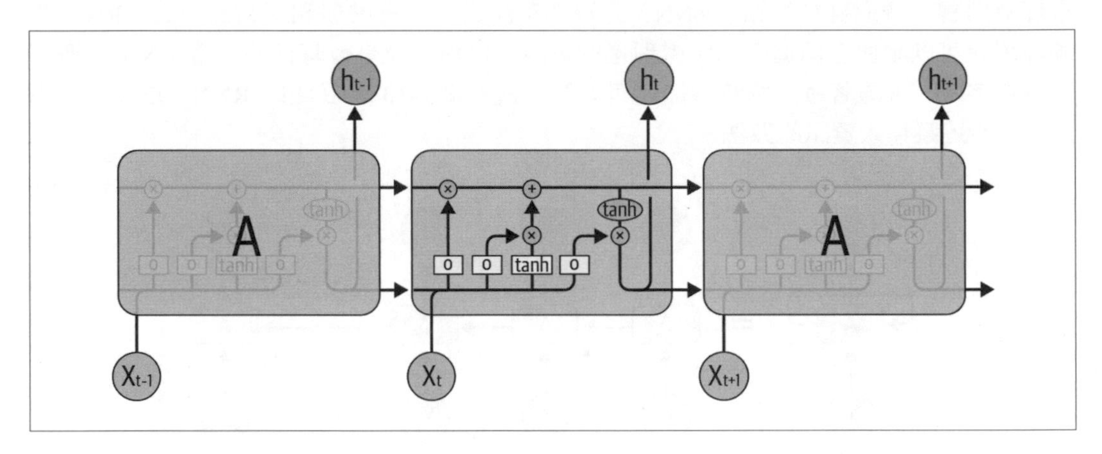

圖 1-14　LSTM 的結構 [23]

摺積神經網路

摺積神經網路（CNN）是電腦視覺任務非常流行且大量使用的結構，那些任務包括圖像分類、影片辨識等。CNN 也在 NLP 中取得成功，尤其是在原文分類任務中。你可以將句子裡的各個單字換成對映的字向量，所有向量的大小都一樣（d）（參考第 3 章的「單字 embedding」）因此，它們可以互相疊起來，形成一個矩陣或 2D 陣列，其維度為 $n \times d$，其中 n 是句子裡面的單字數，d 是字向量的大小。我們可以用處理圖像的方法處理這種矩陣，並且用 CNN 來建立它的模型。CNN 的主要優點是它們可以用上下文窗口來同時察看一組單字。例如，假設我們要做情緒分類，並且得到 "I like this movie very much!" 這類的句子，為了理解這個句子的意思，比較好的做法是查看單字以及各種連續單字組合。CNN 可以用它們的結構定義來做這件事。稍後的章節會更詳細探討這個部分。圖 1-15 是 CNN 處理一段原文的情況，它提取有用的子句，最終得到一個二進制數字，代表在特定文章裡面的一段句子的情緒。

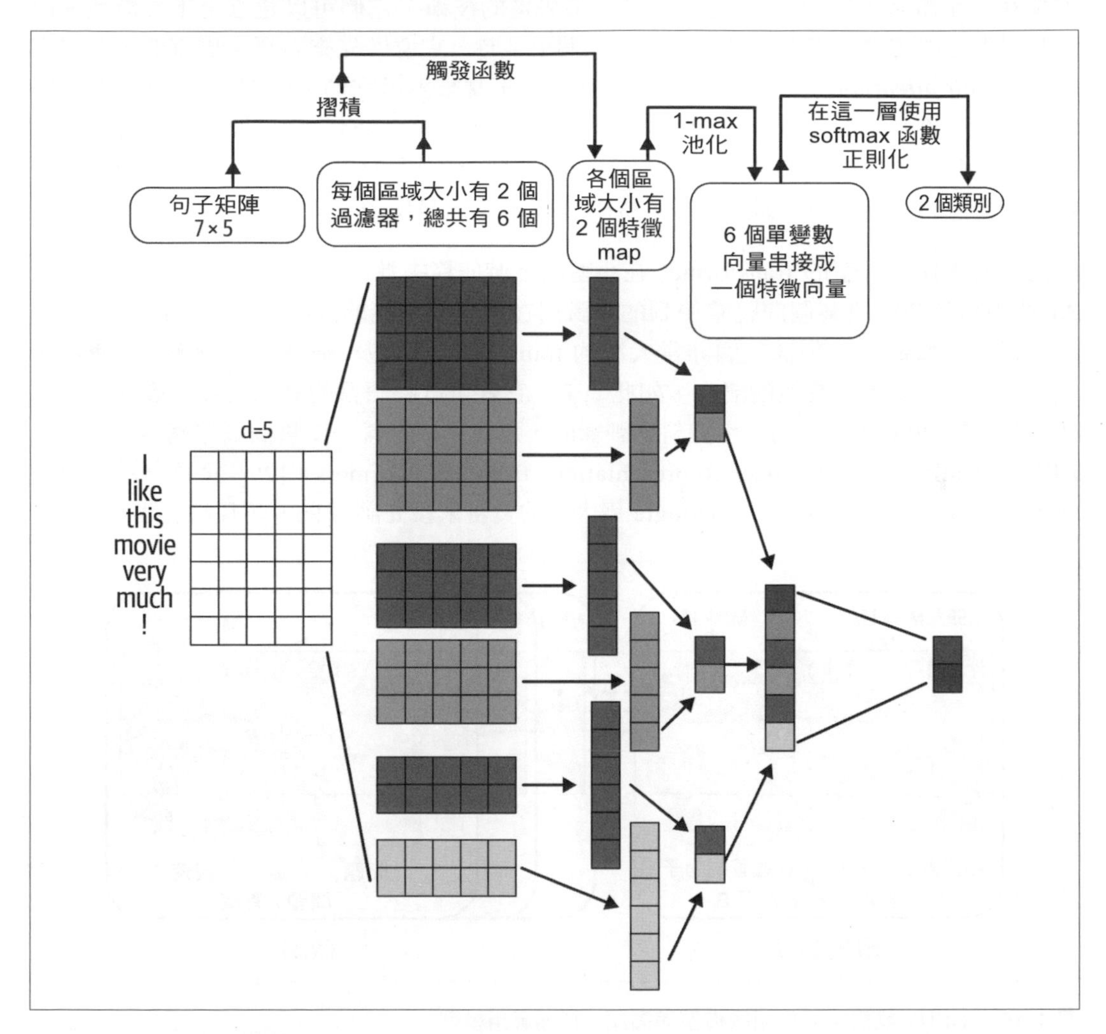

圖 1-15　CNN 模型的工作方式 [27]

如圖所示，CNN 使用一群摺積和池化層來取得這種濃縮的原文表示法，再將它當成輸入，傳給一個全連接層，以學習原文分類等 NLP 任務。要更詳細了解 NLP 的 CNN，可參考 [25] 與 [26]。我們將在第 4 章討論它們。

Transformer

Transformer [28] 是 NLP 深度學習模型聯盟的最新成員，在過去的兩年裡，Transformer 模型在幾乎所有主要的 NLP 任務中都是最先進的技術，它們可以建立上下文模型，但不是以循序的方式。當它收到輸入中的一個單字時，它會優先查看單字周圍的所有單字（稱為 *self-attention*），並且根據每個單字的上下文來表示它們。例如，「bank」在不同的上下文裡面可能有不同的意思，如果上下文談到金融，「bank」可能是指金融機構，如果上下文談到河流，它可能是指河岸。Transformer 可以建立這種上下文模型，由於它們的表現力比其他深度網路更好，所以 NLP 任務大量使用它。

最近，有人使用大型的 transformer 在小型的下游任務中進行**遷移學習**。遷移學習這種 AI 技術可以將解決某個問題時學到的知識用在不同但相關的問題上。transformer 的概念是以無監督的方式訓練一個非常大型的 transformer 模型（稱為**預先訓練**），使用句子的部分內容來預測其他的部分，如此一來，它就可以將語言的高階細節編碼進來。這些模型是用 40 GB 以上的文字資料來訓練的，那些文字資料是從整個網際網路爬取的。BERT（Bidirectional Encoder Representations from Transformers）[29] 就是一種大型的 transformer，如圖 1-16 所示，Google 用大量的資料來預先訓練它，並且將它開源。

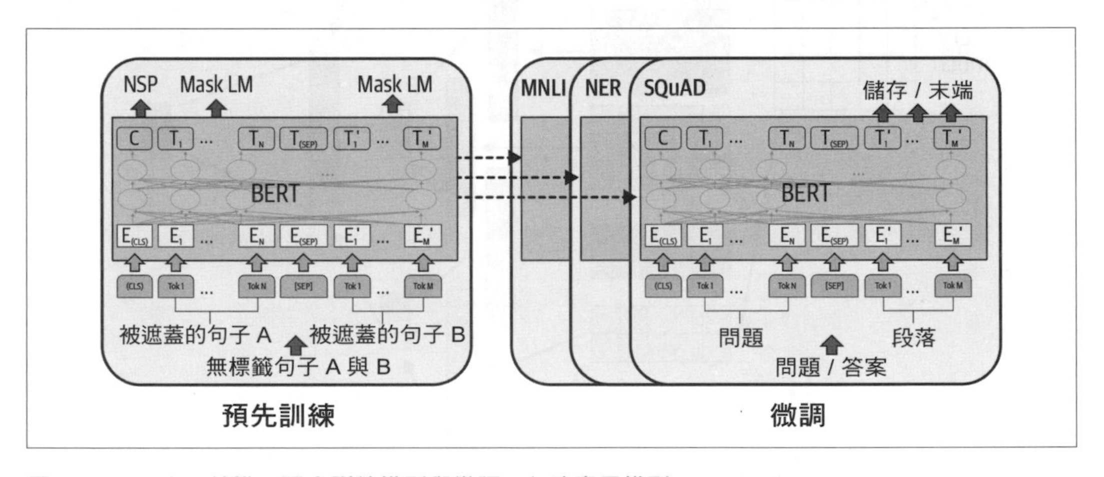

圖 1-16　BERT 結構：預先訓練模型與微調，任務專用模型

圖 1-16 的左邊是預先訓練的模型。下游的 NLP 任務會微調這個模型，例如原文分類、個體提取、問題回答等任務，在圖 1-16 的右邊。因為 BERT 擁有大量預先訓練的知識，所以它可以為下游任務有效地傳遞知識，在許多任務中，它都有頂尖的表現。本書將介紹在各種任務中使用 BERT 的案例。圖 1-17 是 self-attention 機制的動

作，它是 transformer 的關鍵元素。感興趣的讀者可以在 [30] 找到 self-attention 機制與 transformer 架構的細節。我們將在第 4、6、10 章討論 BERT 與它的應用。

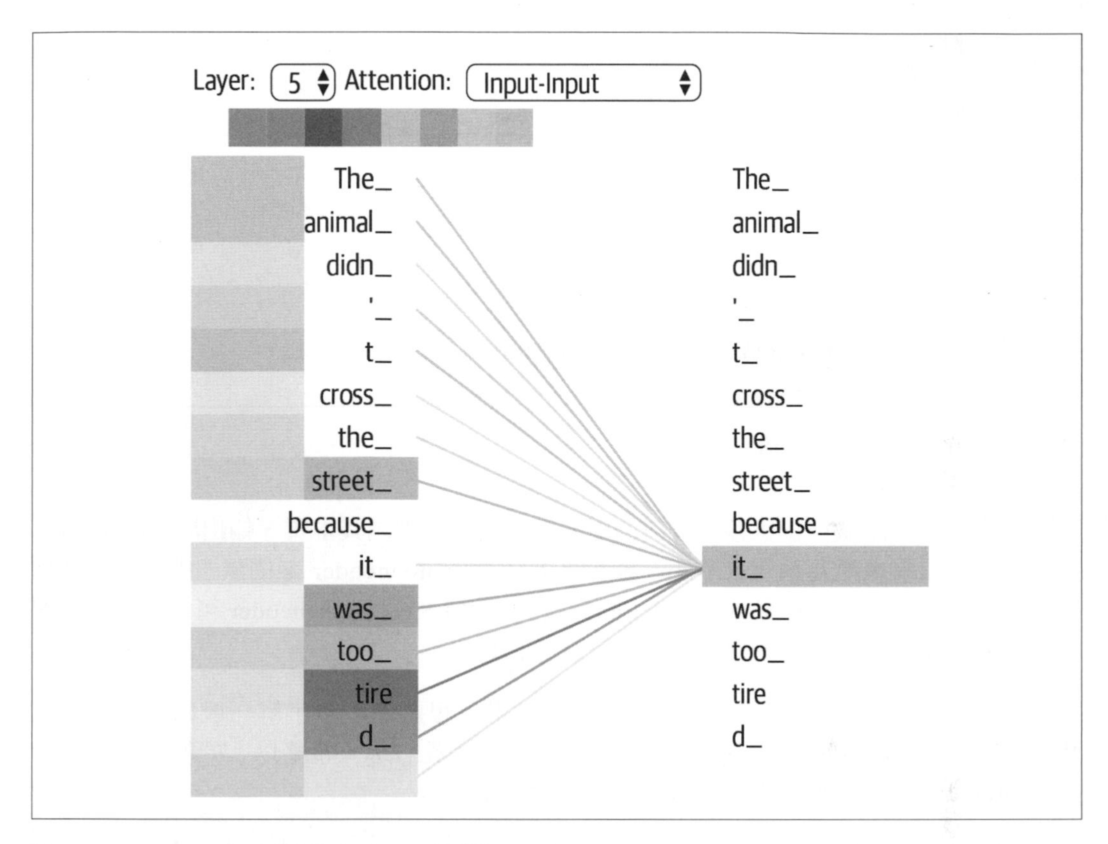

圖 1-17　transformer 的 self-attention 機制 [30]

Autoencoder

autoencoder（自動編碼器）是另一種網路，主要用來學習輸入的壓縮向量表示法。例如，如果我們想要用向量來代表一段原文，最好的方法是哪一種？我們可以學習一個對映函數，將輸入原文轉換成向量。為了讓這種對映函數有實際的功用，我們用向量表示法「重建」輸入。這是一種無監督學習，因為它不需要由人類標注的標籤。在完成訓練之後取得的向量就是用原文來編碼的密集向量 autoencoder 通常被用來建立下游任務所需的特徵表示形式。圖 1-18 是 autoencoder 的結構。

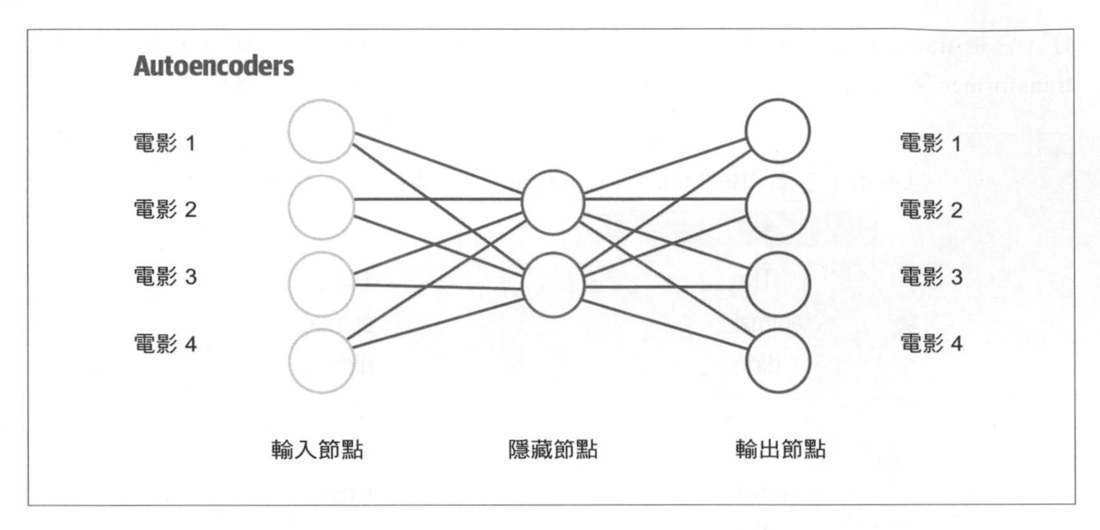

圖 1-18　autoencoder 的架構

在這種系統中，隱藏層提供輸入資料的壓縮表示法，以描述其本質，輸出層（decoder）會將壓縮的格式重構為輸入表示法。雖然圖 1-18 的 autoencoder 架構無法處理原文這種連續資料的特定屬性，但 autoencoder 的變體，例如 LSTM autoencoder 可以很好地處理它們。關於 autoencoders 的進一步資訊可參考 [31]。

以上就是一些流行的 NLP DL 架構的簡介，如果你想要進一步了解一般的深度學習架構，可參考 [31]，若要了解 NLP 專用的架構，可參考 [25]。希望以上的簡介可以提供足夠的背景，讓你了解本書其餘內容的 DL 的用法。

由於 DL 模型最近取得許多成就，或許有人認為 DL 是 NLP 系統的首選方法，但是，對大多數的業界用例來說，事實遠非如此，我們來看一下原因。

為何深度學習還不是處理 NLP 的絕招

在過去的幾年裡，DL 在 NLP 已經取得驚人的進展。例如，在許多原文分類任務中，LSTM 與 CNN 模型的效果已經超越標準的機器學習技術，例如單純貝氏與 SVM。類似地，與 CRF 模型相比，LSTM 處理序列標注任務（例如個體提取）時有更好的表現。最近，強大的 transformer 模型在大多數的 NLP 任務中（從分類到序列標注）已經成為最先進的技術。目前的大趨勢是在通用的 NLP 任務中（例如語言建模）用大型的資料組來訓練大型（就參數的數量而言）的 transformer 模型，然後調整它們，在較小型的下游任務中使用。這種做法（稱為**遷移學習**）已被成功地用於其他的領域，例如電腦視覺和語音。

儘管取得如此巨大的成功，在業界的應用中，DL 仍然不是處理所有 NLP 任務的絕招，主要原因有：

過擬小型的資料組

DL 模型的參數往往比傳統的 ML 模型更多，這意味著它們有更強的表達力，但是更強的表達力也有壞處。奧坎剃刀 [32] 說，在所有其他條件都相同的情況下，比較簡單的解決方案永遠都是比較好的。在開發階段，我們往往沒有足夠的訓練資料可用來訓練複雜的網路，此時，我們應該選擇比較簡單的模型，而不是 DL 模型。DL 模型會過擬小型的資料組，導致不良的類推能力，進而提供糟糕的生產性能。

小樣本學習與合成資料生成

在電腦視覺這類的學科中，DL 在小樣本學習（也就是從極少的訓練樣本中學習）[33] 以及可生成高品質圖像的模型中 [34] 有很好的表現。這兩項進展讓人有機會使用少量的資料來訓練 DL 視覺模型。因此，業界環境已經更廣泛地使用 DL 來解決問題了。我們還沒有看到類似的 DL 技術被成功地用在 NLP 上。

領域適應

如果我們用公共領域的資料來訓練 DL 模型（例如新聞文章），並且將訓練好的模型用在與該公共領域不同的新領域（例如社交媒體文章），它的性能可能不會太好。類推效果不佳，代表 DL 模型不一定可以派上用場。例如，使用網際網路原文與產品評論來訓練的模型無法妥善地處理法律、社交媒體或醫療保健等領域，在這些領域中，語言的語法和語義結構都是該領域特有的。我們必須將模型專門化，以便將領域知識編碼進去，或許只要用簡單的領域專用規則式模型就可以做到。

可解釋的模型

除了領域適應能力之外，DL 模型的可控性與可解釋性也不太好，因為在多數情況下，它們就像黑盒子一樣運作。企業通常需要比較具有可解釋性的結果，以便向顧客或最終用戶解釋，在這種情況下，傳統的技術有時比較實用。例如，處理情緒分類的單純貝氏模型可以解釋強烈的正面與負面字眼對情緒預測結果造成的影響，到目前為止，從 LSTM 分類模型取得這種見解仍然很困難。相較之下，電腦視覺的 DL 模型不是黑盒子，電腦視覺有很多技術 [35] 可以解釋為何模型做出特定的預測，這種方法在 NLP 中並不常見。

常識與世界知識

儘管用 ML 與 DL 模型來處理 NLP 任務已經有很好的效果了，但語言對科學家來說仍然是個大謎團。除了語法和語義之外，語言也包含周遭世界的知識。用語言來溝通也要進行邏輯推理以及知道世界常識，例如，「我喜歡披薩」意味著「我吃披薩時很開心」。比較複雜的推理例子是「如果 John 走出臥室前往花園，那麼 John 就不在臥室了，他現在在花園。」這對我們人類來說很簡單，但電腦需要進行多步驟推理，來識別事件，並了解它們的後果。因為這種世界知識與常識是語言固有的，希望能夠很好地處理各種語言任務的 DL 模型都必須了解它們。或許目前的 DL 模型在標準的基準測試中有很好的表現，但仍然無法了解常識與進行邏輯推理。雖然目前已經有一些收集常識事件與邏輯規則的專案（例如 if-them reasoning），但它們還無法和 ML 或 DL 模型妥善地整合。

成本

建構 DL 解決方案來處理 NLP 任務的成本可能非常高，它的代價（金錢與時間）來自許多方面。眾所周知，DL 模型是資料大胃王。收集大型的資料組並且幫它加上標籤可能非常昂貴。由於 DL 模型的大小，訓練它們來取得所需的性能不僅會增加開發周期，也會大幅提升採購專用硬體（GPU）的支出。此外，部署與維護 DL 模型在硬體需求和工作量方面都很昂貴。最後，但也很重要的是，由於這些模型過於龐大，它們可能會在推理期間產生延遲問題，在需要低延遲時間的情境下，它們可能會毫無幫助。在這份清單中，我們還可以加入因為建構和維護大型模型而產生的技術債務。簡單地說，技術債務是為了快速交付成果而不選擇良好的設計與實作，因而導致的重複工作成本。

在設備上部署

對許多用例而言，NLP 解決方案必須部署在嵌入式設備上，而不是在雲端，例如，協助旅客在沒有網際網路的情況下說出翻譯後的語言的機器翻譯系統。在這種情況下，由於設備的限制，解決方案必須使用有限的記憶體與電力。大部分的 DL 解決方案無法在這種限制下工作。雖然目前有些專案正朝著這個方向努力 [36, 37, 38]，它們可以在邊緣設備（edge device）上部署 DL 模型，但是距離通用的解決方案還有一段很長的距離。

大多數的產業專案都會遇到上述的一或多種狀況，造成更長的專案周期與更高的成本（硬體和人力），換來的性能卻只與 ML 模型相當，有時甚至更低，導致很低的投資報酬率，通常造成 NLP 專案的失敗。

基於以上的討論，顯然 DL 不一定是所有業界的 NLP 應用程式的首選方案。因此，本書將從各種 NLP 任務的基本層面，以及如何使用規則式系統和 DL 模型來解決它們開始談起。我們將強調資料的需求與模型處理線，而不是個別模型的技術細節。因為這個領域正在快速發展，我們預計新的 DL 模型將會陸續出現，技術水準也會有所提高，但 NLP 任務的基礎概念不會有實質性的變化。這就是我們將討論 NLP 的基礎知識，並且在它們之上盡量開發越來越複雜的模型，而不是直接跳到尖端技術的原因。

與 Carnegie Mellon University 的 Zachary Lipton 教授和 UC Berkeley 的 Jacob Steinhardt 教授 [39] 一樣，我們也想要提醒你：不要在沒有背景和適當的訓練的情況下，大量閱讀關於 ML 和 NLP 的科學文章、研究論文與部落格。大量跟隨頂尖做法可能會造成混亂和不精確的理解。很多最近出現的 DL 模型都無法充分解釋它獲得的經驗的來源。Lipton 與 Steinhardt 也發現有人在 ML 科學文章中混合使用術語和誤用語言，通常無法明確地指出如何解決眼前的問題。因此，本書的各章將透過範例、程式碼和小技巧來謹慎地描述在 NLP 中使用 ML 的各種技術概念。

到目前為止，我們已經討論一些與語言、NLP、ML 和 DL 有關的基本概念了。在結束第 1 章之前，我們來看一個案例研究，藉以進一步了解 NLP app 的各種元素。

NLP 演練：對話代理人

語音對話代理人，例如 Amazon Alexa 與 Apple Siri，是最普遍的 NLP 應用，也是大多數人都很熟悉的應用。圖 1-19 是對話代理人的典型互動模型。

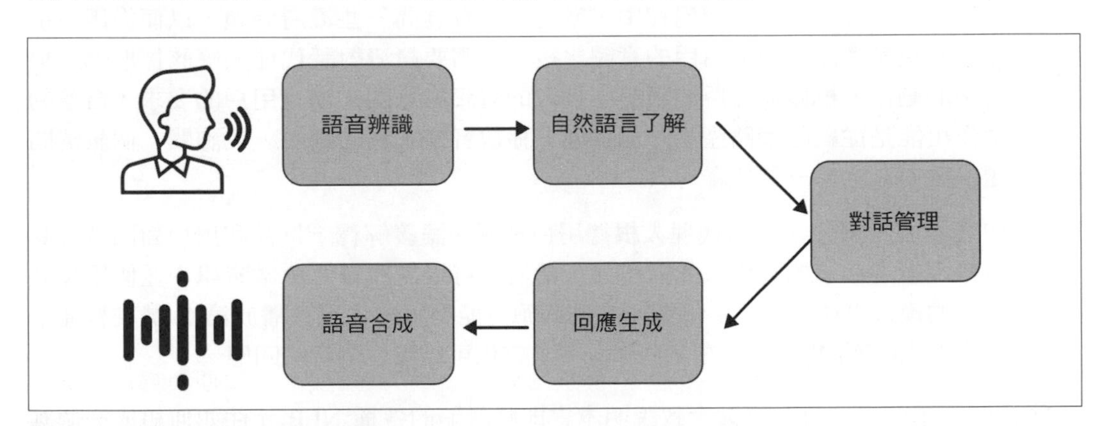

圖 1-19　對話代理人的工作流程

我們來介紹這個工作流程裡面的所有主要 NLP 元件：

1. **語音辨識與合成**：它們是任何一種語音對話代理人的主要元件。語音辨識包括將語音訊號轉換成它們的音素，再將音素轉錄為單字。語音合成是相反的程序，做法是將文字結果轉換成口語，說給用戶聽。在過去的十年裡，這兩種技術都有很大的進步，我們建議在標準的情況下使用雲端 API。

2. **自然語言了解**：這是對話代理人處理線的下一個元件，它使用自然語言了解系統來分析收到的用戶回應（被轉錄為原文的）。它可以拆成許多小型的 NLP 次級任務，例如：

   - **情緒分析**：分析用戶回應的情緒。我們將在第 4 章討論。

   - **專名個體識別**：找出用戶在他們的回應中提到的所有重要個體。我們將在第 5 章討論。

   - **共指消解**（*coreference resolution*）：從對話紀錄中，找出被提取出來的個體的參考。例如，用戶可能說「**復仇者聯盟：終局之戰**太精采了」，並在稍後再次談到這部電影，說「這部電影的特效超棒的」。在這個例子中，那部「電影」指的就是**復仇者聯盟：終局之戰**。第 5 章會簡單說明這個部分。

3. **對話管理**：從用戶的回應提取有用的資訊之後，我們可能想要了解他們的意圖，也就是他們究竟是在詢問一個事實問題，例如「今天天氣如何？」，還是說出「播放莫札特的歌曲」之類的指令。我們可以使用原文分類系統來將用戶回應分類成預先定義的意圖之一，這可以協助對話代理人知道詢問的內容。第 4 章與第 6 章將討論意圖分類。在這個過程中，系統可能會詢問一些澄清問題，以便從用戶那裡得到更多資訊。知道用戶的意圖之後，我們要釐清對話代理人應該採取哪一種合適的動作，根據從用戶的回應中提取的資訊與意圖來滿足用戶的要求。合適的動作可能是從網際網路產生一個答案、播放音樂、調暗燈光，或詢問一個釐清問題。第 6 章會進一步討論。

4. **回應生成**：最後，對話代理人根據用戶意圖的語義解釋，以及和用戶對話時的其他輸入產生合適的動作。如前所述，代理人可以從知識庫檢索資訊，並使用預先定義的模板來產生回應。例如，它的回應可能是說出「現在播放第 2. 號交響曲」或「燈光已經調暗了」。在某些情況下，它也可以產生全新的回應。

希望這個簡單的案例研究可以大致說明本書即將討論的各種 NLP 元件如何組成一個應用程式：對話代理人。隨著本書的進展，我們會看到更多關於這些元件的細節，我們會在第 6 章專門討論對話代理人。

結語

這一章從「語言是什麼」的廣泛輪廓，到真正的 NLP 應用程式的具體案例研究，討論了一系列的 NLP 主題。我們也探討如何在真實世界中應用 NLP、它的一些挑戰與各種任務，以及 ML 和 DL 在 NLP 裡面的角色。這一章的目的是讓你初步認識本書即將討論的知識。接下來的兩章（第 2 章與第 3 章）將介紹建構 NLP 應用程式時的基本必要步驟。第 4–7 章專門討論 NLP 的核心任務，以及可以用它們解決的業界用例。第 8–10 章將討論如何在各種產業鏈使用 NLP，例如電子商務、醫療保健、金融等。第 11 章會整合所有內容，從設計、開發、測試和部署的角度，討論建構端對端 NLP 應用程式需要做哪些事情。看完這個廣泛的概要之後，我們開始深入探索 NLP 的世界。

參考文獻

[1] Arria.com. "NLG for Your Industry" (*https://oreil.ly/R8hSI*). Last accessed June 15, 2020.

[2] UCL. Phonetic symbols for English (*https://oreil.ly/5jnsl*). Last accessed June 15, 2020.

[3] Bender, Emily M. "Linguistic Fundamentals for Natural Language Processing: 100 Essentials From Morphology and Syntax." Synthesis Lectures on Human Language Technologies 6.3 (2013): 1–184.

[4] Bender, Emily M. and Alex Lascarides. "Linguistic Fundamentals for Natural Language Processing II: 100 Essentials from Semantics and Pragmatics." Synthesis Lectures on Human Language Technologies 12.3 (2019): 1–268.

[5] Levesque, Hector, Ernest Davis, and Leora Morgenstern. "The Winograd Schema Challenge." The Thirteenth International Conference on the Principles of Knowledge Representation and Reasoning (2012).

[6] Wikipedia. "Dartmouth workshop" (*https://oreil.ly/6NZGh*). Last modified March 30, 2020.

[7] Miller, George A. "WordNet: A Lexical Database for English." Communications of the ACM 38.11 (1995): 39–41.

[8] Visual Thesaurus of English Collocations. "Visual Wordnet with D3.js" (*https://oreil.ly/EY1HB*). Last accessed June 15, 2020.

[9] Singh, Push, Thomas Lin, Erik T. Mueller, Grace Lim, Travell Perkins, and Wan Li Zhu. "Open Mind Common Sense: Knowledge Acquisition from the General Public," Meersman R. and Tari Z. (eds), On the Move to Meaningful Internet Systems 2002: CoopIS, DOA, and ODBASE. OTM 2002. Lecture Notes in Computer Science, vol. 2519. Berlin, Heidelberg: Springer.

[10] The Stanford Natural Language Processing Group. Stanford TokensRegex (*https://oreil.ly/M3KnK*), (software). Last accessed June 15, 2020.

[11] Hewitt, Luke. Probabilistic regular expressions (*https://oreil.ly/BqhJX*), (GitHub repo).

[12] Earley, Jay. "An Efficient Context-Free Parsing Algorithm." Communications of the ACM 13.2 (1970): 94–102.

[13] "Java Annotation Patterns Engine: Regular Expressions over Annotations" (*https://oreil.ly/dmdOs*). Developing Language Processing Components with GATE Version 9 (a User Guide), Chapter 8. Last accessed June 15, 2020.

[14] General Architecture for Text Engineering (GATE) (*https://gate.ac.uk*). Last accessed June 15, 2020.

[15] Rosier, Arnaud, Anita Burgun, and Philippe Mabo. "Using Regular Expressions to Extract Information on Pacemaker Implantation Procedures from Clinical Reports." AMIA Annual Symposium Proceedings v.2008 (2008): 81–85.

[16] Zhang, Haiyi and Di Li. "Naïve Bayes Text Classifier." 2007 IEEE International Conference on Granular Computing (GRC 2007): 708.

[17] Joachims, Thorsten. Learning to Classify Text Using Support Vector Machines, Vol. 668. New York: Springer Science & Business Media, 2002. ISBN: 978-1-4615-0907-3

[18] Baum, Leonard E. and Ted Petrie. "Statistical Inference for Probabilistic Functions of Finite State Markov Chains." The Annals of Mathematical Statistics 37.6 (1966): 1554–1563.

[19] Jurafsky, Dan and James H. Martin. Speech and Language Processing, Third Edition (Draft) (*https://oreil.ly/sZfWl*), 2018.

[20] Settles, Burr. "Biomedical Named Entity Recognition Using Conditional Random Fields and Rich Feature Sets." Proceedings of the International Joint Workshop on Natural Language Processing in Biomedicine and its Applications (NLPBA/BioNLP)(2004): 107–110.

[21] Bishop, Christopher M. Pattern Recognition and Machine Learning. New York: Springer, 2006. ISBN: 978-0-3873-1073-2

[22] Géron, Aurélien. Hands-On Machine Learning with Scikit-Learn, Keras, and TensorFlow: Concepts, Tools, and Techniques to Build Intelligent Systems. Boston: O'Reilly, 2019. ISBN: 978-1-492-03264-9

[23] Olah, Christopher. "Understanding LSTM Networks" (*https://oreil.ly/X6dwG*). August 27, 2015.

[24] Karpathy, Andrej. "The Unreasonable Effectiveness of Recurrent Neural Networks" (*https://oreil.ly/qTAxV*). May 21, 2015.

[25] Goldberg, Yoav. "Neural Network Methods for Natural Language Processing." Synthesis Lectures on Human Language Technologies 10.1 (2017): 1–309.

[26] Britz, Denny. "Understanding Convolutional Neural Networks for NLP" (*https://oreil.ly/vJppc*). November 7, 2015.

[27] Le, Hoa T., Christophe Cerisara, and Alexandre Denis. "Do Convolutional Networks need to be Deep for Text Classification?" Workshops at the Thirty-Second AAAI Conference on Artificial Intelligence, 2018.

[28] Vaswani, Ashish, Noam Shazeer, Niki Parmar, Jakob Uszkoreit, Llion Jones, Aidan N. Gomez, ukasz Kaiser, and Illia Polosukhin. "Attention Is All You Need." Advances in Neural Information Processing Systems, 2017: 5998–6008.

[29] Devlin, Jacob, Ming-Wei Chang, Kenton Lee, and Kristina Toutanova. "BERT: Pre-training of Deep Bidirectional Transformers for Language Understanding" (*https://oreil.ly/xdtmX*). October 11, 2018.

[30] Alammar, Jay. "The Illustrated Transformer" (*https://oreil.ly/Fl9n3*). June 27, 2018.

[31] Goodfellow, Ian, Yoshua Bengio, and Aaron Courville. Deep Learning. Cambridge: MIT Press, 2016. ISBN: 978-0-262-03561-3

[32] Varma, Nakul. COMS 4771: Introduction to Machine Learning (*https://oreil.ly/yRJZP*), Lecture 6, Slide 7. Last accessed June 15, 2020.

[33] Wang, Yaqing, Quanming Yao, James Kwok, and Lionel M. Ni. "Generalizing from a Few Examples: A Survey on Few-Shot Learning" (*https://oreil.ly/LyMxm*), (2019).

[34] Wang, Zhengwei, Qi She, and Tomas E. Ward. "Generative Adversarial Networks in Computer Vision: A Survey and Taxonomy" (*https://oreil.ly/OFvz7*), (2019).

[35] Olah, Chris, Arvind Satyanarayan, Ian Johnson, Shan Carter, Ludwig Schubert, Katherine Ye, and Alexander Mordvintsev. "The Building Blocks of Interpretability." Distill 3.3 (March 2018): e10.

[36] Nan, Kaiming, Sicong Liu, Junzhao Du, and Hui Liu. "Deep Model Compression for Mobile Platforms: A Survey." Tsinghua Science and Technology 24.6 (2019): 677–693.

[37] TensorFlow. "Get started with TensorFlow Lite" (*https://oreil.ly/Jxsuc*). Last modified March 21, 2020.

[38] Ganesh, Prakhar, Yao Chen, Xin Lou, Mohammad Ali Khan, Yin Yang, Deming Chen, Marianne Winslett, Hassan Sajjad, and Preslav Nakov. "Compressing Large- Scale Transformer-Based Models: A Case Study on BERT" (*https://oreil.ly/VSQvc*), (2020).

[39] Lipton, Zachary C. and Jacob Steinhardt. "Troubling Trends in Machine Learning Scholarship" (*https://oreil.ly/lpay1*), (2018).

第二章

NLP 處理線

「整體」超出各部分的總和。更正確地說，
「整體」不是各部分的總和，因為總和是無意義的程序，
而「整體」與「部分」之間的關係是有意義的。

—*Kurt Koffka*

在上一章，我們看了一些可能在日常生活中運到的常見 NLP 應用案例。設想，如果有人要求我們建構這種應用程式，如何在公司裡面完成這種工作？我們通常會了解需求，並將問題分解為幾個次級問題，再試著找出一個包含許多步驟的程序來處理它們。因為這種工作涉及語言處理，我們也會列出各個步驟需要的原文處理形式。這種逐步處理原文的流程稱為**處理線**（*pipeline*），它是建構任何 NLP 模型都會遇到的一系列步驟，這些步驟在每一個 NLP 專案中都很常見，所以我們要在這一章研究它們。了解 NLP 處理線的常見程序之後，我們就可以著手處理在工作場所遇到的任何 NLP 問題。布局和開發原文處理線是任何一種 NLP 應用程式開發流程的起點。在這一章，我們將學習處理線的各個步驟，以及它們在處理 NLP 問題時扮演什麼重要的角色，並且了解關於何時以及如何使用各個步驟的方針。在後續的章節中，我們將討論各種 NLP 任務的專屬處理線（例如第 4–7 章）。

圖 2-1 是現代資料驅動 NLP 系統開發流程的泛用處理線主要元件。在處理線中，主要的階段有：

1. 資料採集
2. 原文清理
3. 預先處理

4. 特徵工程
5. 模型建立
6. 評估
7. 部署
8. 監控與更新模型

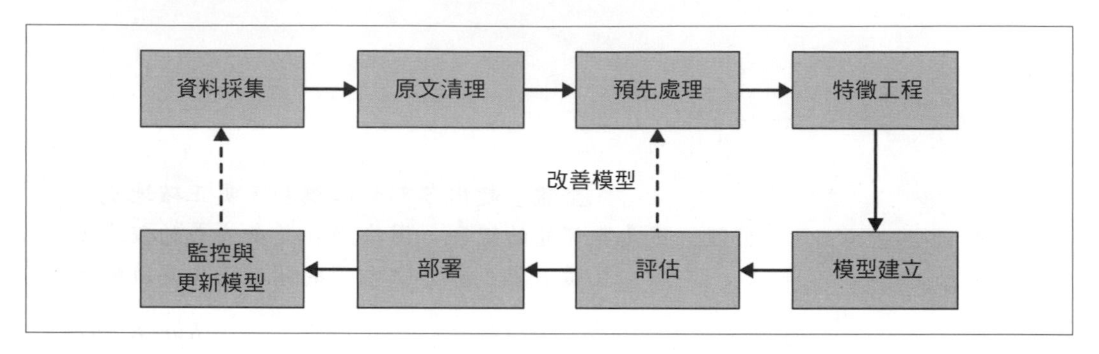

圖 2-1　泛用 NLP 處理線

任何一種 NLP 系統開發流程的第一個步驟都是收集與任務有關的資料。即使是建構規則式系統，也需要用一些資料來設計與測試規則。我們拿到的資料幾乎都不是乾淨的，這就是為什麼要做原文清理。在清理之後，原文資料通常有許多變體，需要轉換成標準形式，這是在預先處理步驟中完成的。接下來是特徵工程，找出最適合眼前任務的指標，並將指標轉換成建模演算法可以了解的格式。接下來是建模與評估階段，建構一或多個模型，並使用相關的評估指標對它們進行比較和對比。選出最好的模型之後，將模型部署至生產環境。最後，定期監控模型的性能，並且在需要時對它進行更新，以維持它的性能。

請注意，在真實世界中，這個程序不一定會像圖 2-1 的處理線那樣線性，它通常需要在各個步驟之間來回切換（例如在特徵提取與建模之間、在建模與評估之間等）。此外，它們之間也有迴圈，最常見的是從評估到預先處理、特徵工程、建模，再回到評估。另外還有一個整體迴圈，從監控到資料採集，但是這個迴圈是在專案級別上發生的。

注意，具體的逐步程序可能取決於眼前的特定任務。例如，原文分類系統的特徵提取步驟可能與原文摘要生成系統的不同。本書的後續章節會討論特定應用專屬的處理線階段。此外，根據專案的各個階段，不同的步驟可能需要不同的時間。在初始階段，大部分的時間都會用在建模與評估上，當系統成熟時，特徵工程可能會花費更多時間。

在本章的其餘部分，我們將用範例來詳細說明處理線的各個階段。我們將說明各個階段最常見的程序，並且用一些用例來講解它們。我們從第一個步驟開始看起：資料採集。

資料採集

資料是任何一種 ML 系統的核心。在大部分的業界專案中，資料通常會變成瓶頸。本節將討論為 NLP 專案收集資料的各種策略。

假設我們要開發一個 NLP 系統來辨識收到的顧客查詢（例如使用聊天介面）究竟是銷售查詢還是客服查詢，並且按照查詢種類，將它們自動傳送給正確的團隊，如何建構這種系統？答案取決於我們要處理的資料類型與數量。

在理想的情況下，我們擁有所需的資料組，裡面有數千甚至數百萬個資料點，此時，我們不需要擔心資料採集問題。例如，在剛才的場景中，我們有幾年以來的查詢紀錄，以及銷售和客服部門的回覆，此外，團隊已經將這些查詢標為銷售、客服或其他，因此，我們不僅有資料，也有標籤。但是，在許多 AI 專案中，我們沒有這麼幸運。我們來看一下在不理想的情況下該怎麼做。

如果我們只有少量或沒有資料，我們可以先在資料中尋找可以提示該訊息究竟屬於銷售還是客服查詢的模式，接下來，我們可以用正規表達式和其他經驗法則來比對這些模式，以分開銷售查詢和客服查詢。為了評估這個解決方案，我們收集一組來自這兩類的查詢，並計算被系統正確地識別的訊息的百分比。假設我們得到馬馬虎虎的數字，因此想要改善系統的性能。

現在我們可以開始考慮使用 NLP 技術了。對此，我們需要有標籤的資料也就是一組查詢（query），其中的每一個查詢都已經被標為銷售或客服，如何取得這種資料？

使用公用的資料組

我們可以看看有沒有公用的資料組可以利用。你可以查看 Nicolas Iderhoff [1] 整理的資料，或搜尋 Google 為資料組專門製作的搜尋引擎 [2]。如果你發現類似你的任務的資料組，好極了！你可以開始建立模型並評估它了。但如果找不到呢？

收集資料

我們可以在網際網路上尋找相關資料的來源，例如，裡面已經有用戶貼出查詢（銷售或客服）的顧客或討論論壇，你可以在那裡收集資料，並且請人幫它加上標籤。

在許多業界環境中，從外部來源收集資料是不夠的，因為那些資料缺少一些細節，例如產品名稱，或該產品特有的用戶行為，因此它們可能與生產環境的資料非常不同。此時，我們就要在機構內部尋找資料了。

產品干預

在大多數的業界環境中，AI 模型幾乎都不會獨立存在。它們通常會透過某項功能或產品來為用戶提供服務，在這些情況下，AI 團隊應該與產品團隊合作，在產品中開發更好的工具，來收集更多、更豐富的資料。在科技領域，這種做法稱為 *product intervention*（**產品干預**）。

產品干預通常是在業界環境中為了建構智慧型應用程式而收集資料的最佳手段。Google、Facebook、Microsoft、Netflix 等科技巨頭早就知道這一點，並且試圖從盡可能多的用戶那裡收集盡可能多的資料。

資料擴增

雖然從產品收集資料是很棒的方法，但是這需要時間。即使你今天就開始從產品收集資料，可能也要三到六個月的時間才能收集規模適中、內容全面的資料組。我們能不能同時做些什麼？

NLP 有很多技術可讓我們使用小資料組和一些技巧來建構更多資料，這些技巧也稱為資料擴增，它們試圖利用語言的屬性來建構語法類似原始資料的文字。雖然這種做法看起來很像 hack 手法，但它們在實務上有很好的效果。我們來看其中的一些技術：

同義詞替換

從句子中隨機選出「k」個不是停用字（stop word）的單字，將這些單字換成它們的同義詞。我們可以從 Synsets in Wordnet [3, 4] 取得同義詞。

回譯

假設有個英語句子 S1，我們使用機器翻譯庫（例如 Google Translate）將它翻譯成另一種語言，假設是德文，它對映的德文句子是 S2，接下來再次使用機器翻譯庫將它翻譯回去英語，輸出的句子是 S3。

我們可以發現，S1 與 S3 的意思很相似，但是彼此稍微不同，我們可以將 S3 加入資料組。這種技巧非常適合用在原文分類上。圖 2-2 [5] 是回譯的動作。

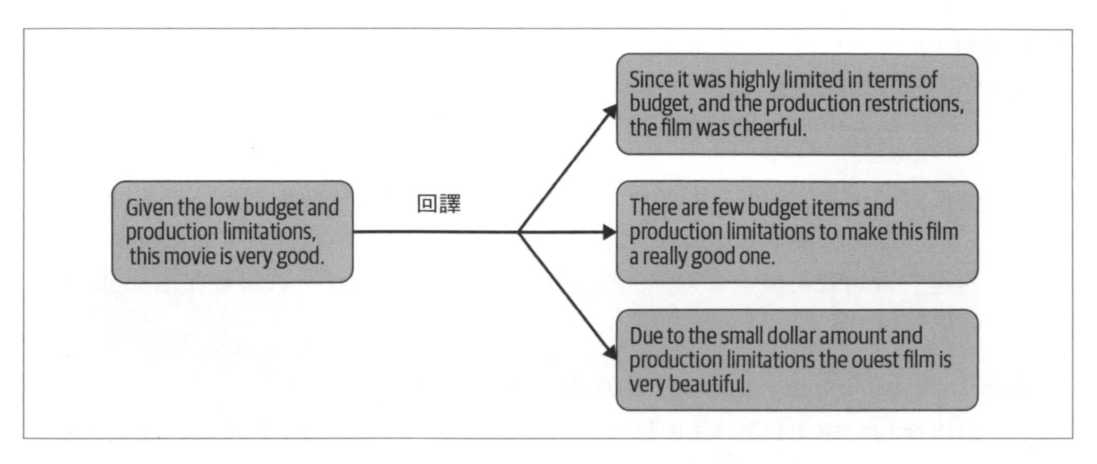

圖 2-2. 回譯

使用 *TF-IDF* 來替換單字

回譯可能會失去一些對句子而言很重要的單字。在 [5] 中，作者使用 TF-IDF（*https://oreil.ly/jeUJ8*）來處理這個問題，我們將在第 3 章介紹這種技術。

雙字對調

將句子分成多組雙字（bigram），隨機選擇一組雙字，並對調它。例如有個句子「I am going to the supermarket」，我們選擇雙字「going to」並將它換成對調的「to going」。

替換個體

將人名、地點、機構名稱等個體換成同一類的其他個體，也就是說，將人名換成別人的名字，將城市名換成另一個城市，以此類推。例如，將「I live in California」裡面的「California」換成「London」。

在資料中加入雜訊

在許多 NLP 應用中，傳來的資料都有拼寫錯誤，主要由於產生資料的平台（例如 Twitter）的特性。在這種情況下，我們可以在資料中加入一些雜訊，來訓練穩健的模型。例如，在句子裡隨機選擇一個單字，將它換成拼字很像那個單字的另一個單字。另一種雜訊來源是在行動鍵盤上的「胖手指」問題 [6]，你可以模擬在 QWERTY 鍵盤上打錯字的情況，將一些字元換成它在 QWERTY 鍵盤的隔壁字元。

進階技術

我們也可以用其他的進階技術與系統來擴增原文資料。值得注意的有：

Snorkel [7, 8, 52]

這是自動建構訓練資料的系統，不需要人工添加標籤。我們可以使用經驗法則來「建立」大型的訓練資料組（不需要人工添加標籤），並且藉著轉換既有的資料與建立新的資料樣本來製作合成資料。最近，這種做法已被證實在 Google 有很好的效果 [9]。

Easy Data Augmentation (EDA) [10, 11] 與 NLPAug [12]

這兩種程式庫可以為 NLP 建立合成樣本。它們提供各種資料擴增技術的實作，包括之前介紹過的一些技術。

主動學習 [13]

這是 ML 專屬的模式，其中，學習演算法可以互動性地查詢資料點，並取得它的標籤。它適合有大量無標籤資料而且人工加入標籤的成本很高的情況，此時，問題會變成：我們該為哪些資料點加上標籤，來將學習效果最大化，同時降低標注標籤的成本？

要讓本節介紹的技術有很好的效果，有一個關鍵的需求是在一開始就有乾淨的資料組，即使不太大。根據我們的經驗，資料擴增技術的效果很好。此外，在日常的 ML 工作中，資料組會來自不同的來源，我們會結合公用資料組、有標籤的資料組，以及擴增過的資料組來建構早期的生產模型，因為在一開始，我們通常沒有大型的資料組可以使用。取得工作需要的資料之後，即可進入下一個步驟：原文清理。

原文提取與清理

原文提取與清理的意思是移除輸入資料的所有非文字資訊（例如標記、參考資訊等）、提取原始文字，並將原文轉換成所需的編碼格式。通常這取決於機構可用的資料的格式（例如 PDF、HTML 或文章中的靜態資料、某種形式的連續資料串流等），見圖 2-3。

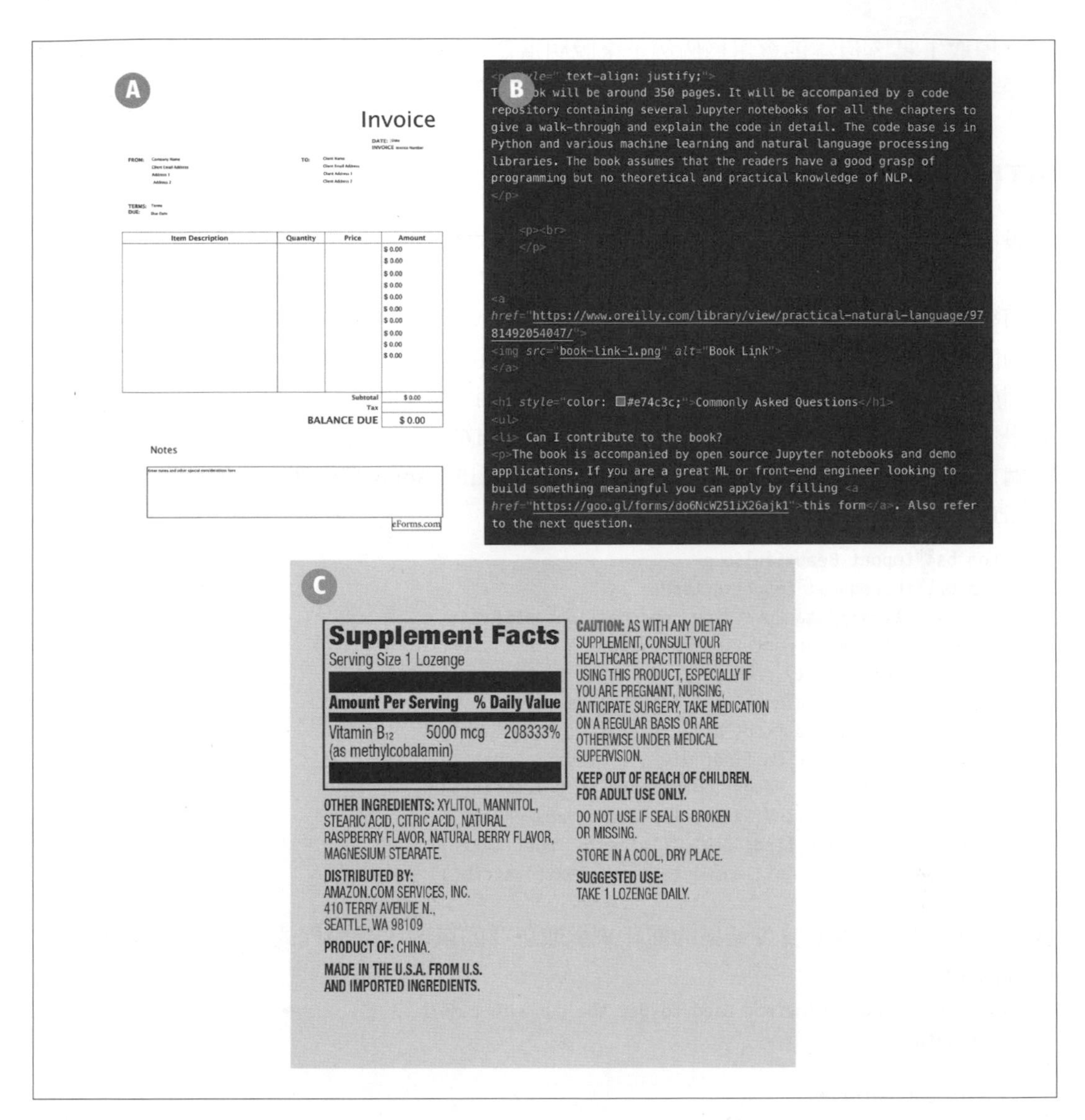

圖 2-3 (a) PDF 單據 [14]、(b) HTML 原文，與 (c) 圖像內的原文 [15]

原文提取是標準的資料角力（data-wrangling）步驟，在這個過程中，我們通常不會使用任何 NLP 專屬的技術，但是，根據我們的經驗，這是個重要的步驟，將會影響 NLP 處理線的所有其他層面。此外，它可能是專案中最費時的部分。雖然本書不討論如何設計原文提取工具，但本節會用幾個例子來說明這個步驟涉及的各種問題。我們也會討論一些從各種來源提取原文，以及清理它們，來讓它們可在下游處理線中使用的重要層面。

HTML 解析與清理

假設我們正在進行一項專案，想要建立一個程式設計問題論壇搜尋引擎。我們選擇的來源是 Stack Overflow，並且決定從這個網站提取問題與最佳解答。在這個案例中，我們如何執行原文提取步驟？從典型的 Stack Overflow 問題網頁的 HTML 標記可以看到，它的問題與解答都有特殊的標籤，我們可以利用這些資訊從 HTML 網頁提取原文。雖然我們好像要編寫自己的 HTML 解析器，但是根據我們經歷過的多數情況，利用現有的程式庫通常是比較好的做法，例如 Beautiful Soup [16] 與 Scrapy [17]，因為它們有各種解析網頁的工具。下面這段程式展示如何使用 Beautiful Soup 來處理上述的問題，從 Stack Overflow 網頁取出問題和它的最佳解答：

```
from bs4 import BeautifulSoup
from urllib.request import urlopen
myurl = "https://stackoverflow.com/questions/415511/ \
  how-to-get-the-current-time-in-python"
html = urlopen(myurl).read()
soupified = BeautifulSoup(html, "html.parser")
question = soupified.find("div", {"class": "question"})
questiontext = question.find("div", {"class": "post-text"})
print("Question: \n", questiontext.get_text().strip())
answer = soupified.find("div", {"class": "answer"})
answertext = answer.find("div", {"class": "post-text"})
print("Best answer: \n", answertext.get_text().strip())
```

我們利用關於 HTML 文件結構的知識來提取想要的東西。這段程式會產生這個輸出：

```
Question:
What is the module/method used to get the current time?
Best answer:
 Use:
>>> import datetime
>>> datetime.datetime.now()
datetime.datetime(2009, 1, 6, 15, 8, 24, 78915)

>>> print(datetime.datetime.now())
2009-01-06 15:08:24.789150

And just the time:
```

```
>>> datetime.datetime.now().time()
datetime.time(15, 8, 24, 78915)

>>> print(datetime.datetime.now().time())
15:08:24.789150

See the documentation for more information.
To save typing, you can import the datetime object from the datetime module:
>>> from datetime import datetime

Then remove the leading datetime. from all of the above.
```

在這個範例裡面，我們有特定的需求：提取一個問題和它的解答。在一些情況下（例如，從網頁提取郵政地址），我們會先從網頁取得所有原文（而不是只有一部分），再做其餘的事情。通常 HTML 程式庫都有一些函式可以移除所有 HTML 標籤，只回傳標籤之間的內容，但是它通常會產生有雜訊的輸出，在提取出來的內容裡面也可能有許多 JavaScript，我們只需要提取通常包著原文的標籤之間的內容。

Unicode 正規化

在開發清理 HTML 標籤的程式時，我們可能也會遇到各種 Unicode 字元，包括符號、表情符號，與其他圖案字元。圖 2-4 是一些 Unicode 字元。

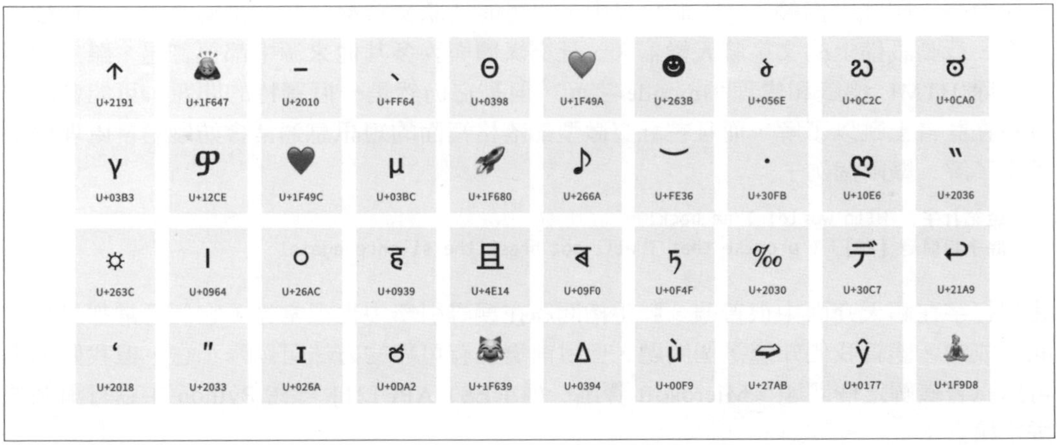

圖 2-4　Unicode 字元 [18]

為了解析這種非文字的符號與特殊字元，我們使用 Unicode 正規化，也就是將原文轉換成某種二進制表示法，以儲存在電腦裡面，這個程序稱為**原文編碼**。忽略編碼問題可能會在處理線之中造成進一步的處理錯誤。

編碼方法有很多種，不同的作業系統可能有不同的預設編碼方法。有時（比你想的更常見）在原文提取過程中，我們可能必須在這些編碼方法之間進行轉換，尤其是在處理多種語言、社交媒體資料等裡面的原文時。關於在電腦裡面如何表示語言，以及編碼方法有何不同，請參考 [19]。以下是處理 Unicode 的範例：

```
text = ' I love 🍕!  Shall we book a 🚕 to gizza?'
Text = text.encode("utf-8")
print(Text)
```

它會輸出：

```
b'I love Pizza \xf0\x9f\x8d\x95!Shall we book a cab \xf0\x9f\x9a\x95
  to get pizza?'
```

這些經過處理的原文是機器可以閱讀的，也可以在下游的處理線中使用。第 8 章會更詳細地用這一個例子來處理 Unicode 字元。

拼寫糾正

在快速輸入與胖手指輸入 [6] 的世界中，也可能的原文資料通常有拼寫錯誤。這在搜尋引擎、行動設備上的文字聊天機器人、社交媒體與許多其他來源中都很普遍。雖然我們會移除 HTML 標籤和處理 Unicode 字元，但是它仍然是一個獨特的問題，可能會造成資料在語言上難以了解，而且在社交微型部落格裡面的短訊息通常會妨礙語言處理與上下文了解。舉兩個例子：

速記打字： Hllo world! I am back!
胖手指問題 [20]：I pronise that I will not bresk the silence again!

速記打字在聊天介面中很普遍，胖手指問題在搜尋引擎中也很常見，它們通常都是無意間造成的。儘管我們知道這個問題，但目前還沒有可靠的方法可以修正它，但我們仍然可以試著緩解這個問題。Microsoft 釋出一種 REST API [21] 可在 Python 中進行潛在的拼字檢查：

```
import requests
import json

api_key = "<ENTER-KEY-HERE>"
```

```
example_text = "Hollo, wrld" # 要檢查拼字的原文

data = {'text': example_text}
params = {
    'mkt':'en-us',
    'mode':'proof'
    }
headers = {
    'Content-Type': 'application/x-www-form-urlencoded',
    'Ocp-Apim-Subscription-Key': api_key,
    }
response = requests.post(endpoint, headers=headers, params=params, data=data)
json_response = response.json()
print(json.dumps(json_response, indent=4))

Output (partially shown here):
"suggestions": [
            {
               "suggestion": "Hello",
               "score": 0.9115257530801
            },
            {
               "suggestion": "Hollow",
               "score": 0.858039839213461
            },
            {
               "suggestion": "Hallo",
               "score": 0.597385084464481
            }
```

[21] 有完整的教學。

除了 API 之外，我們也可以使用特定語言的大型字典來建構自己的拼寫檢查程式。有一種粗淺的解決方案是尋找對一個單字的字母進行微幅修改（添加、刪除、替換）之後可以將它變成哪些單字。例如，如果「Hello」是字典中已經存在的單字，那麼為「Hllo」加入「e」（最簡單的方法）就可以進行修正。

系統專用的錯誤修正法

從網路抓到的 HTML 或原始原文只是眾多文字資料來源之中的兩種。考慮另一種情況——我們的資料組是一堆 PDF 文件，此時，處理線在一開始就要從 PDF 文件提取一般原文。但是，PDF 文件的編碼方式各不相同，有時我們無法提取全文，或者，原文

的結構可能會一團亂。如果我們需要全文，或文章必須符合語法或具備完整的句子（例如，我們想要從報紙文章中，提取新聞裡面的人物之間的關係），這可能會影響我們的應用程式。雖然有一些程式庫可以從 PDF 提取原文，例如 PyPDF [22]、PDFMiner [23] 等，但它們都稱不上完美，也無法處理很多 PDF 文件，我們讓讀者自行探索它們。[24] 詳細地討論從 PDF 提取原文所牽涉的一些問題。

另一種常見的文字資料來源是掃描的文件。從掃描的文件提取原文通常是用光學字元辨識（OCR），使用 Tesseract [25, 26] 等程式庫來完成的。考慮圖 2-5 的圖像，它摘自 1950 年的雜誌文章 [27]。

> In the nineteenth century the only kind of linguistics considered seriously was this comparative and historical study of words in languages known or believed to be *cognate*—say the Semitic languages, or the Indo-European languages. It is significant that the Germans who really made the subject what it was, used the term *Indo-germanisch*. Those who know the popular works of Otto Jespersen will remember how firmly he declares that linguistic science is historical. And those who have noticed

圖 2-5　掃描的原文

下列程式展示如何使用 Python 程式庫 pytesseract 從這張圖像中取出原文：

```
from PIL import Image
from pytesseract import image_to_string
filename = "somefile.png"
text = image_to_string(Image.open(filename))
print(text)
```

這段程式會印出下列輸出，其中的「\n」代表換行字元：

```
' in the nineteenth century the only Kind of linguistics considered\nseriously
was this comparative and historical study of words in languages\nknown or
believed to Fe cognate—say the Semitic languages, or the Indo-\nEuropean
languages. It is significant that the Germans who really made\nthe subject what
it was, used the term Indo-germanisch. Those who know\nthe popular works of
Otto Jespersen will remember how fitmly he\ndeclares that linguistic
science is historical. And those who have noticed'
```

我們發現在這個例子中，OCR 系統的輸出有兩個錯誤。取決於原始掃描的品質，OCR 的輸出可能會有更多錯誤。如何在傳遞這些原文給處理線的下一個階段之前清理它？有一種做法是用拼字檢查程式來處理這段原文，例如 pyenchant [28]，它可以辨識拼寫錯誤，並提出一些替代選項。最近有人使用神經網路結構來訓練以單字 / 字元為基礎的語言模型，並且使用它們，根據上下文來修正 OCR 原文輸出 [29]。

我們曾經在第 1 章看過一個語音助理的例子。在這種案例中，原文提取任務的來源是自動語音識別（ASR）系統的輸出。如同 OCR，由於各種因素，ASR 也經常有一些錯誤，例如方言變化、俚語、非母語英語、新的或某個領域專屬的詞彙等。上述的拼寫檢查程式或自然語言模型也可以清理提取出來的原文。

我們到目前為止看到的只是在原文提取和清理程序中可能出現的問題。雖然 NLP 在這個程序中只是個不起眼的角色，但我們希望這些例子可以說明原文提取和清理在典型的 NLP 處理線中可能帶來的挑戰。在接下來討論各種 NLP 應用的章節裡面，我們還會談到這些層面。接下來，我們來看處理線的下一個步驟：預先處理。

預先處理

先想一下這個簡單的問題：我們已經在之前的步驟中進行一些清理了，為什麼還要對原文做預先處理？考慮這個場景：我們要處理維基百科網頁中，與人物有關的文章，來提取他們的生平資訊。我們的資料採集程序從爬取這些網頁開始，但是，我們爬取來的資料都是 HTML，其中有許多維基百科的樣板（例如，在左面板裡面的連結），或許還有連到多種語言的連結（在它們的腳本內）等。當我們從原文中提取特徵時，這些資訊都是不相關的（在多數情況下）。原文提取步驟移除了這些內容，產生我們需要的純原文。但是，NLP 軟體通常都是在句子級別上工作的，至少認為單字是彼此分開的。因此，在處理線進行後續處理之前，我們要設法將文章分成單字與句子。有時，我們要刪除特殊字元與數字，有時，我們不在乎單字是大寫或小寫，希望全部都是小寫。在處理原文時，我們可能做出許多其他類似的決定，這種決定都是在 NLP 處理線的預先處理步驟中處理的。以下是在 NLP 軟體中常見的預先處理步驟：

初步處理

分句與單字語義單元化。

常做的步驟

停用字移除、詞幹提取與詞形還原、移除數字 / 標點符號、改成小寫等。

其他步驟

正規化、語言偵測、語碼混用、音譯等。

進階處理

POS 標注、解析、共指消解等。

雖然並非所有 NLP 處理線都要遵循所有步驟，但前兩個步驟幾乎是隨處可見的。我們來看一下各個步驟的意思。

初步處理

如前所述，NLP 軟體通常藉著將文章分成單字（語義單元，token）與句子來分析它。因此，任何一種 NLP 處理線都必須先用一個可靠的系統來將文章拆成句子（句子分割），並進一步將句子拆成單字（分字）。因為它們看起來是很簡單的工作，你可能會問，為什麼它們需要被特殊處理？接下來的兩節會告訴你原因。

句子分割

在進行句子分割時可以使用一條簡單的規則：看到句號和問號時，就將原文拆成句子。但是，縮寫、稱呼（Dr.、Mr. 等）或省略符號（…）都會打破這條簡單的規則。

幸好我們不必擔心如何解決這些問題，因為大多數的 NLP 程式庫都具備某種形式的句子和單字分割功能。Natural Language Tool Kit (NLTK) [30] 是一種常用的程式庫，下面的程式示範如何使用 NLTK 的句子與單字分割器，這段程式的輸入是本章的第一段：

```
from nltk.tokenize import sent_tokenize, word_tokenize

mytext = "In the previous chapter, we saw examples of some common NLP
applications that we might encounter in everyday life. If we were asked to
build such an application, think about how we would approach doing so at our
organization. We would normally walk through the requirements and break the
problem down into several sub-problems, then try to develop a step-by-step
procedure to solve them. Since language processing is involved, we would also
list all the forms of text processing needed at each step. This step-by-step
processing of text is known as pipeline. It is the series of steps involved in
building any NLP model. These steps are common in every NLP project, so it
makes sense to study them in this chapter. Understanding some common procedures
in any NLP pipeline will enable us to get started on any NLP problem encountered
in the workplace. Laying out and developing a text-processing pipeline is seen
as a starting point for any NLP application development process. In this
chapter, we will learn about the various steps involved and how they play
important roles in solving the NLP problem and we' ll see a few guidelines
about when and how to use which step. In later chapters, we' ll discuss
```

```
specific pipelines for various NLP tasks (e.g., Chapters 4-7)."

my_sentences = sent_tokenize(mytext)
```

單字語義單元化

類似分句，要將句子分為單字，我們可以先使用簡單的規則，根據標點符號，將原文拆成單字。NLTK 程式庫可讓我們做這件事。舉之前的例子：

```
for sentence in my_sentences:
   print(sentence)
   print(word_tokenize(sentence))
```

它處理第一句的輸出是：

```
In the previous chapter, we saw a quick overview of what is NLP, what are some
of the common applications and challenges in NLP, and an introduction to
different tasks in NLP.
['In', 'the', 'previous', 'chapter', ',', 'we', 'saw', 'a', 'quick',
'overview', 'of', 'what', 'is', 'NLP', ',', 'what', 'are', 'some', 'of', 'the',
'common', 'applications', 'and', 'challenges', 'in', 'NLP', ',', 'and', 'an',
'introduction', 'to', 'different', 'tasks', 'in', 'NLP', '.']
```

雖然現成的解決方案可以滿足大多數的需求，而且大多數的 NLP 程式庫都有 tokenizer（語義單元化程式）和拆開句子的程式，但切記，它們離完美還有一段很長的距離。例如這個句子：「Mr. Jack O'Neil works at Melitas Marg, located at 245 Yonge Avenue, Austin, 70272.」如果我們用 NLTK 來將它語義單元化，它會將 O、' 與 Neil 視為三個不同的語義單元。類似地，如果我們用那個 tokenizer 來處理這個句子：「There are $10,000 and € 1000 which are there just for testing a tokenizer」，雖然它將 $ 與 10,000 視為不同的語義單元，卻將 € 1000 視為一個語意單元。另外，如果我們想要將推特文章語義單元化，這個 tokenizer 會將主題標籤（hashtag）分成兩個語義單元：「#」與它後面的字串。在這些情況下，或許我們要針對自己的需求自製 tokenizer。在完成範例之前，我們會在執行句子語義單元化之後，執行單字語義單元化。

提醒你，NLTK 也有推特文章 tokenizer，你將會在第 4 章與第 8 章看到它有多麼好用。總之，雖然將單字與句子語義單元化的方法看起來很基本，而且很容易實作，但它們不一定符合我們的語義單元化需求，正如上述的例子那樣。注意，雖然我們舉 NLTK 的例子，但是這些情況對任何其他程式庫而言也是如此。我們讓讀者自行探索它們，當成練習。

由於語義單元化在不同的領域可能有所不同，語義單元化也和語言有密切的關係。每一種語言都有不同的語言規則和例外。在圖 2-6 中，「N.Y.!」總共有三個標點符號，但是在英語中，N.Y. 代表 New York，因此「N.Y.」應該視為一個單字，不能繼續語義單元化。spaCy [31] 提供的 tokenizer 可以指定這種語言專屬的例外。在 spaCy 裡面，你也可以自訂規則來處理具有高詞形變化（字首或字尾）與複雜詞形的例外。

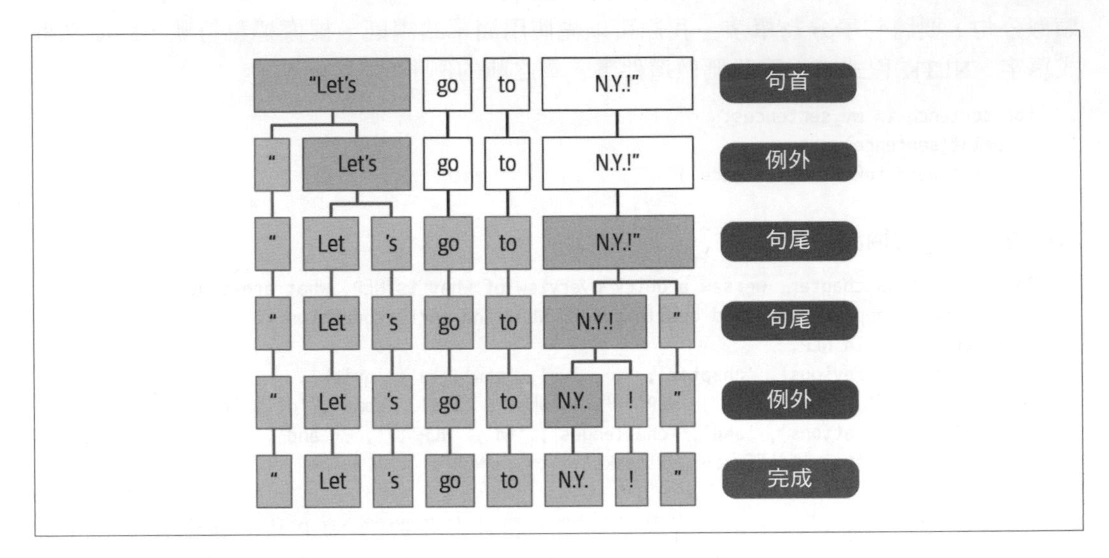

圖 2-6　在語義單元化期間，語言專屬（在此是英語）的例外 [31]

另一個注意事項是，任何一種句子分割和 tokenizer 都對它們收到的輸入非常敏感。假如我們要編寫軟體來提取一些資訊，例如從工作錄取信裡面提取公司、職稱與薪水，它們有一定的格式，有 To 與 From 地址，最後有簽名，在這種情況下，我們該如何判斷什麼是句子？整個地址應該視為一個「句子」嗎？還是要將每一行都拆開？這些問題的答案取決於你想要提取什麼東西，以及處理線的其餘步驟對這項決定有多麼敏感。若要識別特定的模式（例如日期或金額），第一步是使用正確的正規表達式。在許多實際的情況下，我們最終可能會自製符合我們的原文結構的 tokenizer 或句子分割程式，而不是使用標準 NLP 程式庫裡面的現成程式 [32]。

常做的步驟

我們來看一下在 NLP 處理線中，經常執行的預先處理操作還有哪些。假設我們要設計軟體來將新聞文章分成政治、體育、商業與其他這四種類別之一。假如我們已經有好的句子分割和單字語義單元化程式了，此時，我們要想一下哪一種資訊在開發分類工具時有用。英語有一些經常使用的單字，例如 a、an、the、of、in 等，它們對這項任務而言不太有用，因為它們本身沒有任何內容可用來區分這四個類別，這種單字稱為**停用字**（*stop word*），這類的問題通常不會用它們來做進一步的分析（但不是都會如此）。不過，英語沒有標準的停用字清單可用，坊間有一些流行的清單（例如 NLTK 有一個），儘管停用字可能會依我們處理的任務而改變，例如，「news」這個字在這個問題場景中可能是停用字，但是它在上一個步驟提到的錄取信範例裡面可能不是停用字。

類似地，有時大寫或小寫對眼前的問題而言沒有區別，所以，我們將所有原文都改成小寫（或改成大寫，不過小寫比較常見）。移除標點符號或數字也是許多 NLP 問題的常見步驟，例如原文分類（第 4 章）、資訊檢索（第 7 章）與社交媒體分析（第 8 章）。我們會在接下來的章節中看到這些步驟是否有用，以及如何發揮作用的例子。

下面的程式示範如何移除一段原文的停用字、數字與標點符號，並且將它改成小寫：

```
from nltk.corpus import stopwords
From string import punctuation
def preprocess_corpus(texts):
    mystopwords = set(stopwords.words("english"))
    def remove_stops_digits(tokens):
       return [token.lower() for token in tokens if token not in mystopwords
               not token.isdigit() and token not in punctuation]
    return [remove_stops_digits(word_tokenize(text)) for text in texts]
```

需要注意的是，這四個程序實質上不是必要的，也不是循序的，上述的函式只是為了說明如何將這些處理步驟加入專案中。我們在這裡看到的預先處理程序雖然是文字資料專屬的，但是它們與語言學沒有特別的關係——除了頻率之外（停用字是很常見的字），我們並未關注語言的任何層面，而且我們移除的是非字母資料（標點符號、數字）。詞幹提取和詞形還原是兩種常用而且考慮單字級別屬性的預先處理步驟。

詞幹提取和詞形還原

詞幹提取就是移除字尾，將一個單字簡化成某種基本形式，以便將那個單字的所有變體表示成同一種形式（例如將「car」與「cars」都簡化為「car」)。這項工作是藉著採用一組固定的規則來完成的（例如，如果單字的結尾是「-es」，那就移除「-es」）。圖 2-7 是其他的例子。雖然這種規則不一定能產生語言學的正確基本形式，但搜尋引擎經常使用詞幹提取來比對用戶的查詢與相關的文件，原文分類也使用它來減少特徵空間，以訓練機器學習模型。

下面的程式示範如何使用 NLTK 來使用一種流行的詞幹提取演算法，Porter Stemmer [33]：

```
from nltk.stem.porter import PorterStemmer
stemmer = PorterStemmer()
word1, word2 = "cars" , "revolution"
print(stemmer.stem(word1), stemmer.stem(word2))
```

它為「cars」產生詞幹提取形式「car」，但「revolution」的詞幹提取形式是「revolut」，儘管在語言上，它的字母不是正確的，雖然這種情況應該不會影響搜尋引擎的性能，但是在一些其他的場景中，產生正確的語言形式是有用的，所以我們進行另一個很像詞幹提取的程序，稱為詞形還原。

詞形還原是將一個字的各種形式轉換成它的基本單字，或**字典標題字**（*lemma*）。雖然這項工作的定義很像詞幹提取的定義，但它們是不同的。例如，形容詞「better」的詞幹與它一樣，但是將它詞形還原會變成「good」，見圖 2-7。詞形還原需要更多語言知識，而且在 NLP 研究領域中，建模與開發高效的詞形還原程式仍然是個有待解決的問題。

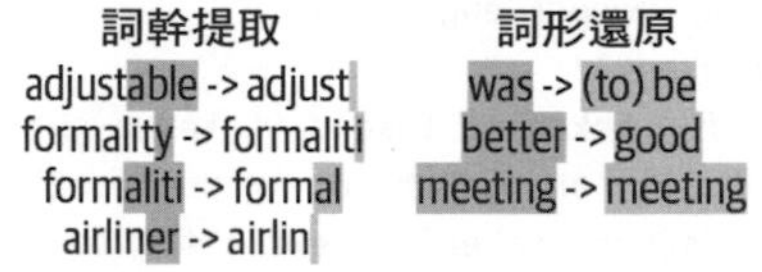

詞幹提取	詞形還原
adjustable -> adjust	was -> (to) be
formality -> formaliti	better -> good
formaliti -> formal	meeting -> meeting
airliner -> airlin	

圖 2-7　詞幹提取與詞形還原的差異 [34]

下面是 NLTK 的 WordNet 詞形還原程式的用法：

```
from nltk.stem import WordNetLemmatizer
lemmatizer = WordnetLemmatizer()
print(lemmatizer.lemmatize("better", pos="a")) # a 是形容詞
```

這段程式使用 spaCy 的詞形還原程式：

```
import spacy
sp = spacy.load('en_core_web_sm')
token = sp(u'better')
for word in token:
   print(word.text,  word.lemma_)
```

NLTK 印出「good」，而 spaCy 印出「well」，兩者都是正確的。因為詞形還原需要對單字及其上下文進行某種程度的語言分析，它的執行時間可能比詞幹提取更長，而且通常只在絕對必要時使用。下一章會說明詞幹提取與詞形還原的作用。詞形還原程式是選用的，我們可以根據其他預先處理步驟所使用的框架來選擇 NLTK 或 spaCy，以便在整個處理線都使用一種框架。

切記，以上所有步驟都不是絕對必要的，它們也不一定要按照我們討論的順序來執行。例如，如果我們要刪除數字與標點符號，先刪除哪一種應該不重要，但是，我們通常會在提取詞幹之前先改為小寫。在進行詞形還原之前，我們也不會移除語義單元或將原文小寫化，因為我們必須知道單字的詞性才能了解它的字典標題字，句子中的所有語義單元都必須是原封不動的。先清楚了解如何處理資料，再列出預先處理工作的順序是很好的做法。

作為一個簡單的總結，圖 2-8 是這一節介紹的各種預先處理步驟。

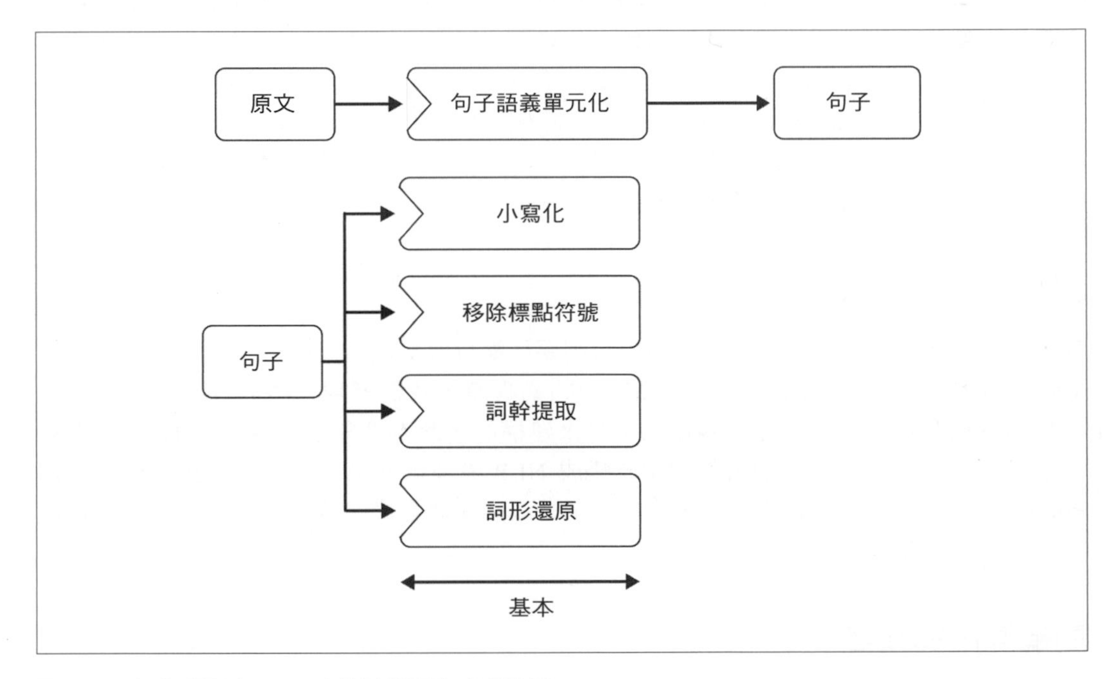

圖 2-8　在處理原文 blob 時常見的預先處理步驟

注意，雖然它們是比較常見的預先處理步驟，但不是詳盡無遺的。根據資料的性質，你可能還要進行其他重要的預先處理步驟。我們來看看其中的幾個步驟。

其他的預先處理步驟

我們已經看了一些經常在 NLP 處理線中出現的預先處理步驟了。雖然我們沒有明確地指出原文的種類，但我們假設所處理的是普通的英語原文，如果不是如此呢？我們用幾個例子來介紹處理這種情況的其他預先處理步驟。

原文正規化

假設我們想要用一堆社交媒體貼文來偵測新聞事件。社交媒體的原文與報紙裡面的語言非常不同，一個單字可能用不同的方式拼寫，包括縮寫的形式，電話號碼也可以寫成不同的格式（連字號的使用與否），名字有時是小寫等。當我們開發 NLP 工具來處理這種資料時，使用典型的原文表示法來將所有的變體描述成一種表示法是很有幫助的，這種做法稱為**原文正規化**。原文正規化常見的步驟包括將所有原文轉換成小寫或大寫、將數字轉換成文字（例如將 9 轉換成 nine）、展開縮寫等。你可以在 Spacy 的原始碼 [35] 裡面找到使用原文正規化的簡單方法，它是一個字典，顯示如何將預設的單字集合的各種拼寫法轉換成一種拼寫法。第 8 章會展示更多原文正規化的例子。

語言偵測

許多網頁內容都不是英語。例如，假設我們要從網頁收集所有產品評論，當我們瀏覽各個電子商務網站，並開始抓取與產品有關的網頁時，我們發現一些非英語的評論。大部分的處理線都是用某個語言專屬的工具來建構的，此時期望收到英語的 NLP 處理線會怎樣？在這種情況下，語言偵測就會變成 NLP 處理線的第一個步驟。我們可以使用 Polyglot [36] 之類的程式庫來偵測語言，完成這個步驟之後，接下來的步驟就可以按照特定語言的處理流程。

語碼混用與音譯

上面討論的是原文的內容不是英語的情況，但是，還有一種情況是有一段內容不只有一種語言，世界上有很多人會在日常生活中使用多種語言，因此，他們也經常在社交媒體文章裡面使用多種語言，而且一篇文章可能有多種語言。舉個語碼混用的例子，圖 2-9 是來自 LDC [37] 的 Singlish（新加坡俗語 + 英語）句子。

Dey, wǒ men paktor always makan at kopitiam one.

泰米爾語 國語（我們） 廣東話 英語 馬來語 英語 馬來語 福建話 / 客家話（店） ???

翻譯：嘿，我們約會時，總是在咖啡店吃東西（one）。

圖 2-9　在一句 Singlish 裡面的語碼混用

這一句話裡面有泰米爾語、英語、馬來語以及三種漢語的單字。語碼混用就是這種切換語言的現象。當人們在文章裡面使用多種語言時，通常會用羅馬字體來輸入這些語言的單字，使用英語拼寫。如此一來，他們就可以在英語旁邊輸入其他語言的單字。這種做法稱為**音譯**（*transliteration*）。這兩種現象在多語言的社群裡面很常見，需要在預先處理原文的過程中處理。第 8 章會更詳細討論它們，並且展示這種現象在社交媒體文章中的案例。

以上就是常見的預先處理步驟。雖然這份清單不是完整無缺的，但希望你可以了解，你可能要根據資料的性質進行各式各樣的預先處理。接下來，我們來看看 NLP 處理線的其他預先處理步驟——它們需要更高階的語言處理技術。

進階處理

假設我們要開發一個系統，在公司收集的上百萬份文件中，辨識個人與機構的名稱。這種情況可能用不到上述的常見預先處理步驟。辨識名字需要進行 POS 標注，因為認出專有名詞在辨認個人與機構名稱時很有用。如何在專案的預先處理階段進行 POS 標注？本書不會詳細討論如何開發 POS 標注器（詳情見 [38] 的第 8 章），NLTK、spaCy[39] 與 Parsey McParseface Tagger [40] 等 NLP 程式庫都有訓練好的、現成的 POS 標注器，所以我們通常不需要自行開發 POS 標注方案。這段程式說明如何使用 NLP 程式庫 spaCy 來使用多種現成的預先處理函式：

```
import spacy
nlp = spacy.load('en_core_web_sm')
doc = nlp(u'Charles Spencer Chaplin was born on 16 April 1889 toHannah Chaplin
        (born Hannah Harriet
Pedlingham Hill) and Charles Chaplin Sr')
for token in doc:
    print(token.text, token.lemma_, token.pos_,
          token.shape_, token.is_alpha, token.is_stop)
```

在這段簡單的程式中，我們可以看到語義單元化、詞形還原、POS 標注，以及一些其他步驟！注意，在必要時，我們可以用同一段程式加入其他的處理步驟，這部分留給讀者當練習。需要注意的是，不同的 NLP 程式庫的同一種預先處理步驟可能有不同的輸出，這是不同程式庫的製作差異和演算法差異造成的。要在專案中使用哪一種（些）程式庫是一種主觀的決定，取決於你要的語言處理量。

考慮一個稍微不同的問題：我們除了要從公司收集的 100 萬份文件中找出個人和機構的名稱之外，也要確定特定的個人與機構是否有某種程度的關係（例如，Satya Nadella 與 Microsoft 有 CEO 的關係）。這種問題稱為**關係提取**，我們將在第 5 章詳細探討。目前我們先想想這種情況需要哪一種預先處理工作。我們需要 POS 標注，我們已經知道如何將它加入處理線了，我們也需要一種辨識個人和機構名稱的方法，這是一個獨立的資訊提取任務，稱為**專名個體識別**（*NER*），我們將在第 5 章討論它。除了這兩種工作之外，我們也要設法辨識在句子中代表兩個個體之間的「關係」的模式，這需要取得句子的某種語法表示法，例如解析（parsing），如第 1 章所述。此外，我們也要設法辨識與連結同一個個體的多種稱謂（例如 Satya Nadella、Mr. Nadella、he 等），我們使用一種稱為**共指消解**（*coreference resolution*）的預先處理步驟來完成這件事，我們已經在第 30 頁的「NLP 演練：對話代理人」看過它的一個例子了。圖 2-10 是 Stanford CoreNLP [41] 的輸出，它描述一個句子範例的解析器輸出與共指消解輸出，以及上述的其他預先處理步驟。

到目前為止，本節介紹的是在處理線中最常見的預先處理步驟，各種 NLP 程式庫都以訓練好的、現成可用的模型的形式提供它們。此外，取決於你的應用，你可能也要使用額外的、自訂的預先處理技術。例如，假設我們要挖掘產品的社交媒體情緒，我們從 Twitter 收集資料，馬上發現有非英語的推文，此時，我們可能也要在做任何其他事情之前，加入一個語言偵測步驟。

此外，應採取的步驟也取決於特定的應用，如果我們要建立一個系統來辨識評論者究竟在影評裡面表達正面還是負面情緒，解析或共指消解應該不重要，但必須進行停用字移除、小寫化，以及數字移除。但是，如果我們想要從 email 提取行事曆的事件，最好不要移除停用字或進行詞幹提取，且應該加入解析（parsing）。如果我們想要從文章中提取不同個體之間的關係，以及它提到的事件，我們就需要共指消解，如前所述。第 5 章會展示需要這些步驟的案例。

輸入

Chaplin wrote, directed, and composed the music for most of his films.

使用詞形還原與語義單元化

Chaplin write , direct , and compose the music for most of he film .

Chaplin wrote, directed, and composed the music for most of his films.

POS 標注

NNP VBD , VBD , CC VBN DT NN IN JJS IN PRP$ NNS .

Chaplin wrote, directed, and composed the music for most of his films.

解析樹

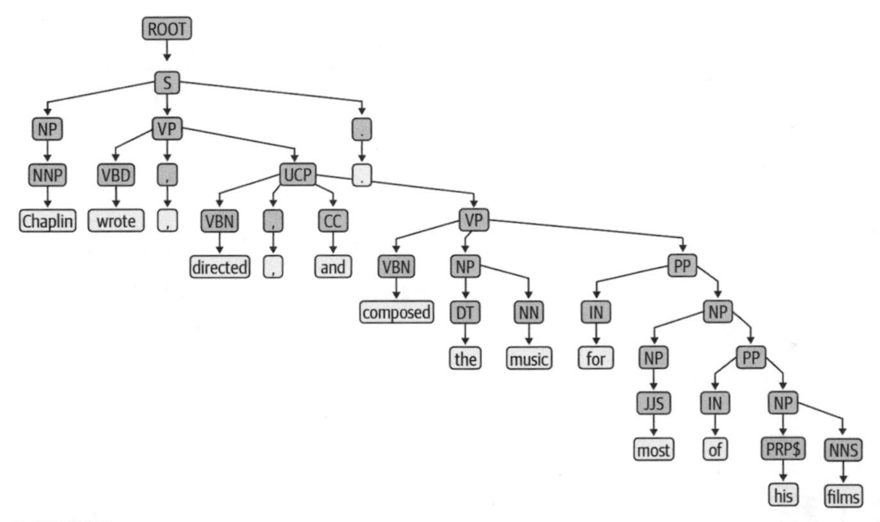

共指消解

Mention ---------- coref ---------- Mention

Chaplin wrote, directed, and composed the music for most of his films.

圖 2-10　NLP 處理線的各種階段的輸出

最後，我們必須考慮各種案例的預先處理步驟，見圖 2-11 的摘要。

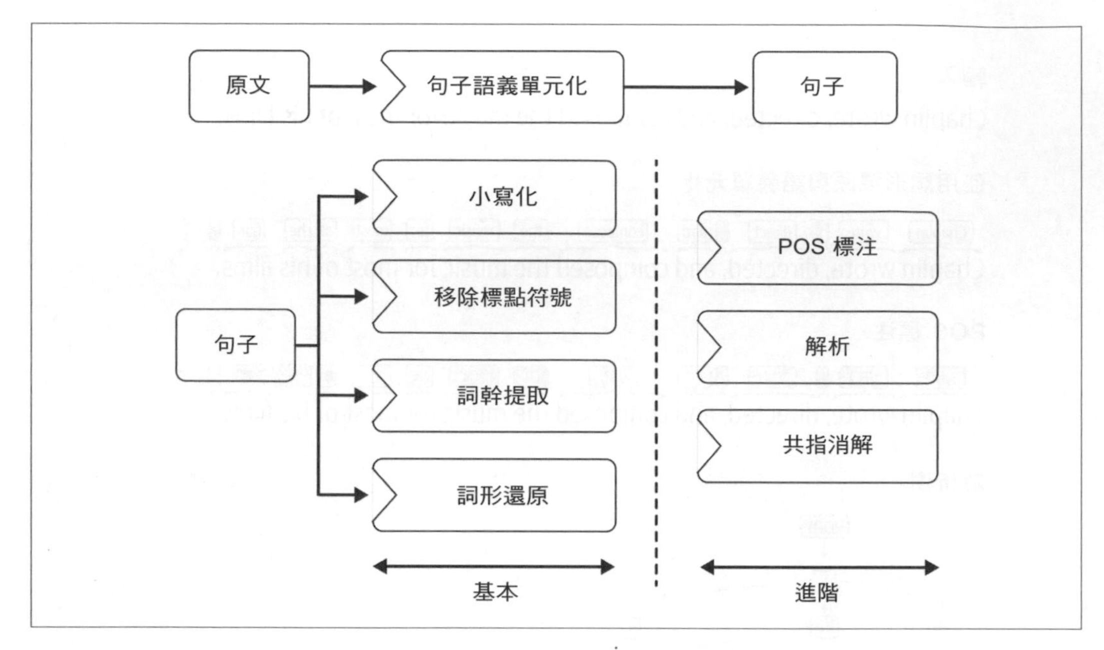

圖 2-11　對原文 blob 進行進階預先處理步驟

例如，POS 標注不能在停用字移除、小寫化等步驟之前進行，因為那些處理程序會改變句子的語法結構，進而影響 POS 標注的輸出。特定的預先處理步驟如何協助特定的 NLP 問題是應用領域專屬的問題，只能透過大量的實驗來找出答案。我們將在接下來的章節討論各種 NLP 應用領域專屬的預先處理技術。我們先進入下一個步驟：特徵工程。

特徵工程

到目前為止，我們已經看了各種預先處理步驟，以及它們的用途。當我們稍後使用 ML 方法來執行建模步驟時，我們仍然要設法將這些預先處理過的原文傳給 ML 演算法。**特徵工程**就是用來完成這項任務的一套方法，它也可以稱為**特徵提取**。特徵工程的目的是將原文的特徵描述成 ML 演算法可以理解的數值向量。在這本書中，我們將這個步驟稱為「原文表示法（text representation）」，它是第 3 章的主題。在第 11 章討論如何開發完整的 NLP 處理線並進行迭代來改善性能時，我們也會詳細說明特徵提取。在此，我們先簡單介紹特徵工程的兩種做法 (1) 典型的 NLP 與傳統 ML 處理線，與 (2) DL 處理線。圖 2-12（改編自 [42]）是這兩種做法的區別。

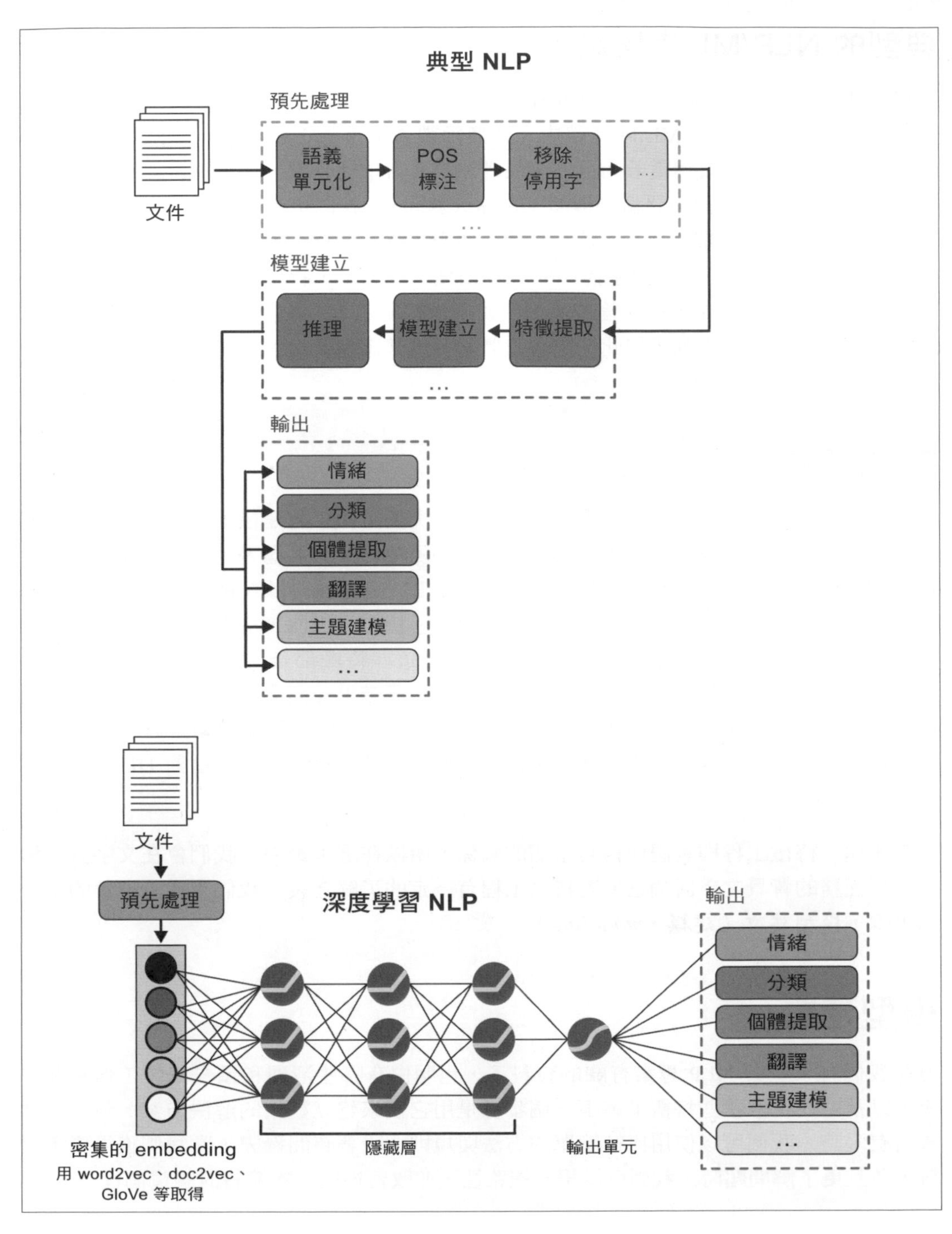
典型 NLP
預先處理
文件
語義
單元化
POS
標注
移除
停用字
...
...
模型建立
推理
模型建立
特徵提取
...
輸出
情緒
分類
個體提取
翻譯
主題建模
...
文件
預先處理
深度學習 NLP
輸出
情緒
分類
個體提取
翻譯
主題建模
...
密集的 embedding
用 word2vec、doc2vec、
GloVe 等取得
隱藏層
輸出單元

圖 2-12

典型的 NLP/ML 處理線

特徵工程是任何 ML 處理線不可或缺的步驟，它的目的是將原始資料轉換成電腦可以使用的格式。在典型的 ML 處理線中，轉換函數通常是手工製作的，以配合眼前的任務。例如，假設我們要用電子商務的產品評論來進行情緒分類，想要將評論轉換成有意義的「數字」來協助預測評論的情緒（正面或負面），我們可以計算每一則評論裡面的正面與負面單字的數量。有一些統計數據可用來了解某個特徵對任務而言是否有用，我們將在第 11 章討論它。關於建構典型 ML 模型的重點是，特徵與眼前的任務和領域知識有很大的關係（例如，在評論的案例中使用情緒單字）。手工製作的特徵的主要優點是可讓模型保持可解釋性，如此一來，我們就可以準確地量化每一個特徵如何影響模型的預測。

DL 處理線

典型 ML 模型的主要缺點在於特徵工程，依靠人力的特徵工程是模型的性能與開發周期的瓶頸。有雜訊或無關的特徵可能會增加資料的隨機性，進而傷害模型的效果。最近，隨著 DL 模型的出現，這種方法已經發生變化。DL 處理線可以直接將原始資料（經過預先處理的）傳給模型，讓模型從資料中「學習」特徵，因此，這些特徵更符合眼前的任務，所以它們通常可以提高性能。但是，因為這些特徵都是用模型參數來學習的，所以模型會失去可解釋性。難以解釋 DL 模型的預測結果在商業用例中是一種劣勢，例如，在識別 email 是不是垃圾郵件時，「知道某些單字或短句是否對結果有很大的影響力」是寶貴的資訊，雖然人工製作的特徵可以輕鬆地進行解釋，但是這對 DL 模型而言並不容易。

如前所述，特徵工程與具體任務有密切的關係，所以在這本書中，我們會在文字資料和一系列任務的背景之下討論它。對特徵工程有一定的了解之後，我們來看處理線的下一個步驟，*模型建立*（*建模*，*modeling*）。

模型建立

現在我們有一些與 NLP 專案有關的資料了，也明白有哪些清理和預先處理工作需要完成，以及需要提取哪些特徵了，下一個步驟是用它們來建立實用的解決方案。最初，當資料有限時，我們可以使用比較簡單的方法與規則，隨著時間過去，當我們獲得更多資料，並且更了解問題時，我們可以提升複雜性，並改善性能。本節將討論這個程序。

從簡單的經驗法則開始

在建構模型的最初階段，ML 本身可能不是主要的角色，部分的原因是資料的缺乏，不過人工的經驗法則在某種程度上也可以當成很好的起點。或許經驗法則已經是你的系統的一部分了，無論它是隱性的，還是顯性的。例如，在 email 垃圾郵件分類任務中，我們可能有一份專門寄出垃圾郵件的網域的黑名單，這項資訊可以用來過濾來自那些網域的 email，在這項分類任務中，我們也可以使用代表極可能是垃圾郵件的單字的黑名單。

許多任務都使用這種經驗法則，尤其是在採取 ML 的初期階段。在電子商務環境下，我們可以先使用經驗法則，用購買數量來排序搜尋結果，藉以展示與推薦商品同類的產品，同時收集資料，來建構更大型、可協作、採用過濾法的系統，根據買過類似商品的顧客的其他特徵來推薦產品。

要在系統中加入經驗法則，有一種流行的做法是使用正規表達式。假如我們要開發一個系統，從文件中取出各種形式的資訊，例如日期與電話號碼、在特定機構工作的人名等。雖然有些資訊（例如 email ID、日期與電話號碼）可以用一般的正規表達式來提取（雖然很複雜），但 Stanford NLP 的 TokensRegex [43] 與 spaCy 的規則式比對 [20] 很適合用來定義進階的正規表達式來描述其他的資訊，例如在特定機構工作的個人。圖 2-13 是 spaCy 的規則式比對器的工作情形。

在圖中的模式尋找的是含有字典標題字「match」、名詞、在前面可以有形容詞，在後面有字典標題字「be」的任何單字。這種模式是正規表達式的進階形式，需要進行本章稍早介紹過的一些 NLP 預先處理步驟。當我們有一些領域知識，在缺乏大量訓練資料的情況下，我們可以先將那些知識寫成規則 / 經驗法則來建構系統。就算在建構 ML 模型時，我們也可以使用這種經驗法則來處理特例——例如模型不管怎麼學習都無法正確處理的案例。因此，簡單的經驗法則不但可以提供很好的起點，在 ML 模型中也很有用。假設我們已經做出這種經驗法則系統了，接下來該怎麼做？

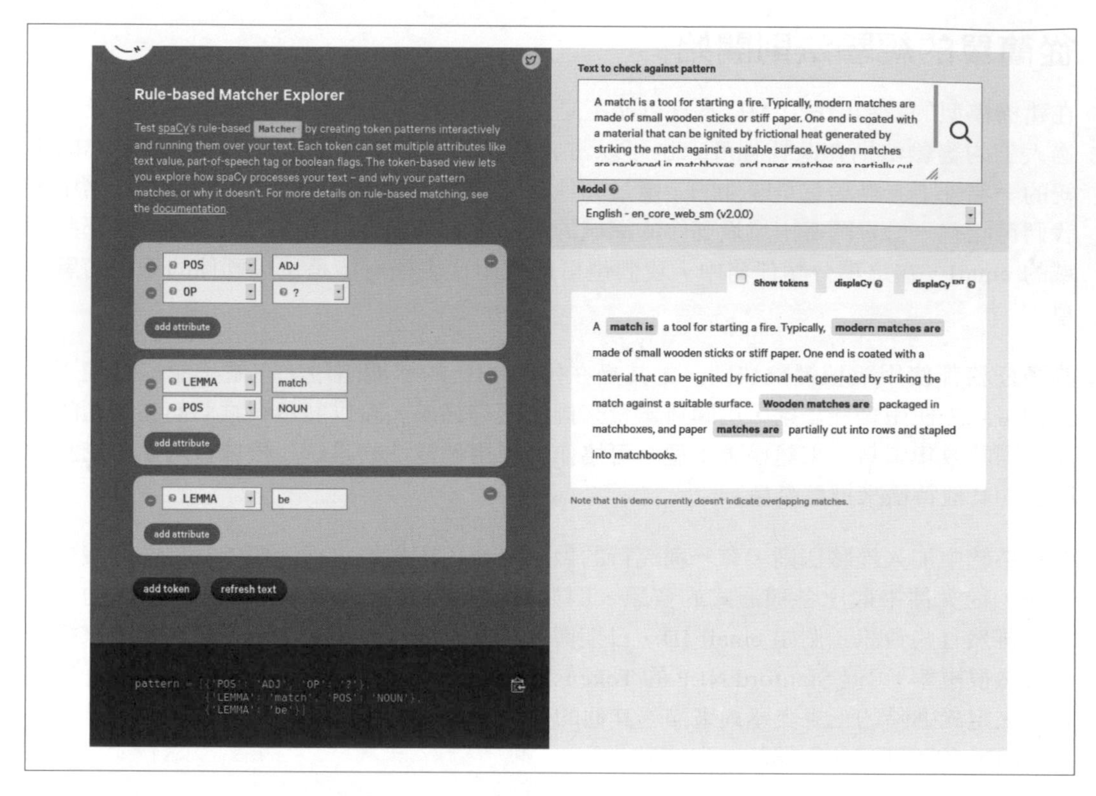

圖 2-13　spaCy 的規則式比對器

建構你的模型

雖然使用一組簡單的經驗法則是很好的開始，但是隨著系統日漸成熟，加入越來越新的經驗法則可能會產生複雜的規則式系統，這種系統很難管理，甚至難以診斷錯誤的原因。我們希望系統在成熟時更容易維護。此外，收集更多資料之後，ML 模型的表現會開始超越單純的經驗法則法，此時，常見的做法是直接或間接地結合經驗法則與 ML 模型，這種技術有兩種實踐方式：

用經驗法則建立特徵，讓 ML 模型使用

如果你有許多經驗法則，其中單獨的經驗法則的行為都是確定性的，但是將它們結合起來進行預測的行為是模糊的，此時，最好的做法是將這些經驗法則當成特徵，用來訓練 ML 模型。例如，在 email 垃圾郵件分類案例中，我們將特徵（例如在特定的 email 裡面的黑名單單字數量，或 email 跳出率（bounce rate））加入 ML 模型。

預先處理傳給 *ML* 模型的輸入

如果經驗法則對於特定的類別種類有很高的預測率，最好的做法是先使用它，再傳遞資料給 ML 模型。例如，如果 email 出現某些單字時有 99% 的機率是垃圾郵件，最好的做法是直接將它歸為垃圾郵件，而不是將它送給 ML 模型。

此外，有些 NLP 服務供應商都提供現成的 API 來解決各種 NLP 任務，包括 Google Cloud Natural Language [44]、Amazon Comprehend [45]、Microsoft Azure Cognitive Services [46] 與 IBM Watson Natural Language Understanding [47]。如果你的專案的 NLP 問題可以用這些 API 解決，你可以先用它們來評估任務的可行性，以及你的資料組的好壞。確定任務的可行性，並且相信既有的模型可提供合理的結果之後，你就可以建構自訂的 ML 模型來改善它們了。

組建模型

之前的例子都使用經驗法則或既有的 API 來建構 NLP 系統，或建構自己的 ML 模型來建構 NLP 系統。我們先從基本的方法開始做起，再改善它，我們可能要反覆進行建模程序，才能做出性能優良，而且可以放入生產環境的模型。接下來要介紹處理這個問題的方法：

整合與堆疊

根據我們的經驗，最常見的做法不是使用一個模型，而是使用一群 ML 模型，通常用來處理預測任務的不同層面。這種策略的做法有兩種，第一種是將一個模型的輸出當成輸入傳給另一個模型，依序從一個模型傳到另一個模型，產生最終的輸出，這種做法稱為**模型堆疊**（*model stacking*）[i]。第二種做法是整合多個模型做出來的預測來產生最終的預測，這種做法稱為**模型整合**（*model ensembling*）。圖 2-14 是這兩種程序。

在這張圖中，我們用資料來訓練模型 1、2 與 3，然後結合這些模型的輸出，用一個超模型（使用其他模型的模型）來預測最終結果。例如，在 email 垃圾郵件分類案例中，我們可以使用三種不同的模型：經驗法則、單純貝氏與 LSTM，然後將這三

i 這種做法與在 LSTM 等神經網路裡面的直向堆疊不一樣。

個模型的輸出傳給羅吉斯回歸超模型，用它產生 email 是垃圾郵件的機率。隨著產品功能的增長，模型的複雜度也會提升。因此，我們最後可能會在一個更大規模的產品裡面使用它們的組合——即，經驗法則、機器學習，與堆疊及整合模型。

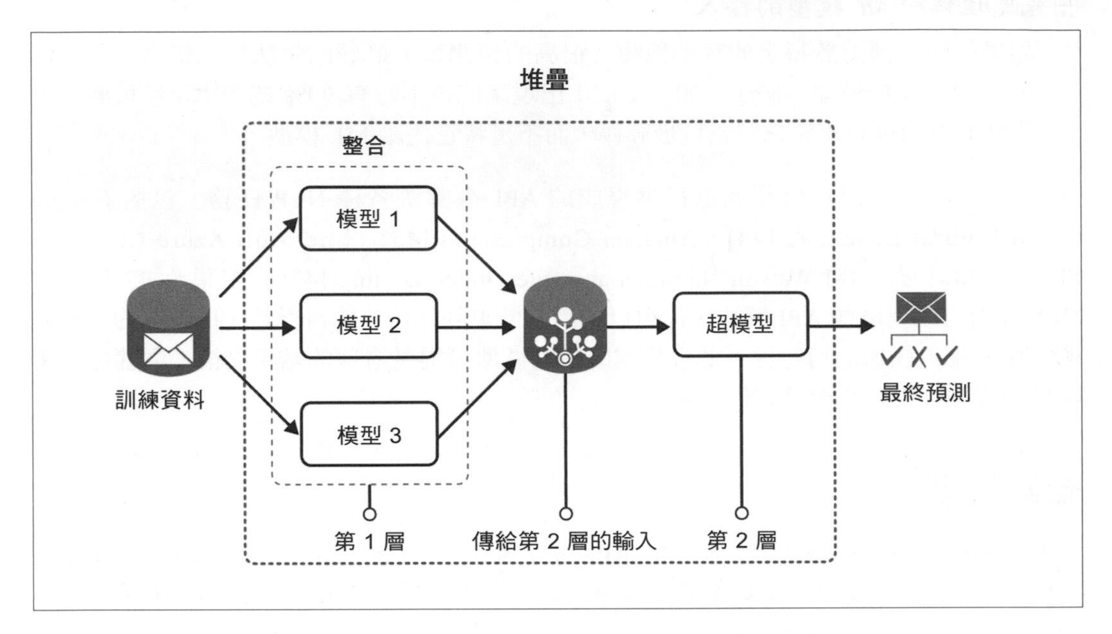

圖 2-14　模型整合與堆疊

更好的特徵工程

對以 API 建立的模型與自建的模型而言，特徵工程是重要且貫穿整個過程的步驟。比較好的特徵工程步驟可以產生比較好的性能。例如，如果特徵有很多種，我們會使用特徵選擇來找出更好的模型，第 11 章會詳細介紹如何迭代特徵工程來實現最佳的配置。

遷移學習

除了模型堆疊或整合之外，在 NLP 社群中有一種越來越流行的趨勢——第 1 章介紹過的**遷移學習**。除了任務資料之外，模型通常需要外部知識才能充分了解語言與問題。遷移學習就是在初始階段，試著將大型的、已被妥善訓練過的模型的既有知識遷移到新模型，然後讓新模型慢慢地適應眼前的任務，就像老師把智慧與知識傳授給學生。遷移學習可提供更好的初始狀態來協助下游的任務。尤其是當下游任務的資料組比較小的時候，遷移學習的效果比從零開始隨機初始化的效果更好。例如，在 email 垃圾郵件分類中，我們可以使用 BERT 來微調 email 資料組。我們會在第 4 章到第 6 章更詳細討論 BERT。

再次使用經驗法則

沒有 ML 模型是完美的，ML 模型仍然會犯錯。在處理線的最後階段，我們可以再次回顧錯誤案例，看看有沒有常見的模式，並使用經驗法則來修正它們。我們也可以使用不是從資料自動提取的領域知識來改善模型的預測。在重新使用經驗法則時，模型就像技巧超群的空中飛人，那些規則就像是防止他掉到地上的安全網。

在沒有資料（完全依靠經驗法則）到擁有大量資料（可以嘗試各種建模技術）之間，我們只有少量資料，那些資料通常不足以建構良好的 ML 模型，此時，我們可以採取主動學習，也就是從用戶的回饋或其他類似的來源持續收集新資料來建構更好的模型，第 4 章會更深入探討這個部分。正如剛才看到的，建模策略與手頭的資料有很大的關係。表 2-1 是根據資料量與品質來決定的決策路徑，來自我們的經驗。

表 2-1　資料屬性與決策路徑

資料屬性	決策路徑	例子
大量的資料	可使用「需要較多資料的技術」，例如 DL。也可以使用更豐富的特徵組合。如果資料夠多卻沒有標籤，也可以採用無監督技術。	如果我們有大量的評論，及其參考資訊，我們就可以從零開始建立情緒分析工具。
少量的資料	從較不需要那麼多資料的規則式與傳統 ML 解決方案開始做起。也可以調整雲端 API，並且用弱監督來產生更多資料。 如果有類似任務的大量資料，也可以使用遷移學習。	通常在剛開始進行全新的專案時發生。
資料品質很差，而且資料是異質性的	可能需要做更多資料清理與預先處理。	這會遇到語碼混用（在同一個句子裡面有不同的語言）、非常規語言、音譯或雜訊等問題（例如社交媒體文章）。
資料品質很好	比較容易直接使用現成的演算法或雲端 API。	法律原文或報紙。
以完整長度文件組成的資料	選擇正確的策略將文字拆成更低等級，例如段落、句子或片語，依問題而定。	文件分類、評論文析等。

我們已經了解可以在 NLP 處理線中使用的各種建模方法，以及如何根據現有的資料選擇適當的建模路徑了。監督學習，尤其是分類任務，將是你在業界進行 NLP 專案時最常見的建模程序。第 4 章會討論分類模型，第 5 章至第 7 章會討論各種 NLP 應用場景中的模型。我們來看處理線的下一步：評估。

評估

評估模型有多好是 NLP 處理線裡面的關鍵步驟。模型「有多好」有很多意思，最常見的解釋是評估模型處理沒看過的資料時的效果。這個階段的成功取決於兩個因素：(1) 使用正確的評估指標，(2) 遵循正確的評估程序。我們先把焦點放在 1 上面。評估指標因 NLP 任務或問題而異，這些階段可能也會使用不同的評估指標：模型建構、部署與生產階段。雖然前兩個階段通常使用 ML 指標，但是在最後一個階段，我們也會加入商業指標來評估商業影響。

此外，評估有兩種：內在與外在。內在評估關注**中間**目標，外在評估則關注**最終**目標的效果。例如，垃圾郵件分類系統的 ML 指標是 precision（精確率）與 recall（回憶率），而商業指標是「垃圾郵件浪費用戶時間的數量」。內在評估的重點是使用 precision 與 recall 來衡量系統的性能，外在評估的重點是衡量垃圾郵件跑到用戶的收件匣，或真正的郵件跑到垃圾郵件匣，因而浪費的時間。

內在評估

本節將介紹評量 NLP 系統時常用的內在評估指標。這個種類的多數指標都會使用一個測試組，測試組裡面有**基準真相**（*ground truth*）或**標籤**（人類標注的、正確的答案）。標籤可能是二元的（例如原文類別的 0/1）、一至兩個單字（例如專名個體識別的名稱），或大型原文本身（例如機器翻譯出來的原文）。我們會拿 NLP 模型處理一個資料點產生的輸出，與該資料點的標籤進行**比較**，並且根據輸出與標籤的匹配（或不匹配）程度來計算指標。對大部分的 NLP 任務而言，這種比較是自動的，因此內在評估可以自動化。有些案例不一定可以進行自動評估，例如機器翻譯或摘要生成，因為這種比較不是主觀的。

表 2-2 是在各種 NLP 任務中使用的內在評估指標。關於這些指標的細節，請參考它們的參考文獻。

表 2-2　流行的指標，與使用它們的 NLP 應用領域

指標	說明	用途
accuracy [48]	當輸出的變數是分類或離散時使用。它代表模型做出正確的預測次數與總預測次數的比率。	主要用於分類任務，例如情緒分類（多個類別）、自然語言推理（二元）、抄襲偵測（二元）等。
precision [48]	展示模型預測的結果有多準確，也就是模型在處理所有陽性（我們在乎的類別）的案例時，可以正確地分類多少個？	用於各種分類任務，尤其是錯誤歸類為陽性類別的代價比錯誤歸類為陰性類別更高的情況，例如醫療保健的疾病預測。
recall [48]	recall 是與 precision 互補的指標，代表模型記得（recall）陽性類別的能力有多好，例如，在它做出的所有陽性預測之中，有多少案例真的是陽性的？	用於分類任務，尤其是取得陽性結果比較重要的任務，例如電子商務搜尋，和其他資訊提取任務。
F1 分數 [49]	結合 precision 與 recall 來提供單一指標，它也描述 recall 與 recall 之間的優劣，例如完整性與準確性。 F1 的定義是 (2 × precision × recall) / (precision + recall)。	在大多數的分類任務中，都與 accuracy 同時使用。它也可以用於序列標注（sequence-labeling）任務，例如個體提取、檢索式問題回答等。
AUC [48]	描述在改變預測的閾值時，正確的陽性預測數量 vs. 不正確的陽性預測數量。	用來評估獨立於預測閾值的模型品質。用來尋找分類任務的最佳預測閾值。
MRR (mean reciprocal rank) [50]	以取得的回應的正確率來評估它們。它是結果的排名倒數的平均值。	所有資訊檢索任務都大量使用它，包括文章搜尋、電子商務搜尋等。
MAP (mean average precision) [51]	用於有排名的檢索結果，很像 MRR。計算各個取出來的結果的 precision 均值。	用於資訊檢索任務。
RMSE (root mean squared error) [48]	描述實值預測模型的性能。它計算每一個資料點的誤差的平方的平均值的平方根。	在回歸問題中與 MAPE 一起使用，從溫度預測到股價預測。
MAPE (mean absolute percentage error) [52]	當輸出變數是連續變數時使用。它是每個資料點的絕對誤差百分比的平均值。	用於測試回歸模型的性能。 通常與 RMSE 一起使用。

指標	說明	用途
BLEU (bilingual evaluation understudy) [53]	描述輸出句子與基準真相句子之間的 n-gram 重疊量。它有許多變體。	主要用於機器翻譯任務。最近被調整並用於其他原文生成任務，例如意譯生成與摘要生成。
METEOR [54]	以 precision 為基礎的指標，用來評估生成的文字的品質。它修正 BLEU 的一些缺陷，例如在計算 precision 時，單字完全匹配的情況。METEOR 可以指出同義詞 / 已提取詞幹的單字與參考單字匹配。	主要用於機器翻譯。
ROUGE [55]	另一種用參考原文來比較生成原文的品質的指標。與 BLEU 不同的是，它衡量 recall。	因為它衡量 recall，它主要用於摘要生成任務，在這種任務中，評估模型可以憶起多少單字非常重要。
Perplexity [56]	描述 NLP 模型有多迷糊（confused）的機率指標。它來自預測下一個單字的任務中的交叉熵。它的定義可以在 [56] 找到。	用來評估語言模型。也可以用於語言生成任務，例如對話生成。

除了表 2-2 中的指標之外，也有一些其他的指標與視覺化技術經常被用來解決 NLP 問題。雖然我們在此只簡單帶過這些主題，但我鼓勵你閱讀參考文獻，進一步認識這些指標。

在分類任務中，**混淆矩陣**是常用的視覺評估法。它可讓我們觀察資料組的各種類別的實際與預測輸出。它的名稱來自它可以協助我們了解這個分類模型在識別不同的類別時有多麼「混淆」。混淆矩陣可用來計算 precision、recall、F1 分數與 accuracy 等指標。第 4 章會介紹如何使用混淆矩陣。

資訊搜尋與檢索等排名任務大都使用排名指標，例如 MRR 與 MAP，但是也可以使用一般的分類指標。檢索（retrieval）案例主要在乎 recall，因此會計算各種排名的 recall。例如，在資訊檢索任務中，「第 K 名的 recall」是常見的指標，它檢查前 K 個結果裡面有沒有基準真相，如果有，它就成功了。

原文生成任務使用很多種指標，依具體任務而定。雖然 BLEU 與 METEOR 對機器翻譯而言是很好的指標，但是它們在其他生成任務中可能不是如此。例如，在對話生成中，基準真相是正確的答案之一，但是可能有很多回應版本沒有被列出來，在這種情況下，

BLEU 與 METEOR 等基於 precision 的指標都無法完全描述任務性能，因此，perplexity 經常被用來了解模型的原文生成能力。

但是，沒有一種評估原文生成效果的指標是完美的，因為可能有很多句子都有相同的意思，我們不可能把所有的版本都列為基準真相，或許產生出來的原文與基準真相有相同的意思，卻是不同的句子。因此自動評估是一種困難的程序，假設我們要建構機器翻譯模型來將法語句子翻譯成英語，考慮這個法語句子：「J'ai mangé trois filberts.」在英語中，它的意思是「I ate three filberts.」

我們將這個句子當成標籤。假如模型產生這段英語翻譯：「I ate three hazelnuts.」因為這段輸出與標籤不符，所以自動評估會認為那個輸出是錯的。但是這種**評估**是不正確的，因為說英語的人都將 filberts 稱為 hazelnuts。即使我們加入這個句子，當成潛在的標籤，但模型仍然可能產生「I have eaten three hazelnuts」這種輸出，自動評估會再次認為模型錯了，因為輸出與這兩個標籤都不符，此時就是採取人工評估的時機，但是人工評估的時間與金錢成本可能都很高。

外在評估

如前所述，外在評估的重點是評估模型處理最終目標時的性能。在產業專案中，任何 AI 模型都是為了解決商業問題而建立的，例如，建立回歸模型的目的是對用戶的 email 進行排序，將最重要的 email 放在收件匣的最上面，從而協助用戶節省時間。考慮這個情況：有個回歸模型的 ML 指標都很好，但沒有真正為 email 服務的用戶節省許多時間，或是有一個問題回答模型的內在指標很好，但是在生產環境中無法處理大量的問題，這種模型可謂成功嗎？答案是否定的，因為它們無法實現商業目標。雖然學術界的研究人員不需要處理這個問題，但是對業界的從業者來說，它非常重要。

進行外在評估的做法是在開始進行專案時，設定商業指標與正確評估它們的程序。後續的章節會用一些範例說明什麼是正確的商業指標。

你可能會問，既然外在評估是真正重要的事情，為什麼還要做內在評估？在進行外在評估之前必須做內在評估的原因是，外在評估通常涉及 AI 團隊以外的關係人，有時甚至包括最終用戶，內在評估大部分可以讓 AI 團隊自己完成，所以外在評估比內在評估昂貴。因此，我們將內在評估視為外在評估的替代物，除非內在評估得到一致的好結果，否則不會進行外在評估。

另一個重點是，內在評估得到不好的結果，往往意味著外在評估也會得到不好的結果，但是反過來不一定如此。也就是說，模型可能在內在評估時有很好的表現，但是在外在評估時表現得很糟糕，但是應該不會有模型在外在評估時表現得很好，但是在內在評估時表現得很糟糕。在進行外在評估時表現糟糕的潛在原因很多，從設定錯誤的指標，到使用不合適的資料，或是期望錯誤的結果。我們已經在第 1 章談過其中的一些了，第 11 章會更詳細地探討它們。

到目前為止，我們已經看了一些經常用於內在評估的指標，並且討論用外在評估來衡量 NLP 模型性能的重要性。此外還有一些指標是用於特定任務的，它們不會在各種不同的 NLP 應用場景中出現。後續章節在探討特定的應用領域時，會詳細介紹這種評估指標。我們來看處理線接下來的步驟：模型部署、監控與更新。

建模之後階段

在試用與測試模型之後，我們進入建模之後的階段：部署、監控與更新模型。本節將簡單說明它們。

部署

在大多數的實際應用場景中，我們製作的 NLP 模型是更大型的系統的一部分（例如，在更大型的 email app 裡面的垃圾郵件分類系統）。因此，處理、建模與評估處理線的工作都只是整個故事的一部分。最後，當我們對最終方案感到滿意時，必須將它當成更大型系統的一部分，部署到生產環境中。在部署時，我們要將 NLP 模組插入更廣泛的系統中，可能也要確定輸入與輸出資料處理線是按照順序的，以及確保 NLP 模型在高負載之下是可擴展的。

NLP 模組通常會以 web 服務的形式來部署。假設我們設計一個可以接收原文並回傳 email 種類（垃圾郵件或非垃圾郵件）的 web 服務，每當有人收到一封新的 email 時，就會將 email 送到這個微服務來對它進行分類，然後根據類別來決定該如何處理 email（顯示它，或將它送到垃圾郵件匣）。在某些情況下，例如批次處理，NLP 模組會被部署到更大型的任務佇列中，例如 Google Cloud [57] 或 AWS [58] 的任務佇列。我們會在第 11 章更詳細討論部署。

監控

與任何軟體工程專案一樣，在最終部署前，我們必須進行大量的軟體測試，並且在部署之後，持續監控模型的性能。針對 NLP 專案與模型的監控必須採取和一般的工程專案不一樣的方式來處理，因為我們要確保模型每天產生的輸出都是有意義的。如果我們經常自動訓練模型，我們就要確保模型以正確的方式運行。這項工作有一部分是透過性能儀表板來完成的，這種儀表板上面有模型參數與關鍵的性能指標。第 11 章會進一步探討這個部分。

模型更新

在部署模型並且開始收集新資料之後，為了讓預測結果與時俱進，我們會用新資料來迭代模型。本書會討論各種任務之中的模型更新，尤其是在第 4 章到第 7 章，與第 11 章。表 2-3 說明如何在部署之後的各種情況下執行模型更新程序。

表 2-3　專案屬性及其決策路徑

專案屬性	決策路徑	範例
在部署之後產生更多訓練資料。	在部署之後，用取得的訊號來自動改善模型。我們也可以試著使用線上學習來每天自動訓練模型。	可讓用戶標記資料的濫用偵測系統。
在部署之後不會產生訓練資料。	可以透過手動標注來改善評估與模型。	在理想情況下，每一個新模型都必須是手動建立並且評估的。
更大規模的 NLP 處理線的子集合，且沒有直接的回饋。	需要低模型延遲，或模型必須上線，而且可以接近即時地回應。 需要使用可以快速推斷的模型。另一個選項是採取記憶策略，例如快取，或取得更強大的計算能力。	必須正確回應的系統，例如聊天機器人，或緊急事件追蹤系統。
不需要低模型延遲，或模型可以用離線的方式運行。	可以使用較高階與較慢的模型，在可行的情況下，這也有助於優化成本。	可在批次程序上運行的系統，例如零售產品目錄分析。

處理其他語言

到目前為止，我們的討論都假設我們處理的是英語原文。我們也有可能要為其他語言建構模型與解決方案，這些工作的做法因語言而異。有些語言的處理線很像英語，有些語言與場景可能需要重新思考問題的解決方法。作者們也有一些非英語的專案，根據經驗，我們整理了一些處理不同語言的行動計畫，如表 2-4 所示。

表 2-4　語言屬性與行動計畫

語言屬性	例子與語言	行動
高資源語言	不但有足夠的資料，也有現成模型的語言。 例子有英語、法語與西班牙語。	或許可以使用訓練好的 DL 模型。比較容易使用。
低資源語言	資料有限，而且最近才開始在數位環境中出現的語言。可能沒有現成的模型。 例子有史瓦希利語、緬甸語與烏茲別克語。	根據任務的不同，可能要標記更多資料，以及研究各個元素。
形態豐富	像主詞、受詞、述詞、時態、情態等語言或文法的資訊都不是獨立的單字，而是連在一起。例子有拉丁語、土耳其語、芬蘭語和馬來亞拉姆語。	如果語言沒有豐富的資源，我們就要尋找該語言的形態分析器。在最壞的情況下，可能要親自編寫規則來處理某些情況。
詞彙的變化很大	拼寫不標準與詞性變化大。 阿拉伯語和印地語沒有標準的拼寫。	如果語言資源不豐富，在訓練任何模型之前，我們可能要對單字 / 拼寫進行正規化。 對擁有大型資料組的語言來說可能不需要如此，因為他們仍然可以學習詞彙變化。
CJK 語言	這些語言都是從古漢字衍生而來的。它們沒有字母，常用於讀寫的字有上千個，更大範圍的字有 40,000 個。因此，它們必須用不同的方式處理。 它們包括中文、日文、韓文，因此稱為 CJK。	在這些語言中使用特殊的方法來進行語義單元化。因為我們有足夠的 CJK 資料可用，所以可以從零開始為各種任務建構 NLP 模型。 它們也有現成的模型可用。可能無法使用以 CJK 之外的語言訓練好的模型來進行遷移學習。

接下來，我們來看一個整合這些步驟的案例研究。

案例研究

我們已經知道 NLP 處理線的各個階段了。在每個階段，我們討論它是什麼、它為什麼有用，以及它如何融入 NLP 處理線的框架。但是，這些階段是分別討論的，不是在整體的背景之下討論。在真正的 NLP 系統處理線中，這些階段是如何一起運作的？我們來看一個案例研究，使用 Uber 的工具來改善客服：Customer Obsession Ticketing Assistant (COTA).

Uber 在全球超過 400 個城市營運，從每天使用 Uber 的人數可以知道，他們的客服團隊每天都會收到成千上萬張描述各種問題的單據，每一張單據都有幾種解決方案可以選擇。COTA 的目標是為這些解決方案進行排名，並選出最好的一個。Uber 使用 ML 與 NLP 技術來開發 COTA，藉以提供更好的客服，並且快速且有效地處理這種單據。圖 2-15 是 Uber COTA 的處理線，以及它的各種 NLP 元件。

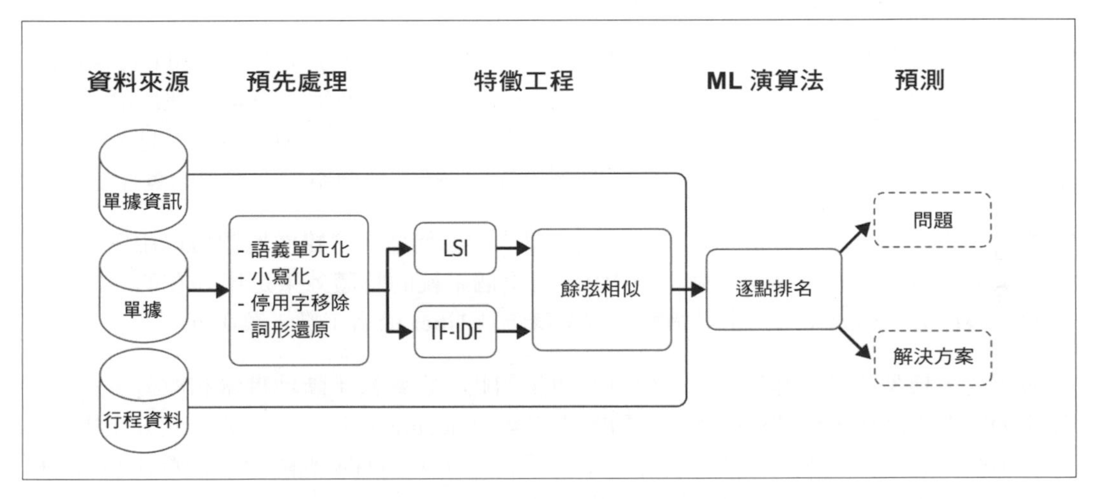

圖 2-15　在 Uber 的單據系統中，為單據進行排名的 NLP 處理線 [59]

在這個系統中，識別單據問題並選擇解決方案所需的資訊有三個來源，如圖所示。單據原文，顧名思義，就是文字形式的內容，它是使用 NLP 的原因。在移除 HTML 標籤以清理原文（圖中未展示）之後的預先處理步驟包含語義單元化、小寫化、停用字移除與詞形還原，本章已經介紹過它們了。完成預先處理之後，單據原文會變成一堆單字（稱為**詞袋**（*bag of words*），第 3 章會詳細介紹）。

這個處理線的下一步是特徵工程，詞袋會被傳給兩個 NLP 模組——TF-IDF（term frequency and inverse document frequency）與 LSI（latent semantic indexing）——這兩個模組會用詞袋表示法來了解原文的意思。這個程序屬於「主題建模」這項 NLP 任務，第 7 章會討論它。Uber 在這個場景中使用這些 NLP 任務的方法很有趣：Uber 從它的資料庫中收集各種解決方案的歷史單據，用詞袋向量來表示各個解決方案，並且用這些表示法建立一個主題模型，然後將收到的單據對映到這個解決方案主題空間，為那個單據建立一個向量表示法。我們經常用餘弦相似來評估兩個向量之間的類似度，我們用它來建立一個向量，其中的各個元素都代表單據原文與一個解決方案的相似度。因此，在這個特徵工程步驟的最後，我們會得到一個表示法，它就是單據原文與所有可能的解決方案之間的相似度。

下一個階段是建模階段，它會將這個表示法與單據資訊與旅行資料（trip data）結合，建構一個排名系統，來展示對那個單據而言，最好的前三種解決方案。在底層，這個排名模型包含一個二元分類系統，它會將各個單據與解決方案的組合分類為匹配或不匹配，然後使用評分函數來對匹配的結果進行排名。[59] 有這個系統處理線的實作細節。

處理線的下一個步驟是評估。評估在這個場景之中如何運作？雖然他們可以用內在評估指標來評估模型的性能本身，例如 MRR，但這個系統的整體效果是用外在的方式來評估的。據估計，COTA 的快速單據解決方案每年為 Uber 節省了數千萬美元。

如前所述，模型不會只建構一次，COTA 也是如此，它會被不斷地實驗和改善。在探索各種 DL 架構之後，他們最後選出來的解決方案的 accuracy 比上一版的二元分類排名系統高 10%。但是，這個程序並未到此結束。我們可以從 COTA 團隊的文章看到 [59]，模型部署、監控與更新是個持續進行的程序。

結語

在這一章，我們看了為特定的專案開發 NLP 處理線所涉及的各種步驟，以及真實的應用程式案例研究。我們也知道傳統的 NLP 處理線與 DL NLP 處理線之間有什麼不同，以及在處理非英語時該怎麼做。除了案例研究之外，這一章也使用比較廣泛的方式介紹這些步驟。各個步驟的具體細節取決於眼前的任務與實作的目的。從第 4 章開始，我們會介紹一些專門處理特定任務的處理線，詳細說明為不同的任務設計這些處理線時，它們之間的獨特之處與共同點。在下一章，我們要解決本章談過的原文表示問題。

參考文獻

[1] Iderhoff, Nicolas. nlp-datasets: Alphabetical list of free/public domain datasets with text data for use in Natural Language Processing (NLP) (*https://oreil.ly/NcwbT*), (GitHub repo). Last accessed June 15, 2020.

[2] Google.“Dataset Search”(*https://oreil.ly/RYjaz*). Last accessed June 15, 2020.

[3] Miller, George A.“WordNet: A Lexical Database for English.”Communications of the ACM 38.11 (1995): 39–41.

[4] NTLTK documentation.“WordNet Interface”(*https://oreil.ly/ALA5z*). Last accessed June 15, 2020.

[5] Xie, Qizhe, Zihang Dai, Eduard Hovy, Minh-Thang Luong, and Quoc V. Le.“Unsupervised Data Augmentation for Consistency Training”(*https://oreil.ly/0KEoN*). (2019).

[6] Wikipedia.“Fat-finger error”(*https://oreil.ly/sYoEb*). Last modified January 26, 2020.

[7] Snorkel.“Programmatically Building and Managing Training Data”(*https://www.snorkel.org*). Last accessed June 15, 2020.

[8] Ratner, Alexander, Stephen H. Bach, Henry Ehrenberg, Jason Fries, Sen Wu, and Christopher Ré.“Snorkel: Rapid Training Data Creation with Weak Supervision.”The VLDB Journal 29 (2019): 1–22.

[9] Bach, Stephen H., Daniel Rodriguez, Yintao Liu, Chong Luo, Haidong Shao, Cassandra Xia, Souvik Sen et al. "Snorkel DryBell: A Case Study in Deploying Weak Supervision at Industrial Scale" (*https://oreil.ly/CnWxH*). (2018).

[10] Wei, Jason W., and Kai Zou. "Eda: Easy Data Augmentation Techniques for Boosting Performance on Text Classification Tasks" (*https://oreil.ly/T4WvN*), (2019).

[11] GitHub repository (*https://oreil.ly/37Bhj*) for [10]. Last accessed June 15, 2020.

[12] Ma, Edward. nplaug: Data augmentation for NLP (*https://oreil.ly/LW78u*), (Git Hub repo). Last accessed June 15, 2020.

[13] Shioulin and Nisha. "A Guide to Learning with Limited Labeled Data" (*https:// oreil.ly/U5ExU*). April 2, 2019.

[14] eForms. "Blank Invoice Templates" (*https://oreil.ly/sEgr9*). Last accessed June 15, 2020.

[15] Amazon.com. "Amazon Elements Vitamin B12 Methylcobalamin 5000 mcg - Normal Energy Production and Metabolism, Immune System Support - 2 Month

Supply (65 Berry Flavored Lozenges)" (*https://oreil.ly/8Zq3K*). Last accessed June 15, 2020.

[16] Beautiful Soup (*https://oreil.ly/W0eDZ*). Last accessed June 15, 2020.

[17] Scrapy.org. Scrapy (*https://scrapy.org*). Last accessed June 15, 2020.

[18] Unicode (*https://home.unicode.org*). Last accessed June 15, 2020.

[19] Dickinson, Markus, Chris Brew, and Detmar Meurers. Language and Computers. New Jersey: John Wiley & Sons, 2012. ISBN: 978-1-405-18305-5

[20] Explosion.ai. "Rule-based matching" (*https://oreil.ly/CgeBw*). Last accessed June 15, 2020.

[21] Microsoft documentation. "Quickstart: Check spelling with the Bing Spell Check REST API and Python" (*https://oreil.ly/Rwq0w*). Last accessed June 15, 2020.

[22] Stamy, Matthew. PyPDF2: A utility to read and write PDFs with Python (*https://oreil.ly/6OXi3*), (GitHub repo). Last accessed June 15, 2020.

[23] pdfminer. pdfminer.six: Community maintained fork of pdfminer (*https://oreil.ly/FVlxl*), (GitHub repo). Last accessed June 15, 2020.

[24] FilingDB. "What' s so hard about PDF text extraction?" (*https://oreil.ly/Fa1gB*) Last accessed June 15, 2020.

[25] Tesseract-OCR. "Tesseract Open Source OCR Engine (main repository)" (*https://oreil.ly/WLIWy*), (GitHub repo). Last accessed June 15, 2020.

[26] Python-tesseract documentationPython-tesseract (*https://oreil.ly/UqaEz*). Last accessed June 15, 2020.

[27] Firth, John Rupert. "Personality and Language in Society." The Sociological Review 42.1 (1950): 37–52.

[28] pyenchant. Spellchecking library for python (*https://oreil.ly/Ntq5J*), (GitHub repo). Last accessed June 15, 2020.

[29] KBNL Research. ochre: Toolbox for OCR post-correction (*https://oreil.ly/BEWT1*), (GitHub repo). Last accessed June 15, 2020.

[30] "Natural Language ToolKit" (*http://www.nltk.org*). Last accessed June 15, 2020.

[31] Explosion.ai. "spaCy 101: Everything you need to know" (*https://oreil.ly/W97S3*). Last accessed June 15, 2020.

[32] Evang, Kilian, Valerio Basile, Grzegorz Chrupa a, and Johan Bos. "Elephant: Sequence Labeling for Word and Sentence Segmentation." Proceedings of the 2013 Conference on Empirical Methods in Natural Language Processing (2013): 1422–1426.

[33] Porter, Martin F. "An Algorithm For Suffix Stripping." Program: electronic library and information systems 14.3 (1980): 130–137.

[34] Padmanabhan, Arvind. "Lemmatization" (*https://oreil.ly/erczD*). October 11, 2019.

[35] Explosion.ai. "spaCy" (*https://oreil.ly/kw5_4*). Last accessed June 15, 2020.

[36] Polyglot documentation.Polyglot Python library (*https://oreil.ly/vt4XB*). Last accessed June 15, 2020.

[37] Mair, Victor. "Singlish: alive and well" (*https://oreil.ly/tbnK3*). May 14, 2016.

[38] Jurafsky, Dan and James H. Martin. Speech and Language Processing, Third Edition (Draft) (*https://oreil.ly/Ta16f*), 2018.

[39] Explosion.ai. "spaCy: Industrial-Strength Natural Language Processing in Python" (*https://spacy.io/*). Last accessed June 15, 2020.

[40] DeepAI. "Parsey Mcparseface API" (*https://oreil.ly/BaRyS*). Last accessed June 15, 2020.

[41] Stanford CoreNLP.Stanford CoreNLP – Natural language software (*https://oreil.ly/137-o*). Last accessed June 15, 2020.

[42] Ghaffari, Parsa. "Leveraging Deep Learning for Multilingual Sentiment Analysis" (*https://oreil.ly/Fmy_2*). July 14, 2016.

[43] The Stanford Natural Language Processing Group. "Stanford TokensRegex" (*https://oreil.ly/AUGVP*). Last accessed June 15, 2020.

[44] Google. "Cloud Natural Language" (*https://oreil.ly/Tti8y*). Last accessed June 15, 2020.

[45] Amazon. "AWS Comprehend" (*https://oreil.ly/DO9jA*). Last accessed June 15, 2020.

[46] Microsoft. "Azure Cognitive Services documentation" (*https://oreil.ly/0dokf*). Last accessed June 15, 2020.

[47] IBM. "Watson Natural Language Understanding" (*https://oreil.ly/_KUkX*). Last accessed June 15, 2020.

[48] Friedman, Jerome, Trevor Hastie, and Robert Tibshirani. The Elements of Statistical Learning, Second Edition. New York: Springer, 2001. ISBN: 978-0-387-84857-0

[49] Wikipedia. "F1 score" (*https://oreil.ly/-d6IZ*). Last modified April 18, 2020.

[50] Wikipedia. "Mean reciprocal rank" (*https://oreil.ly/9eK2K*). Last modified December 6, 2018.

[51] Wikipedia. "Evaluation measures (information retrieval)" (*https://oreil.ly/a2Jmq*). Last modified February 12, 2020.

[52] Wikipedia. "Mean absolute percentage error" (*https://oreil.ly/TXzj5*). Last modified February 6, 2020.

[53] Papineni, Kishore, Salim Roukos, Todd Ward, and Wei-Jing Zhu. "BLEU: A Method for Automatic Evaluation of Machine Translation." Proceedings of the 40th Annual Meeting on Association for Computational Linguistics (2002): 311–318.

[54] Banerjee, Satanjeev and Alon Lavie. "METEOR: An Automatic Metric for MT Evaluation with Improved Correlation with Human Judgments." Proceedings of the ACL Workshop on Intrinsic and Extrinsic Evaluation Measures for Machine Translation and/or Summarization (2005): 65–72.

[55] Lin, Chin-Yew. "ROUGE: A Package for Automatic Evaluation of Summaries." Text Summarization Branches Out (2004): 74–81.

[56] Wikipedia. "Perplexity" (*https://oreil.ly/NDKkiy*). Last modified February 13, 2020.

[57] Google Cloud. "Quickstart for Cloud Tasks queues" (*https://oreil.ly/O7CD0*). Last accessed June 15, 2020.

[58] Amazon. "Amazon Simple Queue Service" (*https://oreil.ly/zXHZz*). Last accessed June 15, 2020.

[59] Zheng, Huaixiu., Yi-Chia Wang, and Piero Molino. "COTA: Improving Uber Customer Care with NLP & Machine Learning" (*https://oreil.ly/dxhWB*). January 3, 2018.

[50] Wikipedia, "Mean reciprocal rank" ([illegible]), Last modified December 6, 2018.

[51] Wikipedia, "Evaluation measures (information retrieval)" ([illegible]), Last modified February 12, 2020.

[52] Wikipedia, "Mean absolute percentage error" ([illegible]), Last modified February 6, 2020.

[53] Papineni, Kishore, Salim Roukos, Todd Ward, and Wei-Jing Zhu. "BLEU: A Method for Automatic Evaluation of Machine Translation." Proceedings of the 40th Annual Meeting of Association for Computational Linguistics (2002): 311–318.

[54] Banerjee, Satanjeev and Alon Lavie. "METEOR: An Automatic Metric for MT Evaluation with Improved Correlation with Human Judgments." Proceedings of the ACL Workshop on Intrinsic and Extrinsic Evaluation Measures for Machine Translation and/or Summarization (2005): 65–72.

[55] Lin, Chin-Yew. "ROUGE: A Package for Automatic Evaluation of Summaries." Text Summarization Branches Out (2004): 74–81.

[56] Wikipedia, "Perplexity" ([illegible]), Last modified [illegible] 2020.

[57] Google Cloud. "Quickstart for Cloud Tasks queues" ([illegible]), Last accessed June 15, 2020.

[58] Amazon. "Amazon Simple Queue Service" ([illegible]), Last accessed June 15, 2020.

[59] [illegible]

第三章

原文表示法

在處理語言時，
向量 x 是從文字資料中推導出來的，
以反映原文的各種語言屬性。

—*Yoav Goldberg*

對任何一種機器學習問題而言，特徵提取都是重要的步驟。無論你使用的建模演算法多棒，當你傳入糟糕的特徵時，你就會得到糟糕的結果。在電腦科學中，這種現象通常稱為「garbage in, garbage out」。我們已經在前兩章大致了解 NLP、它牽涉的各種任務及挑戰，以及典型的 NLP 處理線的樣貌了。在這一章，我們要解決的問題是：如何對原文資料進行特徵工程？換句話說，如何將原文轉換成數字形式，以便將它傳入 NLP 和 ML 演算法？按照 NLP 的說法，將原始原文轉換成數字形式稱為**原文表示法**（*text representation*）。在這一章，我們要了解各種原文表示法，或是用數字向量來表示原文的方法。在圖 3-1 這一張涵蓋所有 NLP 問題的圖表中，以虛線框起來的部分是本章的範圍。

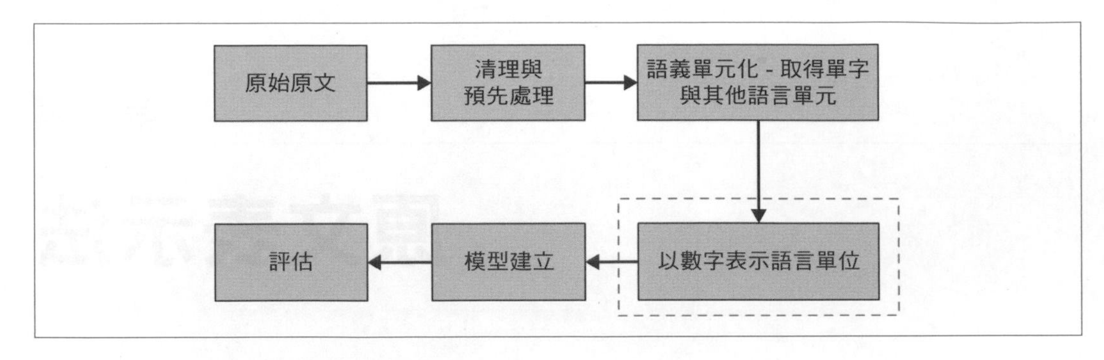

圖 3-1　本章在 NLP 處理線裡面的範圍

在任何一種 ML 專案中，特徵表示法都是常見的步驟，無論它的資料是原文、圖像、影片或語音。然而，與其他資料格式相比，原文的特徵表示法通常更加複雜。為了讓你理解這一點，我們來看幾個例子，了解如何用數字來表示其他的資料格式。首先，考慮圖像的案例。假如我們要建構分類器來區分貓與狗的圖像，為了訓練 ML 模型來完成這項任務，我們要將圖像（有標籤的）傳給它。怎麼將圖像傳給 ML 模型？電腦是用像素矩陣的形式來儲存圖像的，矩陣的一格 `cell[i,j]` 代表圖像的像素 i, j。存放在 `cell[i,j]` 裡面的值代表它在圖像的對映像素的強度，如圖 3-2 所示。這個矩陣表示法可以準確地表示完整的圖像。影片很像圖像，它只是畫格的集合，裡面的每一張畫格都是一張圖像，因此，任何影片都可以用連續的矩陣來表示，每個矩陣代表一個畫格，按照同樣的順序。

圖 3-2　我們看到的圖像 vs 電腦看到的 [1]

接著考慮語音——它是用波的形式傳輸的。要用數學來表示它，我們可以對波進行抽樣，並記錄它的振幅（高），如圖 3-3 所示。

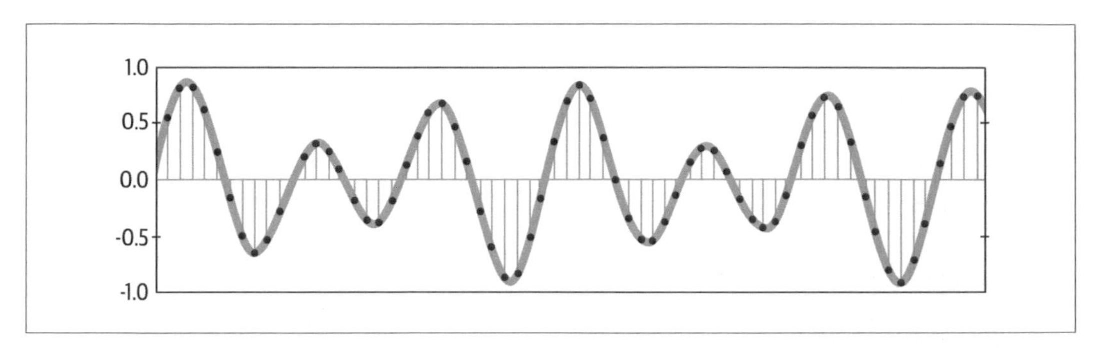

圖 3-3　對語音波進行抽樣

如此一來，我們可以得到一個數字陣列，代表每隔一段固定時間的聲波強度，如圖 3-4 所示。

```
[-1274, -1252, -1160, -986, -792, -692, -614, -429, -286, -134, -57, -41,
-169, -456, -450, -541, -761, -1067, -1231, -1047, -952, -645, -489, -448,
-397, -212, 193, 114, -17, -110, 128, 261, 198, 390, 461, 772, 948, 1451,
1974, 2624, 3793, 4968, 5939, 6057, 6581, 7302, 7640, 7223, 6119, 5461,
4820, 4353, 3611, 2740, 2004, 1349, 1178, 1085, 901, 301, -262, -499,
-488, -707, -1406, -1997, -2377, -2494, -2605, -2675, -2627, -2500, -2148,
-1648, -970, -364, 13, 260, 494, 788, 1011, 938, 717, 507, 323, 324, 325,
350, 103, -113, 64, 176, 93, -249, -461, -606, -909, -1159, -1307, -1544]
```

圖 3-4　用數字向量表示的語音訊號

從以上的討論可以清楚知道，用數學來表示圖像、影片與語音都很簡單。那原文呢？事實證明，表示原文並不簡單，所以我們要用一整章來專門討論這個問題的各種解決方案。在文獻中，設法用數學來表示一段原文的任務稱為**原文表示法**（*text representation*）。原文表示法在過去的幾十年裡一直是個非常活躍的研究領域，尤其是在最近的十年中。本章會從簡單的做法開始談起，一路介紹到最先進的原文表示技術，這些做法可以分成四類：

- 基本的向量化方法
- 散式表示法
- 通用語言表示法
- 人工製作的特徵

本章的其餘部分將逐一介紹這些分類，並且介紹這些分類的各種演算法。在探討各種方案之前，考慮一下這個場景：我們有個帶標籤的原文文集，想要建構情緒分析模型。為了正確預測句子的情緒，模型必須了解句子的意思。為了正確地描述句子的意思，最關鍵的資料點有：

1. 將句子拆成詞彙單元，例如詞素、單字與子句
2. 推導各個詞素單元的含義
3. 了解句子的句法（語法）結構
4. 了解句子的上下文

句子的**語義**（含義）是由上述幾點的結合而產生的。因此，任何一個**優秀**的原文表示法都必須以最好的方式提取這些資料點，以反映原文的語言屬性，若非如此，原文表示法就沒有多大用處。

在 NLP 中，比起使用一流的演算法和平庸的原文表示法，將優良的原文表示法傳給平庸的演算法可以產生好很多的效果。

我們來看一個貫穿本書的重要概念：向量空間模型。

向量空間模型

從前面的介紹中可以清楚地看到，為了讓 ML 演算法能夠處理原文資料，我們必須將原文資料轉換成某種數學形式。在這一章，我們要用數字向量來表示原文單元（字元、音素、單字、子句、句子、段落與文件），它稱為**向量空間模型**（vector space model，

VSM）[i]，這種簡單的代數模型被廣泛地用來代表任何一種原文 blob。VSM 是許多資訊檢索操作的基礎，包括在查詢文件時對文件進行評分，以及分件聚類 [2]。它是將原文單元表示成向量的數學模型（*https://oreil.ly/mtyKw*）。它最簡單的形式是識別碼（identifier）組成的向量，例如在文集詞彙集裡面的索引號碼，此時，若要計算兩個原文 blob 之間的相似度，最常用的方法是使用餘弦相似度，也就是它們的向量之間的夾角的餘弦。0° 的餘弦是 1，180° 的餘弦是 –1，餘弦隨著角度從 0° 到 180° 而單調遞減。當我們有向量 A 與 B，每一個都有 *n* 個元素時，它們之間的相似度是這樣算的：

$$\text{相似度} = \cos(\theta) = \frac{\mathbf{A}\cdot\mathbf{B}}{\|\mathbf{A}\|_2\|\mathbf{B}\|_2} = \frac{\sum_{i=1}^{n} A_i B_i}{\sqrt{\sum_{i=1}^{n} A_i^2}\sqrt{\sum_{i=1}^{n} B_i^2}}$$

其中，$[A_i]$ 與 $[B_i]$ 分別是向量 A 與 B 的第 *i* 個元件（*https://oreil.ly/7tNTM*）。有時人們會使用向量之間的歐氏距離來描述相似度。

本章介紹的原文表示法都屬於向量空間模型的範疇，這些方法之間的差異在於它們產生的向量可以多麼詳細地描述它們所代表的原文的語言屬性。知道這些事情之後，我們可以開始討論各種原文表示方案了。

基本的向量化方法

我們從原文表示法的基本概念談起：將文集的詞彙集（V）裡面的每一個單字對映至一個唯一的 ID（整數值），然後用 V 維向量來表示文集裡面的各一個句子或文件 。如何實現這個概念？為了進一步說明，我們來看一個玩具文集（見表 3-1），它只有四個文件——D_1, D_2, D_3, D_4。

表 3-1　我們的玩具文集

D1	Dog bites man.
D2	Man bites dog.
D3	Dog eats meat.
D4	Man eats food.

i　它也稱為 *term vector model*（詞彙向量模型），但我們沿用 VSM。

將原文小寫化並忽略標點符號之後，這個文集的詞彙集包括六個單字：[dog, bites, man, eats, meat, food]。我們可以用任何順序來排列這個詞彙集，這個例子直接採用單字在文集中出現的順序。接下來，這個文集裡面的每一個文件都可以用大小為六的向量來表示，我們將介紹各種做法。假設我們已經按照第 2 章介紹過的 NLP 處理線的預先處理步驟，將原文預先處理過（小寫化、刪除標點符號等）並且語義單元化（將原文字串拆成語義單元）了。我們從 one-hot 編碼開始看起。

one-hot 編碼

在 one-hot 編碼中，在文集詞彙集裡面的每一個單字 w 都會得到一個介於 1 與 |V| 之間的獨特整數 ID w_{id}，其中，V 是文集詞彙集。接著，我們用 V 維的二元向量（0 與 1）來表示各個單字，做法是將一個 |V| 維向量裡面，除了索引（索引 = w_{id}）之外的元素都填 0，將那個索引設為 1。然後就可以藉著結合個別單字的表示法來產生句子表示法了。

用玩具文集來解釋這種做法。我們先將六個單字分別對映至專屬的 ID：dog = 1，bites = 2，man = 3，meat = 4，food = 5，eats = 6。[ii] 考慮文件 D1：「dog bites man」。按照這種方案，每一個單字都是一個六維向量。dog 是 [1 0 0 0 0 0]，因為「dog」這個字對映至 ID 1，bites 是 [0 1 0 0 0 0]，以此類推。因此，D1 表示成 [[1 0 0 0 0 0] [0 1 0 0 0 0] [0 0 1 0 0 0]]，D4 表示成 [[0 0 1 0 0] [0 0 0 0 1 0] [0 0 0 0 0 1]]。文集的其他文件可以用類似的方法來表示。

我們來看看用 Python 以第一原則（first principle）實作它的簡單方法。notebook *Ch3/OneHotEncoding.ipynb* 展示了它的範例。下面的 one-hot 編碼程式來自這個 notebook。在真正的專案中，我們應該會使用 scikit-learn 實作的 one-hot 編碼，它的優化程度高很多。我們也在這個 notebook 提供相同的內容。

因為我們假設原文已經被語義單元化了，在這個範例中，我們可以直接用空格拆開原文：

```
def get_onehot_vector(somestring):
  onehot_encoded = []
  for word in somestring.split():
            temp = [0]*len(vocab)
            if word in vocab:
```

ii　這個對映是隨意的。任何其他對映方式都可以。

```
                    temp[vocab[word]-1] = 1
            onehot_encoded.append(temp)
    return onehot_encoded

get_onehot_vector(processed_docs[1])
Output: [[0, 0, 1, 0, 0, 0], [0, 1, 0, 0, 0, 0], [1, 0, 0, 0, 0, 0]]
```

了解這種方案之後，我們來討論它的優缺點。one-hot 編碼的優點是容易了解與實作，但是它也有一些缺點：

- one-hot 向量的大小與詞彙量成正比，大多數的實際文集的詞彙量都很大，所以它會產生稀疏的表示法，也就是向量大部分的元素都是零，因此用它來儲存、計算與學習的效率很低（稀疏會導致過擬）。
- 這種表示法不提供固定長度的原文表示法，也就是說，如果一段原文有 10 個單字，它的表示法與只有 5 個單字的原文相比會長很多。大部分的學習演算法都要求特徵向量的長度是一樣的。
- 它將單字視為原子單位，而且沒有關於單字之間的相似性（不相似性）的概念。例如，考慮三個單字：run、ran 與 apple，run 與 ran 的意思比 run 與 apple 相似，但如果我們計算出它們各自的向量，並計算它們之間的歐氏距離，它們的距離都是一樣的（開根號 2），因此，從語義上講，它們描述單字之間的意義的能力很差。
- 假如我們用玩具文集訓練模型，在執行期，我們得到句子：「man eats fruits」，訓練資料沒有「fruit」，因此模型的內部無法表示它，這種問題稱為 *out of vocabulary*（*OOV*）問題。one-hot 方案無法處理這種問題，唯一的辦法是重新訓練模型：擴展詞彙集，再為新單字指定一個 ID。

近來，one-hot 編碼方案已經很罕見了。

上述的一些缺點可以用接下來介紹的詞袋法解決。

詞袋

詞袋（bag of words，BoW）是一種經典的原文表示技術，在 NLP 中很常見，尤其是在原文分類問題中（見第 4 章）。它的主要概念如下：用**詞袋**（集合）來表示需要考慮的原文，並且忽略其順序與上下文。它有一個基本的假設：在資料組中，屬於某個類別的原文都是用一組獨特的單字來描述的，如果兩段原文有幾乎相同的單字，它們就在同一袋（類別）裡面，因此，我們可以藉著分析一段原文裡面的單字，來識別它屬於哪一種類別（袋）。

與 one-hot 編碼很像的是，BoW 會將單字對映至介於 1 與 |V| 之間的獨特整數 ID。接下來，它會將文集裡面的每一個文件轉換成 |V| 維向量，向量的第 i 個元素，$i = w_{id}$，是單字 w 出現在文件裡面的次數，也就是說，它單純用單字在文件中出現的次數來評分它們在 V 裡面的分數。

因此，對我們的玩具文集（表 3-1）而言，單字 ID 是 dog = 1、bites = 2、man = 3、meat = 4、food = 5、eats = 6，D1 變成 [1 1 1 0 0 0]，因為在詞彙集裡面的前三個單字在 D1 裡面都只出現一次，而後三個完全沒有出現。D4 變成 [0 0 1 0 1 1]。notebook *Ch3/Bag_of_Words.ipynb* 裡面有實作 BoW 原文表示法的方法。以下的程式是重要的部分：

```
from sklearn.feature_extraction.text import CountVectorizer
count_vect = CountVectorizer()

# 為文集建立 BoW 表示法
bow_rep = count_vect.fit_transform(processed_docs)

# 查看詞彙對映
print("Our vocabulary: ", count_vect.vocabulary_)

# 查看前 2 個文件的 BoW 表示法
print("BoW representation for 'dog bites man': ", bow_rep[0].toarray())
print("BoW representation for 'man bites dog: ",bow_rep[1].toarray())

# 使用這個詞彙集取得新原文的表示法
temp = count_vect.transform(["dog and dog are friends"])
print("Bow representation for 'dog and dog are friends':",

temp.toarray())
```

執行這段程式可以看到，在「dog and dog are friends」這個句子的 BoW 表示法中，單字「dog」維度的值是 2，代表它在句子中的頻率。有時我們不在乎單字出現在原文裡面的頻率，只想要表示單字有沒有出現在原文裡面。有研究人員指出，這種不考慮頻率的表示法在進行情緒分析時很有用（見 [3] 的第 4 章）。此時，我們可以在初始化 CountVectorizer 時，使用 binary=True 選項：

```
count_vect = CountVectorizer(binary=True)
bow_rep_bin = count_vect.fit_transform(processed_docs)
temp = count_vect.transform(["dog and dog are friends"])
print("Bow representation for 'dog and dog are friends':", temp.toarray())
```

這會讓同一個句子產生不同的表示法。CountVectorizer 同時支援單字與字元 n-gram（n 元語法）。

以下是這種編碼方案的優點：

- 與 one-hot 編碼一樣，BoW 很容易理解與實作。
- 使用這種表示法時，單字相同的文件的向量表示法的歐式空間比單字完全不同的文件更相近。D1 與 D2 之間的距離是 0，而 D1 與 D4 之間的距離是 2。因此，BoW 產生的向量空間可描述文件的語義相似度。所以如果兩個文件有相似的詞彙，它們在向量空間中更接近彼此，反之亦然。
- 任意長度的任何句子都有固定長度的編碼。

但是，它也有這些缺點：

- 向量的大小會隨著詞彙量而增加，因此，它仍然有稀疏的問題。抑制這個問題的做法之一是將詞彙集限制為 *n* 個最常出現的單字。
- 它無法描述代表同一個東西的不同單字之間的相似性。假設我們有三個文件：「I run」、「I ran」與「I ate」，這三個文件的 BoW 向量是等距的。
- 這種表示法無法處理不在詞彙集內的單字（也就是，沒有在建構向量的文集裡面看過的新單字）。
- 顧名思義，它是單字的「袋」子，這種表示法捨棄了單字順序的資訊。D1 與 D2 在這種方案之下有相同的表式法。

但是，儘管有這些缺點，因為 BoW 很簡單而且容易實作，所以它是很常見的原文表示法，尤其是在 NLP 的原文分類問題中。

n-gram 袋

截至目前為止談過的表示法都將單字視為獨立的單位，它們沒有子句或單字順序的概念。*bag-of-n-gram*（BoN）是試圖彌補這一點的方案，它的做法是將原文拆成許多包含 n 個連續單字（或語義單元）的段落，這種做法可以描述一些上下文，之前的方案無法做到這一點，這些段落稱為 *n-gram*。因此，文集詞彙集 V 就是整個原文文集的所有獨特的 n-gram 的集合。在文集裡面的各個文件都是用長度為 |V| 的向量來表示的。這個向量裡面存有文件中的 n-gram 的出現次數，零代表該 n-gram 沒有出現。

用我們的文集範例來詳細說明。我們來為它建構一個 2-gram（也稱為 bigram）模型。在這個文集裡面的 bigram 有：{dog bites, bites man, man bites, bites dog, dog eats, eats meat, man eats, eats food}。BoN 表示法是以各個文件的 8 維向量組成的，前兩個文件的 bigram 表示法是：D1：[1,1,0,0,0,0,0,0]，D2：[0,0,1,1,0,0,0,0]。另外兩個文件的處理方法與它們一樣。注意，BoW 方案是 BoN 方案的特例，前者是 n=1，n=2 稱為「bigram 模型」，n=3 稱為「trigram 模型」。此外，n 值越大，納入的上下文就越長，但是，這會進一步提升稀疏性。按照 NLP 的說法，BoN 方案也稱為「n-gram 特徵選擇」。

下面的程式（*Ch3/Bag_of_N_Grams.ipynb*）是個 BoN 表示法的範例，它用 1–3 n-gram 單字特徵來表示我們一直使用的文集。在此，我們設定 `ngram_range = (1,3)` 來使用 unigram、bigram 與 trigram 向量：

```
# 使用 count vectorizer 和 uni、bi、trigrams 的 n-gram 向量化範例
count_vect = CountVectorizer(ngram_range=(1,3))

# 為文集建立 BoW 表示法
bow_rep = count_vect.fit_transform(processed_docs)

# 查看詞彙對映
print("Our vocabulary: ", count_vect.vocabulary_)

# 使用這個詞彙集取得新原文的表示法
temp = count_vect.transform(["dog and dog are friends"])
print("Bow representation for 'dog and dog are friends':", temp.toarray())
```

這些是 BoN 的主要優缺點：

- 它可以使用 n-gram 來描述一些上下文與單字順序資訊。
- 因此，它產生的向量空間能夠描述一些語義相似性。相較於有完全不相同的 n-gram 的兩個文件，有相同的 n-gram 的兩個文件在歐氏空間裡面的向量彼此相近。

- 隨著 n 的增加，維度也會快速增加（因此稀疏度也是）。
- 它無法處理 OOV 問題。

TF-IDF

上述的三種方案都將原文的所有單字視為同樣重要，它們沒有「某些單字在文件中比其他單字更重要」的概念。TF-IDF（*term frequency–inverse document frequency*）可處理這種問題。它的目標是將文件 / 文集之中的一個單字與其他單字相較之下的重要性量化。資訊檢索系統經常使用這種表示法，用收到的查詢文字從文集中提取相關的文件。

TF-IDF 的概念是，當單字 w 在文集的文件 d_i 中出現很多次，但是在文件 d_j 出現的次數不多時，那個單字 w 對 d_i 來說一定非常重要。w 在 d_i 中的重要性與它出現的頻率成比例增加，但與此同時，它在文集的其他文件 d_j 的重要性與它出現的頻率成比例減少。從數學上看，這是用兩個數字來描述的：TF 與 IDF，*TF-IDF* **分數**就是這兩者的結合。

TF（*term frequency*，**詞彙頻率**）是一個詞或單字在特定的文件中出現的頻率。因為文集裡面的不同文件可能有不同長度，特定詞彙在比較長的文件中出現的次數可能比在比較短的文件中更多，為了將出現次數正規化，我們要將出現的次數除以文件的長度。詞彙 t 在文件 d 中的 TF 是這樣定義的：

$$\mathrm{TF}\left(t,d\right)=\frac{\text{詞彙 } t \text{ 在文件 } d \text{ 中出現的次數}}{\text{文件 } d \text{ 的總詞彙數}}$$

IDF（*inverse document frequency*）是一個術語在整個文集裡面的重要性。在計算 TF 時，所以詞彙都有相同的重要性（權重）。但是，大家都知道，雖然停用字很常出現，但它們並不重要，例如 are、am 等。為了考慮這種情況，IDF 會將整個文集中很常見的詞彙的權重調低，將罕見詞彙的權重調高。詞彙 t 的 IDF 是這樣算的：

$$\mathrm{IDF}\left(t\right)=\log_e\frac{\text{在文集中的文件總數}}{\text{有詞彙 } t \text{ 的文件的數量}}$$

TF-IDF 分數是這兩項的積，因此，*TF-IDF* 分數 = *TF* * *IDF*。我們來為我們的玩具文集計算 TF-IDF 分數。有些詞彙只在一個文件中出現，有些兩個，其他的三個。文集的大小是 N=4。因此，表 3-2 是各個詞彙的 TF-IDF 值。

表 3-2　玩具文集的 TF-IDF 值

單字	TF 分數	IDF 分數	TF-IDF 分數
dog	⅓ = 0.33	$log_2(4/3) = 0.4114$	0.4114 * 0.33 = 0.136
bites	⅙ = 0.17	$log_2(4/2) = 1$	1* 0.17 = 0.17
man	0.33	$log_2(4/3) =0.4114$	0.4114 * 0.33 = 0.136
eats	0.17	$log_2(4/2) =1$	1* 0.17 = 0.17
meat	1/12 = 0.083	$log_2(4/1) =2$	2* 0.083 = 0.17
food	0.083	$log_2(4/1) =2$	2* 0.083 = 0.17

因此，一個文件的 TF-IDF 向量表示法就是那個文件裡面的各個詞彙的 TF-IDF 分數。所以，D_1 的分數是

Dog	bites	man	eats	meat	food
0.136	0.17	0.136	0	0	0

下面的程式（*Ch3/TF_IDF.ipynb*）說明如何使用 TF-IDF 來表示原文：

```
from sklearn.feature_extraction.text import TfidfVectorizer

tfidf = TfidfVectorizer()
bow_rep_tfidf = tfidf.fit_transform(processed_docs)
print(tfidf.idf_) # 詞彙集的所有單字的 IDF
print(tfidf.get_feature_names()) # 詞彙集的所有單字

temp = tfidf.transform(["dog and man are friends"])
print("Tfidf representation for 'dog and man are friends':\n", temp.toarray())
```

TF-IDF 基本公式在實際的應用中有幾種版本。注意，在表 3-2 中，我們為文集計算的 TF-IDF 分數可能與 scikit-learn 提供的 TF-IDF 分數不同，原因是 scikit-learn 的 IDF 公式是稍微改過的版本，目的是為了考慮除以零的情況，以及不想要完全忽略在所有文件都有出現的詞彙。關於確切的公式，感興趣的讀者可以參考 TF-IDF 向量化程式文件 [4]。

與 BoW 相似的是，我們可以用 TF-IDF 向量以及歐氏距離或餘弦相似度來計算兩段原文之間的相似度。TF-IDF 經常在資訊檢索與原文分類等應用場景中使用，然而，儘管 TF-IDF 比之前的那些向量化方法更能夠描述單字之間的相似度，但它也有維數變高時的缺點。

即使在今日，TF-IDF 仍然是許多 NLP 任務採用的表示法，尤其是在解決方案的初始版本中。

回顧我們討論過的方案，我們可以發現三種基本缺點：

- 它們都是離散（discrete）表示法——也就是將語言單位（單字、n-gram 等）視為原子單位。這種離散性使得它們無法描述單字之間的關係。
- 特徵向量是稀疏且高維數的表示法。維數會隨著詞彙集的擴大而增加，且每個向量的值大部分都是零，這會對學習效果造成負面影響。此外，高維數表示法的計算效率很低。
- 它們無法處理 OOV 單字。

以上就是基本的向量化方法。接下來，我們來看散式表示法。

散式表示法

上一節指出基本的向量化方法常見的重大缺點，為了克服這些限制，有人設計了學習低維表示法的方法，本節將介紹這些方法，它們在過去的六到七年來有很大的發展。它們使用神經網路結構來建立密集的、低維的單字和原文表示法。在介紹這些方法之前，我們先來了解一些重要的術語：

Distributional similarity（分布相似）

這個概念代表一個單字的意思可以透過它的上下文來了解。它也稱為 *connotation*：意義是由上下文定義的。與這種概念相反的是 *denotation*，即單字的字面意思。例如：「NLP rocks」。「rocks」的字面意思是「石頭」，但是從上下文來看，它是指某個東西很棒且很時髦。

Distributional hypothesis（分布假說）*[5]*

在語言學中，這個假說指出：在相似的上下文中出現的單字有相似的意思。例如，英文單字「dog」與「cat」會出現在相似的上下文中，因此，根據分布假說，這兩個字的意思一定有很大的相似度。在 VSM 中，一個字的意思是用向量來表示的，因此，如果兩個字經常出現在相似的上下文之中，它們對映的向量也會彼此相近。

Distributional representation（**分布表示法**）*[6]*

指根據單字在上下文的分布情況而產生的表示法。這些方案的基礎是分布假說。分布屬性是從上下文取得的。從數學上講，分布表示法使用高維向量來代表單字，這些向量是從一個共現（co-occurrence ）矩陣取得的，共現矩陣描述了單字與上下文的共現情況。這個矩陣的維數等於文集的詞彙集的大小。上述的四種方案（one-hot、bag of word、bag of n-gram 與 TF-IDF）都屬於分布表示法。

Distributed representation（**散式表示法**）*[6]*

這是一種相關（related）的概念，它也是基於分布假說。上一段談到，分布表示法的向量都有極高的維數與稀疏度，因此它們的計算效率低下，並且會防礙學習。散式表示法藉著大幅壓縮維數來緩解這個問題，它可以產生紮實（低維數）且密集（幾乎沒有零）的向量。它產生的向量空間稱為散式表示法。本章接下來介紹的所有方案都是散式表示法。

Embedding

embedding 就是將文集的單字集合的分布表示法向量空間對映至散式表示法向量空間的機制。

Vector semantics（**向量的語義**）

指的是根據大型文集裡面的單字分布屬性來學習單字表示法的 NLP 方法。

了解這些術語之後，我們來看第一種方法：單字 embedding。

單字 embedding

什麼是「原文表示法應該要描述單字間的分布相似性」？我們來看幾個例子。如果我們收到單字「USA」，與它「分布相似」的單字可能是其他國家（例如 Canada、Germany、India 等）或 USA 的城市。如果我們收到單字「beautiful」，與這個單字有某種關係的單字（例如同義詞、反義詞）可視為分布相似的單字，這些單字可能會出現在相似的上下文裡面。在 2013 年，Mikolov 等人進行的一項開創性研究 [7] 使用神經網路來建構單字表示模型「Word2vec」，它採用「分布相似」，可描述單字間的類比關係，例如：

King – Man + Woman ≈ Queen

他們的模型能夠正確地回答許多類似這樣的類比關係。圖 3-5 是以 Word2vec 來建構的系統的螢幕擷圖，它正在回答類比關係。在許多層面上，Word2vec 是現代 NLP 的曙光。

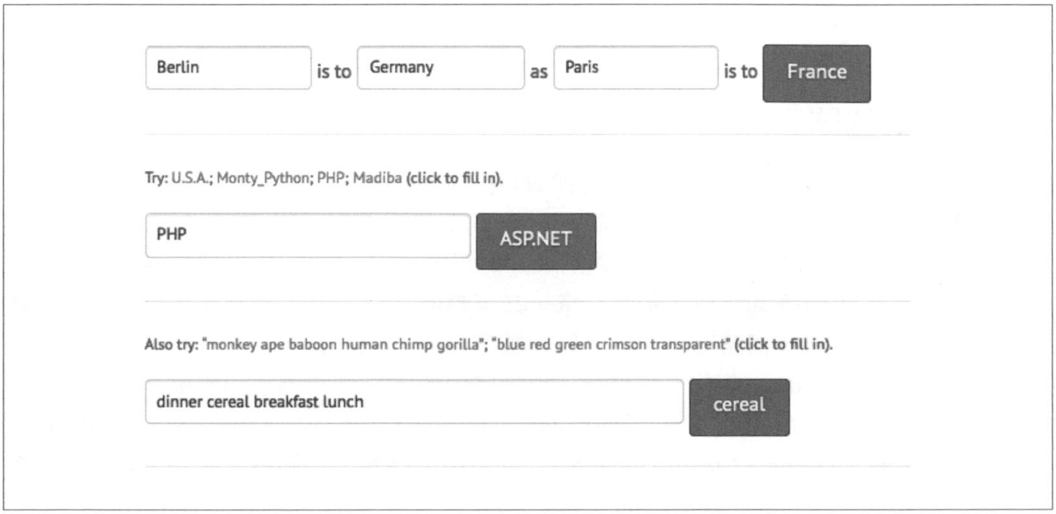

圖 3-5　採用 Word2vec 的類比回答系統

在學習這種語義豐富的關係時，Word2vec 可確保學到的單字表示法是低維數（維數 50–500 的向量，而不是上千維，就像本章稍早介紹的表示法那樣）且密集的（在向量中大部分的值都不是零）。這種表示法可讓 ML 任務更方便處理且高效。Word2vec 引領以神經網路來學習原文的研究風潮（包括純研究和應用的）。這些表示法也稱為「embedding」。我們來直覺地了解它們如何工作，以及如何使用它們來表示原文。

假設我們有一些文集，我們的目的是學習文集的每一個字的 embedding，讓 embedding 空間裡面的單字向量可以最好地描述單字的意思。為了「推導」單字的意思，Word2vec 使用分布相似與分布假說，也就是說，它會從單字的上下文（在文章中，出現在它附近的單字）來推導它的意思。因此，如果兩個不同的單字（經常）出現在相似的上下文中，它們的意思極可能也是相似的。Word2vec 的做法是將單字的意思投射至一個向量空間，在那個空間裡面，意思相似的單字會聚在一起，而意思極不相同的單字則彼此相距極遠。

從概念上講，Word2vec 會接收一個大型的文集，根據單字的上下文，「學會」在一個共同的向量空間裡面表示它們。當我們收到單字 w，以及在它的上下文中出現的單字 C

時，如何找出最能代表這個單字的意思的向量？針對文集的每一個單字 *w*，Word2vec 先建立一個向量 v_w，並將它的初始值設為隨機值。Word2vec 模型會根據上下文 *C* 裡面的單字的向量來預測 v_w，藉以優化 v_w 裡面的值。它使用雙層的神經網路來做這件事。我們將藉著討論預先訓練好的 embedding 來探討這個主題，然後再訓練我們自己的 embedding。

預先訓練好的單字 embedding

訓練自己的單字 embedding 是非常昂貴的程序（對時間和計算資源而言都是如此），幸好在許多場景中，我們不一定要訓練自己的 embedding，使用預先訓練好的單字 embedding 通常就可以了。什麼是預先訓練好的單字 embedding？很多人已經辛苦地使用大型的文集（例如維基百科、新聞文章，甚至整個 web）來訓練單字 embedding，並且將單字及其向量放在網路上了，你可以下載這些 embedding，取得你要的單字向量。你可以將這種 embedding 想成一大堆鍵 / 值，其中的鍵是詞彙集裡面的單字，值是單字對應的向量。流行的預先訓練好的 embedding 有 Google 的 Word2vec [8]，Stanford 的 GloVe [9]，與 Facebook 的 fasttext embeddings [10]，族繁不及備載。此外，它們提供各種維數，例如 d = 25、50、100、200、300、600。

Ch3/Pre_Trained_Word_Embeddings.ipynb 是本節其餘內容的 notebook，它展示如何載入預先訓練好的 Word2vec embedding，以及尋找收到的單字最相似的單字（用餘弦相似度來排名）。以下是主要步驟的程式，在此，我們尋找在語義上最像「beautiful」的單字，最後一行回傳「beautiful」的 embedding 向量：

```
from gensim.models import Word2Vec, KeyedVectors
pretrainedpath = "NLPBookTut/GoogleNews-vectors-negative300.bin"
w2v_model = KeyedVectors.load_word2vec_format(pretrainedpath, binary=True)
print('done loading Word2Vec')
print(len(w2v_model.vocab)) # 詞彙集裡面有多少字
print(w2v_model.most_similar['beautiful'])
W2v_model['beautiful']
```

`most_similar('beautiful')` 會回傳與單字「beautiful」最像的單字，它的輸出如下，每一個單字都有一個相似度分數，分數越高，那個單字與查詢單字越相似：

```
[('gorgeous', 0.8353004455566406),
 ('lovely', 0.810693621635437),
 ('stunningly_beautiful', 0.7329413890838623),
 ('breathtakingly_beautiful', 0.7231341004371643),
 ('wonderful', 0.6854087114334106),
 ('fabulous', 0.6700063943862915),
```

```
('loveliest', 0.6612576246261597),
('prettiest', 0.6595001816749573),
('beatiful', 0.6593326330184937),
('magnificent', 0.6591402292251587)]
```

w2v_model 回傳查詢單字的向量。對於單字「beautiful」，我們得到圖 3-6 的向量。

```
[6] #What is the vector representation for a word?
    w2v_model['beautiful']

array([-0.01831055,  0.05566406, -0.01153564,  0.07275391,  0.15136719,
       -0.06176758,  0.20605469, -0.15332031, -0.05908203,  0.22851562,
       -0.06445312, -0.22851562, -0.09472656, -0.03344727,  0.24707031,
        0.05541992, -0.00921631,  0.1328125 , -0.15429688,  0.08105469,
       -0.07373047,  0.24316406,  0.12353516, -0.09277344,  0.08203125,
        0.06494141,  0.15722656,  0.11279297, -0.0612793 , -0.296875  ,
       -0.13378906,  0.234375  ,  0.09765625,  0.17773438,  0.06689453,
       -0.27539062,  0.06445312, -0.13867188, -0.08886719,  0.171875  ,
        0.07861328, -0.10058594,  0.23925781,  0.03808594,  0.18652344,
       -0.11279297,  0.22558594,  0.10986328, -0.11865234,  0.02026367,
        0.11376953,  0.09570312,  0.29492188,  0.08251953, -0.05444336,
       -0.0090332 , -0.0625    , -0.17578125, -0.08154297,  0.01062012,
       -0.04736328, -0.08544922, -0.19042969, -0.30273438,  0.07617188,
        0.125     , -0.05932617,  0.03833008, -0.03564453,  0.2421875 ,
        0.36132812,  0.04760742,  0.00631714, -0.03088379, -0.13964844,
        0.22558594, -0.06298828, -0.02636719,  0.1171875 ,  0.33398438,
       -0.07666016, -0.06689453,  0.04150391, -0.15136719, -0.22460938,
        0.03320312, -0.15332031,  0.07128906,  0.16992188,  0.11572266,
       -0.13085938,  0.12451172, -0.20410156,  0.04736328, -0.296875  ,
       -0.17480469,  0.00872803, -0.04638672,  0.10791016, -0.203125  ,
       -0.27539062,  0.2734375 ,  0.02563477, -0.11035156,  0.0625    ,
        0.1953125 ,  0.16015625, -0.13769531, -0.09863281, -0.1953125 ,
       -0.22851562,  0.25390625,  0.00915527, -0.03857422,  0.3984375 ,
       -0.1796875 ,  0.03833008, -0.24804688,  0.03515625,  0.03881836,
        0.03442383, -0.04101562,  0.20214844, -0.03015137, -0.09619141,
        0.11669922, -0.06738281,  0.0625    ,  0.10742188,  0.25585938,
       -0.21777344,  0.05639648, -0.0065918 ,  0.16113281,  0.11865234,
       -0.03088379, -0.11572266,  0.02685547,  0.03100586,  0.09863281,
        0.05883789,  0.00634766,  0.11914062,  0.07324219, -0.01586914,
        0.18457031,  0.05322266,  0.19824219, -0.22363281, -0.25195312,
        0.15039062,  0.22753906,  0.05737305,  0.16992188, -0.22558594,
        0.06494141,  0.11914062, -0.06640625, -0.10449219, -0.07226562,
       -0.16992188,  0.0625    ,  0.14648438,  0.27148438, -0.02172852,
       -0.12695312,  0.18457031, -0.27539062, -0.36523438, -0.03491211,
       -0.18554688,  0.23828125, -0.13867188,  0.00296021,  0.04272461,
        0.13867188,  0.12207031,  0.05957031, -0.22167969, -0.18945312,
       -0.23242188, -0.28710938, -0.00866699, -0.16113281, -0.24316406,
        0.05712891, -0.06982422,  0.00053406, -0.10302734, -0.13378906,
       -0.16113281,  0.11621094,  0.31640625, -0.02697754, -0.01574707,
        0.11425781, -0.04174805,  0.05908203,  0.02661133, -0.08642578,
        0.140625  ,  0.09228516, -0.25195312, -0.31445312, -0.05688477,
        0.01031494,  0.0234375 , -0.02331543, -0.08056641,  0.01269531,
       -0.34179688,  0.17285156, -0.16015625,  0.07763672, -0.03088379,
        0.11962891,  0.11767578,  0.20117188, -0.01940918,  0.02172852,
        0.23046875,  0.28125   , -0.17675781,  0.02978516,  0.08740234,
       -0.06176758,  0.00939941, -0.09277344, -0.203125  ,  0.13085938,
       -0.13671875, -0.00500488, -0.04296875,  0.12988281,  0.3515625 ,
        0.0402832 , -0.12988281, -0.03173828,  0.28515625,  0.18261719,
        0.13867188, -0.16503906, -0.26171875, -0.04345703,  0.0100708 ,
        0.08740234,  0.00421143, -0.1328125 , -0.17578125, -0.04321289,
       -0.015625  ,  0.16894531,  0.25      ,  0.37109375,  0.19921875,
       -0.36132812, -0.10302734, -0.20800781, -0.20117188, -0.01519775,
       -0.12207031, -0.12011719, -0.07421875, -0.04345703,  0.14160156,
        0.15527344, -0.03027344, -0.09326172, -0.04589844,  0.16796875,
       -0.03027344,  0.09179688, -0.10058594,  0.20703125,  0.11376953,
       -0.12402344,  0.04003906,  0.06933594, -0.34570312,  0.03881836,
        0.16210938,  0.05761719, -0.12792969, -0.05810547,  0.03857422,
       -0.11328125, -0.1953125 , -0.28125   , -0.13183594,  0.15722656,
       -0.09765625,  0.09619141, -0.09960938, -0.00285339, -0.03637695,
        0.15429688,  0.06152344, -0.34570312,  0.11083984,  0.03344727],
      dtype=float32)
```

圖 3-6　在訓練好的 Word2vec 之中，代表單字「beautiful」的向量

注意，當我們搜尋 Word2vec 模型裡面沒有的單字時（例如「practicalnlp」），我們會看到「key not found」錯誤。因此，建議你養成好的編程習慣，在索取一個單字的向量之前，先檢查它有沒有在模型的詞彙集裡面。這段程式使用的 Python 程式庫 `gensim` 也支援訓練與載入 GloVe 預先訓練模型。

如果你剛開始使用 embedding，務必在專案中先使用訓練好的單字 embedding 來了解它們的優缺點，再考慮是否建構你自己的 embedding。使用訓練好的 embedding 可以讓你為眼前的工作建立強大的基礎。

接著我們來看如何訓練自己的單字 embedding。

訓練我們自己的 embedding

接下來我們把注意力放在訓練自己的單字 embedding 上。為此，我們來了解原始的 Word2vec 方法提出的兩種架構版本，這兩種版本是：

- Continuous bag of words（CBOW）
- SkipGram

它們有很多相似之處，我們先來了解 CBOW 模型，再研究 SkipGram。在這一節，我們將使用「The quick brown fox jumps over the lazy dog」作為玩具文集。

CBOW　CBOW 的主要任務是建立一個語言模型，用它根據中心字（center word）的上下文來預測中心字。什麼是語言模型？它是一個試圖提供一系列單字的機率分布的（統計）模型。當它收到有 *n* 個單字的句子時，它會幫整個句子指派機率 $Pr(w_1, w_2, \cdots, w_n)$。語言模型指派機率的目標是讓「好」句子有高機率，讓「壞」句子有低機率。「好」的意思是句子在語義和句法上是正確的，「壞」的意思是句子是不正確的，包括語義上、句法上或兩者。因此，看到「The cat jumped over the dog」這種句子時，它會試著指派接近 1.0 的機率，而看到「jumped over the the cat dog」這種句子時，它會試著指派接近 0.0 的機率。

CBOW 會試著學習一個語言模型，用「中心」字的上下文之中的單字來預測它。我們用玩具文集來了解這件事。如果我們將「jumps」當成中心字，它的上下文就是它附近的單字。如果我們將上下文的大小設為 2，那麼在例子中，上下文就是 brown、fox、over、the。CBOW 使用上下文單字來預測目標單字，jumps，如圖 3-7 所示。CBOW 會試著為文集裡面的每個字做這件事，也就是說，它會將文集裡面的每個字當成目標字，並且用它的上下文單字來預測目標字。

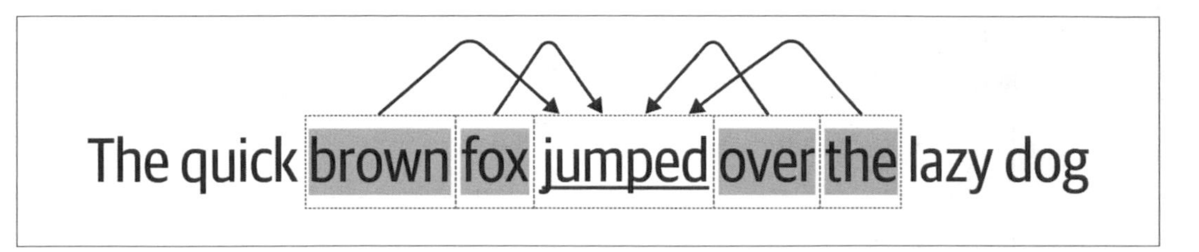

圖 3-7　CBOW：用上下文單字來預測中心字

我們將上一段的概念擴展到整個文集，來建構訓練組。詳情如下：我們在原文文集上面運行一個滑動窗口，其大小為 $2k+1$。假設我們將 k 設為 2。這個窗口在每一個位置都會將 $2k+1$ 個單字視為將要考慮的集合，在窗口中央的單字是目標，在中央單字兩側的 k 個單字是上下文，它們是一個資料點。如果我們用 (X,Y) 來表示這個點，則上下文是 X，目標單字是 Y。一個資料點包含一對數字：($2k$ 個上下文單字的索引，目標單字的索引)。為了取得下一個資料點，我們將窗口往文集右邊移動一個單字，並重複以上的流程。藉此，我們在整個文集的上面移動窗口來建立訓練組。圖 3-8 是這個流程。在圖中，目標單字是深色的，且 k=2。

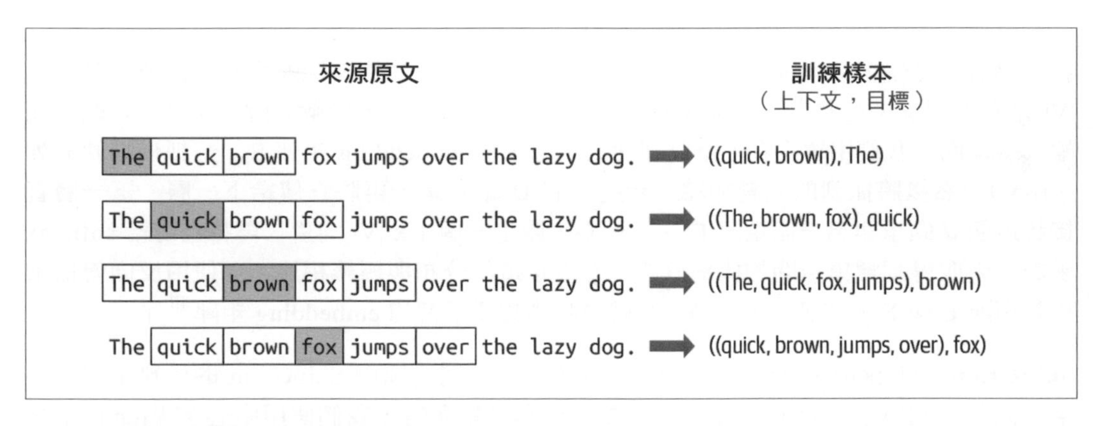

圖 3-8　準備資料組，供 CBOW 使用

準備好訓練資料之後，我們把焦點放在模型上。我們建構一個淺網路（之所以淺是因為它只有一個隱藏層），如圖 3-9 所示。假設我們想要學習 D 維單字 embedding，令 V 為原文文集的詞彙集。

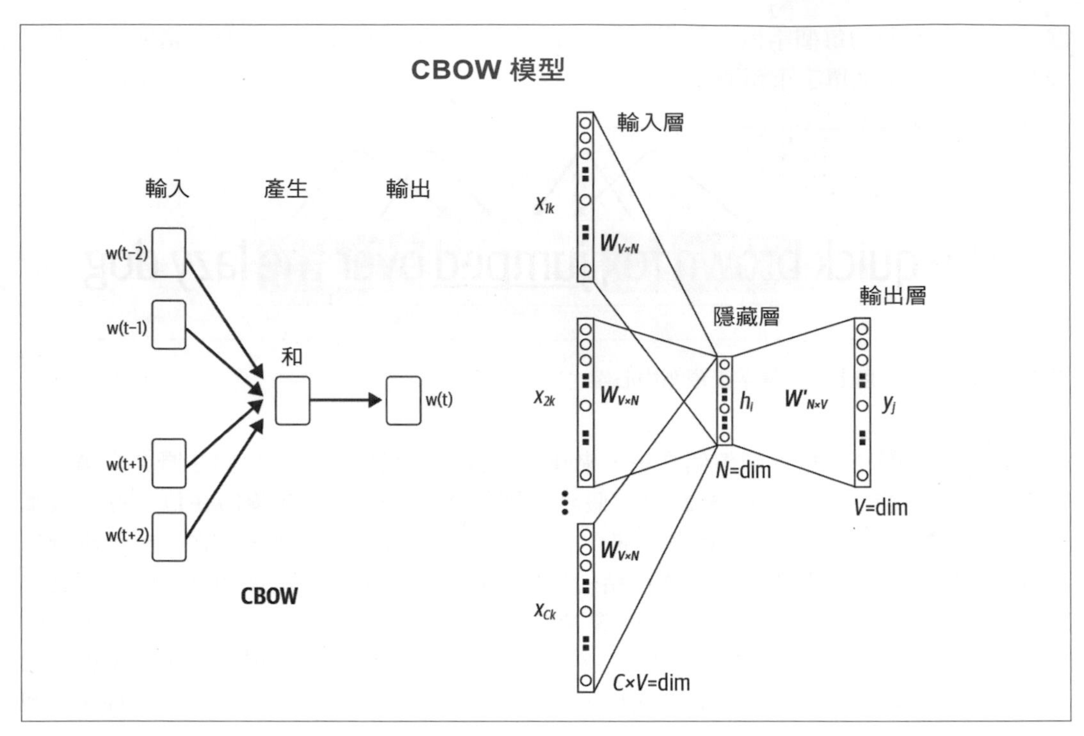

圖 3-9　CBOW 模型 [7]

我們的目的是學習 embedding 矩陣 $E_{|V| \times d}$。在一開始，我們將矩陣設為隨機值。其中，|V| 是文集詞彙集的大小，*d* 是 embedding 的維數。我們來逐層解說圖 3-9 的淺網路。在輸入層裡面，我們用單字在上下文裡面的索引，從 embedding 矩陣 $E_{|V| \times d}$ 抓取對映的列（row），然後將抓到的向量加總，產生一個 D 維向量，再將它傳給下一層。下一層直接將這個 *d* 向量與另一個矩陣 $E'_{d \times |V|}$ 相乘，產生一個 1 x |V| 向量，再將它傳給 softmax 函數，來取得詞彙集空間的機率分布，然後拿這個分布與標籤相比，並使用反向傳播來更新矩陣 E 與 E'。在訓練結束時，E 就是我們想要學習的 embedding 矩陣 [iii] 了。

SkipGram　SkipGram 很像 CBOW，只是做了一些小改動。SkipGram 的任務是用中心字預測上下文單字。對上下文大小為 2 的玩具文集而言，我們使用中心字「jumps」來

iii　從技術上說，E 與 E' 是不一樣的兩個 embedding。你可以使用它們之一，甚至可以藉著計算它們的平均值來結合兩者。

試著預測上下文的每一個字（「brown」、「fox」、「over」、「the」），如圖 3-10 所示，這就是一個步驟。SkipGram 將文集的每一個字當成中心字來重複執行這個步驟。

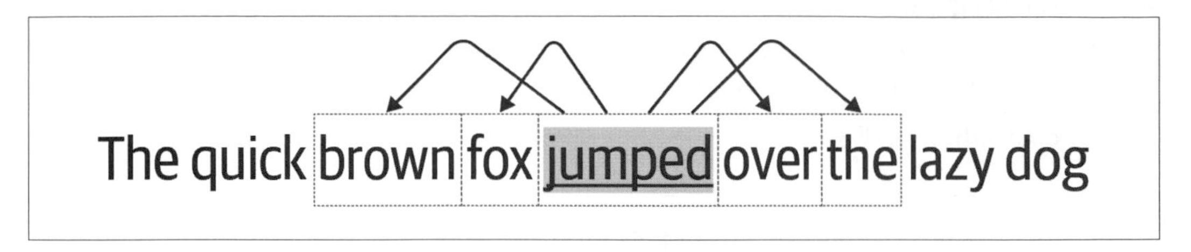

The quick brown fox jumped over the lazy dog

圖 3-10　SkipGram：用中心字來預測上下文的每個單字

用來訓練 SkipGram 的資料組是這樣準備的：在文集的上面滑動一個大小為 $2k$+1 的窗口，來取得 $2k$+1 個要考慮的單字。在窗口內的中心字是 X，在中心字兩側的 k 個單字是 Y。與 CBOW 不同的是，這會產生 $2k$ 個資料點。每一個資料點都包含一對這種資料：(中心字的索引，目標字的索引)，然後將窗口往文集的右邊移動一個字，並重複這個程序。藉此，我們在整個文集上面移動窗口來建立訓練組。如圖 3-11 所示。

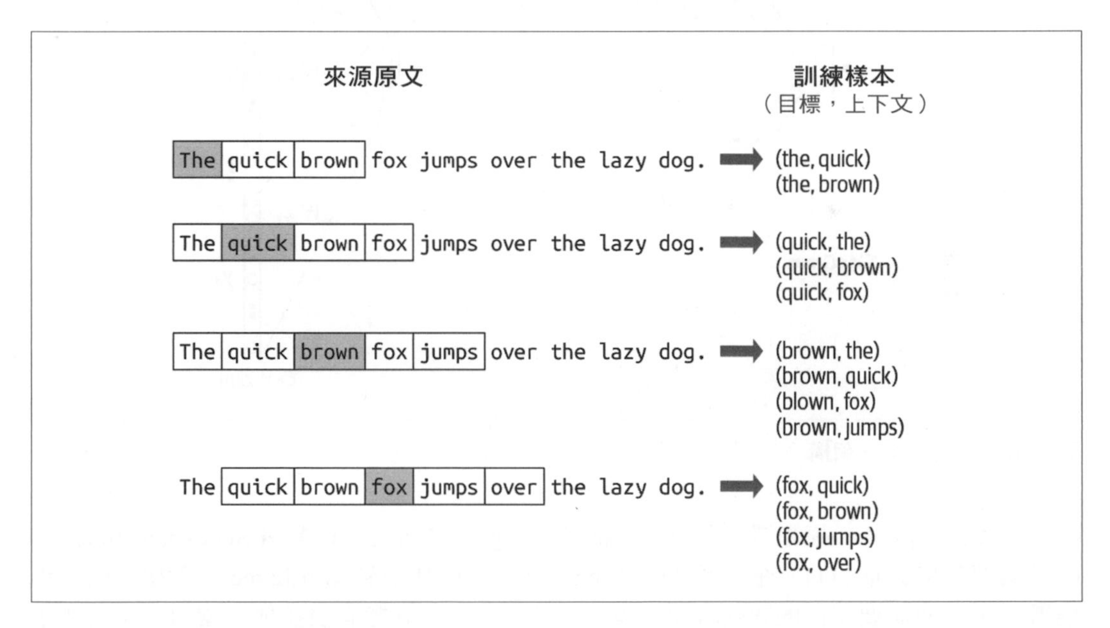

圖 3-11　為 SkipGram 準備資料組

用來訓練 SkipGram 模型的淺網路很像 CBOW 的網路，只有一些改變，如圖 3-12 所示。在輸入層，我們用目標內的單字的索引從 embedding 矩陣 $E_{|V| \times d}$ 抓取相應的列，再將抓到的向量傳給下一層。下一層將這個 *d* 向量乘以另一個矩陣 $E'_{d \times |V|}$，產生一個 1 x |V| 向量，再將它傳給 softmax 函數，來取得在詞彙集空間的機率分布，然後拿這個分布與標籤相比，再使用反向傳播來更新矩陣 E 與 E'。在訓練結束時，E 就是我們想要學習的 embedding 矩陣了。

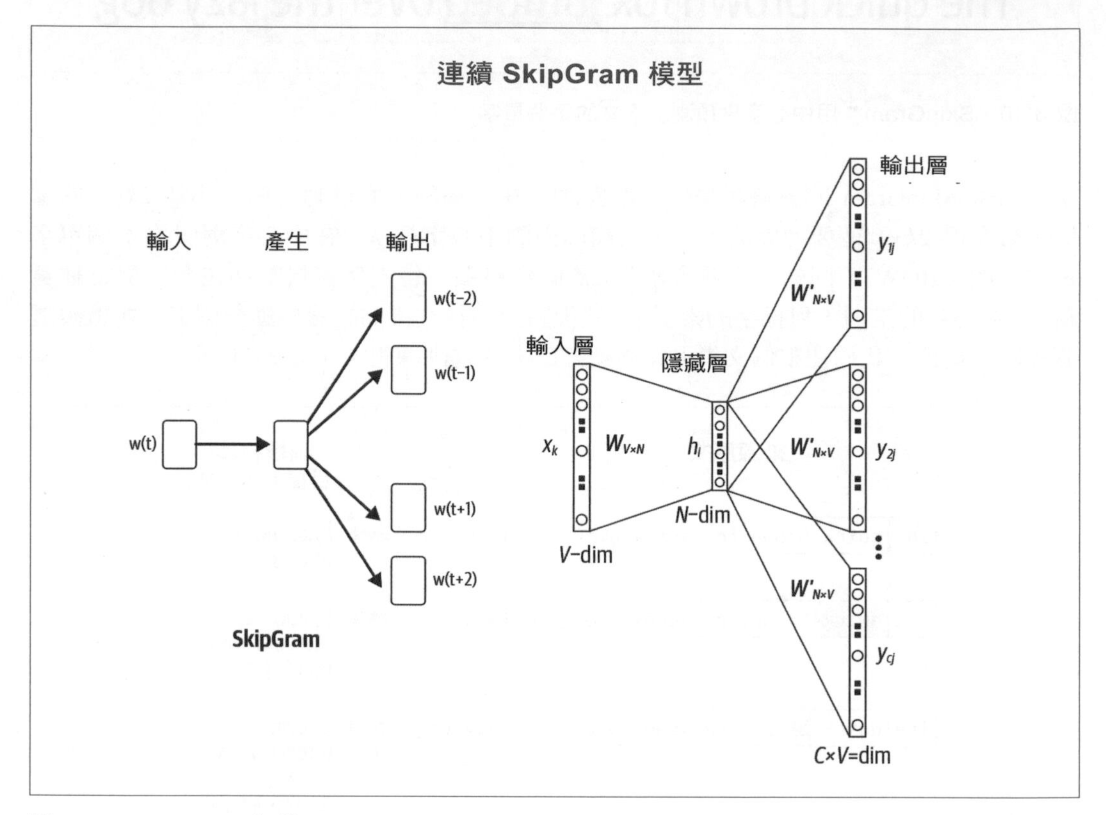

圖 3-12　SkipGram 架構

CBOW 與 SkipGram 模型還有很多其他細節。感興趣的讀者可以閱讀 Sebastian Ruder 寫的三篇部落格文章 [11]。你也可以在 Rong（2016）[12] 學到 Word2vec 參數學習的逐步推導。另一個需要記住的關鍵層面是模型的超參數，超參數有很多種：窗口大小、要學習的向量的維數、學習速度、epoch 的數量等。有個公認的事實是，超參數對模型的最終品質有很大的影響 [13, 14]。

若要在實務上使用 CBOW 與 SkipGram 演算法，我們可以有一些已將數學細節抽象化的成品可用。最常用的成品是 gensim [15]。

雖然有一些現成的成品可用，但我們仍然必須決定一些超參數（即，在開始訓練程序之前必須設定的變數）。我們來看兩個例子。

單字向量的維數

顧名思義，它決定了學到的 embedding 的空間。雖然它沒有理想的數字，但我們通常會建構維數範圍為 50–500 的單字向量，並且用實際的任務來對它們進行評估，以選出最佳選項。

上下文窗口

要在學習向量表示法時察看多長或多短的上下文。

我們也會做出其他的選擇，例如究竟要使用 CBOW 還是 SkipGram 來學習 embedding。這些選擇比較像藝術而不是科學，目前也有很多研究試圖找出選擇正確的超參數的方法。

從程式的觀點來看，使用 gensim 之類的程式包來實作 Word2vec 非常簡單。下面的程式展示如何使用 gensim 提供的玩具文集 `common_texts` 來訓練我們自己的 Word2vec 模型。如果你有屬於你自己的領域的文集，按照這段程式可以快速得到你自己的 embedding：

```
# 匯入 gensim 提供的測試資料組來訓練模型
from gensim.test.utils import common_texts
# 選擇參數，建構模型
our_model = Word2Vec(common_texts, size=10, window=5, min_count=1, workers=4)
# 儲存模型
our_model.save("tempmodel.w2v")
# 藉著查看最類似測試單字的單字來檢查模型
print(our_model.wv.most_similar('computer', topn=5))
# 看看 'computer' 的 10 維向量長怎樣
print(our_model['computer'])
```

現在，我們可以取得文集的任何單字的向量表示法了，如果它有在模型的詞彙集裡面的話，我們只要在模型中尋找單字即可。但如果我們想要取得一個子句（例如「單字 embeddings」）的向量呢？

比單字更大的範圍

我們已經看了一些關於如何使用訓練好的單字 embedding，以及如何訓練自己的單字 embedding 的例子了。embedding 可以提供紮實且密集的詞彙集單字表示法。但是，在大部分的 NLP 應用中，我們很少處理單字這種原子單位——我們處理的是句子、段落，甚至全文，因此，我們需要表示更大型的原文單位的方法。我們能不能使用單字 embedding 來產生更大型的原文單位的特徵表示法？

有一種簡單的做法是將原文拆成成分字（constituent word），取得每個字的 embedding，再將它們組合起來，變成原文的表示法。組合的方法有很多種，最普遍的方法是算出它們的和、平均值等，但是它們可能無法描述整體原文的許多層面，例如順序，令人意外的是，它們在實務上有很好的效果（見第 4 章）。事實上，CBOW 藉著計算上下文的單字向量的總和來展示這一點，它用算出來的向量代表整個上下文，並且用它來預測中心字。

你可以先試試這種做法，再使用其他的表示法。下面的程式展示如何取得原文的向量表示法，使用 spaCy [16] 程式來計算單字向量的平均值：

```
import spacy
import en_core_web_sm

# 載入 spacy 模型，這會花幾秒鐘
nlp = en_core_web_sm.load()

# 使用模型來處理句子
doc = nlp("Canada is a large country")

# 取得個別單字的向量
# print(doc[0].vector) # 原文的第一個字，'Canada' 的向量
print(doc.vector) # 為整個句子算出來的平均向量
```

預先訓練與自行訓練的單字 embedding 都來自它們在訓練資料中看到的詞彙。但是我們建構的 app 在生產環境也有可能看到其他的字，儘管使用 Word2vec 或任何單字 embedding 從原文提取特徵很簡單，但我們還無法妥善地處理 OOV 單字。這是在上述的表示法中反覆出現的問題，該如何處理這種情況？

有一種簡單且通常有效的方法，就是在特徵提取流程不考慮這些字，這樣我們就不必關心如何取得它們的表示法了。用大型的文集來訓練模型應該不會遇到太多 OOV 單字。

但是，如果生產環境的資料中的單字大都不在單字 embedding 的詞彙集裡面，模型就不太可能提供良好的性能。這種詞彙集的重疊程度是衡量 NLP 模型性能的好方法。

如果文集詞彙集與 embedding 詞彙集的重疊率小於 80%，NLP 模型應該不會有良好的性能。

即使重疊率大於 80%，模型的效果也有可能不太好，取決於那 20% 的單字有哪些，如果那些單字對任務而言很重要，這種情況就非常有可能發生。例如，假如我們要建構一個分類器，將關於心臟的醫學文件與關於癌症的醫學文件分開。在這種情況下，有些術語，例如 heart、cancer 等，在分開文件的時候非常重要，如果這些術語沒有出現在單字 embedding 的詞彙集裡面，分類器仍然可能表現不良。

處理單字 embedding 的 OOV 問題的另一種方法是在建立向量時隨機初始化，讓它裡面的各個元素都介於 –0.25 至 +0.25 之間，並且在我們建構的 app 裡面持續使用這些向量 [17, 18]。根據我們的經驗，這種做法可以讓性能提高 1–2%。

OOV 問題還有其他的解決方法，這些方法會改變訓練程序，來使用字元與其他次單字級（subword-level）的語言成分。我們來看其中一種做法，這種做法的主要概念是藉著使用次單字資訊（例如形態（morphological）屬性，像是字首、字尾等）或字元表示法來處理 OOV 問題。Facebook AI 的 fastText [19] 就是採取這種做法的流行演算法。一個單字可以用它的成分字元 n-gram 來表示。fastText 採取類似 Word2vec 的結構，同時學習單字與字元 n-gram 的 embedding，並將單字的 embedding 向量視為它的成分字元 n-gram 的聚合體。如此一來，它甚至可以幫詞彙集內不存在的單字產生 embedding。假設有個單字「gregarious」無法在 embedding 的單字詞彙集裡面找到，我們可以將它拆成字元 n-gram——gre, reg, ega, …ous——並將這些 n-gram 的 embedding 結合起來，產生「gregarious」的 embedding。

你可以從 fastText 的網站 [20] 下載訓練好的 fastText 模型，並且使用 gensim 的 fastText 包裝器來載入訓練好的模型，或採取類似 Word2vec 的方式來用 fastText 訓練模型。我們將這些工作留給讀者當成練習。在第 4 章，我們將介紹如何使用 fastText embedding 來進行原文分類。接下來，我們來看一些單字之外的散式表示法。

在單字與字元之外的散式表示法

我們已經看了兩種以 embedding 來產生原文表示法的做法了。Word2vec 可學習單字的表示法，我們可以將它們整合起來，產生原文表示法。fastText 可以學習字元 n-gram 的表示法，我們可以將它們整合起來，產生單字表示法，然後產生原文表示法。這兩種方法都有一個潛在的問題，就是它們都沒有考慮單字的上下文。我們以句子「dog bites man」與「man bites dog」為例。

用這兩種方法來處理這兩個句子會產生一樣的表示法，但是這兩個句子的意思顯然有很大的差異。我們來看另一種方法，Doc2vec，它會考慮原文之中的單字的上下文，讓我們可以直接學習任意長度的原文（子句、句子、段落、文件）的表示法。

Doc2vec 採用段落向量框架 [21]，它是用 gensim 來實作的。它的整體結構和 Word2vec 很像，不過，除了單字向量之外，它也會學習「段落向量」，藉以學習全文的表示法（也就是使用上下文裡面的單字）。在使用具有許多原文的大型文集來學習時，段落向量對特定的原文而言是唯一的（「原文」代表任意長度的一段文字），單字向量則是所有原文共用的。用來學習 Doc2vec embedding 的淺神經網路（圖 3-13）很像 CBOW 與 SkipGram 的 Word2vec 結構。這兩種結構稱為 *distributed memory*（*DM*）與 *distributed bag of words*（*DBOW*），如圖 3-13 所示。

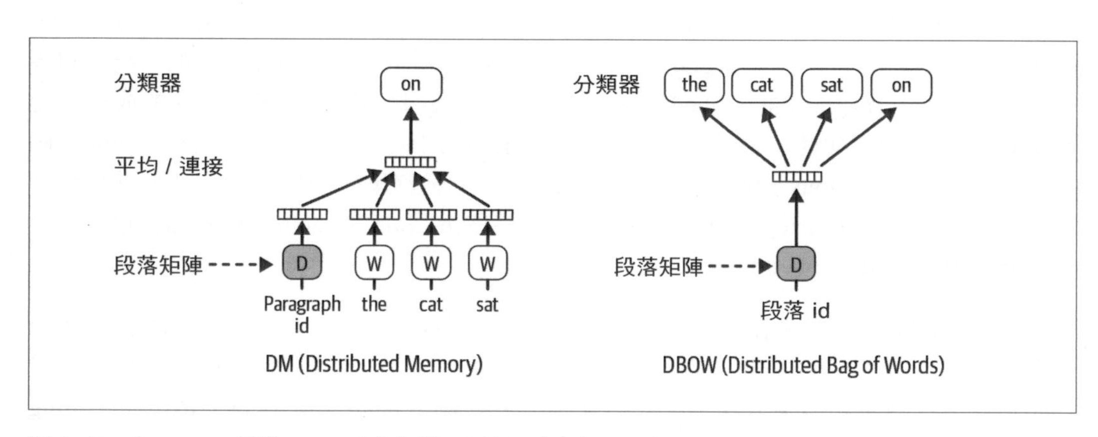

圖 3-13　Doc2vec 架構：DM（左）與 DBOW（右）

訓練好 Doc2vec 模型之後，我們用學到的通用單字向量來推斷新文字的段落向量。Doc2vec 應該是第一種可以產生全文的 embedding 表示法（而不是藉由結合個別的單字向量）並且可以廣泛使用的作品，因為它可以建立某種形式的上下文模型，也可以將任意長度的原文編碼成固定、低維數、密集的向量，因此許多 NLP 應用領域都採用它，例如原文分類、文件標記、原文推薦系統以及簡單的 FAQ 聊天機器人。下一章會展示一個訓練 Doc2vec 表示法，並使用它來做原文分類的範例。我們來看另一種延伸這種考慮全文的概念的原文表示法。

通用原文表示法

在上述的所有表示法裡面，一個單字都有一個固定的表示法，這有什麼問題嗎？在某種程度上，是的。同樣的單字在不同的上下文裡面可能代表不同的事情，例如，「I went to a bank to withdraw money」 與「I sat by the river bank and pondered about text representations」都有單字「bank」，但是，它們在這兩個句子裡代表不同的事情。我們學過的向量化與 embedding 方法都無法描述這項資訊。

在 2018 年，有一些研究人員提出 *contextual word representation* 的概念來解決這個問題，這種技術使用「語言建模」，也就是預測一系列的單字之後可能出現的單字。在最早期的版本中，它使用 n-gram 頻率的概念，用過往的文字估計下一個字的機率。過去幾年來，有許多進階的神經語言模型（例如 transformers [22, 23]）使用我們之前討論的單字 embedding，但它們都使用複雜的結構，需要多次遍歷原文，以及多次從左到右和從右到左閱讀，來建立語用上下文模型。

很多人使用遞迴神經網路（RNN）與 transformer 等神經結構來開發大型的語言模型（ELMo [24]、BERT [25]），我們可以將它們當成訓練好的模型來使用並取得原文表示法。這種做法的主要概念是利用「遷移學習」，也就是用通用任務（例如語言建模）的大型文集來學習 embedding，再用特定任務專用的資料來微調學習的結果。有些人用這種模式來處理一些基本的 NLP 任務時已經取得明顯的改善，例如問題回答、語義角色標記、專名個體識別、共指消解等。第 1 章已經簡要說明其中一些任務了。感興趣的讀者可以閱讀參考文獻，包括 Taher 與 Collados 即將出版的書 [26]。

在前面的三節中，我們討論了單字 embedding 的關鍵概念、如何訓練它們，以及如何使用訓練好的 embedding 來取得原文表示法。在接下來的章節中，我們將進一步了解如何在各種 NLP 應用領域中使用這些表示法。這些表示法在現代的 NLP 中非常實用且流行，但是，根據我們的經驗，以下是在專案中使用它們時應該注意的地方：

- 所有原文表示法在本質上都是有偏見的，取決於它們在訓練資料看到什麼。例如，使用大量的科技新聞或文章來訓練的 embedding 模型可能認為 Apple 與 Microsoft 或 Facebook 的接近程度比它和 orange 或 pear 更高。雖然這只是一件軼事，但是這種訓練資料造成的偏見可能會對依靠這些表示法的 NLP 模型與系統造成嚴重的影響。了解學來的 embedding 可能有哪些偏見，並且找出解決它們的方法非常重要。感興趣的讀者可以參考 Tolga 等人的 [27]。在任何 NLP 軟體開發中，這些偏見都是必須考慮的重要因素。
- 與基本的向量化方法不同的是，預先訓練的 embedding 通常是大型的檔案（有好幾 GB），這在一些開發場景裡面可能會帶來麻煩，在使用它們之前必須解決這些問題，否則它們會造成性能方面的工程瓶頸。Word2vec 模型會占用 ~4.5 GB RAM。有一種好方法是使用 Redis [28] 這類的 in-memory 資料庫，並且在它們上面使用快取來處理擴展與延遲問題。將 embedding 載入至這種資料庫之中使用它們，彷彿 embedding 在 RAM 裡面一般。
- 為實際的應用程式建立語言模型的工作不是只有使用單字與句子 embedding 來描述資訊而已，你也要設法編碼原文的特定層面、它的句子之間的關係，以及 embedding 表示法本身（還）無法處理的領域和應用程式特有的需求。例如，諷刺偵測任務需要使用無法以 embedding 技術描述的細節。
- 正如我們所說的，神經原文表示法在 NLP 仍然是一個不斷發展的領域，它的技術水準正在迅速地變化。雖然我們很容易被新聞報導的下一個大模型吸引，但從業人員在生產級的應用中使用它們之前，必須謹慎考慮實際的問題，例如工作的投資報酬率、商業需求與基礎設施的限制。

感興趣的讀者可參考 Smith [29]，它簡要地整理了各種單字表示法的演進，以及原文表示法的神經網路模型的研究挑戰。接下來，我們要繼續探討視覺化 embedding。

視覺化 embedding

到目前為止，我們已經看了各種表示原文的向量化技術。它們產生的向量可以當成 NLP 任務的特徵來使用，無論你的任務是原文分類，還是問題回答系統。特徵探索對任何一種 ML 專案來說都是很重要的層面。我們如何探索我們要處理的向量？對於任何一種與資料有關的問題而言，視覺探索都是一個非常重要的層面。我們能不能用視覺化的方式查看單字向量？雖然 embedding 是低維向量，但即使是 100 或 300 維都高得難以視覺化。

t-SNE [30] 或 *t-distributed Stochastic Neighboring Embedding* 是可將 embedding 這種高維資料視覺化的技術，它可將那些高維資料降成二或三維資料。當這種技術收到 embedding（或任何資料）之後，會確認如何以最好的方式，使用更少的維數來表達輸入資料，同時讓資料在低維的輸出空間裡面的分布與它在原始的高維空間裡面一樣，讓我們可以畫出輸入資料並將它視覺化，協助我們感受單字 embedding 的空間。

我們來看一些使用 t-SNE 來進行視覺化的案例。首先是取自 MNIST 數字資料組 [31] 的特徵向量。這個例子將圖像傳給摺積神經網路，最終得到特徵向量。圖 3-14 是向量的二維圖像。它明顯地展示我們的特徵向量非常實用，因為屬於同一個類別的向量都靠得比較近。

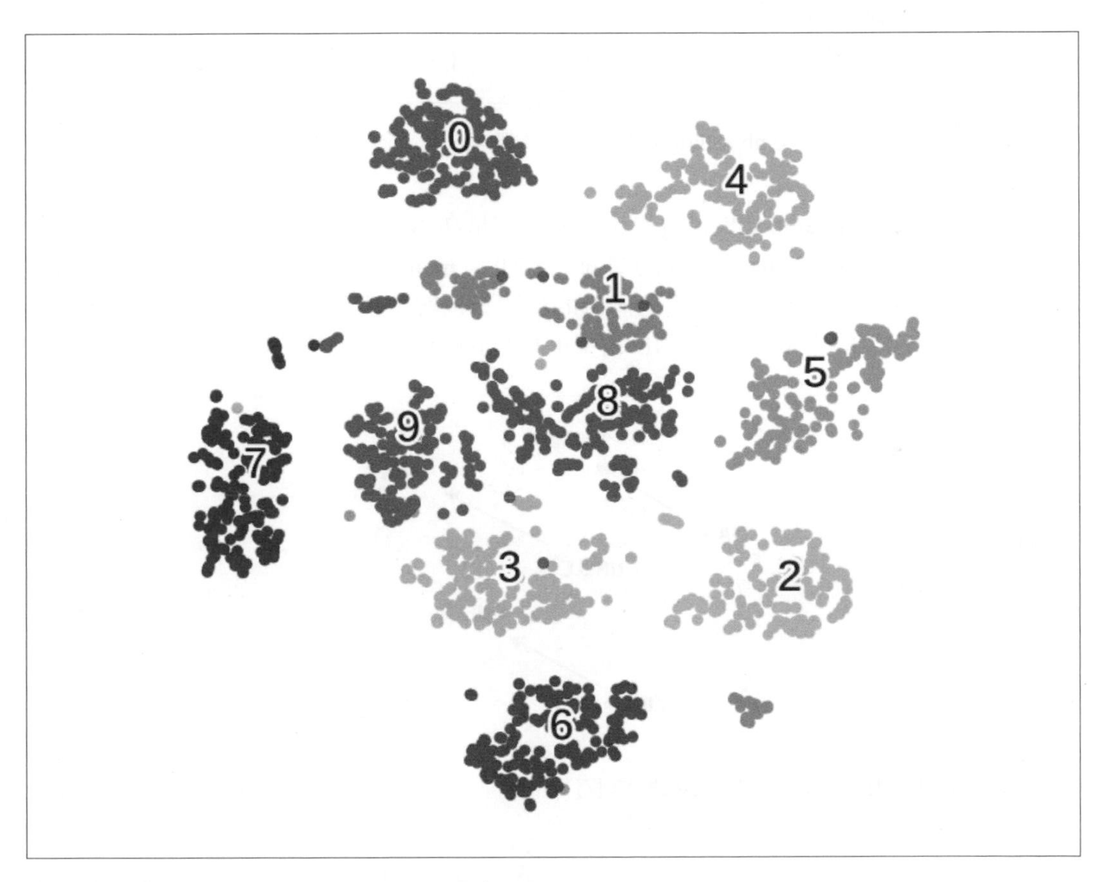

圖 3-14　使用 t-SNE 將 MNIST 資料視覺化 [32]

接著我們將單字 embedding 視覺化。在圖 3-15 中，我們只展示幾個字。有趣的是，意思相似的單字往往會聚在一起。

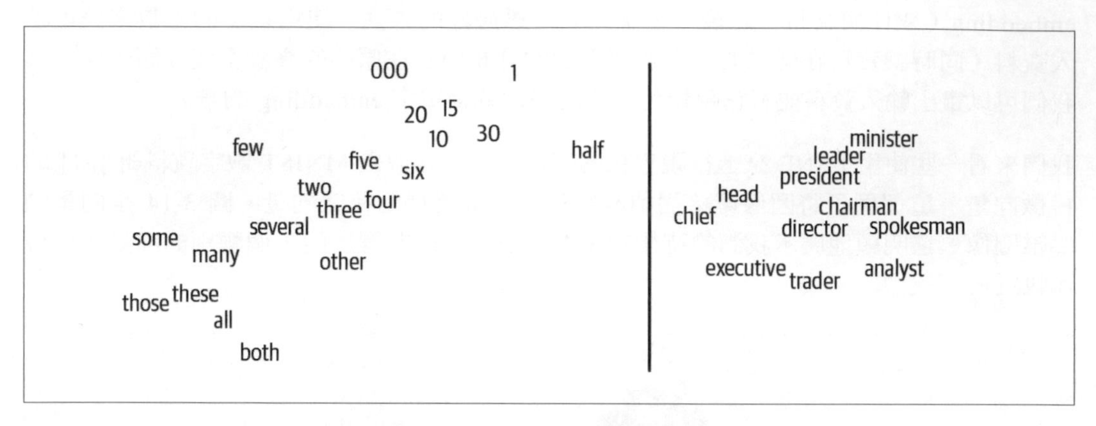

圖 3-15　以 t-SNE 將單字 embedding 視覺化（左：數字，右：職稱）[33]

我們來看另一個單字 embedding 視覺化，它應該是在 NLP 主群裡面最有名的。圖 3-16 是一小組單字的 embedding 向量的二維視覺化：man、woman、uncle、aunt、king、queen。圖 3-16 不僅顯示這些單字的向量的位置，也顯示這些向量之間有趣的現象——箭頭描繪了單字間的「關係」。t-SNE 視覺化有助於展示這種很棒的觀察結果。

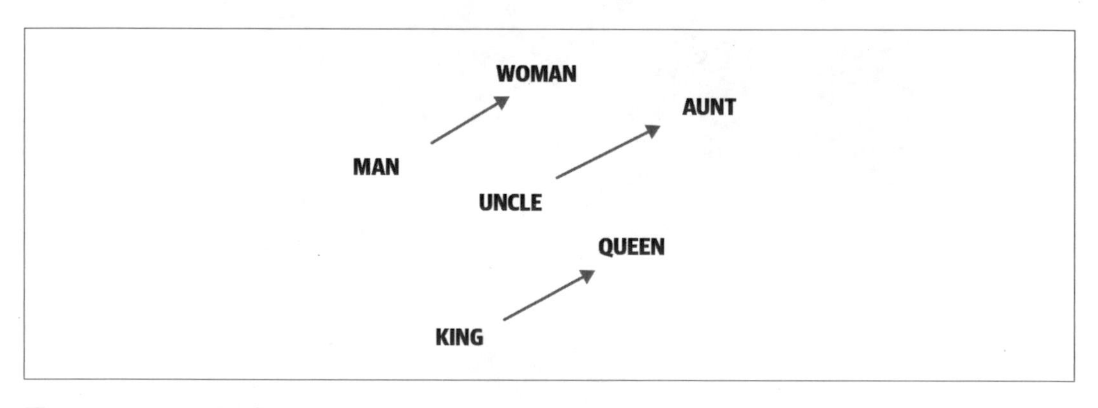

圖 3-16　t-SNE 視覺化展示一些有趣的關係 [7]

t-SNE 也可以同樣有效地將文件 embedding 視覺化。例如，我們可以取得各種主題的維基百科文章，取得每一篇文章的文件向量，再用 t-SNE 畫出這些向量。從圖 3-17 的視覺化可以清楚地看到，特定類別的文章會聚在一起。

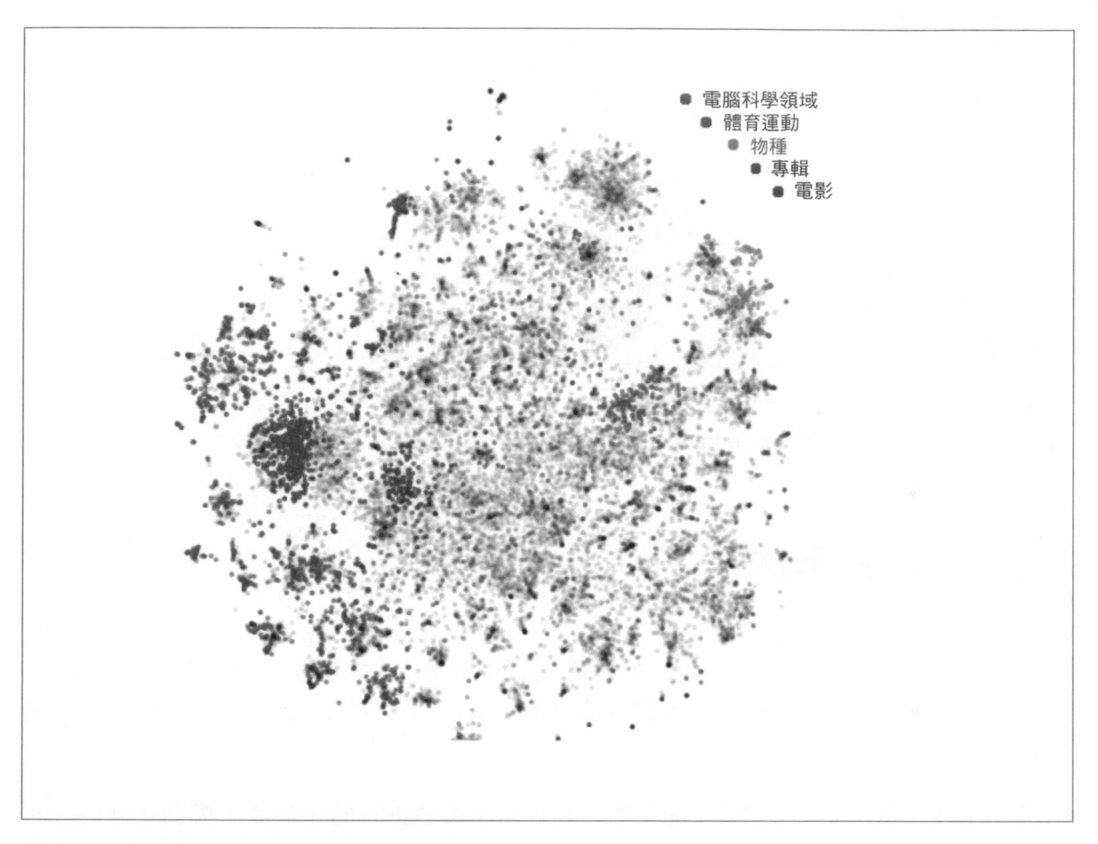

圖 3-17　維基百科文件向量視覺化 [36]

t-SNE 顯然可以幫助你目測特徵向量的品質。我們可以使用 TensorBoard 的 embedding projector 之類的工具來將日常工作的 embedding 視覺化。如圖 3-18 所示，TensorBoard 有很好的介面，它是專門為了將 embedding 視覺化而設計的。作為習題，我們讓讀者自行探索它。若要進一步探討 t-SNE，你可以閱讀 Martin 等人介紹如何更有效率地使用 t-SNE 的優秀文章 [35]。

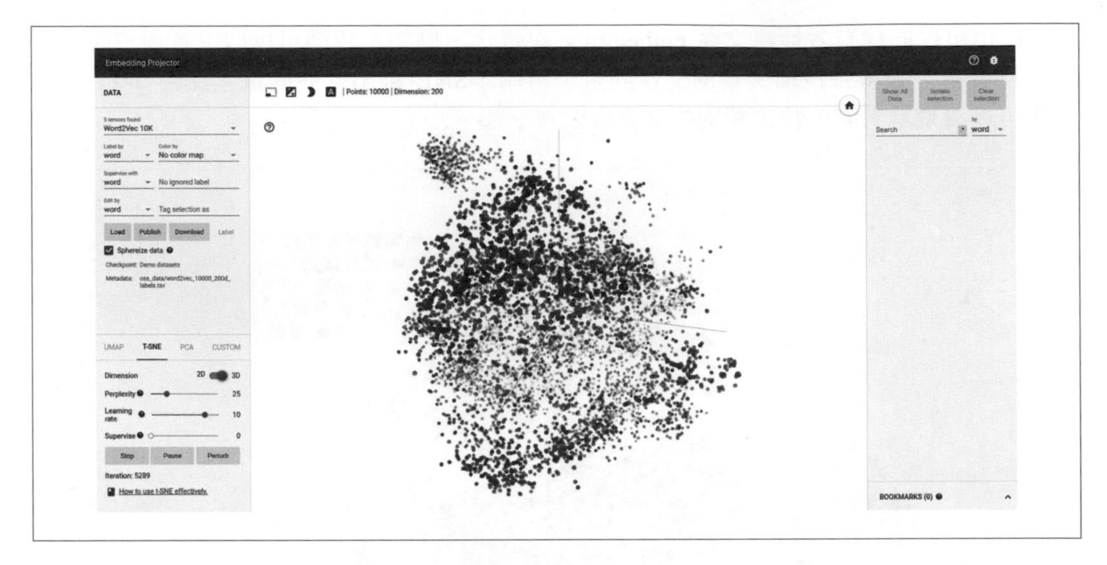

圖 3-18　TensorBoard 將 embedding 視覺化時的介面 [37]

手工特徵表示法

截至目前為止，我們已經看了用各種大小的文集來訓練的各種特徵表示法。這些特徵表示法大多不依靠特定的 NLP 問題或應用領域。[iv] 無論我們要用原文表示法來執行資訊提取或原文分類，或我們究竟使用 tweet 還是科學文集，同一種做法都是有效的。

但是，在許多情況下，我們需要將一些 NLP 問題領域特有的知識放入模型，此時，我們就要人工製作特徵。我們來看一個真正的 NLP 系統：TextEvaluator [38]，它的軟體是 Educational Testing Service（ETS）開發的。這個工具的目標是協助教師和教育工作者為學生選擇適合其年級的閱讀教材，並找出原文中難以理解的根源。顯然這是很專業的問題，使用通用的單字 embedding 沒有太大的幫助。這個問題需要從原文提取專用特徵，建立某種形式的年級適合性。圖 3-19 的螢幕擷圖展示一些從原文提取專用特徵。顯然，「syntactic complexity」、「concreteness」等指標無法單純藉著將原文轉換成 BoW 或 embedding 表示法來計算，它們必須人工設計，同時也要注意訓練 NLP 模型時的領域知識以及 ML 演算法。這就是我們將它們稱為**人工特徵表示法**的原因。

---

iv　除非它們已經為了手頭的任務而被微調過了。

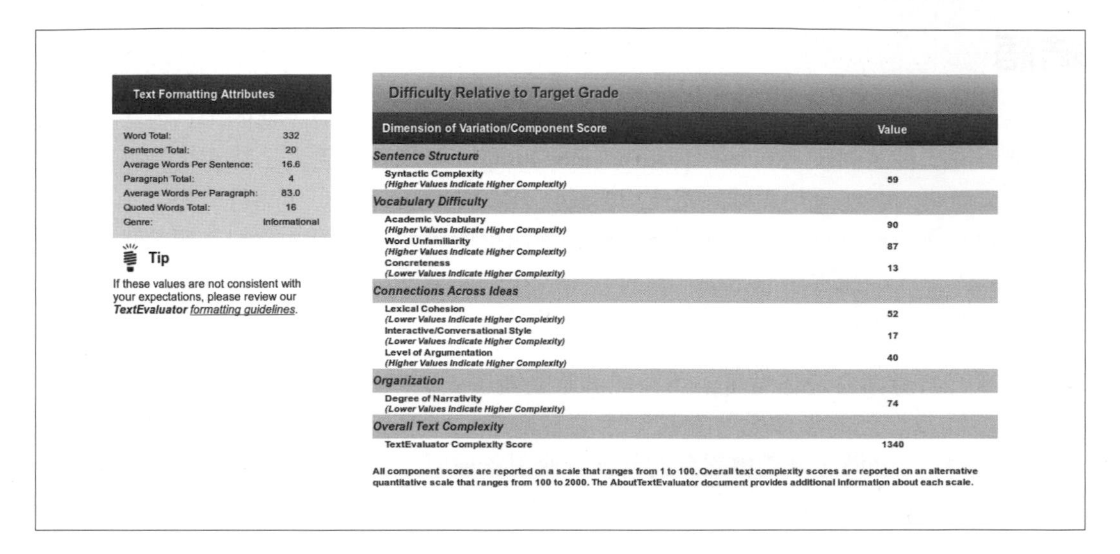

圖 3-19　TextEvaluator 軟體輸出需要人工製作的特徵 [38]

ETS 提供的另一種流行的評分軟體是在線上考試（例如 Graduate Record Examination（GRE）與 Test of English as a Foreign Language（TOEFL））中使用的自動作文評分器，用來評分考生的作文 [39]。這種工具也需要人工特徵。用各種寫作層面來評估一篇作文需要使用專門處理這些需求的特徵。我們無法只依靠 n-gram 或單字 embedding。另一種可能需要這種專門的特徵工程的 NLP 應用領域是可以在 Microsoft Word、Grammarly 等工具裡面看到的拼寫與語法修正功能。它們都是很常用，而且經常需要自訂的特徵來結合領域知識的案例。

顯然，與我們看過的其他特徵工程方案相比，自訂特徵工程困難多了。正是因為如此，在工作的初期使用向量化的做法比較容易，尤其是當我們不太了解工作的領域時。儘管如此，人工特徵在一些真正的應用中很常見。在大部分的產業應用場景中，我們最終都會將「不屬於特定問題」的特徵表示法（基本向量化與散式表示法）與一些領域專用的特徵結合起來，開發混合的特徵。IBM Research [40] 與 Walmart [41] 最近的研究報告展示了如何在真正的業界系統中，同時使用經驗法則、人工特徵與 ML 來處理 NLP 問題的例子。接下來的章節會展示一些使用這種人工特徵的例子，例如原文分類（第 4 章）與資訊提取（第 5 章）。

結語

在這一章，我們看了各種表示原文的技術，從基本的做法，到最先進的 DL 方法。此時你可能會問：何時該使用向量化特徵與 embedding，何時該使用人工特徵？答案依你眼前的任務而定。有些應用領域經常使用向量化方法與 embedding 作為特徵表示法，例如原文分類。在一些其他的應用領域中，例如資訊提取，或上一節介紹的案例，我們比較容易看到人工、領域專用的特徵。在實務中，我們經常採取結合這兩種特徵的混合式方法。話雖如此，向量化方法是很好的起點。

希望本章的討論與各種觀點可以讓你知道原文表示法在 NLP 中的角色、表示原文的各種技術，以及它們的優缺點。在接下來的章節中，我們要解決一些基本的 NLP 任務（第 4–7 章），屆時，我們會看到如何實際使用各種原文表示法，我們從原文分類開始談起。

參考文獻

[1] Bansal, Suraj. "Convolutional Neural Networks Explained" (*https://oreil.ly/8dbxV*). December 28, 2019.

[2] Manning, C., Hinrich Schütze, and Prabhakar Raghavan. Introduction to Information Retrieval. Cambridge: Cambridge University Press, 2008. ISBN: 978-0-521-86571-5

[3] Jurafsky, Dan and James H. Martin. Speech and Language Processing, Third Edition (Draft) (*https://oreil.ly/Ta16f*), 2018.

[4] scikit-learn.org. TFIDF vectorizer documentation (*https://oreil.ly/ukjam*). Last accessed June 15, 2020.

[5] Firth, John R. "A Synopsis of Linguistic Theory 1930–1955." Studies in Linguistic Analysis (1968).

[6] Ferrone, Lorenzo, and Fabio Massimo Zanzotto. "Symbolic, Distributed and Distributional Representations for Natural Language Processing in the Era of Deep Learning: A Survey" (*https://oreil.ly/c4x8M*), (2017).

[7] Mikolov, Tomas, Kai Chen, Greg Corrado, and Jeffrey Dean. "Efficient Estimation of Word Representations in Vector Space" (*https://oreil.ly/q35QS*), (2013).

[8] Google. Word2vec pre-trained model (*https://oreil.ly/tYfdH*). Last accessed June 15, 2020.

[9] Pennington, Jeffrey, Richard Socher, and Christopher D. Manning. "GloVe: Global Vectors for Word Representation" (*https://oreil.ly/3f1E5*). Last accessed June 15, 2020.

[10] Facebook. fastText pre-trained model (*https://oreil.ly/9qj4C*). Last accessed June 15, 2020.

[11] Ruder, Sebastian. Three-part blog series on word embeddings. *https://oreil.ly/ OkJnx*, *https://oreil.ly/bjygp*, and *https://oreil.ly/GHgg9*. Last accessed June 15, 2020.

[12] Rong, Xin. "word2vec parameter learning explained" (*https://oreil.ly/Z8KUe*), (2014).

[13] Levy, Omer, Yoav Goldberg, and Ido Dagan. "Improving Distributional Similarity with Lessons Learned from Word Embeddings." Transactions of the Association for Computational Linguistics 3 (2015): 211–225.

[14] Levy, Omer and Yoav Goldberg. "Neural Word Embedding as Implicit Matrix Factorization." Proceedings of the 27th International Conference on Neural Information Processing Systems 2 (2014): 2177–2185.

[15] RaRe Technologies. gensim: Topic Modelling for Humans (*https://oreil.ly/ 4dG6S*), (GitHub repo). Last accessed June 15, 2020.

[16] Explosion.ai. "spaCy: Industrial-Strength Natural Language Processing in Python" (*https://spacy.io/*). Last accessed June 15, 2020.

[17] word2vec-toolkit Google Group discussion (*https://oreil.ly/OKbU8*). Last accessed June 15, 2020.

[18] Code for: Kim, Yoon. "Convolutional neural networks for sentence classification" (*https://oreil.ly/QWqwT*). (2014).

[19] Facebook Open Source. "fastText: Library for efficient text classification and representation learning" (*https://fasttext.cc*). Last accessed June 15, 2020.

[20] Facebook Open Source. "English word vectors" (*https://oreil.ly/sycR0*). Last accessed June 15, 2020.

[21] Le, Quoc, and Tomas Mikolov. "Distributed Representations of Sentences and Documents." Proceedings of the 31st International Conference on Machine Learning (2014): 1188–1196.

[22] Vaswani, Ashish, Noam Shazeer, Niki Parmar, Jakob Uszkoreit, Llion Jones, Aidan N. Gomez, ukasz Kaiser, and Illia Polosukhin. "Attention is All You Need." Advances in Neural Information Processing Systems 30 (NIPS 2017): 5998–6008.

[23] Wang, Chenguang, Mu Li, and Alexander J. Smola. "Language Models with Transformers" (*https://oreil.ly/HZ4Mh*), (2019).

[24] Allen Institute for AI. "ELMo: Deep contextualized word representations" (*https://oreil.ly/PKRst*). Last accessed June 15, 2020.

[25] Google Research. bert: TensorFlow code and pre-trained models for BERT (*https://oreil.ly/7oYQo*), (GitHub repo). Last accessed June 15, 2020.

[26] Pilehvar, Mohammad Taher and Jose Camacho-Collados. "Embeddings in Natural Language Processing: Theory and Advances in Vector Representation of Meaning." Synthesis Lectures on Human Language Technologies. Morgan & Claypool, 2020.

[27] Bolukbasi, Tolga, Kai-Wei Chang, James Y. Zou, Venkatesh Saligrama, and Adam T. Kalai. "Man Is to Computer Programmer as Woman Is to Homemaker? Debiasing Word Embeddings." Advances in Neural Information Processing Systems 29 (NIPS 2016): 4349–4357.

[28] Redis (*https://redis.io*). Last accessed June 15, 2020.

[29] Smith, Noah A. "Contextual Word Representations: A Contextual Introduction" (*https://oreil.ly/DIA_h*), (2019).

[30] Maaten, Laurens van der and Geoffrey Hinton. "Visualizing Data Using t-SNE." Journal of Machine Learning Research 9, Nov. (2008): 2579–2605.

[31] Le Cun, Yann, Corinna Cortes, and Christopher J.C. Burges. "The MNIST database of handwritten digits" (*https://oreil.ly/qv6ao*). Last accessed June 15, 2020.

[32] Rossant, Cyril. "An illustrated introduction to the t-SNE algorithm" (*https://oreil.ly/0tN2S*). March 3, 2015.

[33] Turian, Joseph, Lev Ratinov, and Yoshua Bengio. "Word Representations: A Simple and General Method for Semi-Supervised Learning." Proceedings of the 48th Annual Meeting of the Association for Computational Linguistics (2020): 384–394.

[34] TensorFlow. "Word embeddings" (*https://oreil.ly/JLXGL*) tutorial. Last accessed June 15, 2020.

[35] Wattenberg, Martin, Fernanda Viégas, and Ian Johnson. "How to Use t-SNE Effectively." Distill 1.10 (2016): e2.

[36] Dai, Andrew M., Christopher Olah, and Quoc V. Le. "Document Embedding with Paragraph Vectors" (*https://oreil.ly/gyaiC*), (2015).

[37] TensorFlow. "Embedding Projector" (*https://oreil.ly/eGpUV*). Last accessed June 15, 2020.

[38] Educational Testing Service. "TextEvaluator" (*https://oreil.ly/cJ6uK*). Last accessed June 15, 2020.

[39] Educational Testing Service. "Automated Scoring of Written Responses" (*https://oreil.ly/dksDo*), 2019.

[40] Chiticariu, L., Yunyao Li, and Frederick R. Reiss. "Rule-Based Information Extraction is Dead! Long Live Rule-Based Information Extraction Systems!" Proceedings of the 2013 Conference on Empirical Methods in Natural Language Processing (2013): 827–832.

[41] Suganthan G.C., Paul, Chong Sun, Haojun Zhang, Frank Yang, Narasimhan Rampalli, Shishir Prasad, Esteban Arcaute, et al. "Why Big Data Industrial Systems Need Rules and What We Can Do About It." Proceedings of the 2015 ACM SIGMOD International Conference on Management of Data (2015): 265–276.

第二部分

要領

第四章

Text Classification：原文分類

「組織」就是在進行一項工作之前做的事情，
如此一來，當你做那件事時，它就不會一團亂。

—A.A. Milne

我們每天都會檢查 email，可能一天好幾次。大多數的 email 供應商都提供一種好用的功能——自動將垃圾郵件與一般郵件分開。這是一種稱為**原文分類**的流行 NLP 任務的用例，也是本章的重點。原文分類是從一組可能的類別裡面，指派一或多個類別給一段原文的任務。垃圾郵件識別案例有兩種類別，垃圾郵件與非垃圾郵件，每一個送過來的 email 都會被指派其中一個類別。這種根據某些屬性對原文進行分類的任務在各種領域都有廣泛的應用，例如社群媒體、電子商務、醫療保健、法律與行銷等。儘管原文分類的目的與應用可能因領域而異，但它們潛在的抽象問題是一樣的。由於這種核心問題的不變性，以及它在無數領域中的應用，使得原文分類成為截至目前為止在產業中應用最廣泛、在學術界最多人研究的自然語言處理任務。本章將討論原文分類的實用性，以及如何為我們的用例建構原文分類器，以及在真實場景中的一些實用技巧。

在機器學習中，分類是將資料實例分成一或多個已知的類別的問題，其中，原始的資料點可能有不同的格式，例如原文、語音、圖像與數字。原文分類是分類問題的特殊案例，它的輸入資料點是原文，目標是將一段原文分到一組預先定義的貯體（bucket）（稱為類別）之中的一或多個貯體（類別）。「原文」可能有任何長度：一個字元、一個單字、一個句子、一個段落，或完整的文件。考慮這個場景：我們想要將一個產品的所有顧客評論分成三類：正面、負面與中性。原文分類的挑戰是從一群包含每一個類別的案例「學習」這種分類，並且為新的、沒看過的產品和新顧客評論預測類別。儘管如此，這種分類不一定只產生一個類別，可能有任意數量的類別。我們來快速看一下原文分類的分類樹（taxonomy）來了解它。

任何一種監督分類法，包括原文分類，都可以根據涉及的種類再分成三種類型：二元、多類別與多標籤分類。如果類別的數量是兩個，它就稱為**二元分類**。如果類別的數量超過兩個，它就稱為**多類別分類**。因此，將 email 分類為垃圾郵件與非垃圾郵件是一種二元分類。將顧客評論的情緒分類為負面、中性與正面是一種多類別分類。在二元與多類別分類中，各個文件都只屬於 *C* 的一個類別，*C* 是所有可能的類別的集合。在**多標籤分類**中，一個文件可能被附加一或多個標籤 / 類別。例如，報導足球比賽的新聞文章可能同時屬於多個類別，例如「體育」與「足球」，而其他報導 US 大選的文章可能有「政治」、「USA」與「大選」等標籤。因此，每一個文件都有屬於 C 的子集合的標籤。每一篇文章都可能沒有類別、一個類別、多個類別，或所有的類別。有時在集合 *C* 裡面的標籤數量可能很多（稱為「extreme classification（極度分類）」）。在其他的一些情況下，我們或許會使用階層式分類系統，讓階層結構裡面的不同階層的原文有不同的標籤。在這一章，我們只討論二元與多類別分類，因為它們是業界最常見的原文分類用例。

原文分類有時也稱為 *topic classification*（主題分類）、*text categorization*（原文分類），或 *document categorization*（文件分類）。在本書其餘部分，我們使用「原文分類」這個名詞。注意，主題分類與主題偵測不一樣，後者指的是從原文中發現或提取「主題」的任務，我們將在第 7 章討論。

在這一章，我們要進一步研究原文分類，並且使用不同的方法建立原文分類器。我們的目標是簡要說明一些最常用的技術，以及提供在建構原文分類系統時，如何處理各種場景，還有如何做出決策的實際建議。我們會先介紹一些常見的原文分類應用，再討論原文分類 NLP 處理線長怎樣，並展示如何使用這個處理線來以各種方法訓練與測試原文分類器，從傳統的方法到最新的技術。接下來我們會探討訓練資料的收集和稀疏性，以及處理它的各種方法。在本章的最後，我們將總結在這些小節中學到的知識，並提供一些實用的建議，以及一個案例研究。

請注意，在本章中，我們只處理訓練與評估原文分類器的層面。關於部署 NLP 系統的一般問題，以及品保的執行將在第 11 章討論。

應用

原文分類已經在許多應用場景中引起關注了，從 1800 年代確認未知文章的作者，到 1960 年代美國郵政署針對地址與郵遞區號執行光學字元辨識 [1]。在 1990 年代，研究人員開始成功地採用 ML 演算法來對大型的資料組進行原文分類。email 過濾，通常被稱為「垃圾郵件分類」是最早的自動原文分類案例之一，它一直到今天還影響我們的生活。從人工分析原文文件，到採用純統計學、基於電腦的方法，以及最先進的深度神經網路，我們已經在原文分類的領域走了很長的一段路。在研究各種原文分類方法之前，我們先簡要討論一些流行的應用。這些案例也可以協助你認識在你的機構內可以用原文分類方法來解決的問題。

內容分類與組織

指分類 / 標記大量原文資料的任務。這項工作進一步用來支持內容組織、搜尋引擎與推薦系統等用例。這種資料的案例包括新聞網站、部落格、線上書架、產品評論、tweet 等，在電子商務網站中標記產品說明，在公司內將客服請求傳給合適的支援團隊，以及在 Gmail 裡面將 email 組織成個人、社交與促銷。以上都是使用原文分類來進行內容分類與組織的案例。

顧客支援

顧客通常使用社交媒體來表達他們所體驗的產品或服務的意見。原文分類通常用來識別品牌必須回應的 tweet（即可回應的）以及不需要回應的（即雜訊）[2, 3]。舉例來說，見圖 4-1 中，關於品牌 Macy's 的三則 tweet。

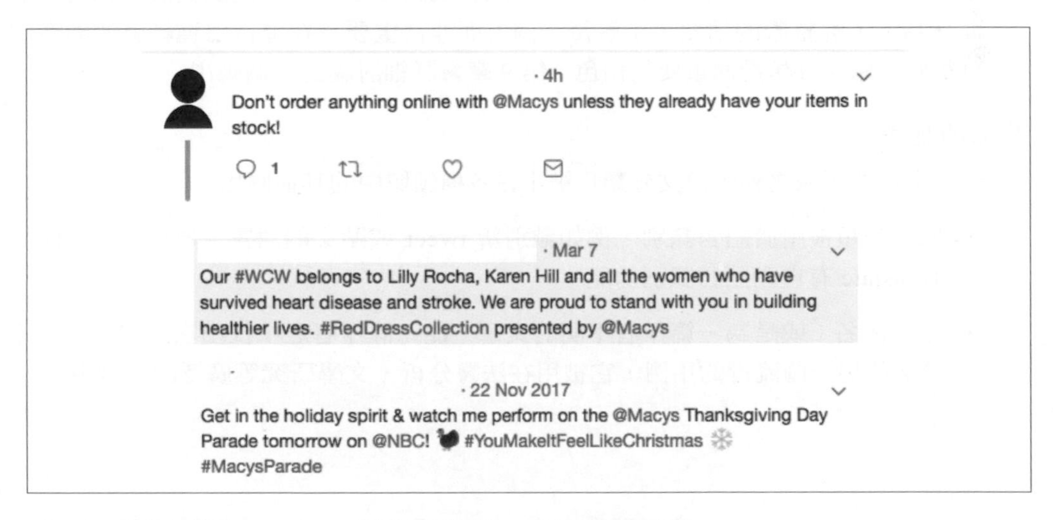

圖 4-1　針對品牌的 tweet，一個是可回覆的，其他兩個是雜訊

雖然這三則 tweet 都明確提到品牌 Macy's，但只有第一個問題需要由 Macy's 的顧客支援團隊回覆。

電子商務

顧客會在 Amazon、eBay 等電子商務網站上對一系列產品進行評論。在這種場景之下，使用本文分類的案例之一是根據顧客的評論，了解與分析他們對於產品或服務的看法。這種任務通常稱為「情緒分析」。世界各地的品牌廣泛地使用它們，來了解他們究竟越來越貼近顧客，還是離顧客越來越遠。不同於將顧客回饋單純分類為正面、負面或中性，隨著時間的過去，情緒分析已經演化成更複雜的模式：以「方面（aspect）」為主的情緒分析。考慮圖 4-2 中，顧客對一家餐廳的評論。

Reviewed 21 February 2013
Good food service lacking
The cafe in the Jordaan is lovely in a cold Winter day or outside in the summer. Food and drinks great and a very good menu.
Service though is abysmal. There is a fine line between over eager and good service but here I had to get up and ask for everything I needed. Shame but still worth the visit.

圖 4-2　一篇稱讚某些方面，並批評幾個方面的評論

你認為圖 4-2 的評論是負面、正面還是中性？這個問題很難回答——食物很棒，但是服務很糟。研究情緒分析的從業者與品牌已經發現，許多產品與服務都有多個方面。為了了解整體的情緒，了解每一個方面非常重要。在進行這種細膩的顧客回饋分析時，原文分類扮演重要的角色。第 9 章會詳細討論這一個應用。

其他的應用

除了上述的領域之外，原文分類也被用在各種領域中的其他應用：

- 原文分類被用於語言識別，例如識別新 tweet 或貼文的語言。舉例來說，Google Translate 有自動語言識別功能。
- 作者指名（或是為一篇作者不明的文章，從一群作者之中找出它的作者）是原文分類的另一個流行的用例，它被用在法醫分析、文學研究等廣泛的領域中。

- 最近，有精神健康服務的線上支援論壇用原文分類來篩選貼文 [4]。NLP 社群每年都會舉辦一些競賽（例如 clpsych.org）來解決這種源於臨床研究的原文分類問題。
- 有人最近用原文分類來釐清假新聞與真新聞。

注意，本節僅說明原文分類的廣泛應用，它不是詳盡的清單，我們希望讓你具備足夠的背景知識，讓你可以在工作中遇到原文分類問題時認出它們。我們來看如何建構這種原文分類模型。

建構原文分類系統的處理線

第 2 章曾經討論一些常見的 NLP 處理線。原文分類處理線與我們在那一章學到處理線有一些步驟是一樣的。

在建構原文分類系統時，我們通常採取這些步驟：

1. 收集或建立適合任務的有標籤資料組。
2. 將資料組拆成兩個（訓練與測試）或三個部分：訓練、驗證（即開發）與測試組，再決定評估指標。
3. 將原始原文轉換成特徵向量。
4. 使用訓練組的特徵向量及其標籤來訓練分類器。
5. 使用步驟 2 的評估指標與測試組來評測模型的性能。
6. 部署模型，為真實世界的用例提供服務，並監控它的性能。

圖 4-3 是建構原文分類系統時的典型步驟。

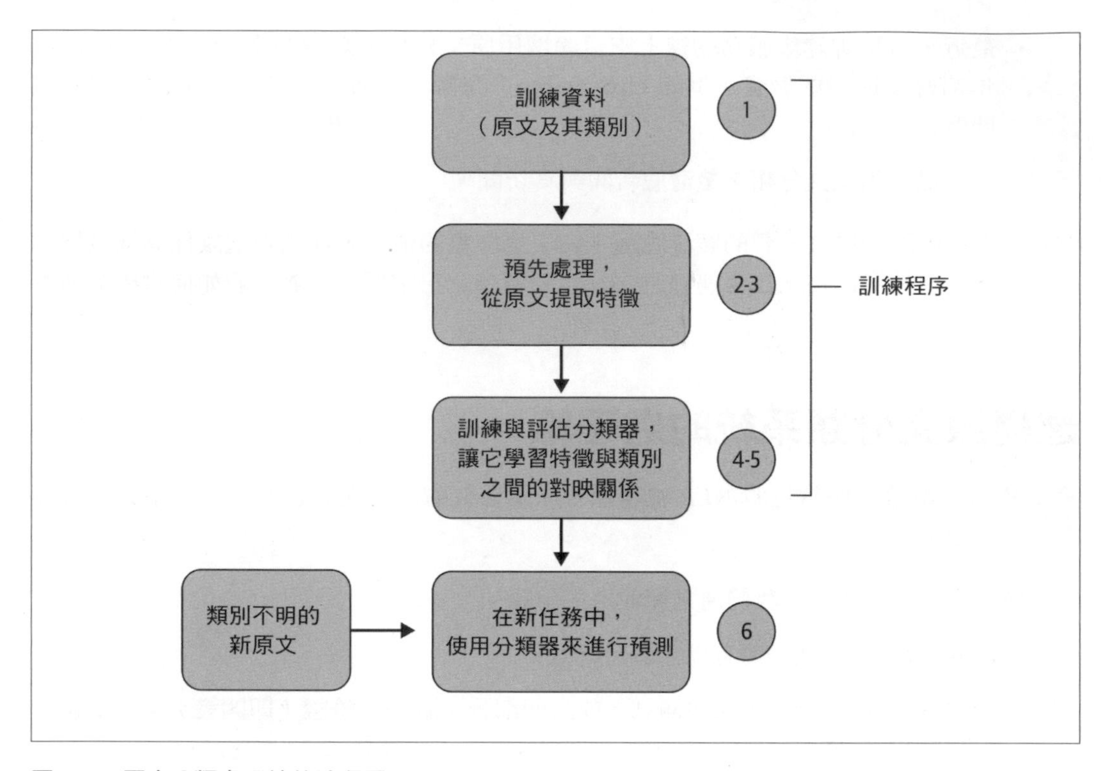

圖 4-3　原文分類處理線的流程圖

第 3 步至 5 步會反覆執行，以探索各種特徵版本與分類演算法及其參數，還有調整超參數，再進入第 6 步，將最好的模型部署至生產環境。

與資料收集和預先處理有關的步驟都在之前的章節中介紹過了。例如，第 2 章詳細介紹第 1 步與第 2 步。第 3 章主要介紹第 3 步。本章的重點是第 4 步與第 5 步。在本章的結尾，我們會回顧第 1 步，來討論原文分類特有的問題。我們將在第 11 章處理第 6 步。為了能夠執行第 4 步與第 5 步（也就是評測模型的性能，或比較多種分類器），我們需要使用正確的評估指標。第 2 章已經介紹常用的 NLP 系統評估指標了。為了針對分類器進行評估，除了第 2 章介紹過的指標之外，比較常用的指標有：分類準確率（classification accuracy）、precision、recall、F1 分數與 ROC 曲線下方面積（area under ROC curve）。在這一章，我們將使用其中的一些指標來評估模型，並且查看混淆矩陣，來仔細了解模型的性能。

除了這些指標之外，當分類系統被部署至真實世界的應用程式中時，我們也會用特定商業用例專用的關鍵績效指標（key performance indicators，KPIs）來評估它們的影響與投資報酬（return on investment，ROI）。它們通常是商務團隊在乎的指標。例如，如果我們使用原文分類來自動轉發客服請求，KPI 或許是獲得回應所需的時間比「透過人工來轉發」減少多少。在這一章，我們會把重心放在 NLP 評估指標上。本書的第 3 部分將討論特定產業鏈專屬的 NLP 用例，屆時將介紹在這些產業鏈中常用的 KPI。

在討論如何使用剛才介紹的處理線來建構原文分類器之前，我們先來看一下完全不需要，或不可能使用這個處理線的情況。

不使用原文分類處理線的簡單分類器

當我們談到原文分類處理線時，我們指的是監督機器學習。但是，我們或許可以建構簡單的分類器，不需要使用機器學習與這個處理線。考慮這個問題場景：我們得到一個 tweet 文集，裡面的每一個 tweet 都被標記了它的情緒：負面或正面。例如，「The new James Bond movie is great!」這個 tweet 顯然表達正面情緒，而「I would never visit this restaurant again, horrible place!!」這則 tweet 是負面情緒。我們想要建立一個分類系統來預測沒看過的 tweet 的情緒，僅使用 tweet 的原文。有一種簡單的解決方案是建立一個英文的正面與負面單字清單，也就是有正面或負面情緒的單字，然後比較輸入 tweet 裡面的正面 vs. 負面單字的使用情況，並根據這項資訊進行預測。改善這種做法的方式或許是建立複雜的字典，在裡面放入單字的正面、負面與中性情緒的程度，或編寫專用的經驗法則（例如，使用某種微笑圖示（smiley）來代表正面情緒），並且使用它們來進行預測。這種做法稱為 *lexicon-based sentiment analysis*。

顯然這種做法完全沒有「學習」原文分類，也就是說，它採用一組經驗法則或規則，以及自訂的資源，例如情緒單字字典。雖然這種做法看起來太簡單了，在許多現實場景都沒有很好的效果，但它可以讓我們快速地部署最小可行產品（MVP）。最重要的是，這個簡單的模型可以讓我們更好地了解問題，並且取得評估指標與速度的標準。根據我們的經驗，在處理新的 NLP 問題時，在可能的情況下，先採取這種比較簡單的做法絕對是件好事。但是，最終，我們仍然需要可以從大量的原文資料中推斷出更多見解，而且表現得比基本方法更好的 ML 方法。

使用既有的原文分類 API

另一種可能不需要「學習」分類器或採用這個處理線的場景是任務的性質比較通用，例如識別原文的一般類別（例如，它與科技還是音樂有關）。在這種情況下，我們可以使用既有的 API，例如 Google Cloud Natural Language [5]，它們提供現成的內容分類模型，可識別將近 700 種不同的原文種類。另一種流行的分類任務是情緒分析。所有主流服務供應商（例如 Google、Microsoft、Amazon）都提供情緒分析 API [5, 6, 7] 與各種收費方案。當我們要建構情緒分類器時，如果有既有的 API 可以處理商業需求，我們應該不需要自行建構系統。

但是，有許多分類任務可能是我們的機構的商業需求特有的。在本章接下來的部分，我們要用本節之前提到的處理線來建構我們自己的分類器。

一個處理線，多個分類器

我們來看一下如何建構原文分類器，藉著修改處理線的第 3 步至第 5 步，並且維持其餘步驟不變。在使用處理線之前，你必須先取得良好的資料組。「良好」的資料組是指，能夠實際代表將在生產環境中看到的資料的資料組。本章將使用一些公用的資料組來進行原文分類。[8] 有與 NLP 有關的各種資料組，包括原文分類用的。此外，Figure Eight [9] 有許多眾包資料組，有些與原文分類有關。UCI Machine Learning Repository [10] 也有一些原文分類資料組。Google 最近推出專門搜尋機器學習資料組的系統 [11]。本章將使用多個資料組，而不是僅用一種，來說明你可能遇到的各種資料組專屬問題。

注意，本章的目標是概要說明各種方法。沒有公認的方法可以處理各種資料與各種分類問題。在現實世界中，我們試驗了多種方法、評估它們，再選擇最終的方案來實際部署。

在本節其餘內容中，我們將使用 Figure Eight 的「Economic News Article Tone and Relevance」來展示原文分類。它包含 8,000 篇新聞文章，被標注它們是否與美國經濟有關（也就是，是 / 否的二元分類）。這個資料組也是不平衡的，有 ~1,500 篇相關的與 ~6,500 篇不相關的文章，所以我們必須防止學習的結果偏向多數類別（在這個例子是不相關的文章）。顯然，在這個資料組中，學習「什麼是相關的新聞文章」比學習「什麼是不相關的」更具挑戰性，因為光是猜測所有東西都不相關就可以達到 80% 的準確率了。

我們來探索如何使用 BoW 表示法（第 3 章介紹過）與這個資料組，並且遵循本章談過的處理線。我們將使用三種著名的演算法來製作分類器：單純貝氏、羅吉斯回歸與支援向量機。本節的 notebook（*Ch4OnePipeline_ManyClassifiers. ipynb*）裡面有按照我們的處理線使用這三種演算法的逐步流程。我們將在本節討論一些重點。

單純貝氏分類器

單純貝氏是一種機率分類器，它使用貝氏定理，根據訓練資料中的證據來對原文進行分類。它可以估計原文的各個特徵屬於每個類別的條件機率（根據該特徵在該類別的出現情況），並且將原文的所有特徵的機率相乘，來計算各個類別的最終分類機率。最後，它會選出機率最大的類別。關於這個分類器的詳細逐步解釋不在本書的討論範圍之內。但是，如果讀者對單純貝氏有興趣，並且想要看到在原文分類的背景之下的詳細解釋，可參考 Jurafsky 與 Martin [12] 的第 4 章。雖然單純貝氏很簡單，但是它在分類實驗中經常被當成基準演算法來使用。

我們來看看實作之前的處理線來處理資料組的重要步驟。為此，我們使用 scikit-learn 的單純貝氏作品。載入資料組之後，我們將資料拆成訓練與測試資料，如以下程式所示：

```
# 步驟 1：拆成訓練組與測試組
X = our_data.text
# 欄原文包含想要從中提取特徵的原文資料
y = our_data.relevance
# 這是我們學習預測的欄
X_train, X_test, y_train, y_test = train_test_split(X, y, random_state=1)
# 在預設情況下，將 X 與 y 拆成訓練與測試組
it splits 75% #training and 25% test. random_state=1 for reproducibility.
```

下一步是預先處理原文，再將它們轉換成特徵向量。進行預先處理的方法有很多種，假設我們想要這樣做：小寫化並移除標點符號、數字與任何自訂字串和停用字。下面的程式進行這個預先處理操作，並且使用 scikit-learn 的 `CountVectorizer` 將訓練與測試資料轉換成特徵向量，`CountVectorizer` 就是第 3 章介紹的 BoW 方法的實作：

```
# 步驟 2-3：預先處理與向量化訓練與測試資料
vect = CountVectorizer(preprocessor=clean)
# clean 是我們定義的函式，它的功能是進行預先處理，詳見 notebook
X_train_dtm = vect.fit_transform(X_train)
X_test_dtm = vect.transform(X_test)
print(X_train_dtm.shape, X_test_dtm.shape)
```

執行這個 notebook 會得到一個擁有超過 45,000 個特徵的特徵向量！我們已經將資料變成期望的格式了：特徵向量。下一步是訓練與評估分類器。下面的程式展示如何使用我們提取的特徵來進行訓練以及評估單純貝氏分類器：

```
nb = MultinomialNB() # 實例化 Multinomial 單純貝氏分類器
nb.fit(X_train_dtm, y_train) # 訓練模型
y_pred_class = nb.predict(X_test_dtm) # 用測試資料進行類別預測
```

圖 4-4 是用這個分類器處理測試資料得到的混淆矩陣。

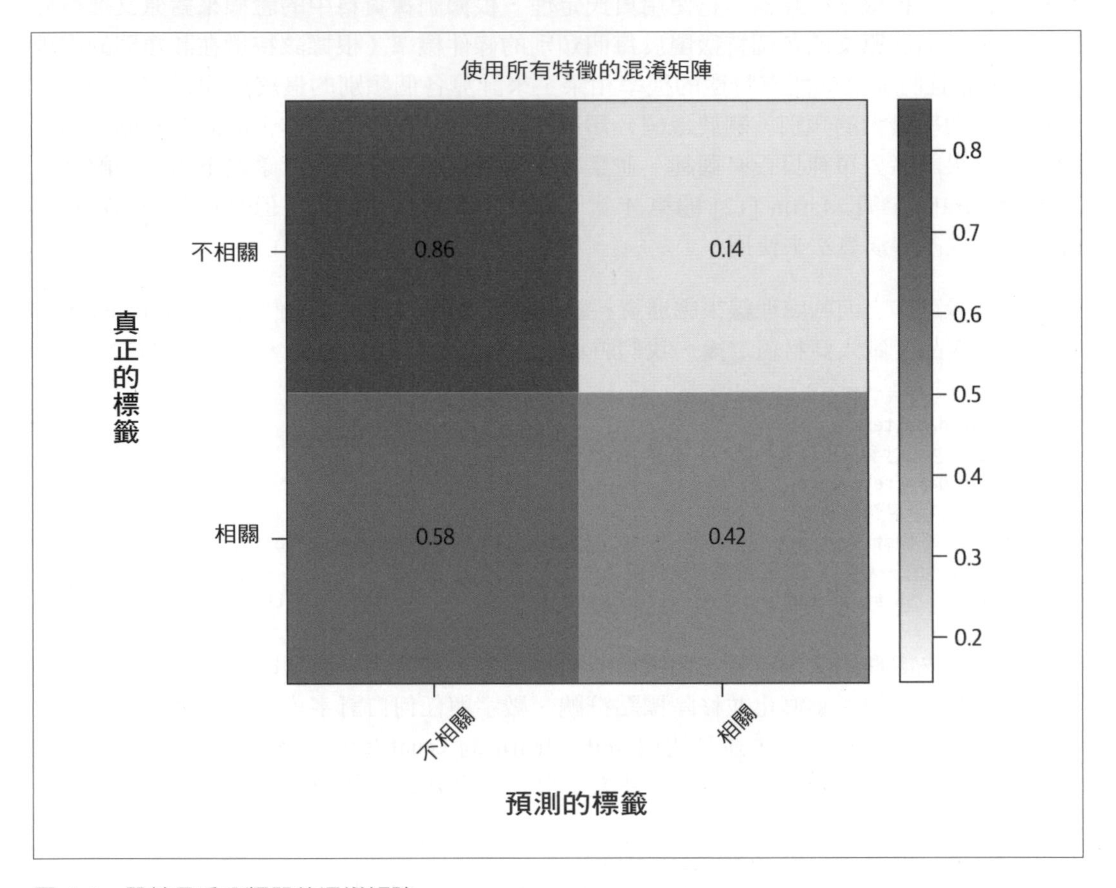

圖 4-4　單純貝氏分類器的混淆矩陣

從圖 4-4 可以看出，分類器正確識別不相關的文章的能力很好，錯誤率只有 14%。但是，相較之下，它識別第二種類別（不相關）的表現並不好，這個類別的正確識別率只有 42%。顯然我們要收集更多資料，這也是正確的，通常也是最有益的方法。但是為了介紹其他的做法，我們假設我們無法改變它，或收集額外的資料。這並不是牽強附會的假設——在業界，我們通常無法奢侈地收集更多資料，因此必須利用現有的資源。表 4-1 是可能導致這種性能的一些原因，以及改善這個分類器的方法，本章會討論其中的一些原因。

表 4-1　分類器性能低下的潛在原因

原因 1	因為我們提取所有可能的特徵，最終得到一個龐大、稀疏的特徵向量，其中大多數的特徵都太稀有了，最終成為雜訊。稀疏的特徵組也會讓訓練很難。
原因 2	在資料組中，相關的文章（~20%）的案例與不相關的文章（~80%）相比非常少。這種類別的不平衡會讓學習程序傾向不相關類別，因為「相關」文章的案例很少。
原因 3	我們可能需要更好的學習演算法。
原因 4	我們可能需要更好的預先處理和特徵提取機制。
原因 5	我們可能要調整分類器的參數與超參數。

我們來看一下如何藉著解決一些原因來改善分類性能。解決原因 1 的方法之一是降低特徵向量裡面的雜訊。上述範例程式的方法有接近 40,000 個特徵（詳情請參考 Jupyter notebook）。大量的特徵會導致稀疏性，也就是在特徵向量裡面的特徵大部分都是零，只有少數的值不是零，進而影響原文分類演算法學習的能力。我們來看一下，如果我們將它限制為 5,000 個，並重新執行訓練與評估程序會怎樣。為此，我們要修改 CountVectorizer 實例化，如下所示，並重複所有的步驟：

```
vect = CountVectorizer(preprocessor=clean, max_features=5000) # 步驟 1
X_train_dtm = vect.fit_transform(X_train) # 結合步驟 2 與 3
X_test_dtm = vect.transform(X_test)
nb = MultinomialNB() # 實例化多項單純貝氏模型
%time nb.fit(X_train_dtm, y_train)
# 訓練模型（使用 IPython「魔術命令」來計時）
y_pred_class = nb.predict(X_test_dtm)
# 讓類別對 X_test_dtm 進行預測
print("Accuracy: ", metrics.accuracy_score(y_test, y_pred_class))
```

圖 4-5 是採用這種設定的新混淆矩陣。

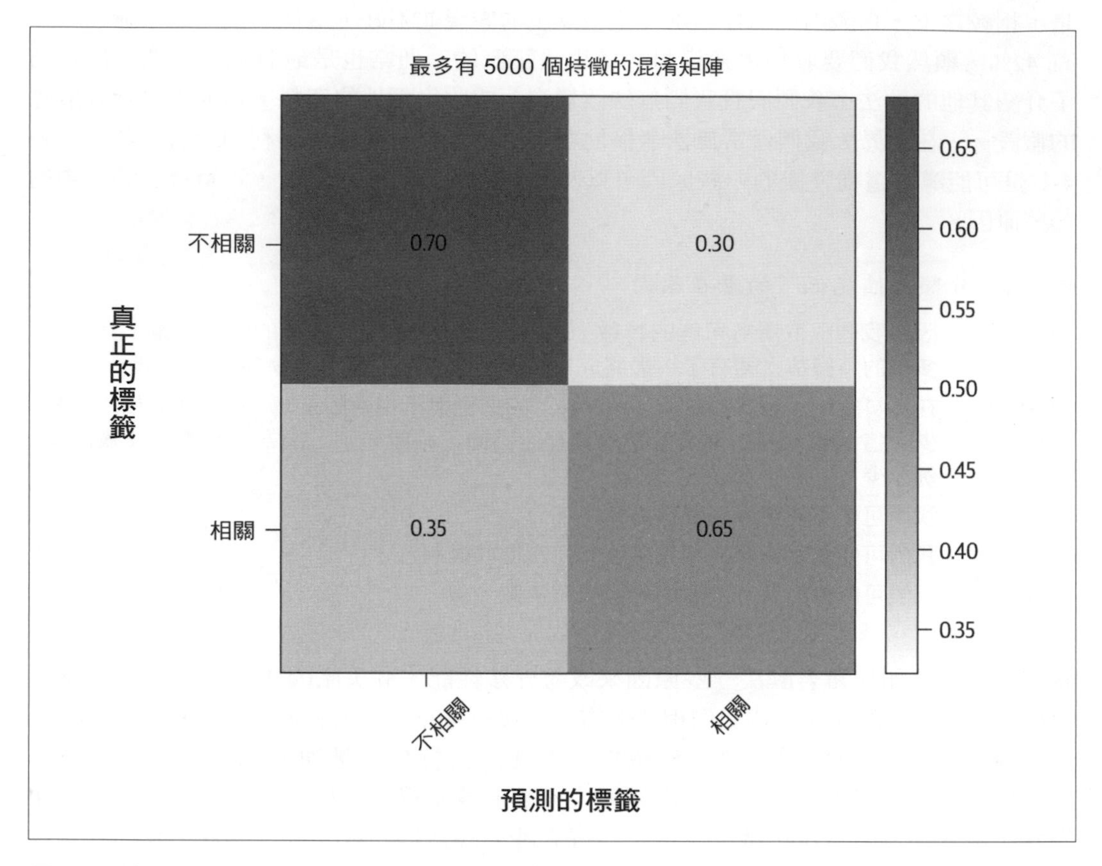

圖 4-5　使用單純貝氏與特徵選擇來改善分類性能

現在很明顯，雖然平均性能看起來不如從前，但是相關文章的正確識別率提升了 20% 以上。此時，有人可能會問，這就是我們要的嗎？答案取決於我們要解決的問題。如果我們希望識別不相關文章的效果相當好，並且盡量識別相關的文章，或識別兩者的效果一樣好，我們就可以說減少單純貝氏分類器的特徵向量大小對這個資料組來說是有用的。

如果特徵太多，考慮減少它的數量，來降低資料稀疏度。

在清單中的原因 2 是資料往多數類別傾斜的問題。處理這個問題的方法有幾種。兩種典型的做法是對屬於少數類別的實例執行過抽樣（oversampling），或是對多數類別進行低抽樣（undersampling），來建立平衡的資料組。Python 程式庫 Imbalanced-Learn [13] 裡面有一些處理這種問題的抽樣方法。在此不探討這個程式庫的細節，但分類器也有內建的機制可處理這種不平衡的資料組。在下一節，我們將藉著使用另一種分類器，羅吉斯回歸，來了解如何使用它。

類別不平衡是分類器表現低下最常見的原因之一。我們一定要經常檢查情況是否如此，並處理它。

為了解決原因 3，我們試著使用其他演算法，先從羅吉斯回歸開始。

羅吉斯回歸

在說明純貝氏分類器時，我們提到，它會學習原文屬於各個類別的機率，並選擇機率最高的那一個。這種分類器稱為**生成式分類器**（*generative classifier*），相比之下，**鑑別式分類器**（*discriminative classifier*）的目標是學習所有類別的機率分布。邏輯斯回歸是一種鑑別式分類器，通常用於原文分類、在研究領域當成基準，以及在實際的產業場景當成 MVP。

單純貝氏根據特徵在類別中出現的情況來估計機率，而羅吉斯回歸則是根據個別特徵的重要性來「學習」它們的權重，藉以進行分類決策。羅吉斯回歸的目標是學習各個類別在訓練資料裡面的線性分界，並且期望將資料的機率最大化。它是用「羅吉斯（logistic）」函數與（因而得名）羅吉斯回歸來「學習」特徵權重，以及在所有類別之上的機率分布的 [14]。

我們用單純貝氏的最後一步的 5,000 維特徵向量來訓練羅吉斯回歸分類器，以代替單純貝氏。下列程式展示如何使用羅吉斯回歸來執行這項任務：

```
from sklearn.linear_model import LogisticRegression
logreg = LogisticRegression(class_weight="balanced")
logreg.fit(X_train_dtm, y_train)
y_pred_class = logreg.predict(X_test_dtm)
print("Accuracy: ", metrics.accuracy_score(y_test, y_pred_class))
```

分類器產生 73.7% 的準確率。圖 4-6 是這種做法的混淆矩陣。

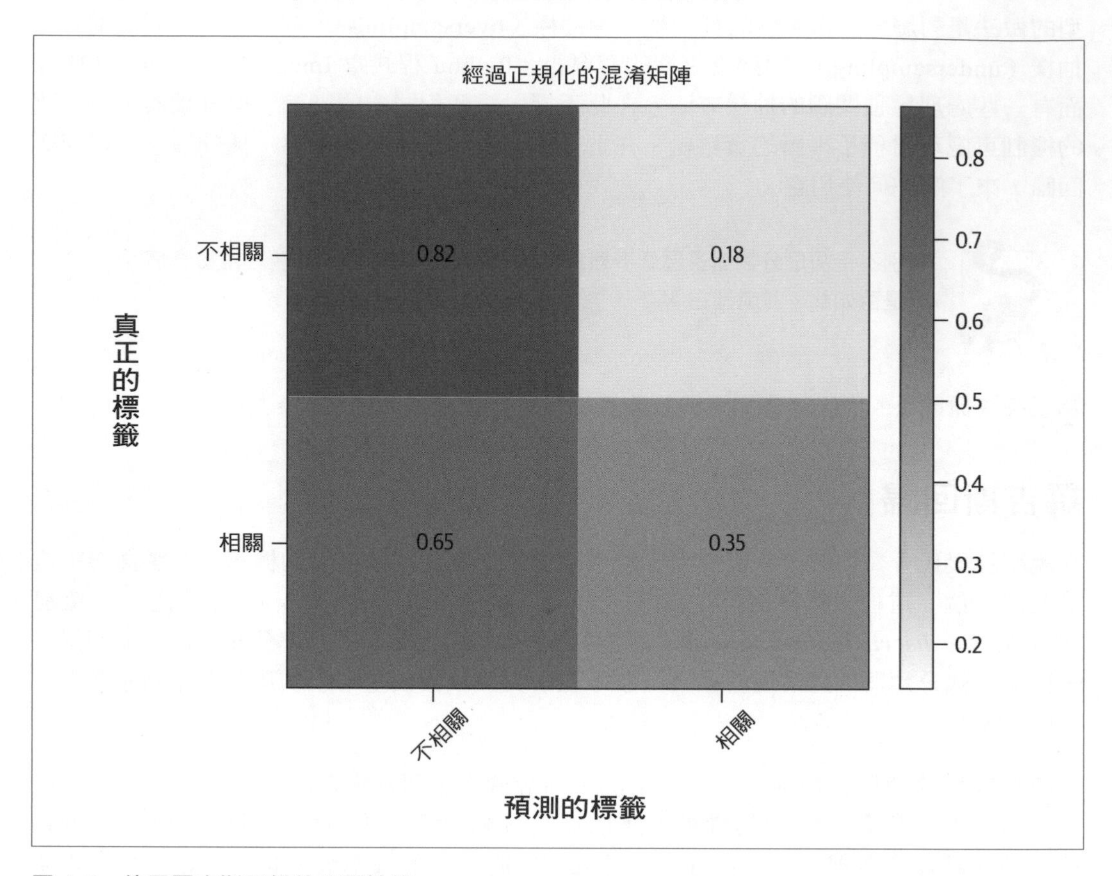

圖 4-6　使用羅吉斯回歸的分類性能

我們在實例化羅吉斯回歸分類器時使用 `class_weight` 引數，並將它設為 “`balanced`” 值。這會要求分類器以「和類別的樣本數成反比」的方式提高該類別的權重。因此，較少出現的類別應該有更好的性能。我們可以移除那個引數並重新訓練分類器來進行實驗，這會讓混淆矩陣的右下角格子裡面的數字下降（大約 5%）。但是，羅吉斯回歸處理這個資料組的表現顯然比單純貝氏更差。

在清單裡面的原因 3 是：「我們可能需要更好的學習演算法。」這產生另一個問題：「什麼是更好的學習演算法？」根據經驗，沒有 ML 演算法可以很好地學習任何一個資料組，我們通常要嘗試各種演算法，並且比較它們。

為了檢驗這個概念是否有幫助，我們將羅吉斯回歸換成另一種已經在許多原文分類任務中證明能力的著名分類演算法，「支援向量機」。

支援向量機

羅吉斯回歸是一種鑑別式分類器，可學習各個特徵的權重，並預測類別的機率分布。**支援向量機**（*support vector machine*，*SVM*）是在 1960 年代初期發明的，它與羅吉斯回歸一樣，也是鑑別式分類器，但是與羅吉斯回歸不同的是，它的目標是在高維空間中尋找可以用最大的距離分隔資料中的類別的最佳超平面，與羅吉斯回歸不同的另一點是，SVM 可以學習類別之間的非線性分界。然而，它們也可能需要花更長時間來訓練。

SVM 在 sklearn 裡面有各種版本。我們保持上述範例的其他程式不變，並將它的最大特徵 5,000 改為 1,000，來看看如何使用其中一個版本。我們將特徵限制為 1,000 個，並且記住 SVM 演算法的訓練時間。下列程式說明如何做這件事，圖 4-7 是產生的混淆矩陣：

```
from sklearn.svm import LinearSVC
vect = CountVectorizer(preprocessor=clean, max_features=1000) # 步驟 1
X_train_dtm = vect.fit_transform(X_train) # 結合步驟 2 與 3
X_test_dtm = vect.transform(X_test)
classifier = LinearSVC(class_weight='balanced') # 注意“balanced”選項
classifier.fit(X_train_dtm, y_train) # 用訓練資料擬合模型
y_pred_class = classifier.predict(X_test_dtm)
print("Accuracy: ", metrics.accuracy_score(y_test, y_pred_class))
```

SVM 處理相關文章類別的表現似乎比羅吉斯回歸更好，儘管在這一組實驗中，單純貝氏（使用比較小的特徵集合）看起來是處理這個資料組時，表現最好的分類器。

本節的範例展示了變換各種步驟會如何影響分類效果，以及如何解釋結果。顯然我們排除了許多其他可能性，例如探索其他原文分類演算法、改變各種分類器的各種參數、找出更好的預先處理方法等。我們將它們當成給讀者的習題，將 notebook 當成實驗室來使用。實際的原文分類專案需要採索多種這類的選項，先用最簡單的做法來建模、部署與擴展，再逐漸提升複雜度，最終目標是在所有限制之下，做出最符合商業需求的分類器。

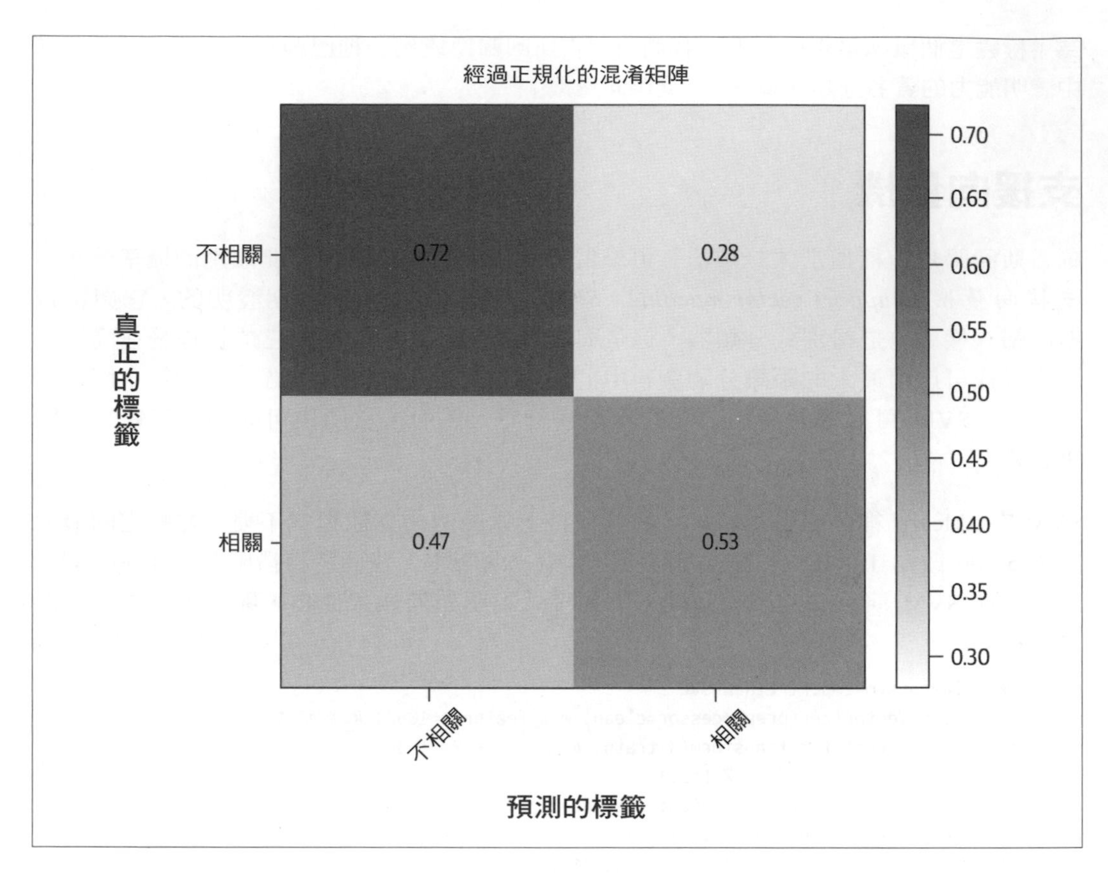

圖 4-7　用 SVM 來分類產生的混淆矩陣

我們來考慮表 4-1 的原因 4 的一部分：更好的特徵表示法。本章至此為止使用 BoW 特徵。我們來看看如何使用第 3 章介紹的其他特徵表示技術來進行原文分類。

在原文分類中使用神經 embedding

在第 3 章的後半部，我們討論了使用神經網路的特徵工程技術，例如單字 embedding、字元 embedding 與文件 embedding。使用 embedding 特徵的優點是它們可產生密集、低維的特徵表示法，而不是稀疏、高維的 BoW/TF-IDF 結構或其他這類特徵。根據神經 embedding 來設計與使用特徵的方法有很多種。這一節要介紹使用這種 embedding 表示法來進行原文分類的一些方法。

單字 embedding

長期以來，單字與 n-gram 都是原文分類任務的主要特徵。許多人提出各種將單字向量化的方法，我們已經在上一節使用了其中一種表示法，`CountVectorizer`。在過去幾年裡，越來越多人使用神經網路架構來「學習」文字表示法，它稱為「單字 embedding」。我們已經在第 3 章瀏覽這種方法背後的一些直覺了。我們來看如何將單字 embedding 當成原文分類的特徵來使用。我們將使用 UCI 版本庫的句子資料組，它包含來自 Amazon、Yelp 與 IMDB 的 1,500 個正面情緒與 1,500 個負面情緒。所有的步驟都已經列在 notebook *Ch4/Word2Vec_Example.ipynb* 裡面了。我們來介紹重要的步驟，以及這種做法與上一節的程序的不同之處。

它也有載入與預先處理原文資料的步驟，但是，不同於使用 BoW 特徵來將原文向量化，我們現在要依靠神經 embedding 模型。如前所述，我們將使用訓練好的 embedding 模型。第 3 章介紹過，Word2vec 是流行的單字 embedding 模型訓練演算法。網路上有許多使用大型文集訓練好的 Word2vec 模型，在此，我們將使用 Google [15] 提供的。下面的程式展示如何使用 gensim 來將這個模型載入 Python：

```
data_path= "/your/folder/path"
path_to_model = os.path.join(data_path,'GoogleNews-vectors-negative300.bin')
training_data_path = os.path.join(data_path, "sentiment_sentences.txt")
# 載入 W2V 模型。這需要花一些時間
w2v_model = KeyedVectors.load_word2vec_format(path_to_model, binary=True)
print('done loading Word2Vec')
```

這是一個大型的模型，你可以將它視為一個字典，它的鍵是詞彙表的單字，值是學到的 embedding 表示法。當它收到查詢單字時，如果字典裡面有那個單字的 embedding，它就會回傳同一個。如何使用這個訓練好的 embedding 來表示特徵？第 3 章說過，我們可以採取很多種做法。有一種簡單的做法是直接計算原文裡面的個別單字的 embedding 的平均值。這是做這件事的簡單函式：

```
# 計算所有句子的所有 embedding 的平均值來建立特徵向量
def embedding_feats(list_of_lists):
    DIMENSION = 300
    zero_vector = np.zeros(DIMENSION)
    feats = []
    for tokens in list_of_lists:
          feat_for_this =  np.zeros(DIMENSION)
          count_for_this = 0
          for token in tokens:
                   if token in w2v_model:
```

```
                    feat_for_this += w2v_model[token]
                    count_for_this +=1
        feats.append(feat_for_this/count_for_this)
    return feats

train_vectors = embedding_feats(texts_processed)
print(len(train_vectors))
```

注意，它只使用有在字典內的單字的 embedding，它會忽略沒有 embedding 的單字。此外，注意上述程式會產生一個包含 DIMENSION(=300) 個元件的向量。我們將產生的 embedding 向量視為代表整個原文的特徵向量。完成這個特徵工程之後，最後一步類似上一節做的事情：使用這些特徵來訓練分類器。我們把這個工作當成給讀者的習題（完整的程式可參考 notebook）。

在使用羅吉斯回歸分類器來訓練時，這些特徵在我們的資料組產生 81% 的分類準確率（詳情見 notebook）。鑑於我們使用既有的單字 embedding 模型，並且只執行基本的預先處理步驟，它是個很棒的基準模型！第 3 章介紹過，你也可以使用其他訓練好的 embedding，例如 GloVe，它也可以用來實驗這種方法。這個範例使用的 Gensim 也可讓我們在必要時訓練自己的單字 embedding。如果在我們自己的領域中的詞彙集與訓練好的新聞 embedding 的詞彙集之間有很大的差異，訓練自己的 embedding 來提取特徵就是合理的做法。

關於究竟要訓練自己的 embedding 還是使用訓練好的 embedding，根據經驗，有一種很好的做法是計算詞彙表的重疊程度。如果自訂領域的詞彙表與訓練好的單字 embedding 的詞彙表的重疊率超過 80%，那麼訓練好的單字 embedding 在原文分類任務往往能產生較好的結果。

在使用 embedding 特徵提取方法來部署模型時，有一個需要考慮的重點：你必須儲存學習好的或訓練好的 embedding 模型，並將它們載入記憶體。如果模型本身很笨重（例如，我們用過占了 3.6 GB 的預先訓練模型），我們必須將它納入部署需求之中。

次單字 embedding 與 fastText

單字 embedding，顧名思義，與單字表示法有關。就像我們看到的，即使是現成的 embedding，看起來都在分類任務都有很好的表現。但是，如果我們的資料組裡面的單字沒有在訓練好的模型的詞彙表裡面，該如何取得該單字的表示法？這個問題通常被稱

為 *out of vocabulary*（*OOV*）。在之前的例子中，我們直接在提取特徵時忽略這種單字。有沒有更好的做法？

第 3 章曾經介紹 fastText embeddings [16]。它們的概念是用次單字等級的資訊來充實單字 embedding。因此，各個單字的 embedding 表示法是用個別的字元 n-gram 的總和來表示的。雖然這個程序看起來比直接估計單字等級的 embedding 更長，但它有兩個優點：

- 這種做法可以處理不在訓練資料裡面的單字（OOV）。
- 即使文集非常龐大，這種做法也可以造成非常快速的學習。

雖然 fastText 是學習 embedding 的通用程式庫，但它也提供端對端的分類器訓練與測試功能，來支援現成的原文分類，也就是說，我們不需要單獨處理特徵提取。這一節接下來的內容將展示如何使用 fastText 分類器 [17] 來進行原文分類。我們將使用 DBpedia 資料組 [18]。它是一個平衡的資料組，包含 14 個類別，每個類別有 40,000 個訓練與 5,000 個測試範例。因此，資料組的總大小是 560,000 個訓練與 70,000 個測試資料點。顯然，它比我們看過的資料組大非常多。我們可不可以用 fastText 建構快速的訓練模型？請拭目以待！

這個資料組使用 CSV 檔案來提供訓練與測試組。因此，第一步需要將這些檔案讀入 Python 環境，並且清理原文，以移除無關的字元，類似之前的其他分類器範例中的預先處理步驟。完成這一步之後，使用 fastText 的程序就相當簡單了。下面的程式是一個簡單的 fastText 模型。它的逐步流程請參考相關的 Jupyter notebook（*Ch4/Fast-Text_Example.ipynb*）：

```
## 使用 fastText 來進行特徵提取與訓練
from fasttext import supervised
""" fastText 預期收到檔案並用它來訓練（CSV），它的輸入引數是模型名稱。
label_prefix 代表資料組的標籤字串的前綴詞。
預設值是 __label__。在我們的資料組中，它是 __class__。
這個網站還有一些其他的參數：
https://pypi.org/project/fasttext/
"""
model = supervised(train_file, 'temp', label_prefix="__class__")
results = model.test(test_file)
print(results.nexamples, results.precision, results.recall)
```

在 notebook 中執行這段程式時，我們可以發現，儘管這是一個龐大的資料組，而且我們傳給分類器的是原始原文而不是特徵向量，但訓練只需要幾秒鐘，而且我們得到將近

98% 的 precision 與 recall ！給你一個習題，試著使用同一個資料組來建立分類器，但使用 BoW 或單字 embedding 特徵以及羅吉斯回歸等演算法。看看它的特徵提取與分類學習步驟花了多長時間！

當資料組很龐大，看起來無法使用截至目前為止介紹的方法來學習時，fastText 是設定強大的工作基準的優秀選項。然而，在使用 fastText 時要記得一個問題，與 Word2vec embedding 一樣：它使用預先訓練的字元 n-gram embedding。因此，當我們儲存訓練好的模型時，它包含整個字元 n-gram embeddin 字典。這會導致一個龐大的模型，而且可能導致工程問題。例如，在上述程式中，使用名稱「temp」儲存的模型將近有 450 MB。然而，fastText 實作也提供一些選項可以在盡量不降低分類性能的情況下，減少分類模型的記憶體占用量 [19]，它是藉著裁剪詞彙表與使用壓縮演算法來實現的。在需要限制模型的大小時探索這些可能性或許是個好選擇。

fastText 訓練起來很快，也很適合用來設定強大的基準線。它的缺點是模型大小。

希望以上的討論可讓你大略了解 fastText 在原文分類的實用性。我們在此展示的是一個預設的分類模型，並未調整任何超參數。fastText 的文件有更多資訊，說明如何調整分類器的各種選項，以及如何為你處理的資料組訓練自訂的 embedding 表示法。然而，目前介紹的兩種 embedding 表示法都是學習單字與字元的表示法，再將它們集合起來形成原文表示法。我們來看如何使用第 3 章介紹的 Doc2vec 法來直接表示文件。

文件 embedding

在 Doc2vec embedding 方案裡面，我們學習的是整個文件（句子 / 段落）的表示法，而不是各個單字的。正如我們將單字與字元 embedding 當成特徵來執行原文分類，我們也可以將 Doc2vec 當成特徵表示機制來使用。因為目前沒有可以和最新版的 Doc2vec [20] 搭配使用的預先訓練模型，我們來看一下如何建構自己的 Doc2vec 模型，並且用它來進行原文分類。

我們將使用來自 figureeight.com 的「Sentiment Analysis: Emotion in Text」資料組 [9]，它有 40,000 個以 13 種情緒標籤來標記的 tweet。我們使用這個資料組最常見的標籤，neutral、worry、happiness，建構原文分類器來將新 tweet 分成這三種類別之一。本節的

notebook（*4/Doc2Vec_Example.ipynb*）有使用 Doc2vec 來進行原文分類的步驟，並提供資料組。

載入資料組，並且取得最常見的標籤之後，預先處理資料是必須考慮的重要步驟。這個例子與之前的例子有什麼不同？為什麼不按照之前的程序就好？ tweet 與新聞文章或其他這類原文有一些不一樣的地方，當我們在第 2 章討論原文預先處理時已經簡單帶過了。首先，它們都很短。其次，傳統的 tokenizer 可能無法妥善地將 tweet、拆開微笑圖示、主題標籤、Twitter handle 等拆成多個語義單元。這種特殊的需求促使大家對 Twitter 的 NLP 進行大量的研究，為 tweet 做出幾種 tweet 的預先處理選項。其中一種解決方案是 Python 的 NLTK [21] 程式庫實作的 TweetTokenizer。我們將在第 8 章進一步討論這個主題，現在先從這段程式看一下如何使用 TweetTokenizer：

```
tweeter = TweetTokenizer(strip_handles=True,preserve_case=False)
mystopwords = set(stopwords.words("english"))

# 對 tweet 進行預先處理與語義單元化的函式
def preprocess_corpus(texts):
    def remove_stops_digits(tokens):
    # 移除停用字與數字的內嵌函式
          return [token for token in tokens if token not in mystopwords
                  and not token.isdigit()]
    return [remove_stops_digits(tweeter.tokenize(content)) for content in texts]

mydata = preprocess_corpus(df_subset['content'])
mycats = df_subset['sentiment']
```

這個程序的下一步是訓練 Doc2vec 模型來學習 tweet 表示法。在理想情況下，任何一種大型的 tweet 資料組都可以在這一步中使用。但是，因為我們沒有這種現成的語料庫，我們會將資料組拆成訓練與測試組，並使用訓練資料來學習 Doc2vec 表示法。這個程序的第一部分是將資料轉換成可被 Doc2vec 實作讀取的格式，我們可以用 `TaggedDocument` 類別來完成它。它的用途是將文件表示成一串語義單元，尾隨一個「標籤（tag）」，它最簡單的形式是文件的檔名或 ID。但是，Doc2vec 本身也可以當成最近鄰點（nearest neighbor）分類器，來處理多類別與多標籤分類問題。我們將這個主題當成習題，讓讀者自行探索。現在我們來看如何用這段程式訓練處理 tweet 的 Doc2vec 分類器：

```
# 將訓練資料轉成 doc2vec 格式：
d2vtrain = [TaggedDocument((d),tags=[str(i)]) for i, d in enumerate(train_data)]
# 訓練 doc2vec 模型來學習 tweet 表示法。只使用訓練資料！！
model = Doc2Vec(vector_size=50, alpha=0.025, min_count=10, dm =1, epochs=100)
model.build_vocab(d2vtrain)
```

```
model.train(d2vtrain, total_examples=model.corpus_count, epochs=model.epochs)
model.save("d2v.model")
print("Model Saved")
```

訓練 Doc2vec 需要做出幾項與參數有關的選擇，你可以從上面程式的模型定義中看到。vector_size 是學到的 embedding 的維數，alph 是學習速度，min_count 是保留在詞彙表裡面的單字的最小頻率，dm 是指 distributed memory，它是 Doc2vec 實作的一種表示法學習器（另一種是 dbow，或 distributed bag of words），epochs 是訓練迭代次數。此外還有一些可自訂的參數。雖然外界有一些訓練 Doc2vec 模型時的最佳參數指南 [22]，但它們都沒有經過充分的驗證，我們不知道這些指南是否適用於 tweet。

解決這個問題的最佳方法是研究對我們而言重要的值的範圍（例如 dm vs. dbow、向量大小、學習速度），並且比較多種模型。因為這些模型只學習原文表示法，我們該如何比較它們？其中一種做法是先在下游任務中使用這些學到的表示法，在這個例子中，它是原文分類任務。Doc2vec 的 infer_vector 函式可用來以訓練好的模型推斷原文的向量表示法。由於超參數的選擇有一定程度的隨機性，因此推斷出來的向量在我們每次提取它們時都不同。為了取得穩定的表示法，我們執行它多次（稱為步（step）），並聚合向量。我們使用學到的模型來推斷資料的特徵，並訓練一個羅吉斯回歸分類器：

```
# 使用訓練好的模型來推斷訓練與測試資料的表示法
model= Doc2Vec.load("d2v.model")
# 用多個步驟執行推斷，來取得穩定的表示法
train_vectors =  [model.infer_vector(list_of_tokens, steps=50)
                 for list_of_tokens in train_data]
test_vectors = [model.infer_vector(list_of_tokens, steps=50)
                 for list_of_tokens in test_data]
myclass = LogisticRegression(class_weight="balanced")
# 因為類別不平衡
myclass.fit(train_vectors, train_cats)
preds = myclass.predict(test_vectors)
print(classification_report(test_cats, preds))
```

這個模型的性能看起來很差，處理相當大的文集而且只有三個類別時，得到的 F1 分數是 0.51。這個糟糕的結果有兩種原因，首先，與完整的新聞文章，甚至結構良好的句子不同的是，每個 tweet 實例都只有極少量的資料。此外，大家會用各式各樣的拼字與語法來寫 tweet，表情符號有許多不同的形式。我們的特徵表示法必須能夠描述這些層面。雖然藉著搜尋龐大的參數空間來調整演算法以獲得最好的模型或許有幫助，但另一種做法是探索問題特有的特徵表示法，正如第 3 章談過的。我們將在第 8 章了解如何為 tweet 做這件事。在使用 Doc2vec 時必須記住的重點與使用 fastText 時一樣：當我們

必須使用 Doc2vec 來表示特徵時，我們必須儲存已學會表示法的模型。雖然它通常不像 fastText 那麼大，但它的訓練速度也不快。你必須在進行部署決策之前考慮與比較這些優缺點。

到目前為止，我們已經看了一系列的特徵表示法，以及它們在使用 ML 演算法的原文分類中發揮什麼作用。接著我們來看看近年來流行的演算法家族，「深度學習」。

處理原文分類的深度學習

如第 1 章所述，深度學習是一系列的機器學習演算法，它們是用各種多層的神經網路結構來進行學習的。在過去幾年來，它們處理標準的機器學習任務（圖像分類、語音辨識與機器翻譯）的效果已經取得顯著的進展，這讓人們期待使用深度學習來完成廣泛的任務，包括原文分類。到目前為止，我們已經看了如何訓練各種機器學習分類器，使用 BoW 與各種 embedding 表示法。現在，我們來看如何使用深度學習結構來進行原文分類。

在原文分類中，最常見的神經網路結構是卷積神經網路（CNN）與遞迴神經網路（RNN）。長短期記憶（LSTM）網路是一種流行的 RNN。最近的做法也包括從大型的、預先訓練的語言模型開始，根據手頭的任務對它們進行微調。在這一節，我們將學習如何訓練 CNN 與 LSTM，以及如何調整預先訓練的語言模型來執行原文分類。我們將使用 IMDB 情緒分類資料組。注意，關於神經網路架構如何運作不在本書的討論範圍之內，感興趣的讀者可以從 Goodfellow 等人合著的教科書 [24] 了解廣泛的理論，以及 Goldberg 的著作 [25] 來了解 NLP 專用的神經網路架構。Jurafsky 與 Martin 的著作 [12] 也針對 NLP 的各種神經網路方法提供簡明扼要的說明。

訓練任何一種 ML 或 DL 模型的第一步是定義特徵表示法，使用 BoW 或 embedding 向量，這一步在我們看過的方法裡面是相對簡單的。但是，對於神經網路，我們必須進一步處理輸入向量，如第 3 章所述。簡單復習一下將訓練與測試資料轉換成適合神經網路輸入層的格式的步驟：

1. 將原文語義單元化，並將它們轉換成單字索引向量。
2. 填補原文序列，讓所有原文向量都有相同的長度。
3. 將每一個單字索引對映至一個 embedding 向量。我們藉著將單字向量索引與 embedding 矩陣相乘來做這件事。embedding 矩陣可以使用訓練好的 embedding 來填充，也可以用文集的 embedding 來訓練。
4. 將第 3 步的輸出當成神經網路結構的輸入。

接下來說明神經網路架構的規格，以及如何用它們來訓練分類器。本節的 Jupyter notebook（*Ch4/DeepNN_Example.ipynb*）將介紹從原文預先處理到神經網路訓練與評估的整個流程。我們將使用 Keras，它是 Python DL 程式庫。下面的程式說明步驟 1 與 2：

```
# Keras Tokenizer 將原文樣本向量化，將它變成 2D 整數張量
# Tokenizer 只會擬合訓練資料，我們用它來將訓練
# 與測試資料語義單元化。
tokenizer = Tokenizer(num_words=MAX_NUM_WORDS)
tokenizer.fit_on_texts(train_texts)
train_sequences = tokenizer.texts_to_sequences(train_texts)
test_sequences = tokenizer.texts_to_sequences(test_texts)
word_index = tokenizer.word_index
print('Found %s unique tokens.' % len(word_index))
# 將它轉換成序列，以便傳入神經網路。
# 之前已經將序列的最大長度設為 1000，在一開
# 始填入 0，直到向量大小 MAX_SEQUENCE_LENGTH
trainvalid_data = pad_sequences(train_sequences, maxlen=MAX_SEQUENCE_LENGTH)
test_data = pad_sequences(test_sequences, maxlen=MAX_SEQUENCE_LENGTH)
trainvalid_labels = to_categorical(np.asarray(train_labels))
test_labels = to_categorical(np.asarray(test_labels))
```

第 3 步：如果我們想要使用預先訓練的 embedding 來將訓練與測試資料轉換成 embedding 矩陣，就像之前使用 Word2vec 與 fastText 範例中的做法，我們必須下載它們，並且使用它們來將資料轉換成神經網路的輸入格式。下面的程式展示如何使用 GloVe embedding 來做這件事，第 3 章曾經介紹 GloVe。GloVe embedding 有多個維度，這裡選擇的維數是 100。維數的值是個超參數，我們也可以試驗其他的維數：[i]

```
embeddings_index = {}
with open(os.path.join(GLOVE_DIR, 'glove.6B.100d.txt')) as f:
    for line in f:
          values = line.split()
          word = values[0]
          coefs = np.asarray(values[1:], dtype='float32')
          embeddings_index[word] = coefs

num_words = min(MAX_NUM_WORDS, len(word_index)) + 1
embedding_matrix = np.zeros((num_words, EMBEDDING_DIM))
for word, i in word_index.items():
    if i > MAX_NUM_WORDS:
          continue
```

i　此外還有其他訓練好的 embedding 可用。我們在這個例子中是隨意選擇的。

```
        embedding_vector = embeddings_index.get(word)
        if embedding_vector is not None:
            embedding_matrix[i] = embedding_vector
```

第 4 步：現在我們可以為原文分類訓練 DL 模型了！ DL 結構包含一個輸入層、一個輸出層，以及兩者間的多個隱藏層。不同的結構有不同的隱藏層。接收原文輸入的輸入層通常是個 embedding 層。輸出層（尤其是在原文分類的場景之中）是輸出類別的 softmax 層。如果我們想要訓練輸入層，而不是使用訓練好的 embedding，最簡單的方法是呼叫 Keras 裡面的 `Embedding` 層，並指定輸入與輸出維數。然而，因為我們想要使用訓練好的 embedding，我們應該建立自訂的 embedding 層，讓它使用剛才建立的 embedding 矩陣。下面的程式說明如何做這件事：

```
embedding_layer = Embedding(num_words, EMBEDDING_DIM,
                            embeddings_initializer=Constant(embedding_matrix),
                            input_length=MAX_SEQUENCE_LENGTH,
                            trainable=False)
print("Preparing of embedding matrix is done")
```

它是我們想要使用的任何神經網路（CNN 或 LSTM）的輸入層。知道如何預先處理輸入，以及定義輸入層之後，接下來我們要使用 CNN 與 LSTM 來指定神經網路架構剩下來的部分。

處理原文分類的 CNN

我們來看一下如何定義、訓練與評估原文分類的 CNN 模型。CNN 通常包含一系列的卷積與池化層，作為隱藏層。在原文分類的場景之下，你可以將 CNN 想成它會學習最實用的詞袋 / n-gram 特徵，而不是像本章稍早那樣，接收整個單字 / n-gram 集合作為特徵。因為我們的資料組只有兩個類別（正面與負面），輸出層有兩種輸出，使用 softmax 觸發函數。我們使用 Keras 的 `Sequential` 模型類別來定義有三個卷積——池化層的 CNN，它可讓我們一個接著一個使用階層來指定 DL 模型。指定階層及其觸發函數之後，下一個工作是定義其他重要參數，例如 optimizer、loss（損失）函數以及評估指標，來調整模型的超參數。完成以上所有事情之後，下一步是訓練與評估模型。下面的程式使用 Python 程式庫 Keras 來指定 CNN 架構，並印出讓這個模型使用 IMDB 資料組的結果：

```
print('Define a 1D CNN model.')
cnnmodel = Sequential()
cnnmodel.add(embedding_layer)
cnnmodel.add(Conv1D(128, 5, activation='relu'))
```

```
cnnmodel.add(MaxPooling1D(5))
cnnmodel.add(Conv1D(128, 5, activation='relu'))
cnnmodel.add(MaxPooling1D(5))
cnnmodel.add(Conv1D(128, 5, activation='relu'))
cnnmodel.add(GlobalMaxPooling1D())
cnnmodel.add(Dense(128, activation='relu'))
cnnmodel.add(Dense(len(labels_index), activation='softmax'))
cnnmodel.compile(loss='categorical_crossentropy',
                 optimizer='rmsprop',
                 metrics=['acc'])
cnnmodel.fit(x_train, y_train,
          batch_size=128,
          epochs=1, validation_data=(x_val, y_val))
score, acc = cnnmodel.evaluate(test_data, test_labels)
print('Test accuracy with CNN:', acc)
```

你可以看到，我們在指定模型時做了很多選擇，例如觸發函數、隱藏層、各層大小、損失函數、optimizer、指標、epoch 與批次大小。雖然它們有一些常用的推薦選項，但目前還沒有公認可以最好地處理所有資料組與問題的組合。在建構你的模型時，有一種很好的做法是試驗各種設定（即，超參數）。切記，所有的決定都有某些代價。例如，在實務上，我們會將 epoch 設為 10 或以上，但是這也會增加訓練模型的時間。另一件要注意的事情是，如果你想要訓練 embedding 層，而不是在這個模型中使用訓練好的 embedding，需要改變的只有 `cnnmodel.add(embedding_layer)` 這一行。我們可以改成指定新的 embedding 層，例如，`cnnmodel.add(Embedding(Param1, Param2))`。下面的程式有相同的模型性能：

```
print("Defining and training a CNN model, training embedding layer on the fly
      instead of using pre-trained embeddings")
cnnmodel = Sequential()
cnnmodel.add(Embedding(MAX_NUM_WORDS, 128))
…
...
cnnmodel.fit(x_train, y_train,
          batch_size=128,
          epochs=1, validation_data=(x_val, y_val))
score, acc = cnnmodel.evaluate(test_data, test_labels)
print('Test accuracy with CNN:', acc)
```

執行 notebook 裡面的程式時，我們可以看到，在這個例子中，用自己的資料組來訓練 embedding 層在處理測試資料時似乎有更好的分類效果。但是，如果訓練資料相當小，繼續使用預先訓練的 embedding，或使用本章稍後介紹的領域適應技術將是更好的選擇。我們來看如何使用 LSTM 訓練類似的模型。

處理原文分類的 LSTM

第 1 章曾經簡單介紹過，在過去幾年裡，LSTM 與 RNN 的其他變體大致上已經成為神經網路建模的首選方案了。主要的原因是語言本質上是連續的，而 RNN 專門處理連續資料。在句子裡面，當前的單字取決於它的上下文，也就是在它的前面與後面的單字。然而，當我們使用 CNN 來建立原文模型時，並未考慮這個關鍵的事實。RNN 在學習語言表示法，或建立語言模型時，也會使用上下文，因此，它們在處理 NLP 任務時有出色的表現。有些 CNN 變體也可以考慮這種上下文，CNN vs. RNN 仍然是個沒有定論的辯論領域。本節將介紹一個使用 RNN 來進行原文分類的例子。看了一種神經網路的做法之後，訓練另一種就相對容易了！我們只要將前面的兩個範例程式裡面的卷積與池化部分換成 LSTM 就可以了。下面的程式展示如何使用同一個 IMDB 資料組來訓練原文分類的 LSTM 模型：

```
print("Defining and training an LSTM model, training embedding layer on the fly")
rnnmodel = Sequential()
rnnmodel.add(Embedding(MAX_NUM_WORDS, 128))
rnnmodel.add(LSTM(128, dropout=0.2, recurrent_dropout=0.2))
rnnmodel.add(Dense(2, activation='sigmoid'))
rnnmodel.compile(loss='binary_crossentropy',
               optimizer='adam',
               metrics=['accuracy'])
print('Training the RNN')
rnnmodel.fit(x_train, y_train,
          batch_size=32,
          epochs=1,
          validation_data=(x_val, y_val))
score, acc = rnnmodel.evaluate(test_data, test_labels,
                            batch_size=32)
print('Test accuracy with RNN:', acc)
```

這段程式的執行時間比 CNN 範例長很多。雖然 LSTM 比較擅長利用原文的連續性質，但是它需要的資料量比 CNN 多很多。因此，LSTM 在處理資料組時有相對較低的性能不一定可以視為模型本身的缺點，原因或許是資料量不足，因此無法發揮 LSTM 的所有潛力。與 CNN 相同的是，有一些參數與超參數對模型的性能有很大的影響，在決定最終方案之前，探索多種選項，並且比較各種模型始終是很好的做法。

使用大型、訓練好的語言模型來進行原文分類

在過去兩年裡，使用神經網路原文表示法來處理 NLP 任務取得很大的進展。我們曾經在第 109 頁的「通用原文表示法」提到一些內容。最近，藉著微調預先訓練好的模型來處理特定任務與資料組，很多人已經成功地使用這些表示法來處理原文分類。第 3 章介紹過的 BERT 就是被很多人用這種方法來使用，以進行原文分類的模型。我們來看一下如何使用 BERT 來進行原文分類，使用本節稍早用過的 IMDB 資料組。在相關的 notebook 裡面有完整的程式（*Ch4/BERT_Sentiment_Classification_IMDB.ipynb*）。

我們將使用 ktrain，它是一個輕包裝，可用來使用 TensorFlow 程式庫 Keras 來訓練與使用預先訓練的 DL 模型。ktrain 為所有步驟提供直觀的流程，從取得資料組與預先訓練好的 BERT 到針對分類任務微調它。這是載入資料組的方法：

```
dataset = tf.keras.utils.get_file(
fname="aclImdb.tar.gz",
origin="http://ai.stanford.edu/~amaas/data/sentiment/aclImdb_v1.tar.gz",
 extract=True,)
```

載入資料組之後，下一步是下載 BERT，並且根據 BERT 的需求，預先處理資料組。下面的程式說明如何使用 ktrain 的函式來做這件事：

```
(x_train, y_train), (x_test, y_test), preproc =
                        text.texts_from_folder(IMDB_DATADIR,maxlen=500,
   preprocess_mode='bert',train_test_names=['train','test'],
```

下一步是載入預先訓練的 BERT 模型，並且針對這個資料組微調它，做法是：

```
model = text.text_classifier('bert', (x_train, y_train), preproc=preproc)
learner=ktrain.get_learner(model,train_data=(x_train,y_train),
                           val_data=(x_test, y_test), batch_size=6)
learner.fit_onecycle(2e-5, 4)
```

這三行程式將使用預先訓練的 BERT 模型來訓練原文分類器。如同我們看過的其他例子，我們需要微調超參數，並且進行一些試驗，來選出表現最好的模型。我們將這些工作留給讀者當成練習。

在這一節，我們用兩種神經網路結構，CNN 與 LSTM，來介紹使用 DL 來進行原文分類的概念，並且展示如何針對特定的資料組與分類任務來調整先進的、預先訓練的語言模型（BERT）。這些架構還有一些變體，而且每天都有 NLP 研究員發表新模型。我們看了如何使用一種預先訓練的語言模型，BERT，此外還有其他這類的模型，這在 NLP 研究中是個不斷發展的領域，技術水準每隔幾個月都會有所變化（甚至幾週！）。然而，

根據我們身為從業者的經驗，有些 NLP 任務，尤其是原文分類，仍然廣泛使用本章稍早介紹的幾種非 DL 方法。造成這種情況的原因，主要是缺少神經網路所需的、任務專用的大量訓練資料，以及和計算和部署成本有關的問題。

DL 原文分類器通常只是訓練時使用的資料的壓縮表示法。這些模型頂多只能和訓練資料組一樣好。在這種情況下，選擇正確的資料組變得尤其重要。

在本節的最後，重申一下在討論原文分類處理線時說過的事情：在大部分的產業環境中，絕對合理的做法是先用比較簡單、容易部署的方法來作為 MVP，並且從它開始逐漸改善，將顧客的需求與可行性考慮在內。

到目前為止，我們已經看了幾種原文分類模型的建構法。經驗法則方法（heuristics-based approach）可以藉由資料樣本上的規則來證明預測是正確的，而 ML 模型在進行預測時可視為黑盒子。但是，可解釋的 ML 已經成為眾所矚目的主題，現在已經有可以「解釋」模型為何做出特定預測的程式了。我們來看一下它們在原文分類中的應用。

解釋原文分類模型

之前的小節已經介紹如何使用各種方法來訓練原文分類器了。在所有的範例中，我們都完全接受分類器進行的預測，不尋求任何解釋。事實上，真實的原文分類用例大部分都是相似的，我們只接受分類器的輸出，而不質疑它的決定。以垃圾郵件分類為例，我們通常不需要尋求為何某封 email 被分類為垃圾郵件或一般 email 的解釋。然而，在一些場景中，這種解釋是必須的。

想像我們要開發一個分類器來標識論壇網站的辱罵評論。這個分類器會識別令人反感或辱罵的評論，並且執行人類管理員的工作，刪除它們，或讓它們不會被用戶看到。我們知道分類器都不是完美的，可能會犯錯。如果評論者質疑這個審核決策，並且要求解釋呢？在這種情況下，如果有方法可以指出因為有哪些特徵的出現，進而促使了該分類決策，來「解釋」那個分類決策是很有用的。這種方法也可以幫助了解模型內在，以及它在處理真正的資料（而不是訓練 / 測試組）時的表現，讓模型以後可以更好、更可靠。

隨著 ML 模型開始被部署到實際的 app 中，人們對模型的可解釋性也越來越感興趣。最近的研究 [26, 27] 提出一些實用的工具 [28, 29] 可用來解釋模型的預測（尤其是針對分類任務）。Lime [28] 就是這種工具，它解釋黑箱分類模型的做法是在給定的訓練實例附近使用一個局部的線性模型來逼近模型。這種做法的優點是這種線性模型是用其特徵的加權總和來表示的，很容易向人類解釋。例如，如果有個二元分類器，類別有 A 與 B，而且有一個測試實例有兩個特徵，f1 與 f2，在這個實例周圍的 Lime 線性模型類似 -0.3 × f1 + 0.4 × f2，預測值為 B。這代表特徵 f1 的存在會對這個預測造成負面影響（0.3），並且將它往 A 傾斜。[26] 詳細解釋這個模型。我們來看如何使用 Lime [28] 來了解原文分類器的預測。

用 Lime 來解釋分類器的預測

我們以本章稍早建立的模型為例，看一下 Lime 如何協助我們解釋它的預測。下面的程式使用之前以「Economy News Article Tone and Relevance」資料組來建立的羅吉斯回歸模型，它可將新聞文章分類為相關或不相關，並展示如何使用 Lime（完整的程式在 notebook *Ch4/Lime-Demo.ipynb*）：

```
from lime import lime_text
from lime.lime_text import LimeTextExplainer
from sklearn.pipeline import make_pipeline

y_pred_prob = classifier.predict_proba(X_test_dtm)[:, 1]
c = make_pipeline(vect, classifier)
mystring = list(X_test)[221] # 從測試實例需得一個字串
print(c.predict_proba([mystring])) # 在此預測是「No」，即不相關
class_names = ["no", "yes"] # 不相關，相關
explainer = LimeTextExplainer(class_names=class_names)
exp = explainer.explain_instance(mystring, c.predict_proba, num_features=6)
exp.as_list()
```

這段程式展示六個在做出這個預測時很重要的特徵，包括：

```
[('YORK', 0.23416984139912805),
 ('NEW', -0.22724581340890154),
 ('showing', -0.12532906927967377),
 ('AP', -0.08486610147834726),
 ('dropped', 0.07958281943957331),
 ('trend', 0.06567603359316518)]
```

因此，上面的程式的輸出可以視為這六個特徵的線性和。這意味著，如果我們移除特徵“NEW”與“showing”，預測應該會往相反的類別（即相關 /Yes）移動 0.35（這兩個特徵的加權和）。Lime 也有一些可將這些預測視覺化的函式。圖 4-8 是上述解釋的視覺化。

如圖所示，當 York、trend 與 dropped 這三個單字存在時，預測會往 Yes 傾斜，而另外三個單字會讓預測往 No 傾斜。除了之前談過的幾個用途之外，這種分類器視覺化也可以協助我們有根據地選擇特徵。

希望這個簡單的介紹可以在你必須解釋分類器的預測時知道該怎麼做。我們也有一個 notebook（*Ch4/Lime_RNN.ipynb*）使用 Lime 解釋 LSTM 模型的預測。作為習題，我們讓讀者自行深入探索 Lime。

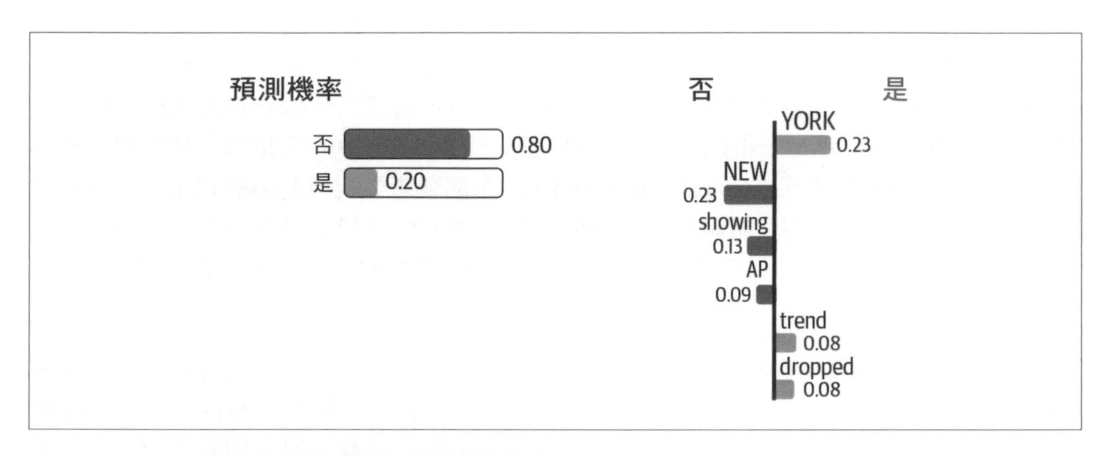

圖 4-8　Lime 以視覺化的方式解釋分類器的預測

以無資料或少資料學習，並調整至新領域

截至目前為止的範例都有相對大型的訓練資料組可用。然而，在大多數實際的場景中，這種資料組並不是現成可用的。在其他的情況中，我們可能有已標注的資料組可用，但它的大小可能不足以訓練優秀的分類器。我們也可能遇到這種情況：雖然我們有很大的資料組，例如顧客針對某套產品的投訴與請求，但我們要訂製分類器，讓它處理另一套產品，而那套產品只有極少量的資料（即，我們將既有的模型調整至新領域）。在本節，我們將討論如何在沒有資料、只有少量資料，或只有必須針對新領域進行調整的訓練資料的情況下，製作優秀的分類系統。

沒有訓練資料

假設有人要求我們為電子商務公司設計一個分類器來區分顧客投訴，他們希望它可以將顧客投訴 email 自動轉發到一組類別中：帳單、送貨及其他。如果我們夠幸運，我們或許可以在機構內找到大量適合這項任務的有標籤資料——存有顧客請求及其類別的歷史資料庫。如果這種資料庫不存在，我們該如何開始製作分類器？

在這種情況下，第一步是建立一個已標注的資料組，將顧客投訴對映至上述的類別，對此，其中一種做法是讓客服人員手工標注一些投訴，並且將它們當成 ML 模型的訓練資料。另一種做法稱為「bootstrapping（自助法）」或「weak supervision（弱監督）」。不同類別的顧客要求可能有不同的資訊模式。或許與帳單有關的要求會談到「帳單（bill）」的變體、貨幣金額等；與送貨有關的要求會談到宅配、延遲等。我們可以先編譯一些這類的模式，並且根據它們在顧客要求裡面是否存在來標注它，從而為這個分類任務製作一個小型（或許充滿雜訊）的有標籤資料組，再建立一個分類器來標注更大型的資料組。Stanford University 最近開發的軟體工具 Snorkel [30] 可以為各種學習任務部署弱監督，包括分類任務。Google 使用 Snorkel 來部署產業規模的弱監督原文分類模型 [31]。他們展示了使用弱監督做出來的分類器的品質，可以和使用成千上萬個手工標注樣本來訓練的分類器媲美！ [32] 有一個使用 Snorkel 與大量無標籤資料來為原文分類任務生成訓練資料的範例。

在其他需要大規模收集資料情況下，眾包是標注資料的一種選擇。Amazon Mechanical Turk 與 Figure Eight 之類的網站都提供平台來利用人類的智慧來為 ML 任務創造高品質的訓練資料。「CAPTCHA test」是使用群眾智慧來建立分類資料組的熱門案例之一，Google 使用它來詢問一組圖像裡面有沒有特定的物體（例如「選出包含街道標誌的圖像」）。

少量的訓練資料：主動學習與領域適應

在之前談到的，使用人工標注或自助法來收集少量資料的場景中，有時可能會資料太少，因而無法建構優良的模型。另一種可能是，我們收集到的要求都屬於帳單，只有極少數屬於其他類別，導致高度不平衡的資料組。我們不一定可以請人花大量時間進行手工標注。此時該怎麼辦？

處理這種問題的一種方法是**主動學習**，它主要是識別哪些資料點比較重要，所以應該當成訓練資料。它有助於回答這個問題：如果我們有 1,000 個資料點，但只能標注其中的 100 個，我們要選擇哪 100 個？這意味著，在訓練資料時，並非所有資料點都是平等的。對訓練出來的分類器的品質而言，有些資料點比其他的資料點更重要。主動學習將它轉換成一個連續的程序。

使用主動學習來訓練分類器可以用一個逐步程序來描述：

1. 使用可用的資料量來訓練分類器。
2. 開始使用分類器來對新資料進行預測。
3. 遇到分類器不確定如何預測的資料點時，請人標注它們，以取得正確的類別。
4. 將這些資料點放入既有的訓練資料，重新訓練模型。

重複步驟 1 至步驟 4，直到你滿意模型性能為止。Prodigy [33] 之類的工具有原文分類的主動學習解決方案，並且可讓你有效地使用主動學習來快速建立已標注的資料與原文分類模型。主動學習的基本理念在於：模型不確定的資料點就是最能夠提升模型品質的資料點，所以只需要為它們加上標籤。

現在設想一個顧客投訴分類器的場景：我們有大量關於各式各樣的產品的歷史資料。但是現在我們要調整它，來處理一套新產品。這種情況可能出現什麼挑戰？典型的原文分類方法需要依靠訓練資料的詞彙集，所以自然會偏向它們在訓練資料中看到的語言，如果新產品有很大的差異（例如，模型是用一套電子產品訓練出來的，但我們用它來處理關於美容產品的投訴），用別的資料訓練好的分類器應該不會有好表現。然而，為每一個或每一套產品從新訓練一個新模型也不現實，因為我們會再次遇到訓練資料不足的問題。領域適應是處理這種情況的方法，它也稱為**遷移學習**。在此，我們將之前從一個領域（來源）學到的東西「遷移」至另一個領域（目標），使用少量的有標籤資料，以及大量的無標籤資料。我們已經在本章稍早看過一個使用 BERT 來進行原文分類的例子了。

在原文分類中的領域適應可以歸納如下：

1. 先取得一個用大型的來源領域（例如維基百科的資料）資料組訓練好的語言大型模型。
2. 使用目標語言的無標籤資料來微調這個模型。
3. 從步驟 2 微調過的語言模型提取特徵表示法，用有標籤的目標領域資料來訓練分類器。

ULMFit [34] 是另一種流行的原文分類領域適應法。有研究實驗證實，在原文分類任務中，這種做法相當於使用 10 至 20 倍之多的樣本，其中只有 100 個有標籤樣本，從零開始訓練所產生的性能。當研究人員使用不平衡的資料來微調訓練好的語言模型時，它的性能相當於使用 50 至 100 倍有標籤的樣本並且從頭開始訓練，來處理相同的原文分類任務的效果。遷移學習方法仍然是個活躍的 NLP 研究領域。目前它們在原文分類任務中用來處理標準資料組還沒有顯著的改進，它們也還不是業界的分類場景的預設解決方案。但是我們可以期待這種方法在不久的將來產生越來越好的結果。

到目前為止，我們已經看了一系列的原文分類方法，並且討論如何取得適當的訓練資料，以及使用各種特徵表示法來訓練分類器。我們也稍微談到如何解釋一些原文分類模型所作的預測。接下來我們要用一個小型案例研究，來鞏固至此為止學到的知識，建構一個實際場景的原文分類器。

案例研究：公司票務

我們來看一個實際的場景，了解如何應用本節討論的概念。假設有人要求我們為機構建立一個票務系統，它可以追蹤人們在機構內面臨的所有票務或問題，並將它們轉發給內部或外部負責人。圖 4-9 是這種系統的螢幕擷圖，它是一個稱為 Spoke 的公司票務系統。

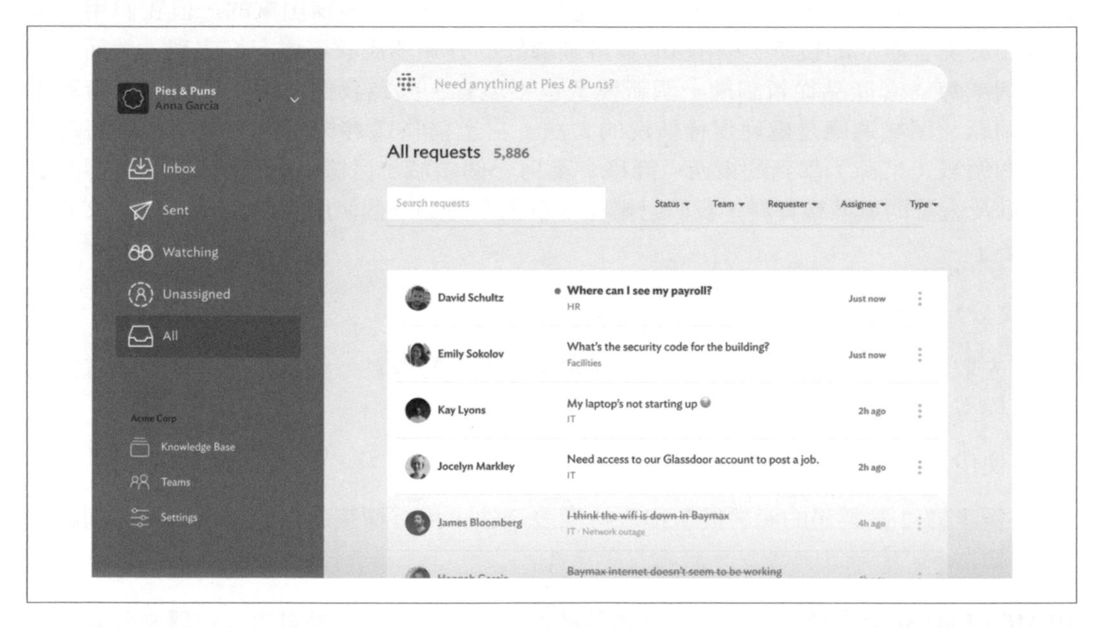

圖 4-9　公司票務系統

假設我們的公司最近聘請一位醫療顧問，並且與一家醫院合作。因此，我們的系統也必須能夠查明與醫療有關的問題，並將它們轉發給相關的人員和團隊。雖然我們有一些以前的票據，但它們都沒有被標注為醫療相關。在缺少這些標籤的情況下，我們如何建構健康問題相關的分類系統？

我們來探討幾個選項：

使用既有的 *API* 或程式庫

選項之一是先用公用 API 或程式庫，並將它的類別對映至與我們有關的。例如，本章提過的 Google API 可以將內容分類為 700 個類別，其中有 82 個類別與醫療或健康問題有關，包括 /Health/Health Conditions/Pain Management，/Health/Medical Facilities & Services/Doctors' Offices，/Finance/Insurance/Health Insurance 等。

雖然並非所有類別都與我們的機構有關，但有些可能有關，我們可以相應地對映它們。例如，假如我們的公司認為藥物濫用與肥胖問題與醫療顧問無關，我們可以忽略這個 API 的 /Health/Substance Abuse 與 /Health/Health Conditions/Obesity。類似地，保險究竟是 HR 的一部分還是應轉介至外部也可以用這些類別來處理。

使用公用的資料組

我們也可以採用公用資料組來滿足需求。例如，20 Newsgroups 是個受歡迎的原文分類資料組，它也是 sklearn 程式庫的一部分。它有各種主題，包括 sci.med。我們也可以用它來訓練基本的分類器，將所有其他主題分成一類，將 sci.med 分成另一類。

採取弱監督

我們已經有過往票據的紀錄了，但它們沒有標籤。因此，我們可以使用本節稍早介紹的方法，用它來自製一個資料組。例如，假設有一條規則：「如果過往的票據包含發燒、腹瀉、頭痛或噁心等字眼，就將它們歸入醫療顧問類別」。這條規則可以建立少量的資料，我們可以將它當成分類器的起點。

主動學習

我們可以使用 Prodigy 之類的工具來進行資料收集實驗，要求在顧客服務台的工作人員看一下票據描述，並為它們標注類別。圖 4-10 是用 Prodigy 來作這件事的例子。

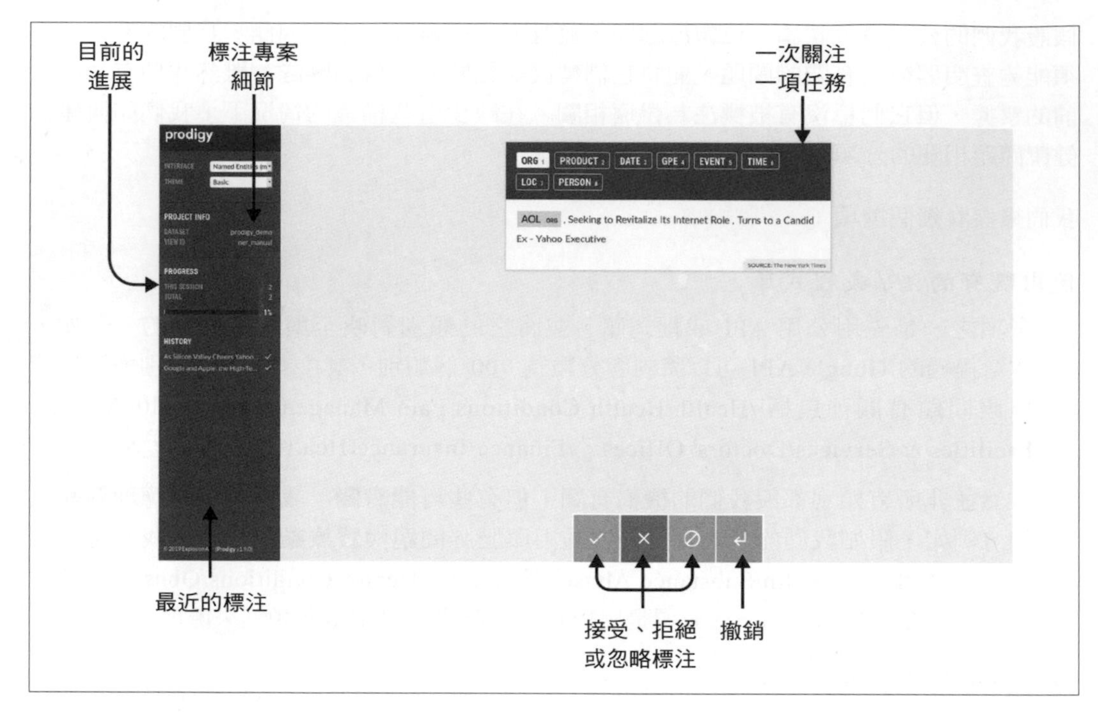

圖 4-10　使用 Prodigy 來主動學習

從隱性的或明確的回饋中學習

> 在建構、迭代與部署這個解決方案的過程中，我們可以得到回饋，並用它們來改善系統。明確的回饋可能是醫療顧問或醫院明確地說該票據不相關。隱性的回饋可以從其他的因變數中提取，例如票據回應時間與票據回應率。我們可以使用主動學習技術，考慮以上所有事項，來改善模型。

圖 4-11 是總結這些概念的處理線。我們從無標籤資料開始處理，使用公用 API 或是以公用資料組或弱監督建立的模型，將它當成第一個基準模型。當我們將這個模型放入生產環境時，我們就可以得到明確的或隱性的訊號，指出它有沒有用，然後使用這項資訊來優化模型，並使用主動學習來選擇最好的、需要加上標籤的實例。隨著時間過去，收集更多資料之後，我們就可以做出更精密且更深入的模型。

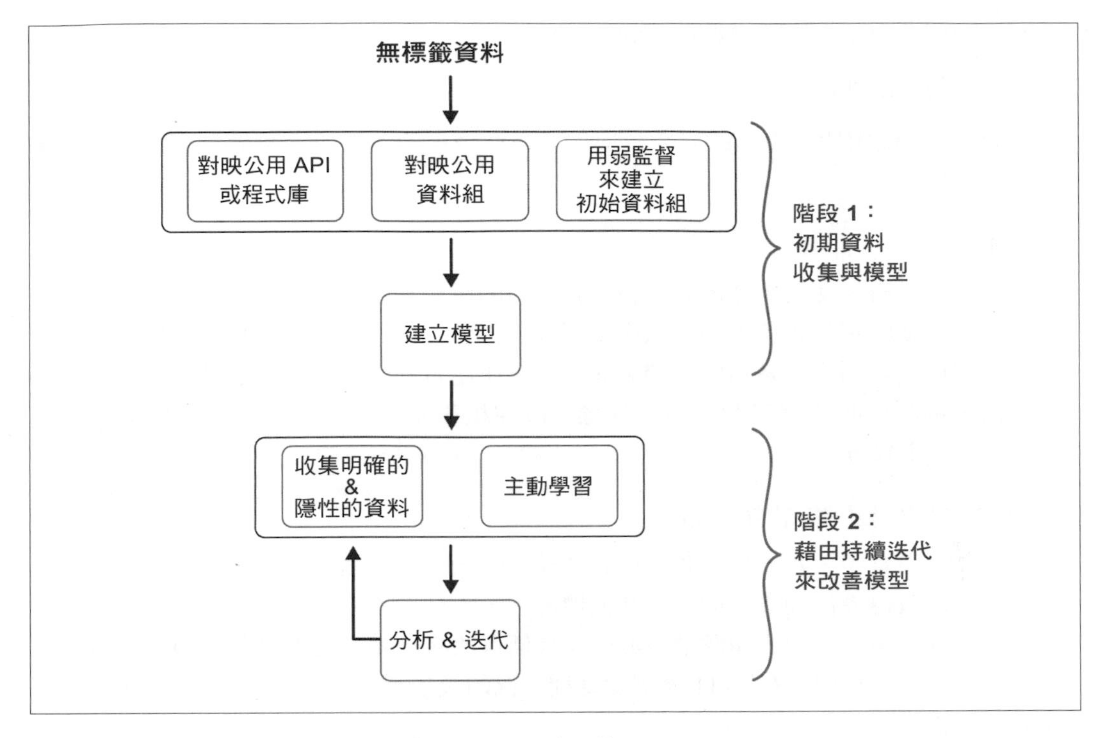

圖 4-11　在沒有訓練資料的情況下建構分類器的處理線

在這一節，我們先研究一個實際的場景——沒有足夠的訓練資料可為我們的問題建構原文分類器。我們討論了可以解決這個問題的幾種辦法。希望本節可以協助你預見在未來與原文分類有關的專案中，一些與資料收集和建立有關的場景，並做好準備。

實用的建議

我們已經展示了建構原文分類器的各種方法，以及你可能遇到的問題。我們想提供一些實用的建議來結束這一章，總結我們在業界建立原文分類系統的觀察與經驗。這些建議是通用的，也適用於本書的其他主題。

建構強大的基準線

「先採取最先進的演算法」是一種常見的謬誤，這在當前的深度學習時代，每天都有新的方法與演算法不斷出現的情況下更是如此。從比較簡單的方法開始做起，並試著先建立強大的基準線永遠是件好事，因為它可以提供這些幫助：

a. 它可以協助我們更了解問題陳述與關鍵挑戰。

b. 快速做出 MVP 可協助我們從最終用戶與關係人那邊得到最初的回饋。

c. 與基準線相比，先進的研究模型只能提供微小的改善，卻可能帶來大量的技術債務。

平衡訓練資料

在處理分類時，使用平衡的資料組，讓裡面的所有類別都有相同的出現次數非常重要。不平衡的資料組會對演算法產生不利的影響，導致分類器的偏差。雖然我們不一定都可以控制訓練資料的這個層面，但可使用各種技術來糾正訓練資料的類別不平衡，例如收集更多資料、重新採樣（降採樣數量多的類別，升採樣數量少的類別）與平衡權重。

在循環流程中結合模型與人類

在實際的場景中，我們可以將多個分類模型的輸出與來自領域專家的人工規則結合起來，以取得最佳商業性能。在其他情況下，當機器不確定它的分類決策時，我們可以推遲決策，交由人類評估。最後，我們可能必須隨著時間和新資料而修改已訓練好的模型。我們將在第 11 章討論這種情況的幾項解決方案，第 11 章的主題是端對端系統。

讓它工作，讓它更好

建構分類系統不是只有建構模型而已。對大部分的產業環境而言，建構模型通常只占整個專案的 5% 至 10%。其餘的工作包含收集資料、建構資料處理線、部署、測試、監控等。快速建構模型，並且用它來建構系統，再反覆改善絕對是好方法，這可協助我們快速發現主要的障礙，以及需要最多工作的部分——它們通常不是建模的部分。

使用群體的智慧

每個原文分類演算法都有它自己的優缺點，世上沒有絕對會產生好效果的演算法，解決這種問題的方法是透過*群體*：訓練多個分類器。我們可以將資料傳給每個分類器，結合它們產生的預測（例如採取多數決），來取得最終的類別預測。感興趣的讀者可以閱讀 Dong 等人的研究 [35, 36]，以深入了解原文分類的群體方法。

結語

這一章說明如何從多個角度來解決原文分類問題。我們討論了如何識別分類問題、原文分類處理線裡面的各個階段、收集資料以建立相關的資料組、使用各種特徵表示法，以及訓練各種分類演算法。藉此，希望你已經做好準備，可為你的用例和場景解決原文分類問題，並且了解如何使用既有的解決方案，以各種方法建構自己的分類器，以及處理可能在過程中遇到的障礙。我們目前只關注在產業應用中建構原文分類系統的一個層面：建構模型。第 11 章會探討與 NLP 系統的端對端部署有關的問題。在下一章，我們將使用在此學到的一些概念來處理另一種相關但不同的 NLP 問題：資訊提取。

參考文獻

[1] United States Postal Service. The United States Postal Service: An American History (*https://oreil.ly/g32q4*), 57–60. ISBN: 978-0-96309-524-4. Last accessed June 15, 2020.

[2] Gupta, Anuj, Saurabh Arora, Satyam Saxena, and Navaneethan Santhanam. "Noise reduction and smart ticketing for social media-based communication systems." US Patent Application 20190026653, filed January 24, 2019.

[3] Spasojevic, Nemanja and Adithya Rao. "Identifying Actionable Messages on Social Media." 2015 IEEE International Conference on Big Data: 2273–2281.

[4] CLPSYCH: Computational Linguistics and Clinical Psychology Workshop (*https://oreil.ly/qBOLP*). Shared Tasks 2019.

[5] Google Cloud. "Natural Language" (*https://oreil.ly/6JR2T*). Last accessed June 15, 2020.

[6] Amazon Comprehend (*https://oreil.ly/NlU3m*). Last accessed June 15, 2020.

[7] Azure Cognitive Services (*https://oreil.ly/7qZSK*). Last accessed June 15, 2020.

[8] Iderhoff, Nicolas. nlp-datasets: Alphabetical list of free/public domain datasets with text data for use in Natural Language Processing (NLP) (*https://oreil.ly/NcwbT*), (GitHub repo). Last accessed June 15, 2020.

[9] Kaggle. "Sentiment Analysis: Emotion in Text" (*https://oreil.ly/Imbhb*). Last accessed June 15, 2020.

[10] UC Irvine Machine Learning Repository. A collection of repositories for machine learning (*https://oreil.ly/YsY4f*). Last accessed June 15, 2020.

[11] Google. "Dataset Search" (*https://oreil.ly/GJxBp*). Last accessed June 15, 2020.

[12] Jurafsky, Dan and James H. Martin. Speech and Language Processing (*https://oreil.ly/Ta16f*), Third Edition (Draft), 2018.

[13] Lemaître, Guillaume, Fernando Nogueira, and Christos K. Aridas. "Imbalancedlearn: A Python Toolbox to Tackle the Curse of Imbalanced Datasets in Machine Learning" (*https://oreil.ly/GIj0o*). The Journal of Machine Learning Research 18.1 (2017): 559–563.

[14] For a detailed mathematical description of logistic regression, refer to Chapter 5 in [12].

[15] Google. Pre-trained word2vec model (*https://oreil.ly/JLX5C*). Last accessed June 15, 2020.

[16] Bojanowski, Piotr, Edouard Grave, Armand Joulin, and Tomas Mikolov. "Enriching Word Vectors with Subword Information." Transactions of the Association for Computational Linguistics 5 (2017): 135–146.

[17] Joulin, Armand, Edouard Grave, Piotr Bojanowski, and Tomas Mikolov. "Bag of Tricks for Efficient Text Classification" (*https://oreil.ly/uJX-t*). (2016).

[18] Ramesh, Sree Harsha. torchDatasets (*https://oreil.ly/MaLab*), (GitHub repo). Last accessed June 15, 2020.

[19] Joulin, Armand, Edouard Grave, Piotr Bojanowski, Matthijs Douze, Hérve Jégou, and Tomas Mikolov. "Fasttext.zip: Compressing text classification models" (*https://oreil.ly/LEf1y*). (2016).

[20] For older Doc2vec versions, there are some pre-trained models; e.g., *https://oreil.ly/kt0U0* (last accessed June 15, 2020).

[21] Natural Language Toolkit. "NLTK 3.5 documentation" (*https://www.nltk.org*). Last accessed June 15, 2020.

[22] Lau, Jey Han and Timothy Baldwin. "An Empirical Evaluation of doc2vec with Practical Insights into Document Embedding Generation" (*https://oreil.ly/SgtZK*). (2016).

[23] Stanford Artificial Intelligence Laboratory. "Large Movie Review Dataset" (*https://oreil.ly/ehHdC*). Last accessed June 15, 2020.

[24] Goodfellow, Ian, Yoshua Bengio, and Aaron Courville. Deep Learning. Cambridge: MIT Press, 2016. ISBN: 978-0-26203-561-3

[25] Goldberg, Yoav. "Neural Network Methods for Natural Language Processing." Synthesis Lectures on Human Language Technologies 10.1 (2017): 1–309.

[26] Ribeiro, Marco Tulio, Sameer Singh, and Carlos Guestrin. "'Why Should I Trust You?' Explaining the Predictions of Any Classifier." Proceedings of the 22nd ACM SIGKDD International Conference on Knowledge Discovery and Data Mining (2016): 1135–1144.

[27] Lundberg, Scott M. and Su-In Lee. "A Unified Approach to Interpreting Model Predictions." Advances in Neural Information Processing Systems 30 (NIPS 2017): 4765–4774.

[28] Marco Tulio Correia Ribeiro. Lime: Explaining the predictions of any machine learning classifier (*https://oreil.ly/AadAv*), (GitHub repo). Last accessed June 15, 2020.

[29] Lundberg, Scott. shap: A game theoretic approach to explain the output of any machine learning model (*https://oreil.ly/Spm6i*), (GitHub repo).

[30] Snorkel. "Programmatically Building and Managing Training Data" (*https://www.snorkel.org*). Last accessed June 15, 2020.

[31] Bach, Stephen H., Daniel Rodriguez, Yintao Liu, Chong Luo, Haidong Shao, Cassandra Xia, Souvik Sen et al. "Snorkel DryBell: A Case Study in Deploying Weak Supervision at Industrial Scale" (*https://oreil.ly/CnWxH*). (2018).

[32] Snorkel. "Snorkel Intro Tutorial: Data Labeling" (*https://oreil.ly/3emjt*). Last accessed June 15, 2020.

[33] Prodigy (*https://prodi.gy*). Last accessed June 15, 2020.

[34] Fast.ai. "Introducing state of the art text classification with universal language models" (*https://oreil.ly/vHgQk*). Last accessed June 15, 2020.

[35] Dong, Yan-Shi and Ke-Song Han. "A comparison of several ensemble methods for text categorization." IEEE International Conference on Services Computing (2004): 419–422.

[36] Caruana, Rich, Alexandru Niculescu-Mizil, Geoff Crew, and Alex Ksikes. "Ensemble Selection from Libraries of Models." Proceedings of the Twenty-First International Conference on Machine Learning (2004): 18.

第五章

資訊提取

名字的真義為何？
玫瑰不叫玫瑰，亦無損其芳香。

—*William Shakespeare*

我們每天都要處理大量的文字內容，無論是手機簡訊、日常郵件，還是為了娛樂、工作或了解時事而閱讀的長文。這種文件對我們來說是豐富的資訊來源。根據不同的情況，「資訊」可能代表各種事情，例如關鍵事件、人物，或人跟人、地方或組織之間的關係等。資訊提取（IE）是從文件中提取相關資訊的 NLP 任務。IE 在現實世界的工作案例之一是，當我們在 Google 上搜尋一個流行人物的名字時，可在右邊看到他的簡介。

與結構化的資訊源（例如資料庫或表格）或是半結構化的資源（例如網頁，它有一些標記）相比，原文是一種無結構資料。例如，在資料庫中，我們可以透過結構綱要找到某個東西。但是在很大程度上，原文文件通常是由自由流動的原文組成的，沒有結構綱要。因此 IE 是個有挑戰性的問題。原文可能包含各種資訊。在多數情況下，使用模式提取技術（例如正規表達式）來提取有固定模式的資訊（例如地址、電話號碼、日期等）相對簡單，既始原文本身被視為無結構資料。然而，提取其他資訊（例如人名、原文中不同個體之間的關係、行事曆事件的細節等）可能需要進階的語言處理技術。

本章將討論各種 IE 任務，以及實作它們的方法。我們會從簡單的歷史背景談起，接著大致了解各種 IE 任務，以及它們在現實世界的應用。接下來，我們會介紹 IE 任務的典型 NLP 處理線，再討論如何解決特定的 IE 任務（關鍵片語提取、專名個體識別、專名個體歧義消除和連結、關係提取），以及關於如何在專案中實作它們的實際建議。接著我們用一個案例研究來說明如何在現實世界場景中使用 IE，並簡單介紹其他進階的 IE 任務。簡單介紹之後，我們來探索 IE 吧，首先是歷史簡介。

過去的研究社群已經有人提出從科學論文或醫學報告等文件中提取各類資訊的方法了，然而，美國海軍舉辦的 Message Understanding Conferences（1987–1998）[1] 可視為現代的原文資訊提取研究的開端。隨之而來的是 Automatic Content Extraction Program（1999–2008）[2] 與 NIST 舉辦的 Text Analysis Conference（2009–2018）系列 [3]。它們導致大家競相研究如何從原文提供各種資訊，從識別各種個體的名稱，到建構大型、可查詢的知識庫。目前從原文提取各種資訊形式的程式庫與方法，以及它們在現實世界的應用，都可以追溯至在這些會議中開始進行的研究。在了解 IE 有哪些方法與程式庫之前，我們先來看一些在現實世界的應用程式中的 IE 案例。

IE 應用

IE 被廣泛應用在現實世界的應用程式中，從新聞文章到社交媒體，甚至收據都有。在此，我們將介紹其中一些的細節：

標注新聞與其他內容

每天都有許多描述世界各地發生的事情的文章被寫出來。除了使用第 4 章介紹的方法來分類原文之外，用這些原文談到的重要個體來標注它們在某些應用中很有用，例如搜尋引擎與推薦系統。舉個例子，圖 5-1 是 Google News [4] 首頁的螢幕擷圖。

它提取在目前的新聞之中的人物（例如 Jean Vanier）、機構（例如 Progressive Conservative Party of Ontario）、地點（例如 Canada）與事件（例如 Brexit）來讓讀者看到，方便他們直接前往提到特定個體的新聞。這是資訊提取在流行的應用程式中運作的一個例子。

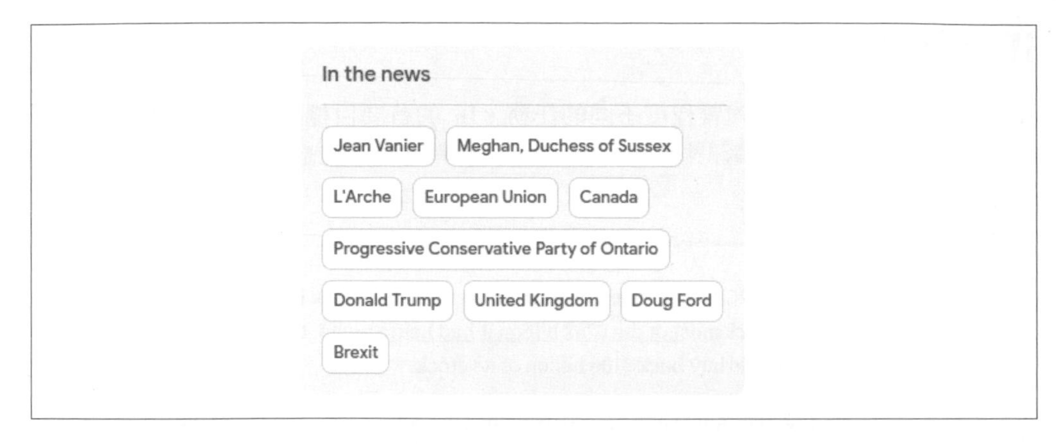

圖 5-1　Google News 首頁的螢幕擷圖

聊天機器人

聊天機器人必須了解用戶的問題才能產生 / 提取正確的回應。例如，對於這個問題「艾菲爾鐵塔附近最棒的咖啡店有哪些？」聊天機器人必須了解「艾菲爾鐵塔」與「咖啡店」是地點，然後找出在艾菲爾鐵塔某個距離之內的咖啡店。IE 很適合從一群資料裡面提取這種特定的資訊。我們將在第 6 章更深入討論聊天機器人。

在社交媒體裡面的應用

有許多資訊是透過 Twitter 等社交媒體渠道傳播的。從社交媒體原文中提取資訊摘要或許有助於進行決策。這種應用的一個用例是從 tweet 提取對時間敏感的、經常更新的資訊，例如最新流量與救災工作。Twitter 的 NLP 是利用社交媒體的豐富資訊的實用應用程式之一。我們將在第 8 章討論它的一些應用。

從表單與收據中提取資料

現在許多銀行 app 都可以掃描支票，並且直接將錢匯入用戶的帳戶。無論你是個人、小公司還是大企業，使用 app 來掃描帳單和收據都不是罕見的行為。資訊提取技術與光學字元辨識（OCR）在這些 app 裡面扮演重要的角色 [5, 6]。本章不討論這個層面，因為 OCR 是這類應用的主要步驟，它不在本書的處理線裡面。

了解 IE 是什麼以及它們的用處之後，我們來看看可使用 IE 來處理的各種任務。

IE 任務

IE 這個術語是指一系列複雜程度不同的任務。IE 的首要目標是從原文中提取「知識」，每個任務都提供不同的資訊來做這件事。為了了解這些任務是什麼，考慮圖 5-2 這個來自紐約時報文章的段落。

SAN FRANCISCO — Shortly after Apple used a new tax law last year to bring back most of the $252 billion it had held abroad, the company said it would buy back $100 billion of its stock.

On Tuesday, Apple announced its plans for another major chunk of the money: It will buy back a further $75 billion in stock.

“Our first priority is always looking after the business and making sure we continue to grow and invest,” Luca Maestri, Apple’s finance chief, said in an interview. “If there is excess cash, then obviously we want to return it to investors.”

Apple’s record buybacks should be welcome news to shareholders, as the stock price is likely to climb. But the buybacks could also expose the company to more criticism that the tax cuts it received have mostly benefited investors and executives.

圖 5-2 一篇 2019 年 4 月 30 日的紐約時報文章 [7]

身為人類讀者，我們從這篇文章中發現幾個有用的資訊。例如，我們知道這篇文章與 Apple 公司（不是水果）有關，而且它提一個人，Luca Maestri，他是這家公司的財務長。這篇文章討論的是股票回購與其他有關的問題。對電腦來說，了解它需要各種等級的 IE。

要識別一篇文章與「回購」和「股價」有關，必須採取**關鍵字或關鍵詞提取**（*KPE*）IE 任務。識別 Apple 是一個組織，以及 Luca Maestri 是一個人的 IE 任務是**專名個體識別**（*NER*）。識別 Apple 不是水果而是公司，並且代表 Apple, Inc. 而不是名字裡面有「apple」這個字的其他公司的 IE 任務是**專名個體歧義消除與連結**。提取 Luca Maestri 是 Apple 的財務長這個資訊的 IE 任務是**關係提取**。

此外也有一些進階的 IE 任務：識別文章與某個事件有關（我們稱之為「Apple buys back stocks」），並且能夠隨著時間的過去而將它與討論同一個事件其他文章連結稱為**事件提取**任務。**時間資訊提取**是與它有關的任務，這種任務的目的是提取關於時間和日期的資訊，在開發行事曆 app 和互動式個人助理時很有用。最後，許多 app，例如自動產生天氣報告或航班公告的，都採用一種標準的模板，模板裡面的欄位必須根據提取出來的資料來填寫。這種 IE 任務稱為**模板填寫**。

這些任務都需要各種級別的語言處理。我們可以用一系列的規則式方法以及監督、無監督、半監督機器學習（包括最先進的深度學習方法）來開發這些任務的解決方案。然而，考慮到 IE 與應用領域的關係很密切（例如金融、新聞、航空等），業界的 IE 通常是用混合式系統來實作的，包含規則式與學習式方法 [8, 9]。IE 仍然是非常活躍的研究領域，這些任務還沒有被「徹底解決」，或是已經足夠成熟，以致於有標準的做法可以在實際的應用場景中使用。針對 KPE（關鍵詞提取）與 NER（專名個體識別）等任務的研究比其他任務更廣泛，而且已經有一些經過嘗試與測試的解決方案了。其他的任務相對來說更有挑戰性，它們經常依賴 Microsoft、Google 與 IBM 等大型供應商提供的按使用量付費的服務。

關於 IE，有一個需要注意的重點是，用來訓練 IE 模型的資料組通常比第 4 章介紹的更專門化，在第 4 章，我們只要有一組對映至某些類別的原文就可以開始工作了。因此，IE 的實際用例不一定需要從零開始訓練模型，我們可以使用外部 API 來執行一些任務。在介紹特定任務之前，我們先來看一下可處理任何一種 IE 任務的通用 NLP 處理線。

通用的 IE 處理線

與我們在第 4 章看到的原文分類相比，通用的 IE 處理線需要更細膩的 NLP 處理程序。例如，為了識別專名個體（個人、機構等），我們必須知道單字的詞性標注。為了建立「代表同一個個體的詞」之間的關聯（例如 Albert Einstein、Einstein、the scientist、he 等），我們必須共指消解。注意，它們都不是建立原文分類系統的必要步驟。因此，IE 這種任務比原文分類更需要 NLP 技術。圖 5-3 是 IE 任務的典型 NLP 處理線，處理線裡面的步驟不是所有 IE 任務都必備的，這張圖只是展示哪種 IE 任務需要哪種等級的分析。

我們已經在第 1 章與第 2 章討論了圖中所示的各種處理步驟的細節了。如圖所示，關鍵片語提取是需要最少量的 NLP 處理程序的任務（有些演算法也可以在提取關鍵片語之前做 POS 標注），除了專名個體識別之外，所有其他的 IE 任務都需要更深的 NLP 預先處理，然後為這些特定任務開發模型。IE 任務通常是用標準評估組，以 precision、recall 與 F1 分數來評估的。因為 IE 任務需要各種級別的 NLP 預先處理步驟，這些預先處理步驟也會影響它們的準確度。當你需要自行收集相關的訓練資料與訓練 IE 模型時，必須考慮以上所有層面。知道這些背景之後，我們來了解各種 IE 任務。

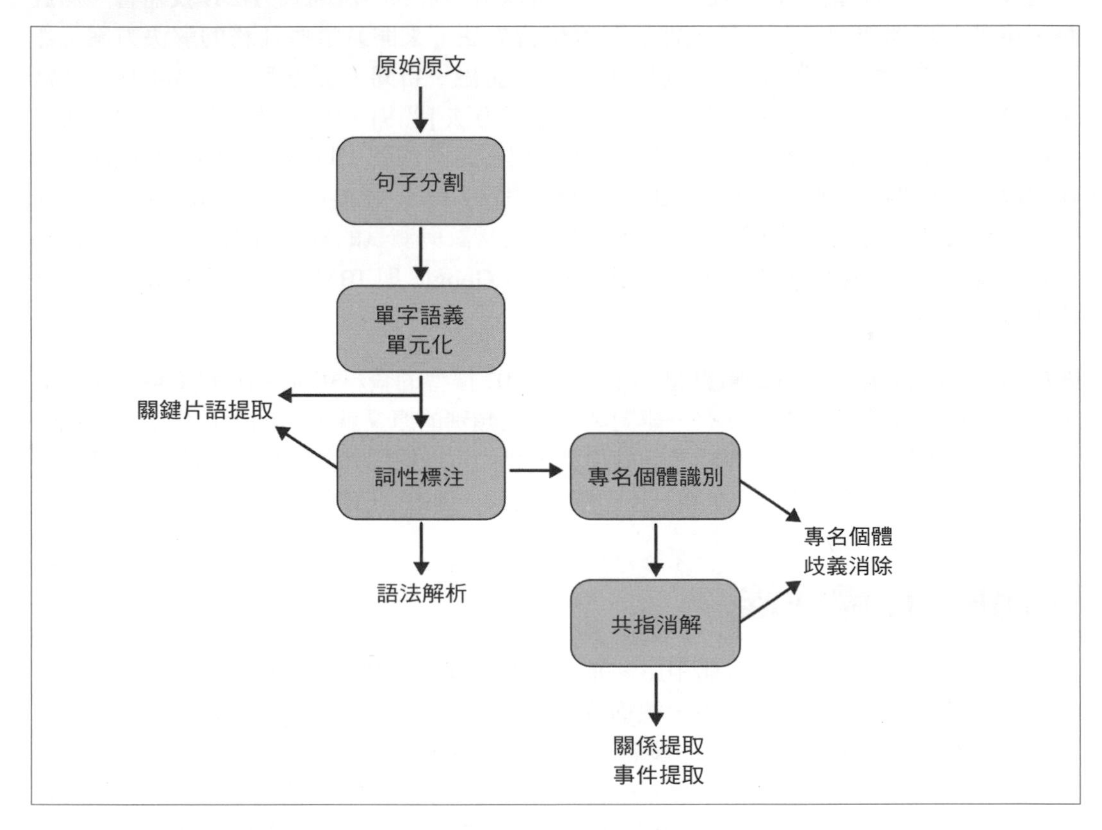

圖 5-3　IE 處理線，說明一些 IE 任務需要的 NLP 處理任務

關鍵片語提取

考慮這個場景：我們想要購買一個商品，它在 Amazon 有 100 條評論。我們不可能閱讀所有評論來了解用戶對那個商品的看法。為了提供方便，Amazon 有一種過濾功能：「Read reviews that mention」。它會顯示一些人在這些評論裡面使用的關鍵字或片語，如圖 5-4 所示。這是 KPE 在我們都用過的應用程式裡面派上用場的好例子。

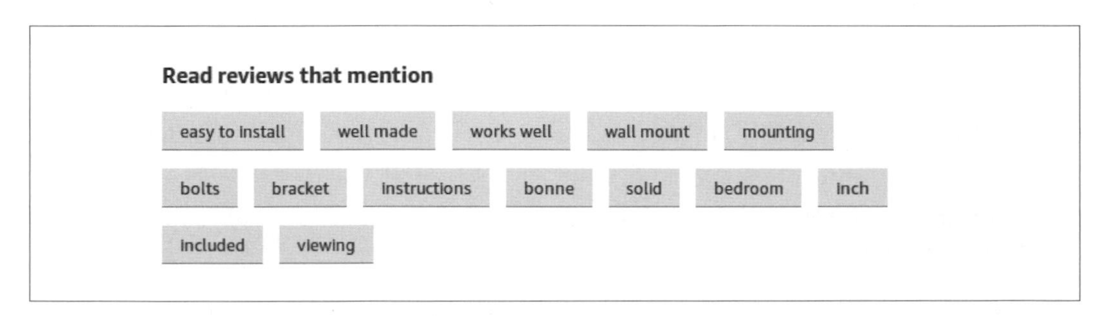

圖 5-4　Amazon.ca 的「Read reviews that mention」

關鍵字與片語提供，顧名思義，是從原文中提取描述文章摘要的重要單字或片語的 IE 任務。它在一些下游的 NLP 任務中很有用，例如搜尋 / 資訊取回、自動文件標注、推薦系統、原文摘要生成等。

KPE 在 NLP 領域是一個被廣泛研究的問題，最常被用來處理它的兩種方法是監督學習與無監督學習。監督學習使用的文集必須有原文及其各自的關鍵子句，並使用精心設計的特徵或 DL 技術 [10]。為 KPE 建立這種有標籤的資料組是耗時且高成本的工作。因此，不需要使用有標籤的資料組，而且在很大程度上可用於各種領域的無監督方法在 KPE 中較受歡迎。這些方法也比較常在現實的 KPE 應用程式中使用。最近的研究也表明，最先進的 KPE DL 方法的表現不會比無監督方法更好 [11]。

所有流行的無監督 KPE 演算法都是基於這個概念：將原文中的單字與片語表示成權重圖裡面的節點，在圖中，權重代表關鍵片語的重要性。然後根據片語和圖的其餘部分的聯繫程度來決定關鍵片語，再將圖的前 N 個重要節點當成關鍵片語來回傳。重要的節點是經常出現而且與原文的不同部分緊密相連的單字或片語。使用圖的各種 KPE 方法之間的差異在於它們從原文選擇潛在單字 / 片語的方法（從整個原文中，一大群可能的單字與片語裡面選擇），以及在圖中為這些單字 / 片語評分的方法。

外界有很多人費盡心思處理這個主題，並提出一些可行的實作方式。通常既有的做法是很好的起點，可以滿足你的需求。如何在我們的專案中使用它們來實作關鍵片語提取器？我們來看一個例子。

實作 KPE

使用著名的程式庫 spaCy [13] 來打造的 Python 程式庫 textacy [12] 裡面有一些常見的圖式關鍵字與片語提取演算法的實作。本節的 notebook（*Ch5/KPE.ipynb*）描述如何使用 textacy 來提取關鍵片語，它使用 TextRank [14] 與 SGRank 這兩種演算法。我們將使用一個討論 NLP 的歷史的原文檔案作為測試文件。下面的程式說明如何以 textacy 進行 KPE：

```
from textacy import *
import textacy.ke

mytext = open( “nlphistory.txt” ).read()
en = textacy.load_spacy_lang("en_core_web_sm", disable=("parser",))
doc = textacy.make_spacy_doc(mytext, lang=en)

print("Textrank output: ", [kps for kps, weights in
textacy.ke.textrank(doc, normalize="lemma",  topn=5)])

print("SGRank output: ", [kps for kps, weights in
textacy.ke.sgrank(mydoc, n_keyterms=5)])

Output:
Textrank output:  ['successful natural language processing system',
'statistical machine translation system', 'natural language system',
'statistical natural language processing', 'natural language task']

SGRank output:  ['natural language processing system',
'statistical machine translation', 'research', 'late 1980', 'early']
```

它有一些選項可供選擇，包括在這些片語中的 n-gram 多長、應考慮或忽略哪些 POS 標注、應該預先進行哪些預先處理、如何消除重疊的 n-gram，例如上述範例中的 statistical machine translation 與 machine translation 等。notebook 裡面探討了一些選項，我們讓讀者自行練習其餘的部分。

我們剛才展示一個使用 textacy 來實作 KPE 的範例。但是我們還有其他選項。例如，Python 程式庫 gensim 有基於 TextRank [15] 的關鍵字提取器。[16] 介紹如何從零開始實作 TextRank。你可以探索多種程式庫實作，並且比較它們，再做出選擇。

實用的建議

我們已經了解如何使用 spaCy 與 textacy 來實作關鍵片語提取，以及如何根據我們的需求來修改它們了。從實際的角度來看，在生產環境中使用這種圖式演算法時，必須記得幾個注意事項。我們列出其中的一些，並且根據我們在軟體產品中加入 KPE 功能的經驗，提出一些應付它們的建議：

- 文件的長度很容易影響提取潛在 n-gram，以及用它們來建立圖的程序，這在生產環境中可能是個問題。處理它的其中一種做法是不要使用全文，而是試著使用原文的前 M% 與後 N%，因為我們認為，原文的介紹與總結的部分應該會包含原文的主要摘要。
- 因為各個關鍵片語都是獨立排名的，有時最後會出現重疊的關鍵片語（例如 "buy back stock" 與 "buy back"）。對此，有一種解決方案是在高分的關鍵片語之間使用相似度指標（例如餘弦相似度），並選擇彼此最不相似的。textacy 已經有個函式可處理這個問題了，詳見 notebook。
- 另一種常見的問題是「產生相反效果的組合」（例如，關鍵的子句的開頭有介詞，但你不想要它）。這是相對容易處理的問題，你只要調整演算法的實作程式碼，明確地將這種不想要的單字模式的資訊寫進去即可。
- 以不當的方式提取原文可能會影響 KPE 流程的其餘部分，尤其是在處理 PDF 或掃描圖像之類的格式時。這主要是因為 KPE 對文件中的句子結構很敏感。因此，你可以對取出來的關鍵片語串列進行一些後續處理，來建立有意義的、無雜訊的最終串列。

你或許可以結合既有的圖式 KPE 演算法與領域專用的經驗法則（若有）來建立自訂的解決方案。根據我們的經驗，這可以處理在典型的 NLP 專案中的 KPE 最常見的問題。

在本節，我們看了如何使用 KPE 演算法從任何文件提取重要的單字與片語，以及克服潛在挑戰的一些方法。雖然這種關鍵片語或許可以表示原文中的重要個體的名稱，但是當我們使用 KPE 演算法時，我們並未專門尋找它們。我們來看下一個 IE 任務（或許是最流行的），它是專為尋找原文中的專名個體的存在而設計的。

專名個體識別

假如有用戶使用 Google search 詢問一個搜尋問題「Where was Albert Einstein born?」。圖 5-5 是列出搜尋結果之前的螢幕擷圖。

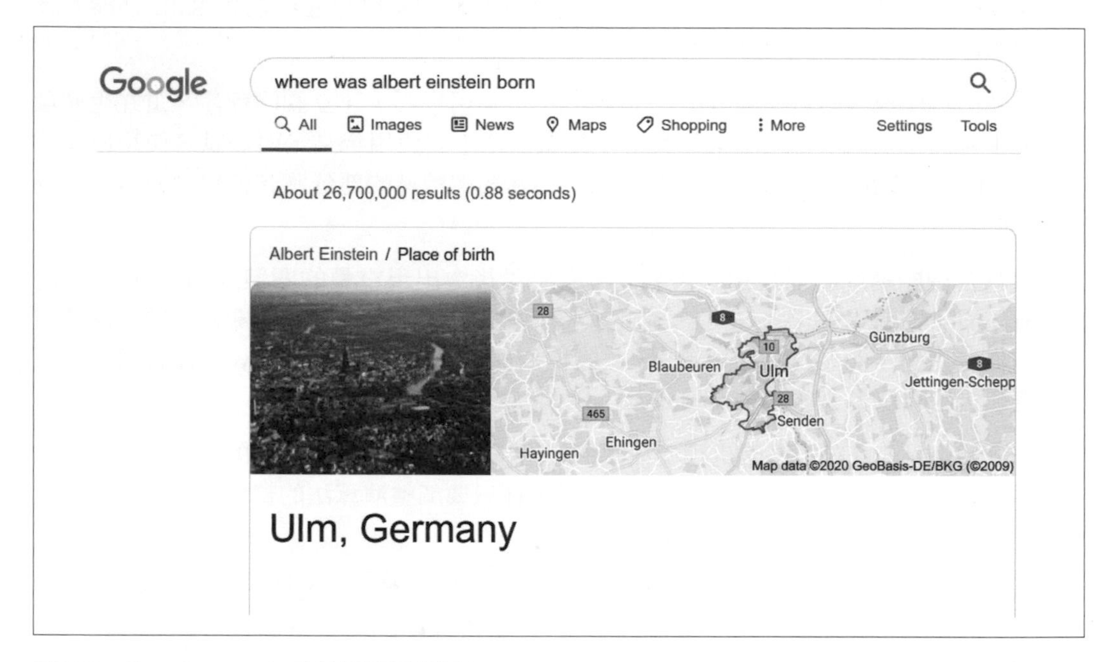

圖 5-5　Google search 的結果顯示畫面

為了幫這個問題展示「Ulm, Germany」，搜尋引擎必須知道 Albert Einstein 是一個人，才能繼續尋找出生地。這就是 NER 在實際的應用程式中的工作案例。

NER 是在文件中識別個體的 IE 任務。個體通常是人名、地區與機構，以及其他專用的字串，例如貨幣表示法、日期、產品、法律條文或文章的名稱 / 數字等。NER 是涉及資訊提取的幾種 NLP 應用的處理線裡面的一個重要步驟。圖 5-6 使用 explosion.ai 的 displaCy 視覺化程式 [17] 來展示 NER 的功能。

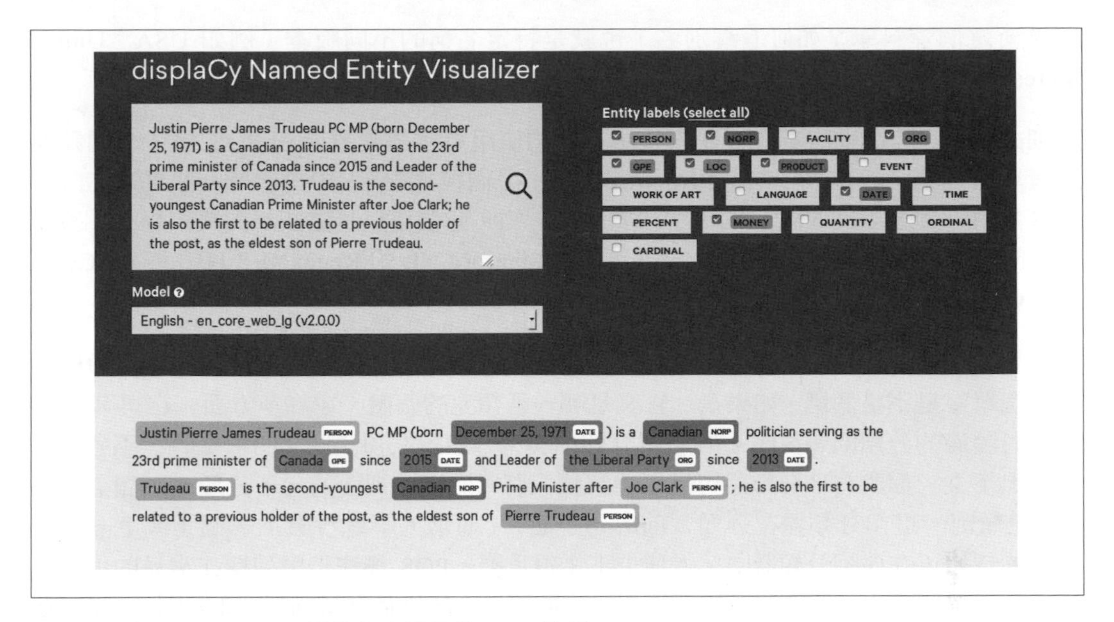

圖 5-6　使用 displaCy 視覺化程式展示的 NER 範例

從圖中可以看到，針對原文，NER 可以識別人名、地點、日期與其他個體。這裡標識的各種個體是在 NER 系統開發領域中常用的個體 [18]。NER 是執行其他 IE 任務的先決條件，例如關係提取或事件提取，本章稍後會介紹它們，並進行更詳細的討論。NER 在其他的應用中也很有用，例如機器翻譯，因為在翻譯句子時，不一定要翻譯名字。因此，很明顯，NER 在 NLP 專案的一系列場景之中是主要的元素。它是你可能在業界的 NLP 專案裡面遇到的常見任務之一。我們如何建構這種 NER 系統？本節其餘的部分將探討這個問題，考慮三種情況：建構我們自己的 NER 系統、使用既有的程式庫，以及使用主動學習。

建構 NER 系統

建構 NER 系統有一種簡單的方法是保存與我們的公司最相關的大量人物 / 機構 / 地點名稱（例如所有顧客的名字、他們的地址的縣市名稱等），這組資料通常稱為 *gazetteer*。要檢查特定的單字是不是專名個體，我們只要查看 gazetteer 即可。如果在我們的資料中的個體大都可在 gazetteer 裡面找到，它就是很棒的起點，尤其是在我們沒有現成的 NER 系統可用時。採取這種做法需要考慮幾個問題。它如何處理新名稱？我們如何定期更新這個資料庫？如何追蹤別名，也就是特定名稱的不同版本（例如 USA、United States 等）？

規則式 NER 是比查詢表格更好的方法，我們使用單字語義單元和 POS 標注來編譯模式清單來建構它。例如，在「NNP was born」這個模式中，「NNP」是一個專有名詞的 POS 標注，被標為「NNP」的單字代表一位人物。我們可以將這些規則寫入程式，覆蓋盡可能多的情況，以建構規則式 NER 系統。Stanford NL 的 RegexNER [19] 與 spaCy 的 EntityRuler [20] 都可讓你製作自己的規則式 NER。

更實用的 NER 方法是訓練 ML 模型來預測沒看過的原文裡面的專名個體。它必須確定每一個單字是不是個體，如果是，它又是哪一種類型的個體。在許多方面，它與第 4 章詳細討論過的分類問題很像。第 4 章介紹的典型分類器在預測原文的標籤時，不考慮它們的上下文。假設有個分類器可以根據情緒，將電影評論裡面的句子分類成正面 / 負面 / 中性類別。這個分類器在分類當前的句子時，（通常）不會考慮上一個（或下一個）句子的情緒。在序列分類器中，這種上下文很重要。POS 標注是序列標注常見的用例之一，在這種用例中，我們需要使用周圍單字的詞性資訊來估計當前單字的詞性。NER 在傳統上被建模為序列分類問題，其中，針對當前單字進行個體預測也需要使用上下文。例如，如果上一個字是人名，如果當前的字是名詞，它就有較高的機率也是人名（例如姓與名）。

為了說明一般分類器與序列分類器的不同，考慮這個句子：「Washington is a rainy state.」當一般的分類器看到這個句子，必須一個字一個字地對它進行分類時，它必須在不看上下文的情況下，判斷 Washington 指的是一個人物（例如 George Washington）還是 Washington 州。除非它看了上下文，否則它無法將這個句子裡面的「Washington」這個字分類為地點。正是由於這個原因，大家才用序列分類器來訓練 NER 模型。

條件隨機場（Conditional random fields，CRFs）是流行的序列分類器訓練演算法之一。本節的 notebook（*Ch5/NERTraining.ipynb*）展示如何使用 CRFs 來訓練 NER 系統。我們將使用 CONLL-03，這是一種用來訓練 NER 系統的熱門資料組 [22]，以及開源序列標注程式庫 sklearn-crfsuite [23]，還有一組簡單的單字與 POS 標注特徵，它提供了這個任務需要的上下文資訊。

為了執行序列分類，我們要使用可用來建立上下文模型的資料格式。NER 的典型訓練資料長得像圖 5-7，它是取自 CONLL-03 資料組的句子。

```
Essex   B-ORG
,       O
however O
,       O
look    O
certain O
to      O
regain  O
their   O
top     O
spot    O
after   O
Nasser  B-PER
Hussain I-PER
and     O
Peter   B-PER
Such    I-PER
gave    O
them    O
a       O
firm    O
grip    O
on      O
their   O
match   O
against O
Yorkshire       B-ORG
at      O
Headingley      B-LOC
.       O
```

圖 5-7　NER 訓練資料格式範例

在圖中的標籤遵循所謂的 BIO 標注：B 代表個體的開頭，I（inside an entity）代表個體包含一個以上的單字，O（other）代表非個體。在圖 5-7 中，Peter Such 是一個包含兩個單字的名字。因此，「Peter」被標注為 B-PER，「Such」被標注為 I-PER，來代表 Such 是前一個單字的個體的一部分。在這個例子中的其他個體，Essex、Yorkshire 與

Headingley 都是一個字的個體。因此，我們只看到它們的標籤是 B-ORG 與 B-LOC。有了將所有句子都標注成這種形式的資料組，以及序列分類演算法之後，我們該如何訓練 NER 系統？

訓練步驟與我們在第 4 章看過的原文分類器訓練步驟一樣：

1. 載入資料組
2. 提取特徵
3. 訓練分類器
4. 用測試組來評估它

載入資料組很簡單。這個資料組也已經被拆成訓練 / 開發 / 測試組了。因此，我們將使用訓練組來訓練模型。第 3 章已經介紹各種特徵表示技術了。這次，我們來看一個使用手工特徵的範例。哪些特徵在直覺上看起來與這項任務相關？例如，為了識別人物或地點的名稱，我們可以將單字的開頭是不是大寫，或它的前面或後面有沒有動詞 / 名詞等模式當成訓練 NER 模型的起點。下面的函式可從句子中，提取之前與之後的單字的 POS 標注。notebook 有比較複雜的特徵集合：

```
def sent2feats(sentence):
    feats = []
    sen_tags = pos_tag(sentence)
    for i in range(0,len(sentence)):
        word = sentence[i]
        wordfeats = {}
        # POS 標籤特徵：當前的標籤、前與後 2 個標籤
        wordfeats['tag'] = sen_tags[i][1]
        if i == 0:
          wordfeats["prevTag"] = "<S>"
        elif i == 1:
          wordfeats["prevTag"] = sen_tags[0][1]
        else:
          wordfeats["prevTag"] = sen_tags[i - 1][1]
        if i == len(sentence) - 2:
          wordfeats["nextTag"] = sen_tags[i + 1][1]
        elif i == len(sentence) - 1:
          wordfeats["nextTag"] = "</S>"
        else:
          wordfeats["nextTag"] = sen_tags[i + 1][1]
        feats.append(wordfeats)
    return feats
```

正如你在這段程式中的 wordfeats 變數看到的，每一個單字都被轉換成特徵字典，因此每一個句子都長得像字典串列（這段程式的 feats 變數），CRF 分類器將使用它們。下面的函式使用 CRF 模型來訓練一個 NER 系統，並且用開發組來評估模型性能：

```
# 訓練序列模型
def train_seq(X_train,Y_train,X_dev,Y_dev):
    crf = CRF(algorithm='lbfgs', c1=0.1, c2=10, max_iterations=50)
    crf.fit(X_train, Y_train)
    labels = list(crf.classes_)
    y_pred = crf.predict(X_dev)
    sorted_labels = sorted(labels, key=lambda name: (name[1:], name[0]))
    print(metrics.flat_f1_score(Y_dev,y_pred,average='weighted',
                      labels=labels))
```

訓練這個 CRF 模型，並用它來處理開發資料得到 0.92 的 F1 分數，這是很棒的分數！notebook 有詳細的評估指標，以及如何計算它們。在此，我們展示在學習 NER 系統時最常用的一些特徵，並使用流行的訓練方法與公開可用的資料組。顯然，我們還有很多關於調整模型與開發（甚至）更好的功能的工作要做；這個例子只是為了說明在需要並且擁有相關資料組的情況下，使用特定程式庫來快速開發 NER 模型的方法。MITIE [24] 是訓練 NER 系統的另一種程式庫。

最近有些 NER 研究使用神經網路模型來排除或擴增我們在這個例子進行的特徵工程。NCRF++ [25] 是另一個可用不同的神經網路架構來訓練自己的 NER 的程式庫。GitHub 版本庫（*Ch5/BERT_CONLL_NER.ipynb*）裡面有個 notebook 使用 BERT 模型以及同一個資料組來訓練 NER 系統。作為習題，我們讓讀者自行研究它們。

剛才我們快速瀏覽如何訓練自己的 NER 系統。然而，在實際的場景中，使用訓練好的模型不一定有效，因為資料不斷改變，而且新個體被不斷加入，也會有一些領域專屬的個體或模式無法在通用的訓練資料組裡面看到。因此，在實際場景中部署的大多數 NER 系統都結合使用 ML 模型、gazetteer，以及一些利用模式比對的經驗法則來改善它們的性能 [26]。[24] 是一家建構智慧聊天機器人的公司 Rasa 使用查詢表來改善它的個體提取程的做法。

顯然，為了自己建構這些 NER 系統，我們需要大型、已標注的資料組，且其格式類似圖 5-7 那樣。雖然我們有 CONLL-03 可用，但它們的個體組合（人物、機構、地點、雜項、其他）有限，領域也有限。此外還有其他這類的資料組，例如 OntoNotes [27]，它大很多，且涵蓋各種不同的原文。然而，它們不是免費的，通常需要在昂貴的授權協議之下購買，我們的機構不見得願意提供預算。那麼，我們該怎麼做？

使用既有的程式庫來做 NER

以上關於訓練 NER 系統的說明或許會讓你覺得建構和部署它是個漫長的程序（從取得資料組開始），幸好，在過去的幾十年裡，NER 已經被充分地研究，所以我們有現成的程式庫可以使用。Stanford NER [28]、spaCy 與 AllenNLP [29] 都是著名的 NLP 程式庫，可以拿來和預先訓練的 NER 模型一起製作軟體產品。下面的程式展示如何使用 spaCy 的 NER：

```
import spacy
nlp = spacy.load("en_core_web_lg")
text_from_fig = "On Tuesday, Apple announced its plans for another major chunk
                of the money: It will buy back a further $75 billion in stock."
doc = nlp(text_from_fig)
for ent in doc.ents:
    if ent.text:
        print(ent.text, "\t", ent.label_)
```

執行這段程式會將 Tuesday 顯示為 DATE，將 Apple 顯示為 ORG，將 $75 billion 顯示為 MONEY。鑑於 spaCy 的 NER 採用先進的神經網路以及一些模式比對與經驗法則，這是個很好的起點。然而，我們可能遇到兩個問題：

1. 如前所述，有時我們會在特定領域中使用 NER，預先訓練的模型可能無法描述我們的領域的特定性質。

2. 有時，我們想在 NER 系統中加入新類別，並且為全部的共同類別收集大型的資料組。

此時該怎麼辦？

使用主動學習來進行 NER

根據我們的經驗，當我們想要自訂解決方案，但不想要從零開始訓練每一個東西時，進行 NER 的最佳做法是使用現成的產品，並且用我們的問題領域的自訂經驗法則來擴充它（使用 RegexNER 或 EntityRuler），以及（或是）以 Prodigy 等工具來使用主動學習（就像在第 4 章處理原文分類時那樣）。如此一來，我們可以手工標注一些包含新 NER 類別的句子，或手工修正一些模型的預測，並且使用它們來重新訓練模型，藉以改善既有的預先訓練 NER 模型。[30] 有一些使用 Prodigy 來執行這個流程的範例。

一般來說，在多數情況下，我們不必總是考慮從零開始開發 NER 系統。如果我們真的需要從零開始開發 NER 系統，我們需要的第一個東西，正如我們在本節看到的，就是大量已標注的句子資料，裡面的每個單字 / 語義單元都被標注它的類別（個體類型或其他）。有了這個資料組之後，下一步是用它來取得手工的特徵表示法與（或）神經特徵表示法，並將它們傳入序列標注模型。[31] 的第 8 章與第 9 章介紹從這種序列中學習的方法。如果沒有這種資料，第一步是使用規則式 NER。

先使用預先訓練的模型，並且用經驗法則、主動學習，或兩者來改善它。

實用的建議

到目前為止，我們已經快速了解如何使用既有的 NER 系統，討論了一些增強它們的方法，並探討如何從零開始訓練我們自己的 NER。儘管事實上先進的 NER 已經非常準確了（在 NLP 研究中，使用標準的 NER 評估框架可得到超過 90% 的 F1 分數），但接下來有幾個在你自己的應用程式中使用 NER 時必須記住的問題。這兩個提醒來自我們開發 NER 系統的經驗：

- NER 對它的輸入的格式非常敏感。比起需要預先提取原文的（舉例）PDF 文件，NER 處理格式良好的一般文字時比較準確。雖然我們可以為特定領域或 tweet 等資料建立自訂的 NER 系統，但是 PDF 的挑戰在於我們無法 100% 準確地從中提取原文，同時保留其結構。[32] 說明從 PDF 提取原文的一些挑戰。但是，為什麼需要精確地從 PDF 中提取正確的結構？PDF 經常有不完整的句子、標題與格式，它們可能會影響 NER 的準確性。對此沒有單一解決方案。其中一種做法是執行自訂的後續處理來提取原文 blob，再對 blob 執行 NER。

如果你正在處理報告之類的文件，可預先處理它們來提取原文 blob，再對它們執行 NER。

- NER 也對處理線的前期步驟的準確度非常敏感，那些步驟有句子拆分、語義單元化以及 POS 標注（參考圖 5-2）。為了了解不恰當的句子拆分會如何導致糟糕的 NER 結果，你可以試著取出圖 5-1 的螢幕擷圖中的內容，並且看看 spaCy 的輸出（notebook *Ch5/NERIssues.ipynb* 有簡單的說明）。因此，在將一段原文傳給 NER 模型來提取個體之前，進行一些預先處理可能是必要的。

儘管有這些缺點，但 NER 在許多 IE 場景中還是非常有用的，例如內容標注、搜尋、挖掘社交媒體來識別顧客對特定商品的回饋等。雖然 NER（與 KPE）的用途是識別文件中的重要單字、片語與個體，但有些 NLP 應用需要進一步分析語言，導致我們需要進行更高階的 NLP 任務。其中一種 IE 任務就是個體歧義消除，或個體連結，這是下一節的主題。

專名個體歧義消除與連結

考慮一個場景：我們在一家大型報社（比如**紐約時報**）的資料科學團隊中工作。我們的工作是建立一個系統，將新聞中提到的個體與它們在真實世界中所代表的東西聯繫起來，來建立新聞的視覺化畫面，如圖 5-8 所示。

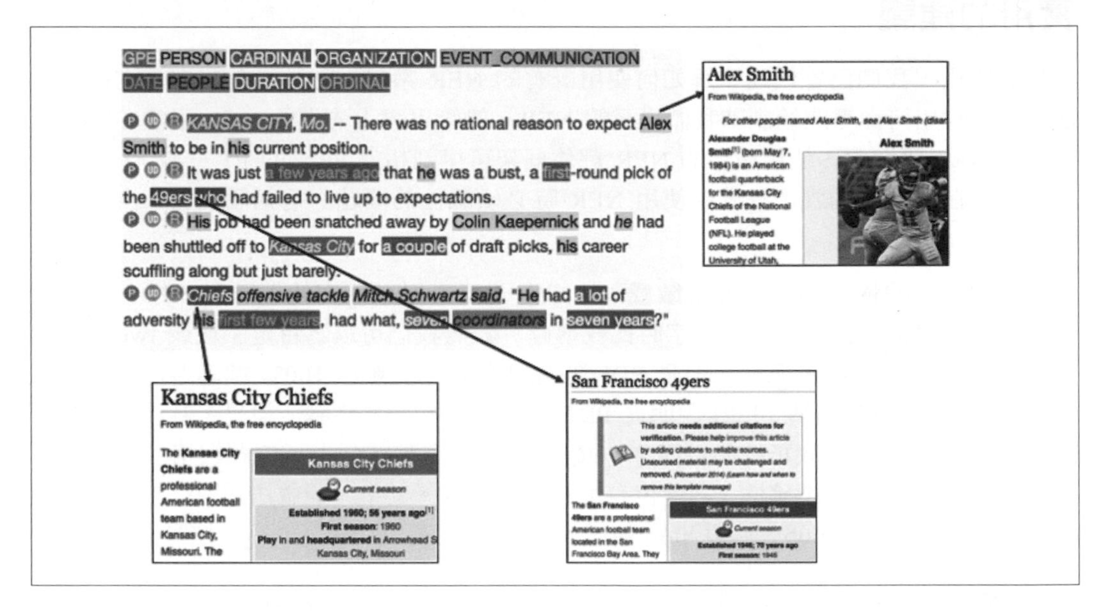

圖 5-8　IBM [33] 的個體連結

這項工作需要幾項 NER 與 KPE 不需要的 IE 任務知識。第一步，我們必須知道這些個體或關鍵字代表真實世界的什麼東西。用另一個例子來說明為什麼這項工作很有挑戰性，考慮這個句子：「Lincoln drives a Lincoln Aviator and lives on Lincoln Way.」裡面提到的三個「Lincoln」代表不同個體類型的三個不同個體：第一個 Lincoln 是人物，第二個是汽車，第三個是地點。如何正確地將三個 Lincoln 連至其正確的維基百科網頁，就像圖 5-8 那樣？

專名個體歧義消除（*Named entity disambiguation*，*NED*）就是做這件事的 NLP 任務：將一個獨特的身分（identity）指派給原文內的個體。它也是識別個體之間的關係時的第一步。NER 與 NED 的結合稱為**專名個體連結**（*named entity linking*，*NEL*）。有些其他的 NLP 應用程式需要 NEL，包括問題回答，以及使用相連的事件與個體來建構大型的知識庫，例如 Google Knowledge Graph [34]。

那麼，如何建構 IE 系統來處理 NEL ？正如 NER 使用以一系列特徵編碼的上下文資訊來識別個體及其範圍，NEL 也依靠上下文。然而，它的 NLP 預先處理步驟不是只有 POS 標注而已。NEL 至少需要某種形式的解析，來識別主詞、動詞與受詞等語言項目。此外，它可能也要用共指消解來解析同一個個體的多種說法（例如 Albert Einstein、the scientist、Einstein 等），並且在一個大型百科知識庫（例如維基百科）中，將它們連接到同一種說法。這個問題通常藉著建構監督 ML 模型來解決，並且用標準測試組的 precision、recall 與 F1 分數來評估。

最先進的 NEL 使用各種不同的神經網路結構 [35]。顯然，訓練一個 NEL 模型需要大型的、已標注的資料組，以及某種可以連接的百科式資源。此外，與我們看過的 NLP 任務（原文表示、原文分類、NER、KPE）相比，NEL 是更專門化的 NLP 任務。根據我們身為從業者的經驗，比較常見的做法是使用大型供應商（例如 IBM (Watson) 與 Microsoft (Azure)）提供的現成的、按使用情況付費的服務來處理 NEL，而不是開發內部系統。我們來看一個使用這種服務的例子。

使用 Azure API 來執行 NEL

Azure Text Analytics API 是流行的 NEL API 之一。免費的 DBpedia Spotlight [36] 可以執行同一個任務。下面的程式（*Ch5/ntityLinking-AzureTextAnalytics.ipynb*）說明如何使用 Azure API 來對原文執行個體連結。Azure 有七日免費試用期，可用來探索這種 API 是否符合你的需求：

```
import requests
my_api_key = 'XXXXXXX'
def print_entities(text):
    url = "https://westcentralus.api.cognitive.microsoft.com/text/analytics/\
    v2.1/entities"
    documents = {'documents':[{'id':'1', 'language':'en', 'text':text}]}
    headers = {'Ocp-Apim-Subscription-Key': my_api_key}
    response = requests.post(url, headers=headers, json=documents)
    entities = response.json()
    return entities
```

```
mytext = open("nytarticle.txt").read() #file is in the github repo.
entities = print_entities(mytext)
for document in entities['documents']:
    print("Entities in this document: ")
    for entity in document['entities']:
          if entity['type'] in ["Person", "Location", "Organization"]:
                      print(entity['name'], "\t", entity['type'])
                      if 'wikipediaUrl' in entity.keys():
                           print(entity['wikipediaUrl'])
```

圖 5-9 是使用 Azure API 來執行這段程式的結果，它列出原文中的個體，以及它們的維基百科連結，如果有的話。

```
Entities in this document:
San Francisco    Location
https://en.wikipedia.org/wiki/San_Francisco
Facebook         Organization
https://en.wikipedia.org/wiki/Facebook
Alex Jones       Person
https://en.wikipedia.org/wiki/Alex_Jones
InfoWars         Organization
https://en.wikipedia.org/wiki/InfoWars
Louis Farrakhan          Person
https://en.wikipedia.org/wiki/Louis_Farrakhan
Silicon Valley   Location
https://en.wikipedia.org/wiki/Silicon_Valley
Instagram        Organization
https://en.wikipedia.org/wiki/Instagram
us       Location
```

圖 5-9　紐約時報新聞文章的個體連結

我們看到 San Francisco 是個地點，但它是一個特定的地點，這可從它的維基百科網頁看出。Alex Jones 不是其他的 Alex Jones，而是美國電視節目的主持人，也可以從維基百科網頁看出。與在 NER 就停止工作相比，顯然它提供的資訊多得多，而且可以用來進行更好的資訊提取。接下來，這項資訊可以用來了解這些個體之間的關係，本章稍後會討論這個部分。

知道怎麼將 NEL 納入 NLP 系統之後，這個解決方案有多好？根據我們使用現成的 NEL 系統的經驗，在專案中使用 NEL 時有幾件需要注意的事項：

- 既有的 NEL 方法並不完美，而且它們在處理新名稱或領域專屬詞彙時，不太可能有很好的效果。因為 NEL 也需要進一步的語言處理，包括語法解析，它的準確度也會被各個處理步驟有沒有做好影響。

- 如同其他的 IE 任務，每一種 NLP 處理線的第一步（原文提取與清理）也會影響 NEL 的輸出。當我們使用第三方服務時，在需要時，我們不太能夠將它們調整為我們的領域，或了解它們的內部做法，再針對我們的需求修改它們。

看了這些概要之後，我們已經知道如何在必要時，將 NEL 放入專案的 NLP 處理線中。接下來，我們討論需要 NEL 的下一個 IE 任務：關係提取。

關係提取

假設我們的公司藉著挖掘大量的新聞文章來洞察金融市場。為了每天對成千上萬篇新聞原文進行這種分析，我們需要一個不斷更新的知識庫，以新聞內容為基礎，將不同的人物、機構與事件聯繫起來。這種知識庫的用例之一是根據公司發表的文件，以及關於它們的新聞文章來分析股市。如何建構這種工具？截至目前為止的 IE 任務（KPE、NER 與 NEL）都在某種程度上可以協助識別個體、事件、關鍵片語等。但我們該如何進入下一步，用某種關係來「連接」它們？「關係」到底是什麼？如何提取它們？回顧圖 5-2，**紐約時報**文章的螢幕擷圖，可以從這裡提取的一個關係是：(Luca Maestri, finance chief, Apple)。在此，我們用 finance chief 這個關係來將 Luca Maestri 連接到 Apple。

關係提取（*Relationship extraction*，*RE*）是從原文文件中提取不同的個體與它們之間的關係的 IE 任務。它是建構知識庫的重要步驟，它也在改善搜尋與開發問題回答系統時很有用。圖 5-10 是 Rosette Text Analytics [37] 的 RE 系統處理這段原文的例子 [38]：

> Satya Narayana Nadella is an Indian-American business executive.He currently serves as the Chief Executive Officer (CEO) of Microsoft, succeeding Steve Ballmer in 2014. Before becoming chief executive, he was Executive Vice President of Microsoft's Cloud and Enterprise Group, responsible for building and running the company's computing platforms.

這個輸出顯示 Narayana Nadella 是用 employee 與 Microsoft 建立關係，用 citizen 與 India 與 America 建立關係的人物。如何從一段原文提取這種關係？顯然，它比本章介紹過的其他 IE 任務更具挑戰性，而且與本書迄今為止談過的其他任務相比，它需要更深的語言處理知識。除了找出裡面有哪些個體，並且消除它們的歧義之外，我們也要考慮在句子內連接個體的單字、它們的用法等，來建立提取關係的程序。此外，我們還要解決一個重要的問題：「關係」是用什麼構成的？關係可能是某個領域獨有的。例如，在醫療領域，關係可能包括受傷類型、受傷地點、受傷原因、受傷治療等。在金融領域，關係可能意味著完全不同的東西。介於人、地點和機構之間的一般關係有：located in（位於）、is a part of（…的一部分）、founder of（…的創辦人）、parent of（…的父母）等。如何提取它們？

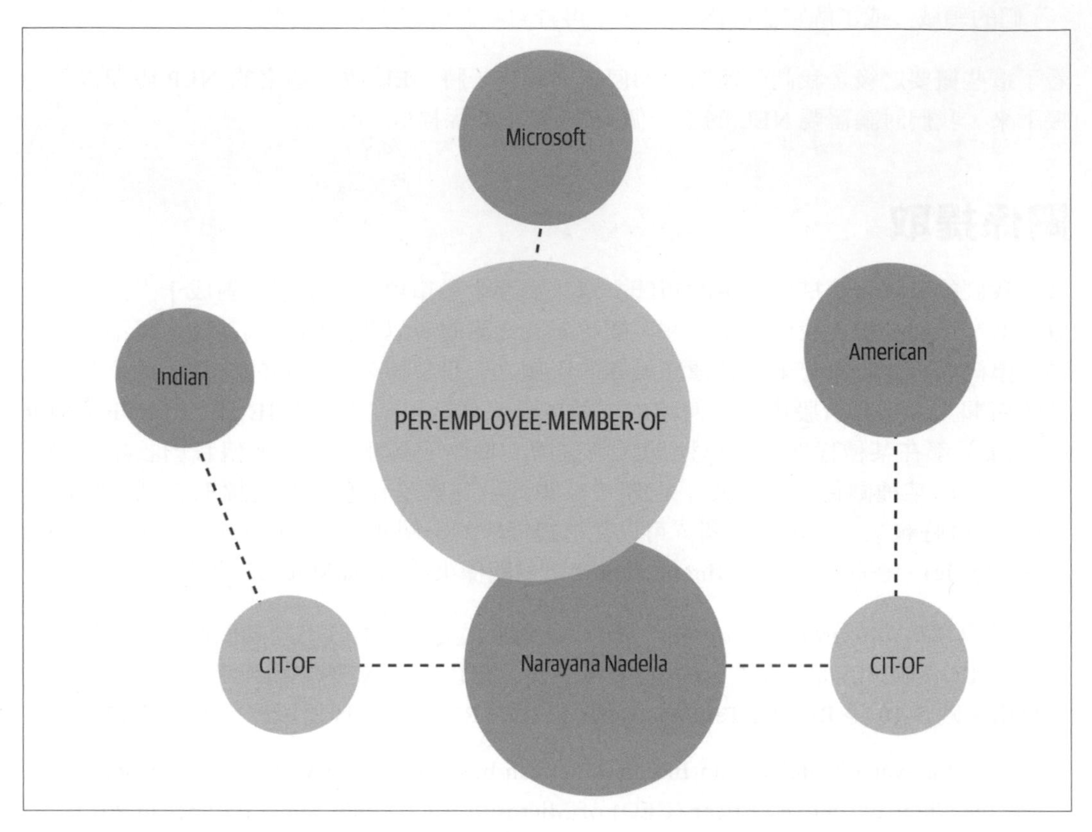

圖 5-10　關係提取示範

RE 的做法

在 NLP 中，RE 是被充分研究的主題，從手寫模式到各種監督、半監督、無監督學習，已經有各種建構 RE 系統的方法被探索出來了（而且仍然被使用）。手工建構的模式包含正規表達式，後者的目的是描述特定的關係。例如，「PER, [something] of ORG」這種模式代表個人與機構之間的「is-a-part-of」關係。這種模式的優點是高精確度，但是它們的覆蓋範圍通常較小，而且建構這種模式來覆蓋一個領域的所有關係可能很有挑戰性。

因此，RE 通常被視為監督分類問題。用來訓練 RE 系統的資料組包含一組預先定義的關係，類似分類資料組。它是一個雙步驟的分類問題：

1. 確認在原文中的兩個個體有沒有關係（二元分類）。
2. 如果它們有關係，它們之間的關係是什麼（多類別分類）？

RE 被視為一般的原文分類問題，它使用人工特徵、類似 NER 所使用的上下文特徵（例如，個體周圍的單字）、語義結構（例如，NP VP NP 之類的模式，其中 NP 是名詞，VP 是動詞）等。神經模型通常使用各種 embedding 表示法（第 3 章介紹過），以及遞迴神經網路之類的結構（第 4 章介紹過）。

監督法與模式法通常是領域專用的，在每次處理新領域時都收集大量有標籤的資料不但很有挑戰性，也很昂貴。如第 4 章所示，我們可以在這種情況下採取自助法，先從一小組種子模式開始，使用它們來提取句子來學習新模式，藉以進行類推。這種弱監督法有一種延伸版本稱為**遠距監督**（*distant supervision*）。這種做法不是使用少量的種子模式，而是使用 Wikipedia、Freebase 等大型資料庫，先收集許多關係的數千個範例（例如使用 Wikipedia infobox），從而建立大型的關係資料組，然後使用常規的監督關係提取法，但這種做法只能在有這種大型的資料庫時進行。[39] 說明如何使用第 2 章與第 4 章介紹過的 Snorkel，在沒有任何訓練資料的情況下學習特定的關係。我們將它當成習題，讓讀者自行探索。

在無法獲得讓監督法使用的訓練資料的情況下，我們可以求助於無監督法。無監督 RE（也稱為「開放 IE」）的目的是從 web 提取關係而不需要使用任何訓練資料或任何關係列表。它提取的關係的形式是 < 動詞 , 引數 1, 引數 2> tuple。有時一個動詞有更多引數。圖 5-11 是這種開放 IE 系統的輸出，來自 AllenNLP [40, 41]。

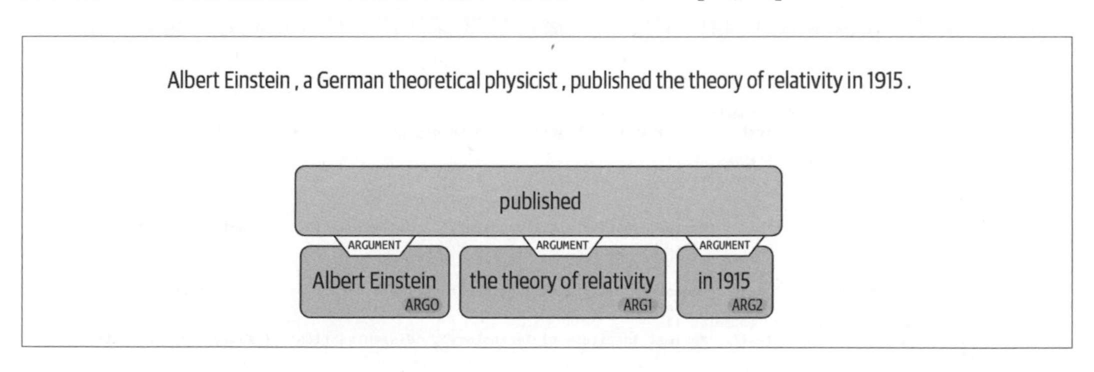

圖 5-11　AllenNLP 的開放 IE 示範

在這個範例中，我們可以看到動詞與它的三個引數所描述的關係 <published, albert einstein, the theory of relativity, in 1915>。我們也可以提取關係 tuple：<published, albert einstein, the theory of relativity>、<published, albert einstein, in 1915> 與 <published, theory of relativity, 1915>。顯然在這種系統中，這種 tuple / quadruple 的數量至少會與動詞的數量一樣多（通常更多）。這種方法的優勢是它可以提取所有這類的關係，但它的挑戰在於——將提取出來的版本對映至資料庫內的某種標準關係集合（例如 fatherOf、motherOf、inventorOf 等）。然後，為了從這些資訊中提取特定的關係（如果需要的話），我們必須結合 NER/NEL、共指消解與開放 IE，來設計自己的程序。

使用 Watson API 來執行 RE

RE 是個難題，從零開始開發自己的關係提取系統是一項挑戰，而且很耗時。業界的 NLP 專案經常使用 IBM Watson 提供的 Natural Language Understanding [42] 服務來處理這個任務。下面的程式（*Ch5/REWatson.ipynb*）展示如何使用 IBM Watson 與本節稍早那段來自 Wikipedia 網頁的原文來提取個體之間的關係：

```
mytext3 = """Nadella attended the Hyderabad Public School, Begumpet [12] before
receiving a bachelor's in electrical engineering[13] from the Manipal Institute
of Technology (then part of Mangalore University)in Karnataka in 1988."""
response = natural_language_understanding.analyze(text=mytext3,
            features=Features(relations=RelationsOptions())).get_result()
for item in response['relations']:
        print(item['type'])
        for subitem in item['arguments']:
          print(subitem['entities'])
```

圖 5-12 是這段程式的輸出，展示它提取的關係。這些關係是用監督模型提取的，包含關係的預設清單（preset list）[43]。因此，不屬於該關係清單的任何東西都不會被提取。

```
employedBy
[{'type': 'Person', 'text': 'Nadella'}]
[{'type': 'Organization', 'text': 'Hyderabad Public School', 'disambiguation': {'subtype': ['Commercial']}}]
awardedTo
[{'type': 'Degree', 'text': 'bachelor'}]
[{'type': 'Person', 'text': 'Nadella'}]
educatedAt
[{'type': 'Person', 'text': 'Nadella'}]
[{'type': 'Organization', 'text': 'Manipal Institute of Technology', 'disambiguation': {'subtype': ['Educati
onal']}}]
educatedAt
[{'type': 'Person', 'text': 'Nadella'}]
[{'type': 'Organization', 'text': 'Mangalore University', 'disambiguation': {'subtype': ['Educational']}}]
awardedBy
[{'type': 'Degree', 'text': 'bachelor'}]
[{'type': 'Organization', 'text': 'Manipal Institute of Technology', 'disambiguation': {'subtype': ['Educati
onal']}}]
basedIn
[{'type': 'Organization', 'text': 'Mangalore University', 'disambiguation': {'subtype': ['Educational']}}]
[{'type': 'GeopoliticalEntity', 'text': 'Karnataka'}]
```

圖 5-12 IBM Watson 的關係提取輸出

接下來，這個展示各種個體之間的關係的輸出資訊可以用來建構機構資料的知識庫。我們可以看到，RE 還不是被徹底解決的問題，各種做法的性能也依領域而定。對維基百科文章有用的做法可能無法用在一般的新聞文章或社交媒體原文上。[44] 整理了最先進的 RE 技術。

如果預先訓練的監督模型可能無效，請先採取基於模式的做法，再使用某種形式的弱監督。

希望以上的概要可以讓你了解 RE 的用處，以及當你在工作時遇到問題時，如何解決它。在結束這個主題的討論之前，我們來看一些其他的 IE 任務。

其他進階的 IE 任務

到目前為止，我們已經討論了各種資訊提取任務、它們的用途，以及如何在需要時將它們納入 NLP 專案。雖然這個任務名單並不詳盡，但它們都是業界的用例中最常用的任務。在本節，我們將簡單地了解一些比較專門的 IE 任務。它們不太常見，而且在業界的 NLP 專案中不常使用，所以本節只簡要介紹它們。我們建議讀者從 [26] 看起，來進一步認識完成這些任務的各種方法。我們來看一下其他三種 IE 任務的概要：時間 IE、事件提取，與模板填寫。

時間資訊提取

考慮這段 email 原文：「Let us meet at 3 p.m. today and decide on what to present at the meeting on Friday.」假設我們要開發一個應用程式，用它從這類的對話中提取事件，識別那些事件，並將它們填入行事曆，很像我們在 Gmail 看到的那樣。圖 5-13 是這種功能在 Gmail 中的情況。

為了建構類似的應用程式，除了從原文中提取日期與時間資訊（3 pm, today, Friday）之外，我們也要將提取出來的資料轉換成某種標準格式（例如，根據上下文將「on Friday」這種說法對映到確切的日期，以及將「today」對映到今天的日期）。雖然我們可以利用正規表達式，以一組手工的模式來提取日期與時間資訊，或是採取我們在處理 NER 時用過的監督序列標注技術，但將提取出來的日期與時間正規化成標準的日期時間格式可能具有挑戰性。以上的所有工作統稱為**時間 *IE* 與正規化**。目前處理這種時間表達正規化的方法主要採用規則，並結合語義分析 [26]。

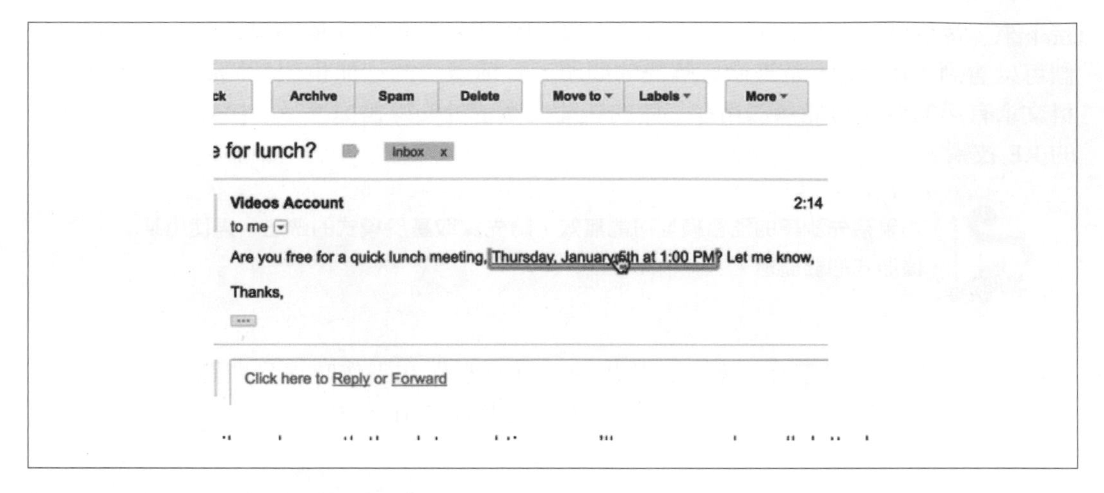

圖 5-13 從 email 識別與提取時間事件 [45]

Duckling [46] 是 Facebook 的機器人團隊最近發布的一種 Python 程式庫，他們用它來為 Facebook Messenger 建構機器人。這個程式庫被設計來解析原文，並且取得結構性資料。它們可以完成眾多的任務，包括處理自然語言原文資料來提取時間事件。圖 5-14 是使用 Duckling 執行「Let us meet at 3 p.m. today and decide on what to present at the meeting on Friday」這個句子是得到的輸出。它能夠將「3 p.m. today」對映至特定日期的正確時間。

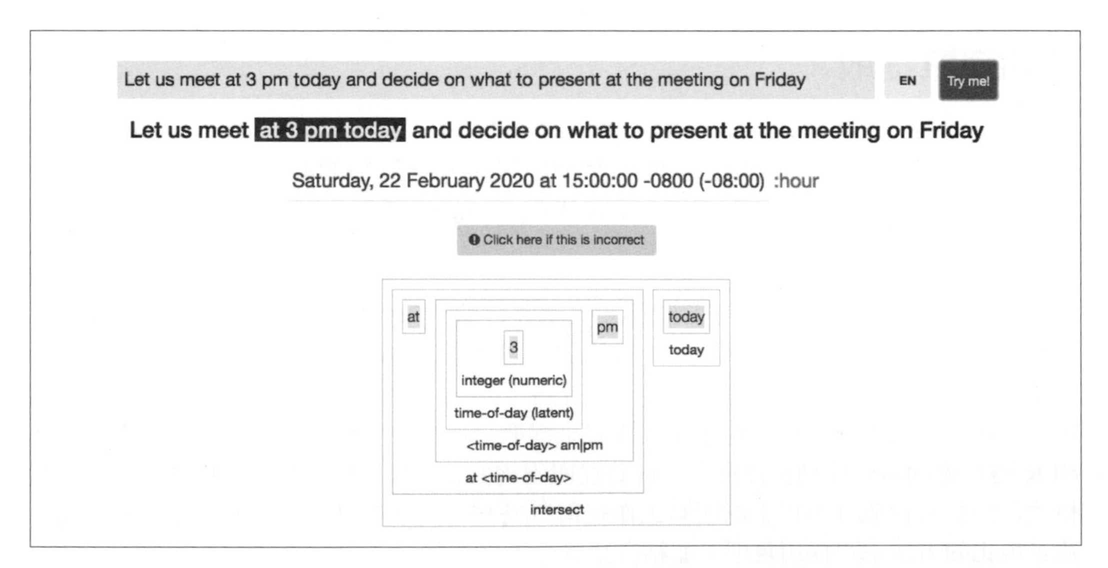

圖 5-14 用 Duckling 進行時間 IE 產生的輸出

Duckling 支援多種語言。根據我們的經驗，它的效果非常好，是個很棒的現成程式包，如果你想要在專案中加入某種形式的時間 IE，它是很好的起點。此外還有其他的程式包可以處理人類可讀的日期與時間，例如 Stanford NLP 的 SUTime [47]、Natty [48]、Parsedatetime [49] 與 Chronic [50]。作為習題，我們讓讀者自行探索這些程式包，看看它們在處理時間 IE 時多麼好用。接著我們來看下一個 IE 任務：事件提取。

事件提取

在上一節討論的 email 原文範例中，提取時間敘述的最終目標是提取關於「事件」的資訊。事件可能是發生在特定時間點的任何事情：會議、某個地區在某個時間調漲油價、總統大選、股票漲跌、人生大事，例如生日、結婚、死亡等。事件提取是從原文資料識別與提取事件的 IE 任務。圖 5-15 是從一個人的 Twitter feed 提取生活事件的範例。

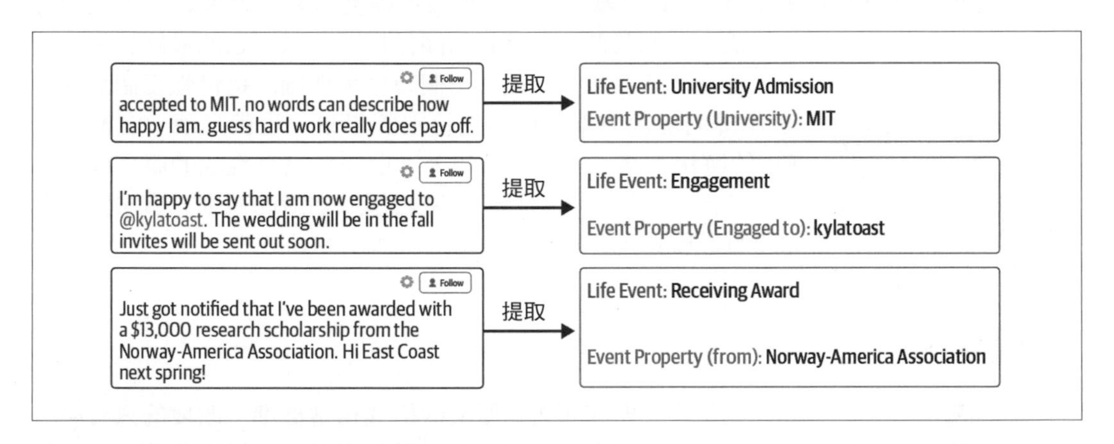

圖 5-15 從 Twitter 資料提取生活事件 [53]

事件提取有許多商業應用。考慮一家提供教育貸款的金融貸款公司。難道他們不希望有個能夠掃描 Twitter feed 並識別「大學錄取」事件的系統嗎？或考慮一位對沖基金的交易分析師，他必須密切關注世界各地的重大事件。據信，Bloomberg Terminal [51] 有一個子模組可以即時回報來自全球數千個新聞來源與社交管道（例如 Twitter）的重大事件。congratsbot [52]（祝賀機器人）是一種流行的、有趣的事件提取應用。這種機器人會閱讀 tweet，當它看到任何一個應該恭喜的事件時，就會發出「祝賀」訊息。見圖 5-16 的例子。

圖 5-16　祝賀機器人

那麼，如何解決這個問題？在 NLP 文獻中，事件提取被視為監督學習問題。現代的方法使用序列標注與多層分類器，就像我們之前看到的關係提取那樣。它的最終目標是識別不同時段內的各種事件，將它們連接起來，建立一個時序事件圖。這仍然是個活躍的研究領域，之前提到的事件提取解決方案只能用在特定的場景，也就是說，它沒有像 RE、NER 的那種相對通用的解決方案。就我們所知，這項任務沒有現成的服務或程式包。如果你的專案需要提取事件，最好的方法是先從基於領域知識的規則式方法開始做起，再使用弱監督。當你開始累積更多資料時，你就可以遷往 ML 方法。

模板填寫

在一些應用場景中，例如天氣預報與財務報告，原文的格式相當標準，改變的只有與該情況有關的具體細節。例如，假設我們在一個每天發送股價報告的機構中工作。這些報告的格式對大部分的公司而言都很相似。這種「模板」句子的例子包括：「Company X's stock is up by Y% since yesterday」，其中的 X 與 Y 會改變，但句子的模式維持不變。如果我們要將報告生成程序自動化，該怎麼做？對**模板填寫**這種 IE 任務而言，這種場景是很好的用例，這項任務是將原文生成設計成填空問題。圖 5-17 是模板填寫以及如何用它來建構個體圖的例子。

原文	模板
EV1There are no reports of damage or injuries after a small **earthquake** rattled the **Chino Hills** area **Tuesday morning**. EV1The **3.1**-magnitude **quake** hit at **6:40 a.m.** and was centered about two miles west of **Chino Hills**. EV1It was felt in several surrounding communities. EV2**Last July**, a **5.4**-magnitude **quake** hit the same area. EV2That **quake** resulted in cracked walls and broken water and gas lines.	*EV1* • **EVENT**: earthquake • **DATE**: Tuesday morning • **TIME**: 6:40 a.m. • **MAGNITUDE**: 3.1 • **LOCATION**: Chino Hills *EV2* • **EVENT**: quake • **DATE**: Last July • **TIME**: • **MAGNITUDE**: 5.4 • **LOCATION**:

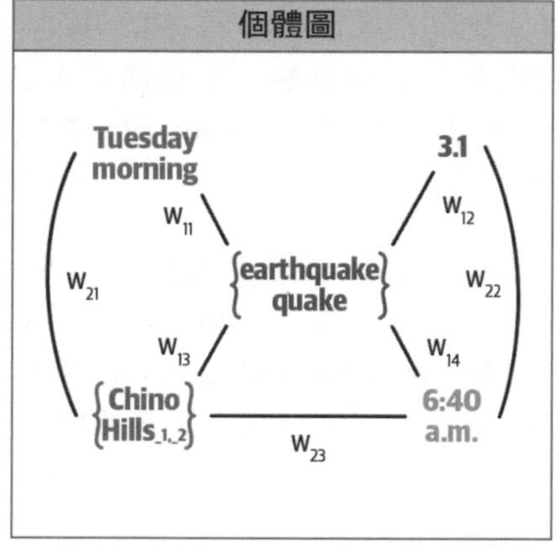

圖 5-17　模板填寫範例 [54]

通常被填寫的模板是預先定義的。這種問題通常被設計成一個雙階段、監督 ML 問題，類似關係提取。解決問題的第一步是確認句子裡面有沒有模板，第二步是使用為各個空格訓練的分類器，為那個模板找出空格填寫器。工作的目標是自動填寫模板。因為這是專門的、與領域有關的情況，因此我們還沒有看到支援這項任務的服務供應商。如同本節的其他任務，我們建議你從 [31] 中討論 IE 的章節開始研究，來進一步了解它。

最近一個關於模板填寫的原文生成範例是 BBC 對 2019 年英國大選的報導。BBC 製作一個模板，並且為英國的 650 個選區自動建立新聞報導。[55] 與 [56] 詳細討論這個專案。

我們對於大多數 IE 任務的討論到此結束。到目前為止，我們已經看了各種 IE 任務，以及如何將其中的一些加入程式碼。在實際的應用程式中，這些任務如何彼此連接？我們來討論一個案例研究。

案例研究

假設我們為一家大型的、傳統的企業工作。我們透過 email 與 Slack 或 Yammer 之類的企業訊息平始來溝通。我們用 email 來進行許多關於會議的討論。會議主要有三種類型：團隊會議、一對一會議、演講 / 展示，以及它們的場地。假設我們要建構一個系統來自動尋找相關的會議，預訂場地或會議廳，並且通知人員。我們來看看之前討論過的 IE 在這個場景中如何發揮作用。假設每封 email 裡面都只有一場會議。見圖 5-18 的 email 交流描述的場景。我們如何著手建造它？

必須注意的是，我們可能要在一開始就限制我們建構的東西，並且解決一個更集中的問題。例如，email 可能多次提到會議，例如：「MountLogan was a good venue.Let us meet there tomorrow and have an all hands in MountRainer on Thursday.」在一開始，我們先假設這個案例研究的每封 email 都只有一場會議，並開始思考如何建構一個簡單的 MVP 系統來解決這個問題。

首先，我們需要一些有標籤的資料。我們可以用多種方式建立有標籤的資料，例如讀取過去的行事曆與會議預訂資訊以及 email。比較預訂資訊與 email 可以產生正面的匹配嗎？如果可以，我們可以視著編寫弱監督，類似第 4 章介紹的那樣。或者，我們可以使用預先建立的服務，例如 Google Cloud NLP 或 AWS Comprehend 來採取自助法。例如，Google Cloud NLP 有一種個體提服務，它可以回傳事件，我們可以用它來生成資料組。但是，因為這種自動建立的資料組可能不完美，我們必須手工驗證。

假設我們要處理下列的個體，並且已經收集一些包含這些標注的資料了：Room Name (Meeting Location)、Meeting Date、Meeting Time、Meeting Type（衍生欄位）、Meeting Invitees。對於第一個模型，我們可以使用序列標注模型，例如條件隨機場（CRF），它也用於 NER。為了對會議類型進行分類，我們可以先使用房間大小（較大的房間通常代表較大型的會議）、被邀請者的數量等特徵來建立規則式分類器。

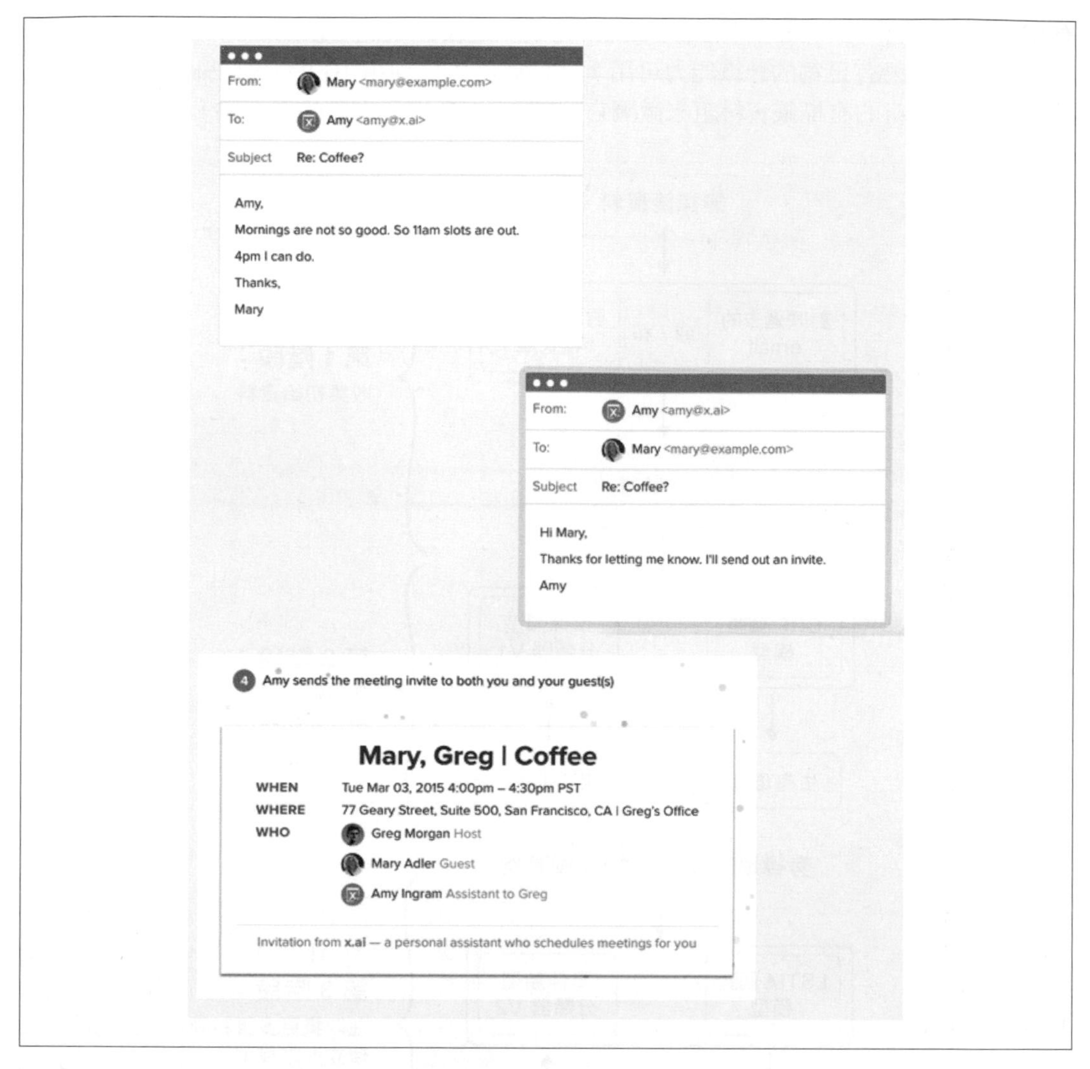

圖 5-18　從 email 提取會議資訊（代表圖像）

部署系統後，我們就可以開始從明確的標注或是較隱性的回饋來收集回饋資料。它們可能包括會議被接受 / 拒絕的比率，以及會議日期或房間衝突的比率。這些資訊都可以用來收集更多資料，以便使用更精密的模型。

有了足夠的資料（5–10K 有標籤的 email 句子）之後，我們可以開始探索更強大的語言了解模型。如果有足夠的計算能力可用，我們或許可以利用 BERT 這類強大的預先訓練模型，並且用新的有標籤資料組來微調它。圖 5-19 是這個程序的處理線。

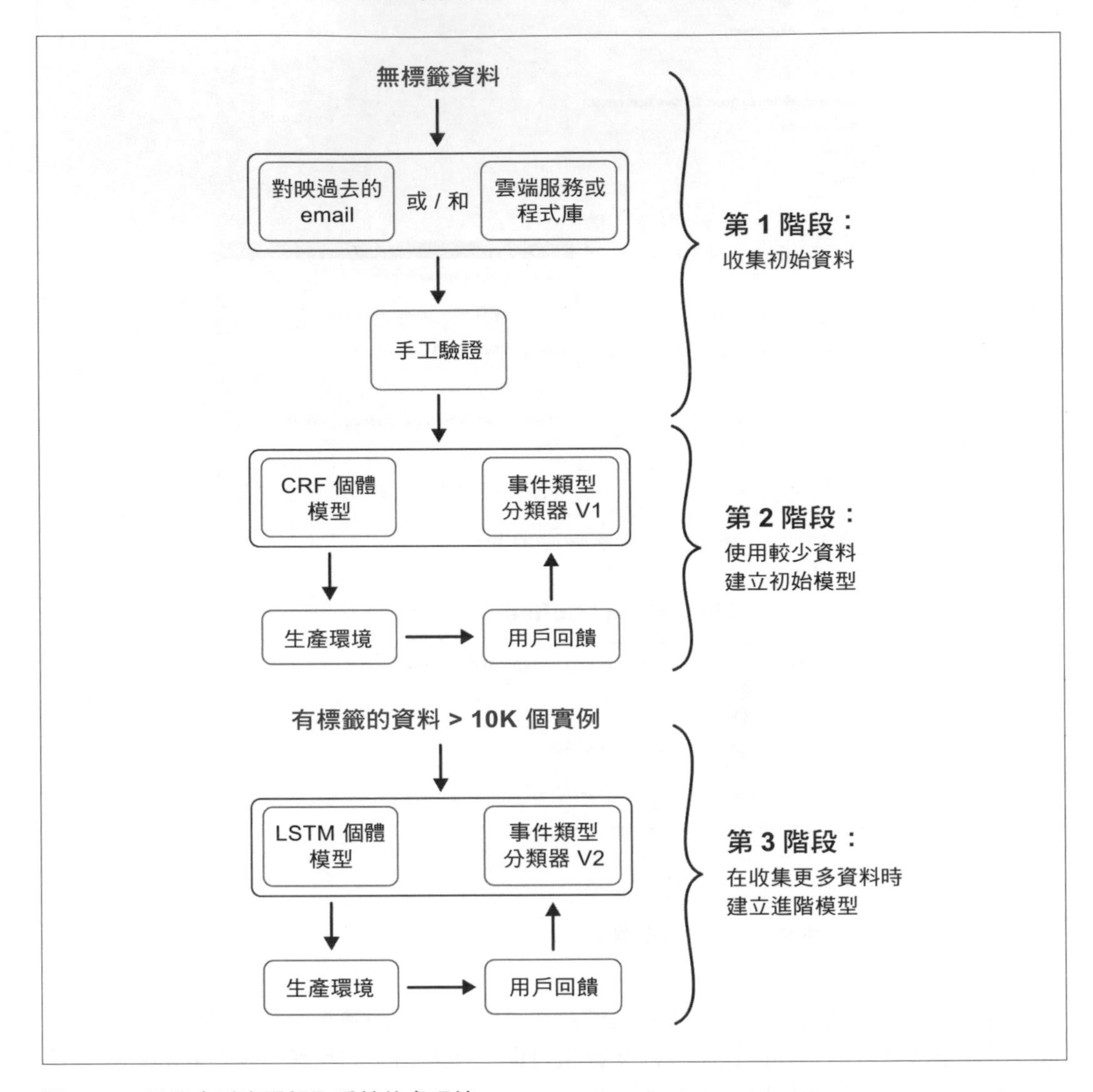

圖 5-19　開發會議資訊提取系統的處理線

接下來，考慮在一開始談到的複雜情況——我們可能提到多個個體（房間名稱），也可能鬆散地提到在不同時間舉行的多場會議。我們將這個問題視為多類別、多標籤分類問題來解決。手工的特徵工程（例如某個特定個體的存在、固定的詞彙等）可能很難解讀語言的模糊性。解決這個問題的方法是使用有迴路的深神經網路，例如 LSTM 或 GRU 網路。這些網路可以建立各個單字的上下文資訊的模型，並且將那些知識編碼到隱藏的向量裡面，用來對 email 進行最終的分類。雖然以上所有討論都是針對一個實際的 IE 問題，但我們可以使用本節介紹的做法來逐步實作與改善任何 IE 問題的解決方案。

結語

本章介紹資訊提取和它在各種實際場景中的用途，並且討論如何為各種 IE 任務實作解決方案，包括關鍵片語提取、專名個體辨識、專名個體連結，以及關係提取。我們也介紹了時間資訊提取、事件提取與模板填寫。與原文分類相比，IE 的一個重要區別是，這些任務依靠的資源除了大型的已標注文集之外，也需要更多領域知識。因此，在實際的場景中，大家經常使用大型服務供應商提供的預先訓練好的模型與解決方案，而不是從零開始開發自己的 IE 系統，除非我們在一個需要訂製解決方案的超級專業領域工作。另一個需要注意的重點是優良的原文提取和清理程序在這些任務中扮演的角色，這也是我們在本章中一再重申的。雖然我們沒有討論涉及多個 IE 任務的端對端範例（有些會在第 3 部分討論），我們希望這一章能讓你充分了解 IE，以及了解在專案中實作 IE 任務時必須記住的事項。下一章將介紹如何為可能在工作領域中遇到的各種用例製作聊天機器人。

參考文獻

[1] Wikipedia. "Message Understanding Conference" (*https://oreil.ly/trYdm*). Last modified November 20, 2019.

[2] Linguistic Data Consortium. "ACE" (*https://oreil.ly/Zy0VO*). Last accessed June 15, 2020.

[3] NIST. "Text Analysis Conference" (*https://tac.nist.gov*). Last accessed June 15, 2020.

[4] Google News (*https://news.google.ca*). Last accessed June 15, 2020.

[5] Sarno, Adrian. “Information Extraction from Receipts with Graph Convolutional Networks” (*https://oreil.ly/bpw5v*), Nanonets (blog), 2020.

[6] Sensibill (*https://oreil.ly/zDNVs*). Last accessed June 15, 2020.

[7] Nicas, Jack. “Apple's Plan to Buy $75 Billion of Its Stock Fuels Spending Debate” (*https://oreil.ly/LJnCI*). New York Times, April 30, 2019.

[8] Chiticariu, Laura, Yunyao Li, and Frederick Reiss. “Rule-Based Information Extraction is Dead! Long Live Rule-Based Information Extraction Systems!” Proceedings of the 2013 Conference on Empirical Methods in Natural Language Processing (2013): 827–832.

[9] Chiticariu, L. et al. “Web Information Extraction” . In Liu, L. and Özsu, M.T. (eds), Encyclopedia of Database Systems, New York: Springer, 2018.

[10] Hasan, Kazi Saidul and Vincent Ng. “Automatic Keyphrase Extraction: A Survey of the State of the Art.” Proceedings of the 52nd Annual Meeting of the Association for Computational Linguistics 1: (2014): 1262–1273.

[11] Çano, Erion and Ond ej Bojar. “Keyphrase Generation: A Text Summarization Struggle.” Proceedings of the 2019 Conference of the North American Chapter of the Association for Computational Linguistics: Human Language Technologies 1 (2019): 666–672.

[12] Chartbeat Labs Projects. textacy: NLP, before and after spaCy (*https://oreil.ly/9INdz*), (GitHub repo). Last accessed June 15, 2020.

[13] Explosion.ai. “SpaCy: Industrial-Strength Natural Language Processing in Python” (*https://spacy.io*). Last accessed June 15, 2020.

[14] Mihalcea, Rada and Paul Tarau. “Textrank: Bringing Order into Text.” Proceedings of the 2004 Conference on Empirical Methods in Natural Language Processing (2004): 404–411.

[15] Gensim. “summarization.keywords—Keywords for TextRank summarization algorithm” (*https://oreil.ly/74MxG*). Last accessed June 15, 2020.

[16] Chowdhury, Jishnu Ray. "Implementation of TextRank" (*https://oreil.ly/05FtV*). Last accessed June 15, 2020.

[17] Explosion.ai. "displaCy Named Entity Visualizer" (*https://oreil.ly/1nhKg*). Last accessed June 15, 2020.

[18] spaCy. Common entity categories in NER development (*https://oreil.ly/ztbb7*). Last accessed June 15, 2020.

[19] The Stanford Natural Language Processing Group. "Stanford RegexNER" (*https://oreil.ly/9kXyW*). Last accessed June 15, 2020.

[20] Explosion.ai. spacy's EntityRuler (*https://oreil.ly/m7eXK*). Last accessed June 15, 2020.

[21] Wikipedia. "Sequence labeling" (*https://oreil.ly/YDupI*). Last modified January 18, 2017.

[22] Sang, Erik F. and Fien De Meulder. "Introduction to the CoNLL-2003 Shared Task: Language-Independent Named Entity Recognition." Proceedings of the Seventh Conference on Natural Language Learning at HLT-NAACL (2003).

[23] Team HG-Memex. sklearn-crfsuite: scikit-learn inspired API for CRFsuite (*https://oreil.ly/kgHD5*), (GitHub repo). Last accessed June 15, 2020.

[24] MIT-NLP. MITIE: library and tools for information extraction (*https://oreil.ly/SZPdT), (GitHub repo*). Last accessed June 15, 2020.

[25] Yang, Jie. NCRF++: a Neural Sequence Labeling Toolkit (*https://oreil.ly/vqAeA*), (GitHub repo). Last accessed June 15, 2020.

[26] Jurafsky, Dan and James H. Martin. Speech and Language Processing, Third Edition (Draft) (*https://oreil.ly/Ta16f*), 2018, Chapter 18.

[27] Linguistic Data Consortium. "OntoNotes Release 5.0" (*https://oreil.ly/3dDIU*). Last accessed June 15, 2020.

[28] The Stanford Natural Language Processing Group. “Stanford Named Entity Recognizer (NER)” (*https://oreil.ly/ocVdM*). Last accessed June 15, 2020.

[29] Allen Institute for AI. “AllenNLP: An open-source NLP research library, built on PyTorch” (*https://allennlp.org*). Last accessed June 15, 2020.

[30] Explosion.ai. Prodigy's NER Recipes (*https://oreil.ly/YtP8J*). Last accessed June 15, 2020.

[31] Jurafsky, Daniel and James H. Martin. Speech and Language Processing: An Introduction to Natural Language Processing, Computational Linguistics and Speech Recognition. Upper Saddle River, NJ: Prentice Hall, 2008.

[32] FilingDB. “What's so hard about PDF text extraction?” (*https://oreil.ly/W9VRo*) Last accessed June 15, 2020.

[33] IBM Research Editorial Staff. “Making sense of language. Any language” (*https://oreil.ly/55aoa*). October 28, 2016.

[34] Wikipedia. “Knowledge Graph” (*https://oreil.ly/phOGJ*). Last modified April 12, 2020.

[35] NLP-progress. “Entity Linking” (*https://oreil.ly/5fhhN*). Last accessed June 15, 2020.

[36] DBpedia Spotlight. “Shedding light on the web of documents” (*https://oreil.ly/wM1Ax*). Last accessed June 15, 2020.

[37] Rosette Text Analytics. “Relationship Extraction” (*https://oreil.ly/i_pXV*). Last accessed June 15, 2020.

[38] Wikipedia. “Satya Nadella” (*https://oreil.ly/4bjlF*). Last modified April 10, 2020.

[39] Snorkel. “Detecting spouse mentions in sentences” (*https://oreil.ly/Is2Ll*). Last accessed June 15, 2020.

[40] Allen Institute for AI. “Reading Comprehension: Demo” (*https://oreil.ly/nj3jL*). Last accessed June 15, 2020.

[41] AllenNLP's GitHub repository (*https://oreil.ly/cbd6v*). Last accessed June 15, 2020.

[42] IBM Cloud. “Watson Natural Language Understanding” (*https://oreil.ly/syL2g*). Last accessed June 15, 2020.

[43] IBM Cloud. Relation types (*https://oreil.ly/y97Oo*). Last accessed June 15, 2020.

[44] NLP-progress. “Relationship Extraction” (*https://oreil.ly/7VZiR*). Last accessed June 15, 2020.

[45] BetterCloud. “Hidden Shortcuts for Creating Calendar Events Right from Gmail” (*https://oreil.ly/RcrLQ*). Last accessed June 15, 2020.

[46] Wit.ai. Duckling (*https://duckling.wit.ai*). Last accessed June 15, 2020.

[47] The Stanford Natural Language Processing Group. “Stanford Temporal Tagger” (*https://oreil.ly/8WQHC*). Last accessed June 15, 2020.

[48] Stelmach, Joe. “Natty” (*https://oreil.ly/Y7roo*). Last accessed June 15, 2020.

[49] Taylor, Mike. “parsedatetime” (*https://oreil.ly/tOVxl*). Last accessed June 15, 2020.

[50] Preston-Warner, Tom. Chronic: a pure Ruby natural language date parser (*https://oreil.ly/Pt3op*), (GitHub repo). Last accessed June 15, 2020.

[51] Bloomberg Professional Services. “Event-Driven Feeds” (*https://oreil.ly/UP2gQ*). Last accessed June 15, 2020.

[52] Twitter. Congratulatron (@congratsbot (*https://oreil.ly/fStKj*)). Last accessed June 15, 2020.

[53] Li, Jiwei, Alan Ritter, Claire Cardie, and Eduard Hovy. “Major Life Event Extraction from Twitter based on Congratulations/Condolences Speech Acts” (*https://oreil.ly/ixoM2*). Proceedings of the 2014 Conference on Empirical Methods in Natural Language Processing (EMNLP) (2014): 1997–2007.

[54] Jean-Louis, Ludovic, Romaric Besançon, and Olivier Ferret. “Text Segmentation and Graph-based Method for Template Filling in Information Extraction.” Proceedings of 5th International Joint Conference on Natural Language Processing (2011): 723–731.

[55] Molumby, Conor and Joe Whitwell. "General Election 2019: Semi-Automation Makes It a Night of 689 Stories" (*https://oreil.ly/NRiA0*). BBC News Labs, December 13, 2019.

[56] Reiter, Ehud. "Election Results: Lessons from a Real-World NLG System" (*https://oreil.ly/ukiXH*), Ehud Reiter's Blog, December 23, 2019.

第六章

聊天機器人

一台機器可以完成五十位普通人的工作。
但沒有任何機器可以完成一位傑出人士的工作。

—*Elbert Green Hubbard*

聊天機器人是可讓用戶以自然語言互動的互動式系統。它們通常透過文字來互動，但也可以使用語音介面。自從第一波聊天機器人在 2016 年初出現以來，它們已經變得無處不在，Facebook Messenger、Google Assistant 與 Amazon Alexa 等平台都是聊天機器人的例子。有一些新工具可讓開發者為他們的品牌或服務建立自訂的聊天機器人 [1]，讓顧客可以在他們的傳訊平台上執行一些日常操作。

聊天機器人融入社會已經開啟新的科技時代：交談式介面的時代，這個介面不需要螢幕與滑鼠，也不需要點按或滑動，只要使用語音就可以了。這個介面完全使用對話，這種對話與我們和朋友及家人的交談沒有任何不同。因為聊天機器人在底層處理原文，所以一切都是關於了解用戶的文字回應，以及生成合理的回覆。你將在這一章看到，從了解到生成的過程中，NLP 扮演重要的角色。

總的來說，聊天機器人與人工智慧的歷史是交織在一起的。在 1950 與 1960 年代，電腦科學家 Alan Turing 與 Joseph Weizenbaum 設想了「電腦可以像人類一樣溝通」的概念。稍後，在 1966 年，Joseph Weizebaum 僅用了 200 行程式寫出史上第一個聊天機器人 Eliza [2]。Eliza 使用正規表達式與規則來模仿 Rogerian Psychotherapist 的語言。雖然人們知道他們正在與電腦程式進行互動，然而，藉著 Eliza 的情緒反應，在試驗期間，人們仍然被這個程式帶出情緒。

後來，隨著強大的訊號處理工具的出現，研究人員開始專門建構語音對話工具來改善用戶體驗。許多語音對話系統是在 1980 年至 2000 年之間建立的，它們最初是 DARPA 的軍事專案，目標是改善和士兵之間的自動通訊。他們用這個系統來下達命令。後來這些系統被改成聊天機器人，協助各種服務的用戶取得到常見問題的答案。這種機器人仍然是人工製作的，因此它們產生的回應是固定的，而且機器人不擅長處理對話提供的語境。

近年來，由於智慧手機的普及，以及 ML 與 DL 的最新進展，聊天機器人已經變得更加可行且實用了。除了在 Facebook Messenger 等流行的傳訊平台上，用來建立聊天機器人的 API 之外，我們現在也可以透過各種平台來建立聊天機器人背後的 AI 與邏輯。因此即使是 AI 背景與經驗有限的人員和公司也可以輕鬆地部署他們自己的聊天機器人。

本章的目標是介紹聊天機器人的底層系統與理論，並且用不同的場景來分享實際的聊天機器人製作經驗。最後，我們會介紹一些可能為整個領域帶來重大進展的前衛研究，期望藉著介紹熱門的聊天機器人應用領域來鼓勵讀者。

應用

聊天機器人可以用在許多產業的各種任務，從零售到新聞，甚至至醫療領域。我們將簡單介紹聊天機器人的各種應用。以下的許多用例在最近幾年已經變得更加成熟了，但有些仍然處於初期。這些用例包括：

購物與電子商務

最近各種電子商務開始使用聊天機器人來運作，包括定價或修改訂單、付費等。電子商務業界也期待做出能夠推薦各種商品的機器人。業界把重心放在建構交談式推薦系統，以提供更無縫的用戶體驗。

新聞與內容發現

與電子商務類似的是，聊天機器人可以用於新聞與內容發現。用戶可以用對話的方式搜尋各種細節，且機器人能夠回傳相關的文章。

客服

客服是重度使用機器人的另一個領域。機器人被用來處理投訴、協助回答 FAQ、以預先設置的對話流程引導查詢（navigate query）。

醫療

在健康和醫療應用中，FAQ 機器人非常實用。這些機器人可以協助病人根據他們的症狀快速獲得相關資訊。最近也有人正在研究可以藉著問問題從病人取得他們的健康狀況的聊天機器人。

法律

在法律應用領域，機器人也可以為用戶提供 FAQ。它們甚至可以用來解決更複雜的問題，例如詢問跟進（follow-up）問題。比如說，如果有用戶要求跟進一個案件的法律條款，機器可以詢問關於案例性質的具體問題，以找出適當的對象。

以下是比較詳細的 FAQ 機器人，它在許多服務平台都很常見，可協助用戶取得常見問題的答案。

簡單的 FAQ 機器人

FAQ 機器人通常是一種搜尋系統，它會在收到問題時，尋找正確答案，並提供給用戶。它本質上是可讓用戶以不同方式問問題來取得回應的機器人。這種機器人很適合當成一組複雜問題的對話介面。

作為例子，我們來看一組 Amazon Machine Learning Frequently Asked Questions。電腦必須學習為與它們類似的問題提供正確的答案，所以最好可以對各個問題進行一些釋義。表 6-1 是這種聊天機器人的一些輸入及輸出範例。

表 6-1　FAQ 機器人使用的 Amazon ML FAQ [3]

問題	答案
What can I do with Amazon Machine Learning?How can I use Amazon Machine Learning?What can Amazon Machine Learning do?	You can use Amazon Machine Learning to create a wide variety of predictive applications. For example, you can use Amazon Machine Learning to help you build applications that flag suspicious transactions, detect fraudulent orders, forecast demand, etc.
What algorithm does Amazon Machine Learning use to generate models?How does Amazon Machine Learning build models?	Amazon Machine Learning currently uses an industry-standard logistic regression algorithm to generate models.

問題	答案
Are there limits to the size of the dataset I can use for training? What is the maximum size of training dataset?	Amazon Machine Learning can train models on datasets up to 100 GB in size.

圖 6-1 是 FAQ 機器人的工作情況。在本章稍後，我們將學習如何為各種應用領域逐步建構這種機器人。

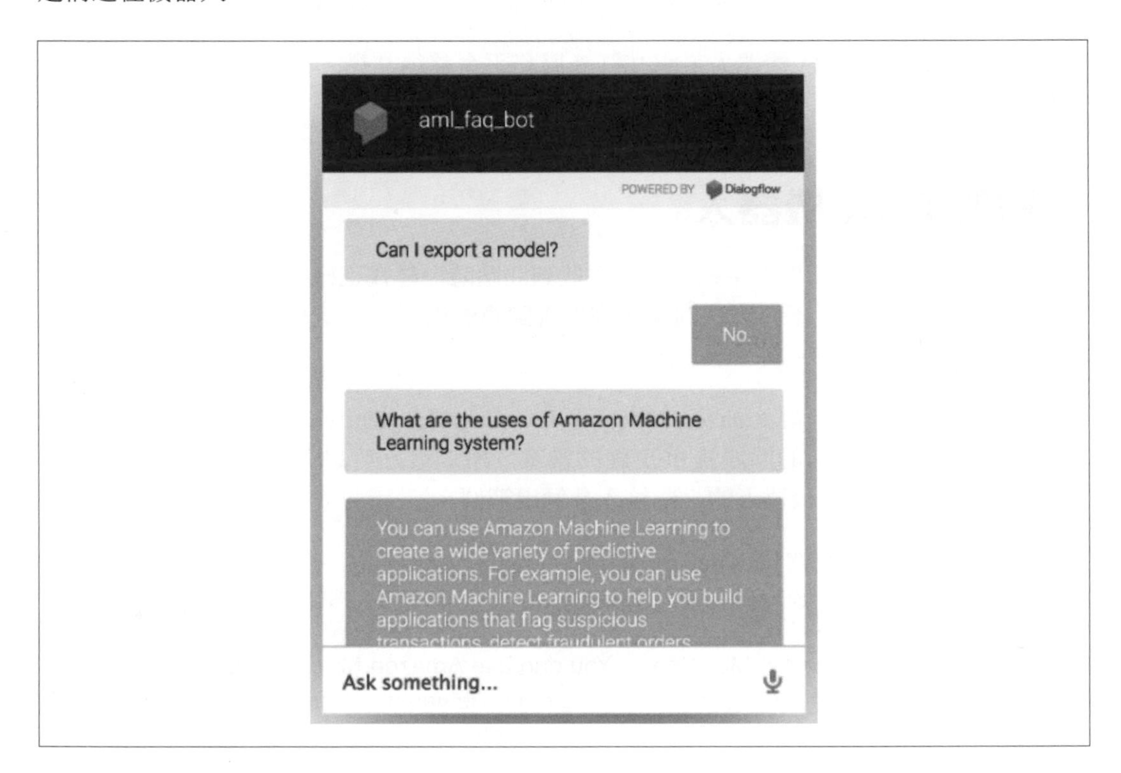

圖 6-1　FAQ 機器人

現在我們要討論聊天機器人的分類樹，並且根據它們的用途來解釋各個種類。

聊天機器人的分類樹

我們來討論聊天機器人的各種用途，以及它們在不同領域的適用性。聊天機器人可以用很多種方式分類，不同的類別會影響它們的建構方式，以及它們的用途。了解機器人和用戶的互動方式是認識它們的角度之一：

精確回答，或使用有限對話的 *FAQ* 機器人

: 這些聊天機器人會連接到一組固定的回應，並根據對於問題的理解，取出正確的回應。例如，當我們建構 FAQ 機器人時，機器人必須了解問題並取得固定的、正確的答案。通常每一個傳給用戶的回應都與之前的回應無關。見圖 6-2。在 FAQ 機器人範例中，我們可以看到，在前兩次問答中，機器人都為類似但稍微不同的問題提供固定的答案。問題不同時，它會拉出不同的答案。

流程式機器人

: 就回應的變化性而言，流程式對話機器人通常比 FAQ 機器人更複雜。用戶可以在對話過程中逐步表達自己的觀點或要求。例如，在訂購披薩時，用戶可能會逐步表達他們想要的配料、披薩尺寸和其他細節。機器人會在整個對話過程中理解並追蹤這些資訊，以便每次都成功地產生回應。在圖 6-2 的流程式機器人中，我們可以看到機器人詢問一組特定的問題來完成一張披薩訂單。這個流程是預先定義的，機器人會詢問相關的問題來完成訂單。我們將在本章稍後更詳細討論流程式機器人。

開放式機器人

: 開放式機器人主要用於娛樂，有的可以和用戶討論各種話題。這種機器人不需要維持特定的對話方向或流程。在圖 6-2 中，開放式機器人在對話時，不使用任何既有的模板，或固定的問題 / 回答。它可以從一個話題流暢地進入另一個話題，保持談話的趣味性。這個開放式機器人範例是本書作者之一為某個流行的數位助理平台打造的。

聊天機器人可分為兩大類別：(1) 目標導向對話與 (2) 閒聊。FAQ 機器人與流程式機器人都屬於第一類，而開放式機器人主要是閒聊類型。這兩種機器人都在業界重度使用，

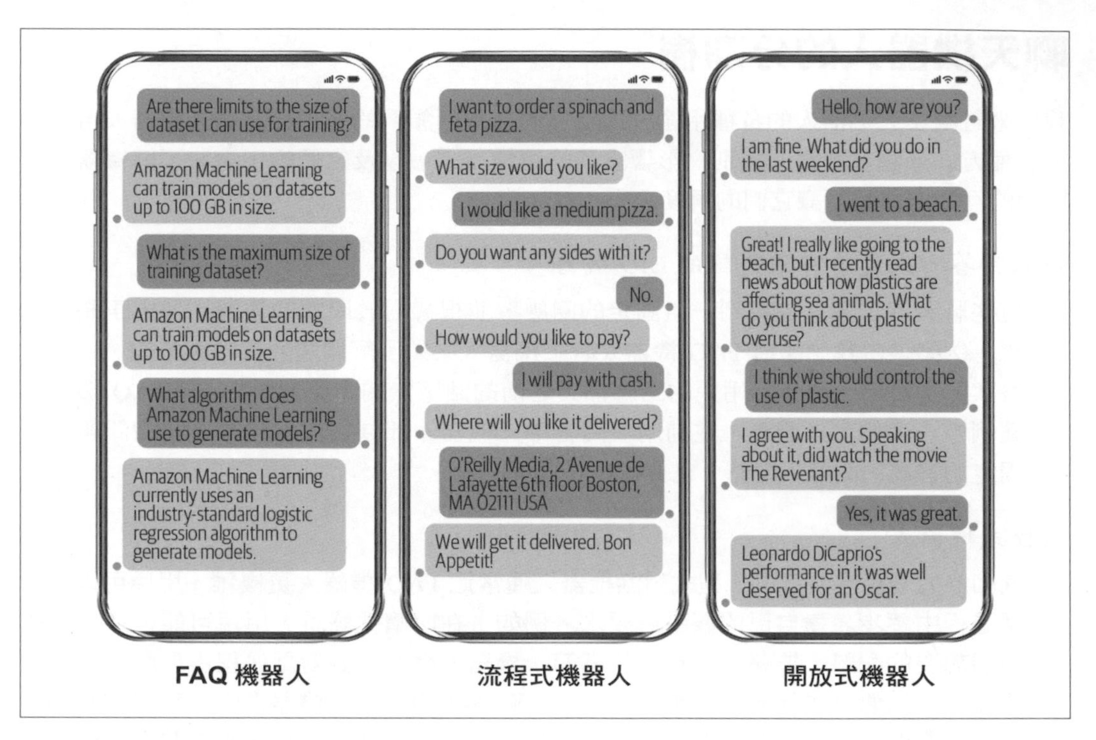

圖 6-2　各種聊天機器人

目標導向對話

人類進行對話有一個自然的目的是藉著尋找相關資訊來完成目標。同理，為已知最終目標的特定用例設計聊天機器人或對話代理人也很容易。我們到目前為止討論的多數聊天機器人（通常用於研究領域或業界的）都是目標導向的聊天機器人。與聊天機器人互動的用戶應該已經掌握了關於他們想要在對話之後實現的目標的完整資訊。例如，透過聊天機器人或對話代理人尋找電影推薦或預定航班就是目標導向對話的例子，他們的目標是看電影和預訂航班。

根據定義，目標導向的系統是特定領域專屬的，因此在系統內需要領域專屬的知識。這會妨礙聊天機器人框架的普及性和擴展性。為了降低這個限制，Facebook [4] 最近的研究提出一種端對端框架，可用對話本身來訓練所有組件。這項研究提出「資料自動操作」——例如，透過 API 呼叫，用問題與回答來進行有意義的對話。這是研究員與業界開始遵循的最新方法之一。

閒聊

除了目標導向對話之外，人類也會進行沒有任何具體目標的無結構、開放式對話。這種人與人之間的對話包括針對各種話題進行自由的、主觀的討論。由於閒聊沒有客觀目標，製作可以和人類閒聊的對話代理人是一項挑戰。為了讓對話更自然，對話代理人必須產生連貫的、符合主題的、事實正確的回應。

閒聊機器人的應用仍然是新奇的領域，但它有巨大的潛力。例如，在老年照護的緊急醫療情況之下，用這些機器人來獲取有用但敏感的資訊。這種自由形式的對話機器人也可以用來解決青少年和老年人的孤獨和憂鬱等長期存在的問題。有些市場龍頭，例如 Amazon、Apple 與 Google 等，正斥下巨資為全球顧客打造這種機器人。

到目前為止，我們已經討論各種聊天機器人與它們在各種產業中的應用。這可讓我們根據使用情況來理解聊天機器人的各種元素，也可以協助我們在需要其中的一些元件時製作它們。接下來，我們要探討聊天機器人開發流程，以及各種元件的細節。

對話系統建造流程

我們已經在第 4 章與第 5 章探討各種 NLP 任務了，例如分類與個體偵測。接下來，我們要用其中的一些任務來描述對話系統建構流程範例。圖 6-3 是完整的、包含各種元件的對話系統流程。我們將會討論各個元件的用途，以及整個流程的資料流。

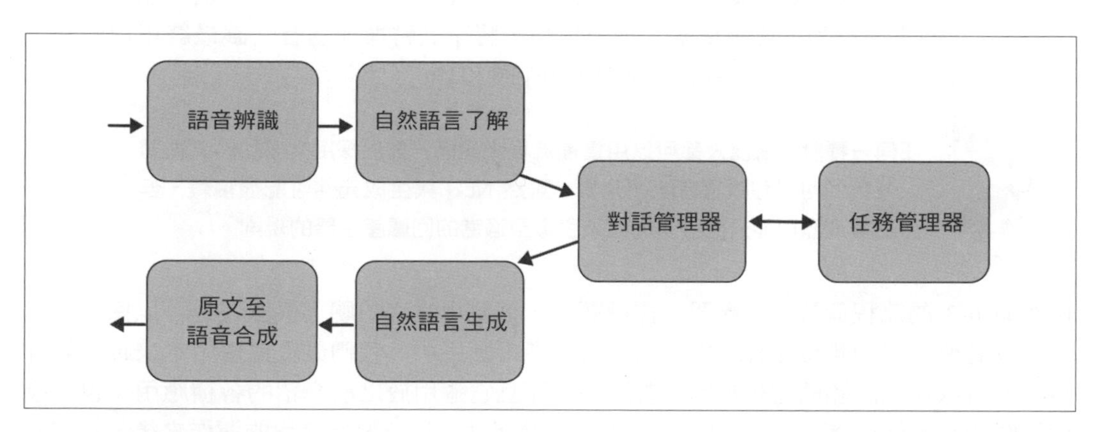

圖 6-3　對話系統的流程

語音辨識

對話系統通常被當成人類與電腦之間的介面，所以對話系統的輸入是人類語音。語音辨識演算法可將語音轉錄為自然文字。業界的對話系統使用最先進的語音至文字轉錄模型 [5]，這不在本書的討論範圍之內。如果你對語音模型感興趣，可參考 [5] 的整體概要。

自然語言了解（*NLU*）

在轉錄後，系統試著分析與「了解」轉錄出來的原文。這個模型包含各種自然語了解任務。這種任務的例子有情緒偵測、專名個體提取、共指消解等。這個模組主要負責收集原文中隱性（情緒）或明確（專名個體）的資訊。

對話與任務管理器

從輸入取得資訊之後，圖中的**對話管理器**會收集並有系統地決定哪些資訊重要或不重要。對話管理器是控制與引導對話流程的模組。你可以將它想成一張表，裡面有在 NLU 步驟中提取的資訊，以及在對話的過程中儲存的所有話語。對話管理器透過規則或其他複雜的機制（例如強化學習）來發展策略，藉以利用從輸入中取得的資訊。對話管理器在目標導向對話中最為普遍，因此透過對話可以達到明確的目標。

自然語言生成

最後，當對話管理器決定回應的策略之後，自然語言生成模型會根據對話管理器設計的策略來生成人類可讀的回應。這種回應生成器可能使用模板，也可能是從資料中學到的生成模型。之後是語音合成模型，將原文轉換成語音，讓最終用戶聽到。關於語音合成任務的更多資訊，請參考 [6] 與 [7]。

任何一種聊天機器人都可以用這種流程來建構。對於採用文字的聊天機器人，我們可以移除語音處理元素。雖然 NLU 與生成元件可能很複雜，但對話管理器可能只是可將機器人引導至適當的回應產生器的規則。

雖然圖 6-3 的流程假設聊天機器人採用語音，但使用文字的聊天機器人也可以採取不包含語音處理模組的類似流程。但是在所有的產業應用中，我們最終會採用越來越多語音系統，所以在此討論的流程是比較普遍的，而且它適用於之前介紹的各種應用（包括第 1 章的用例研究）。簡要介紹聊天機器人的各種組件，以及對話流程的運作之後，我們來深入了解這些組件的細節。

對話系統細節

對話系統或聊天機器人的主要概念是了解用戶的查詢或輸入，並提供適當的回應。它與典型的問答系統不同，在典型的問答系統中，提供一個問題就必須有一個答案。在對話環境中，用戶可以「分回合」詢問他們的查詢。在每個回合中，用戶都會根據機器人回應的內容來透露他們對話題的興趣。所以，對話系統最重要的事情是逐回合了解用戶輸入的細微差別，並將它們存入語境（context，或上下文）中，以生成回應。

在探討機器人與對話系統的細節之前，我們先廣泛地介紹在開發對話系統與聊天機器人的過程中使用的術語。[譯註]

dialog act 或 *intent*

這是用戶命令的目的。在傳統的系統中，intent（意圖）是主要的描述符（descriptor），通常會有其他的東西連接到意圖，例如情緒。有些文獻也將意圖稱為「dialog act（對話行為）」。在圖 6-4 的第一個例子中，orderPizza 是用戶命令的 intent。類似地，在第二個例子中，用戶想要知道股市訊息，所以 intent 是 getStockQuote。這些 intent 通常是根據聊天機器人的運作領域預先定義的。

slot 或 *entity*

這是固定的本體論結構（ontological construct），保存與 intent 有關的特定 entity（個體）的資訊。「值（value）」就是在原始話語中出現，而且與各個 slot（槽）有關的資訊。有時 slot 與 value 一起稱為「entity」。圖 6-4 是兩個 entity 的例子。第一個範例尋找要訂購的披薩的特定屬性：「medium」與「extra cheese」。第二個範例尋找與 getStockQuote 有關的 entity：聊天機器人被詢問的股票名稱與時間段。

dialog state 或 *context*

dialog state（對話狀態）是一種本體論結構，裡面有關於 dialog act 以及成對的狀態——值的資訊。類似地，context（語境）可視為一組 dialog state，它也將之前的 dialog state 描述為歷史紀錄。

譯註 為了避免讀者混淆，這些術語除了在第一次出現時譯為中文之外，在本章其餘內容中，皆採用原文。

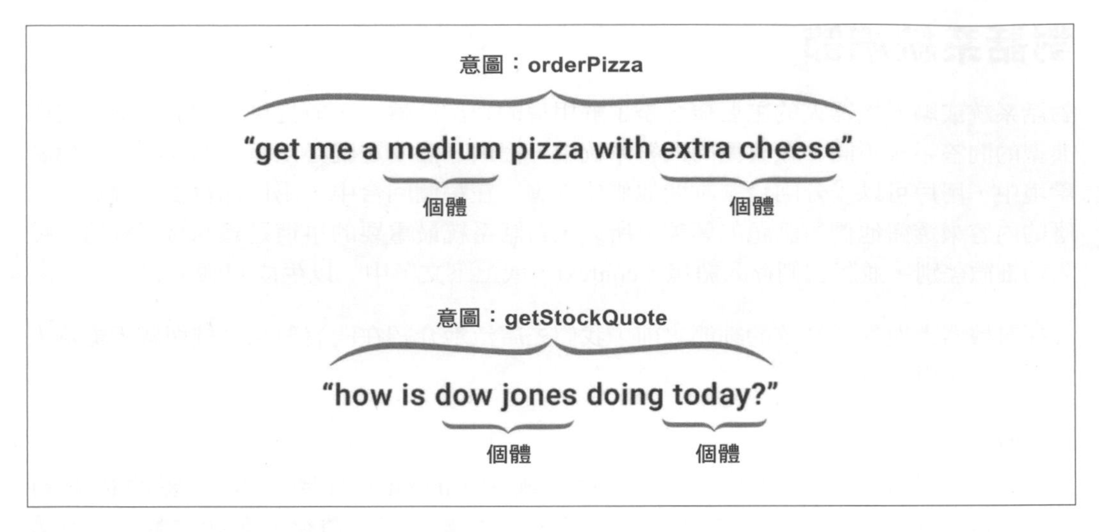

圖 6-4　在聊天機器人裡面使用的各種術語

接下來，我們使用雲端 API Dialogflow [8] 來完成一個虛構披薩店的演練，讓用戶可以和聊天機器人對話來訂購披薩。這是個目標導向系統，其目標是服從用戶的要求並且訂購披薩。

PizzaStop 聊天機器人

Dialogflow 是 Google 製作的對話代理人建構平台。我們可以藉著提供「了解與生成自然語言的工具以及管理對話的工具」給 Dialogflow，來輕鬆地創造對話體驗。除了它之外還有其他工具可用，但我們選擇它的原因是它的易用、成熟，以及持續改善。

假設有個虛構的披薩店稱為 PizzaStop，我們必須建立一個聊天機器人從顧客那裡接收訂單。披薩有很多種配料（例如洋蔥、蕃茄、椒類）和各種尺寸。一份訂單可能也包含多種品項，包括菜單的小菜、開胃菜與飲料部分。了解需求之後，我們來使用 Dialogflow 框架來建構機器人。

建構 Dialogflow 代理人

在建構代理人之前，我們要先建立一個帳號，並設定一些東西。打開 Dialogflow 的官網 [9]，用你的 Google 帳號登入，並提供所需的權限。前往 API 的 V2 [10]。按下「免費試用」，前往 Google Cloud Services 的免費層，執行下列的註冊程序。

1. 首先，建立一個代理人。按下 Create Agent 按鈕，輸入代理人的名稱。你可以提供任何名稱，但最好可以從名稱知道它的用途。對 PizzaStop 專案而言，我們將代理人稱為「Pizza」。設定時區並按下 Create 按鈕。

   圖 6-5 是在建立代理人時的畫面。

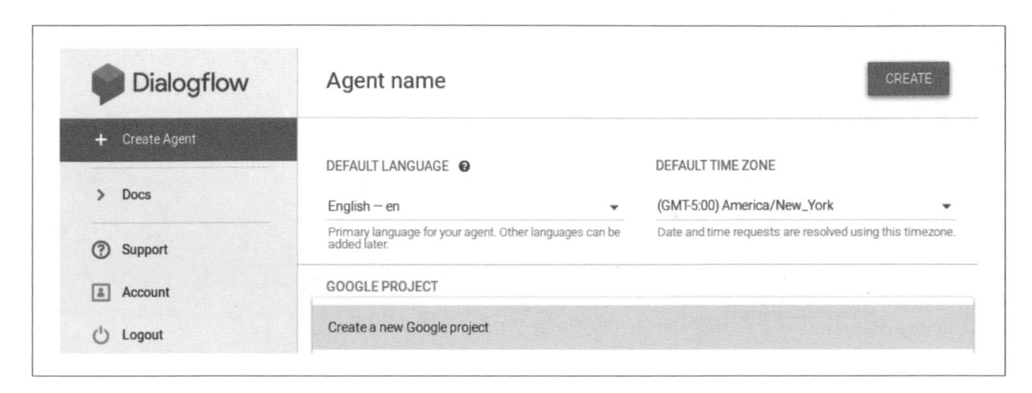

圖 6-5 使用 Dialogflow 建立代理人

2. 接下來你會前往另一個網頁，裡面有建立機器人的選項。圖 6-6 是 Dialogflow 的 UI，我們在建立代理人時會多次使用它。在預設情況下，我們已經有兩個 intent 了：Default Fallback Intent 與 Default Welcome Intent。Default Fallback Intent 是內部 API 失敗時的預設回應，Default Welcome Intent 將會產生歡迎訊息。

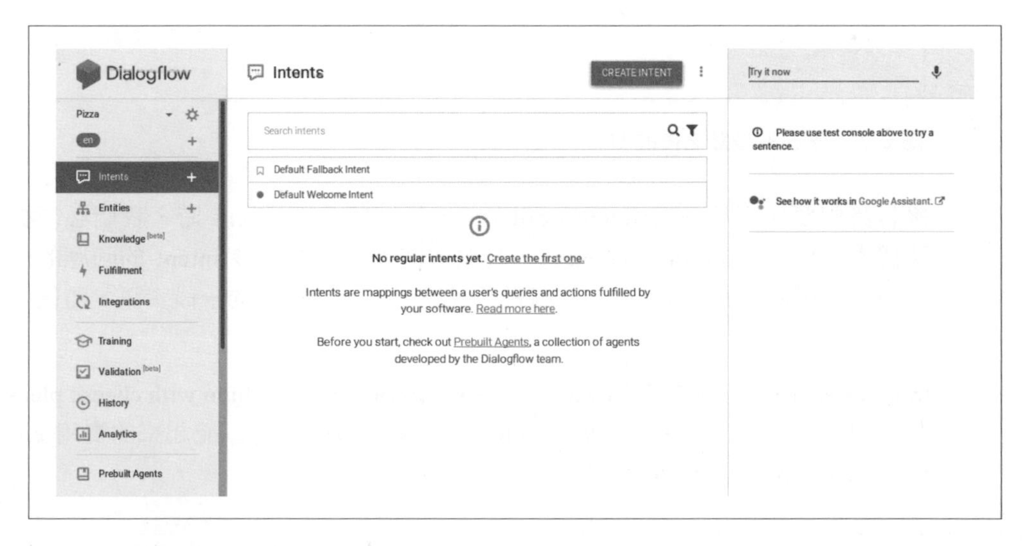

圖 6-6 在建立代理人之後的 Dialogflow UI

3. 接下來，我們要為代理人加入我們在乎的 intent 與 entity。為了加入 intent，將游標移到 Intents 區塊上，並按下 + 按鈕。你會看到類似圖 6-7 的畫面。這些 intent 與 entity 是我們在之前定義的東西。

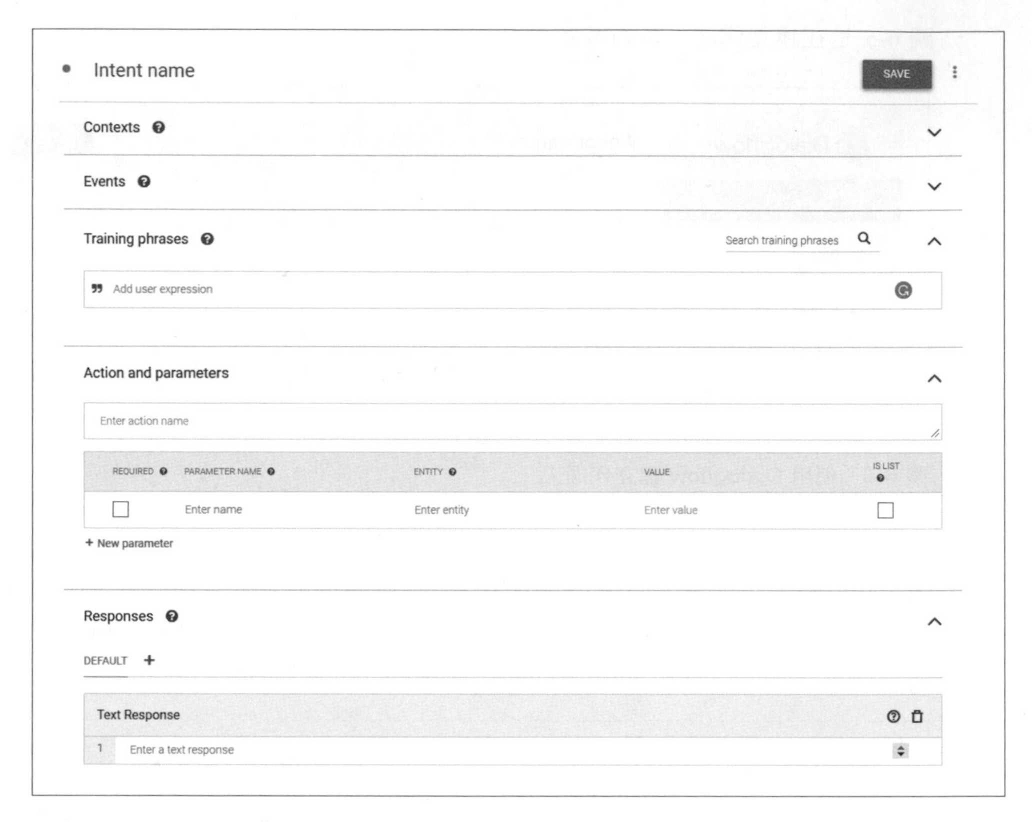

圖 6-7　按下 + 按鈕之後的 UI

4. 接著我們要建立第一個 intent：orderPizza。在建立新 intent 時，我們必須提供訓練樣本，稱為「training phrases」，來讓機器人偵測屬於該 intent 的回應的變體。我們也要提供「context」：在整個對話過程中可以被記住的一段資訊，隨後用來進行 intent 偵測。

   training phrases 的例子有「I want to order a pizza」或「medium with cheese please」。第一個例子表示訂購披薩的簡單 intent，而第二個包含可以記起來的實用 entity，例如 medium 尺寸與 cheese 配料

圖 6-8 是加入代理人的 training phrases 範例。

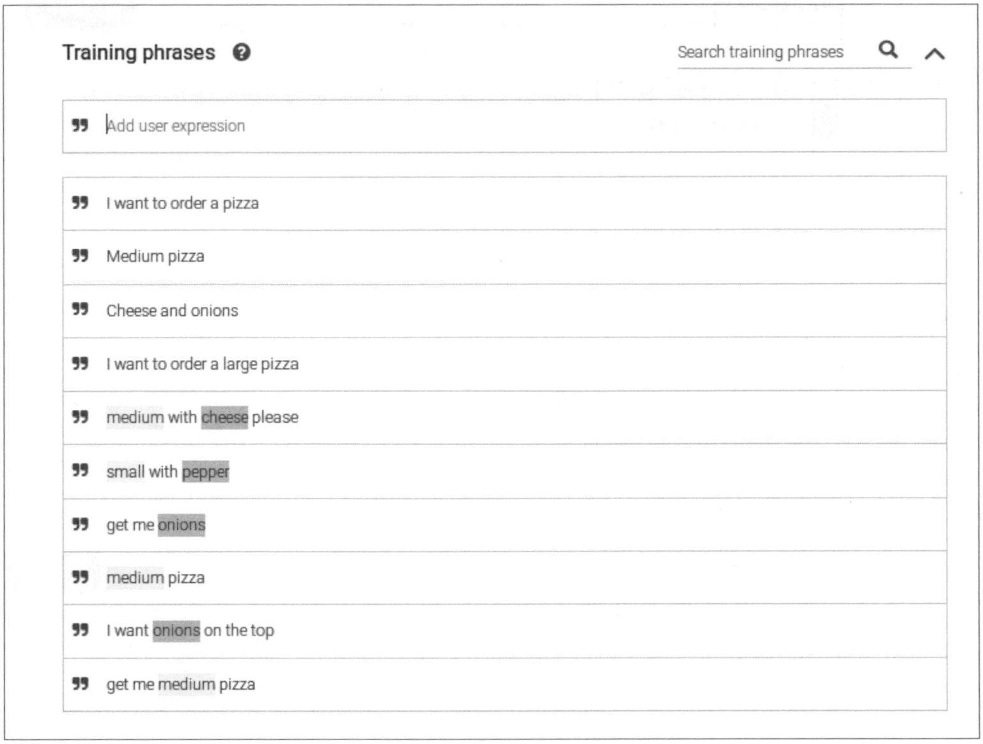

Training phrases

Search training phrases

Add user expression

I want to order a pizza

Medium pizza

Cheese and onions

I want to order a large pizza

medium with cheese please

small with pepper

get me onions

medium pizza

I want onions on the top

get me medium pizza

圖 6-8　為 intent 加入 training phrases

5. 因為我們加入 intent 了，我們必須加入相應的 entity 來記住用戶提供的重要資訊。建立一個名為 pizzaSize 的 entity，啟用「fuzzy matching」（即使 entity 只是大致相同也匹配它們），並提供必要的值。類似地，建立一個 pizzaTopping entity，但是這一次也啟用「Define synonyms」（這可讓我們定義同義詞，並且讓多個被定義為同義詞的單字與同一個 entity 匹配）。

   這兩個 entity 可協助我們偵測「medium size」與「cheese toppings」，如圖 6-9 與 6-10 所示。

pizzaSize

SAVE

Define synonyms　Regexp entity　Allow automated expansion

Fuzzy matching

large

medium

small

Enter value

圖 6-9　建立 pizzaSize entity

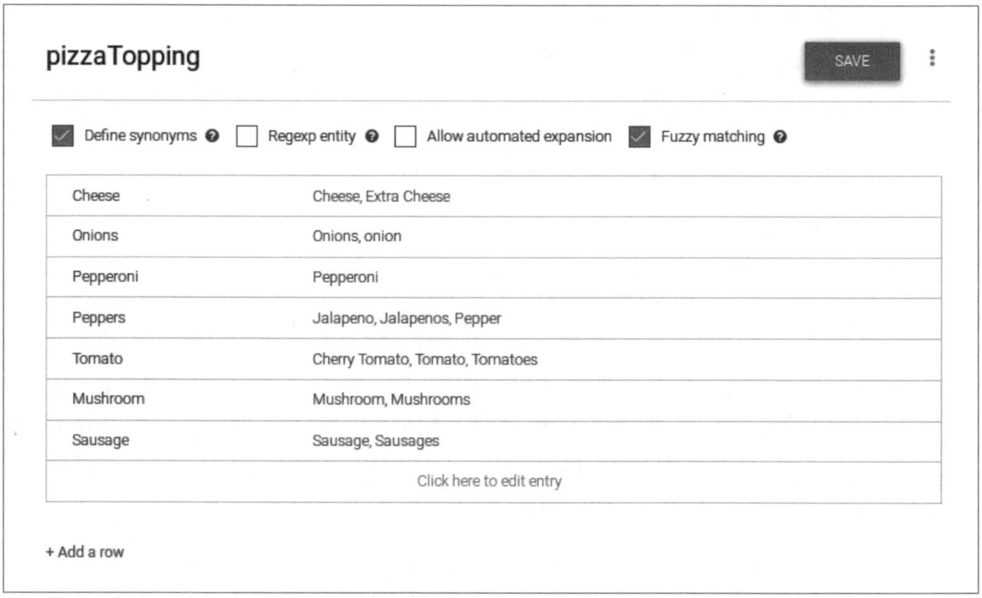

pizzaTopping

SAVE

Define synonyms　Regexp entity　Allow automated expansion　Fuzzy matching

Cheese	Cheese, Extra Cheese
Onions	Onions, onion
Pepperoni	Pepperoni
Peppers	Jalapeno, Jalapenos, Pepper
Tomato	Cherry Tomato, Tomato, Tomatoes
Mushroom	Mushroom, Mushrooms
Sausage	Sausage, Sausages

Click here to edit entry

+ Add a row

圖 6-10　建立 pizzaTopping entity

6. 現在，我們回到 Intents 區塊，在 Action 與 Parameters 部分加入額外的資訊。我們需要 topping（配料）與 size（尺寸）才能完成訂單，所以必須將它們的 Required 打勾。一份披薩不可能有不同的尺寸，但一份披薩可能有多種配料。所以，啟用 toppings 的 isList 選項，來讓它有多個值。

   用戶可能只提到尺寸或配料。為了收集完整的資訊，我們必須加入一個提示（prompt）來詢問後續問題，例如在 pizzaSize 的提示加入「What size of pizza would you like?」。見圖 6-11。

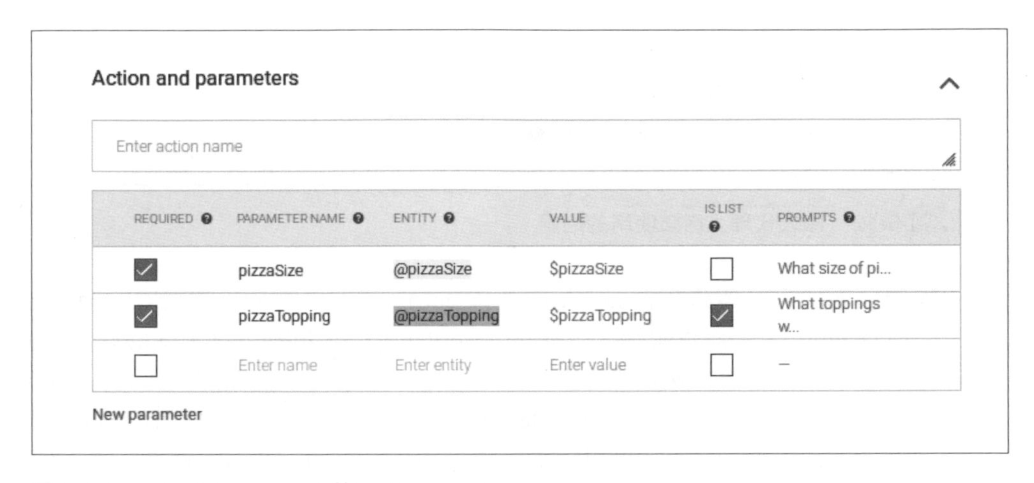

圖 6-11　orderPizza intent 的 actions and parameters

7. 我們也必須提供回應範例，如圖 6-12 所示，它們是代理人將提供給用戶的回應。我們可以詢問用戶是否需要飲料、開胃菜或小菜。如果我們要建立類似帳單 intent 的東西，我們可以在它之後啟用 Responses 區塊裡面的「Set this intent as end of conversation」來結束對話。

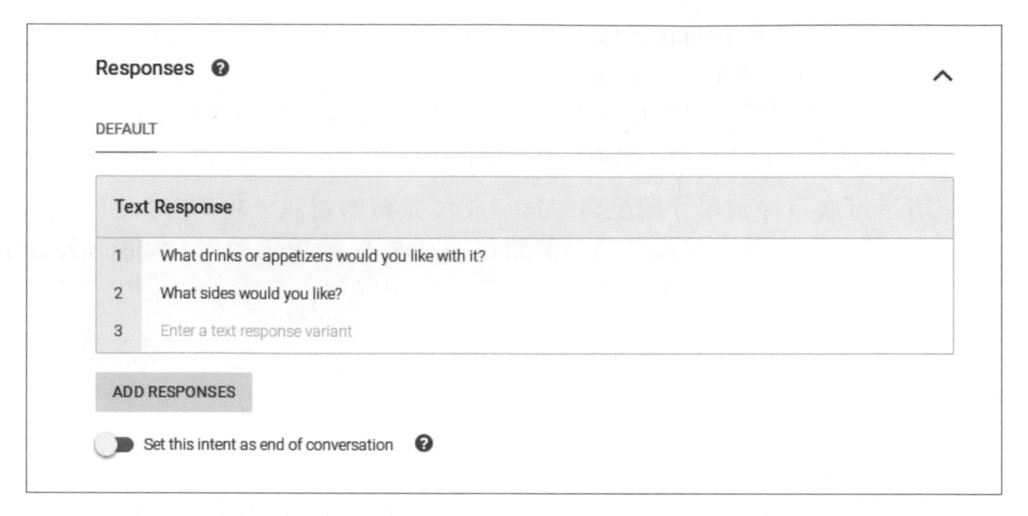

圖 6-12　加入代理人應該使用的回應

8. 我們已經加入一個簡單的 intent 與多個 entity 了，接下來我們來看一個有 context 的複雜 entity。考慮這句話：「I want to order 2 L of juice and 3 wings.」 我們的代理人必須認出訂購的數量與品項，做法是在 Dialogflow 裡面加入自訂的 entity。我們已經建立一個稱為 compositeSide 的 entity 了，它可以處理所有的組合。例如，在「@sys.number-integer:number-integer @appetizer:appetizer」裡面，第一個 entity 負責辨識用戶訂購多少開胃菜，下一個負責開胃菜的類型，如圖 6-13 與圖 6-14 所示。你可以看到，這些 entity 的簽章（signature）是以正規表達式來提供的。

compositeSide　SAVE

Define synonyms　Regexp entity　Allow automated expansion　Fuzzy matching

@beverage:beverage

@appetizer:appetizer

@sys.number-integer:number-integer @appetizer:appetizer

@sys.unit-volume:unit-volume @beverage:beverage

Enter value

+ Add a row

圖 6-13　建立 compositeSide entity

圖 6-14　使用多個 entity 與 context 的複雜陳述式

9. 我們可以加入更多 intent 與 entity 來讓代理人更健全。在圖 6-15 與圖 6-16 中，我們加入一些其他的 intent 與 entity 來充實與加強用戶的披薩購買體驗。

圖 6-15　這個代理人的所有 intent

Entities

CREATE ENTITY

CUSTOM SYSTEM

Search entities

@appetizer

@beverage

@billType

@compositeSide

@pizzaSize

@pizzaTopping

圖 6-16 這個代理人的所有 entity

現在我們已經完成為 PizzaStop 建構機器人的步驟了，接下來我們要測試機器人，看看它在各種場景的效果。

測試代理人

接下來，我們在網站環境中測試代理人。為此，我們需要在「web demo」模式中開啟它。按下 Integrations 區域，並且往下捲動，找到 Web Demo。按下彈出視窗裡面的連結，就這樣！盡情地使用你想到的內容來測試代理人吧！圖 6-17 是我們使用的內容。測試機器人來驗證它是否有用非常重要。我們接下來要分析幾個不同難度的案例。

從圖 6-17 可以看到，我們的機器人能夠處理簡單的披薩訂購問題。由於我們已經對機器人進行端對端測試了，我們也可以單獨測試它的各種組件。在端對端測試之前測試各個組件可以協助快速製作原型，並且抓到極端案例。

現在我們來看一個更複雜的範例，我們將結合這個機器人與 Google Assistant 來測試它。在圖 6-17 的範例中，我們的代理人認出訂購披薩的 intent，並認出所訂購的配料。pizzaSize entity 沒有被滿足，所以它詢問關於披薩尺寸的問題，以滿足該 entity 的需求。滿足 orderPizza intent 之後，代理人繼續詢問小菜與開胃菜。根據我們提供的說詞，代理必須滿足 orderSize intent，以及認出果汁與開胃菜的數量。這證明 agent 能夠處理複雜的 entity。最後，我們進入選擇付費類型的對話。

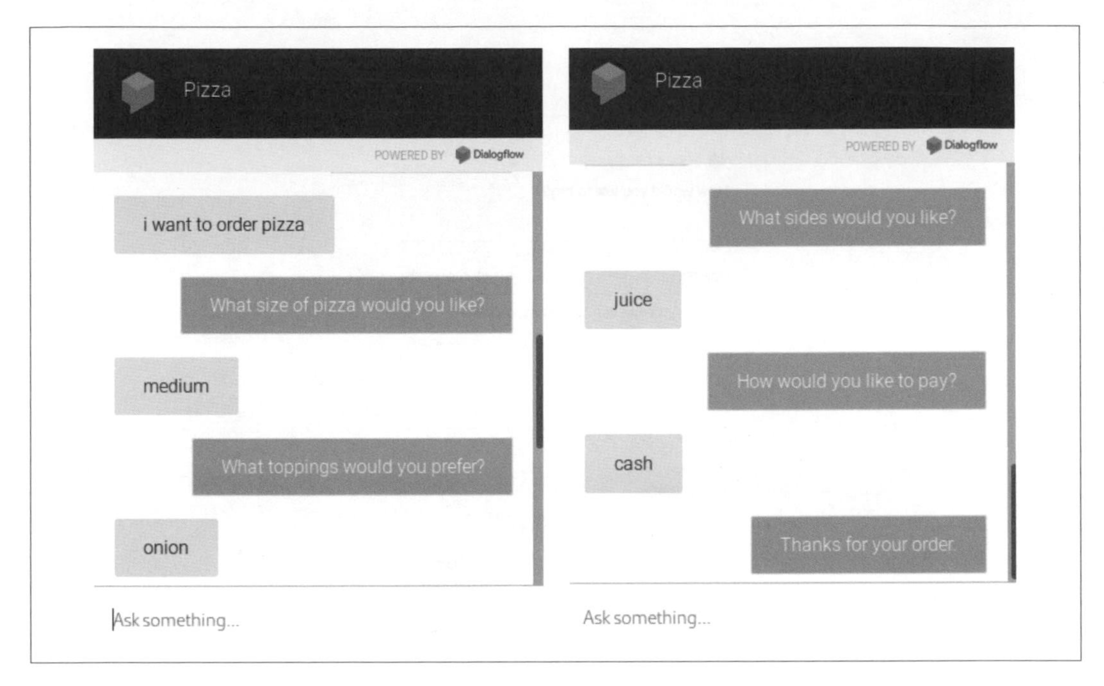

圖 6-17　使用代理人來製作一個簡單的訂單

圖 6-18 與圖 6-19 展示在另一次對話中，內部狀態與提取出來的 entity 如何運作。

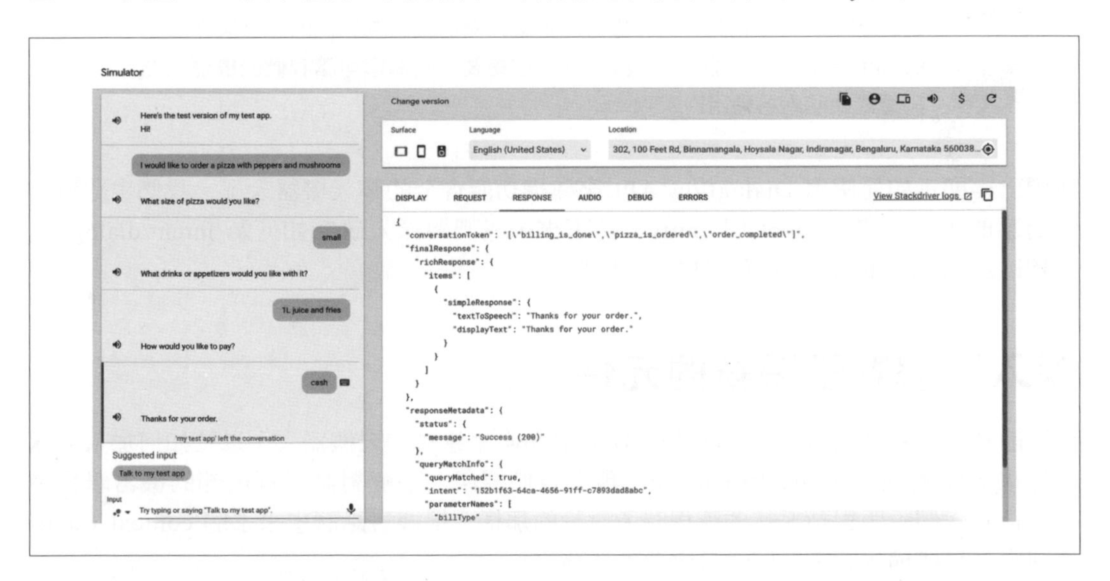

圖 6-18　用多個 entity 測試複雜的說詞

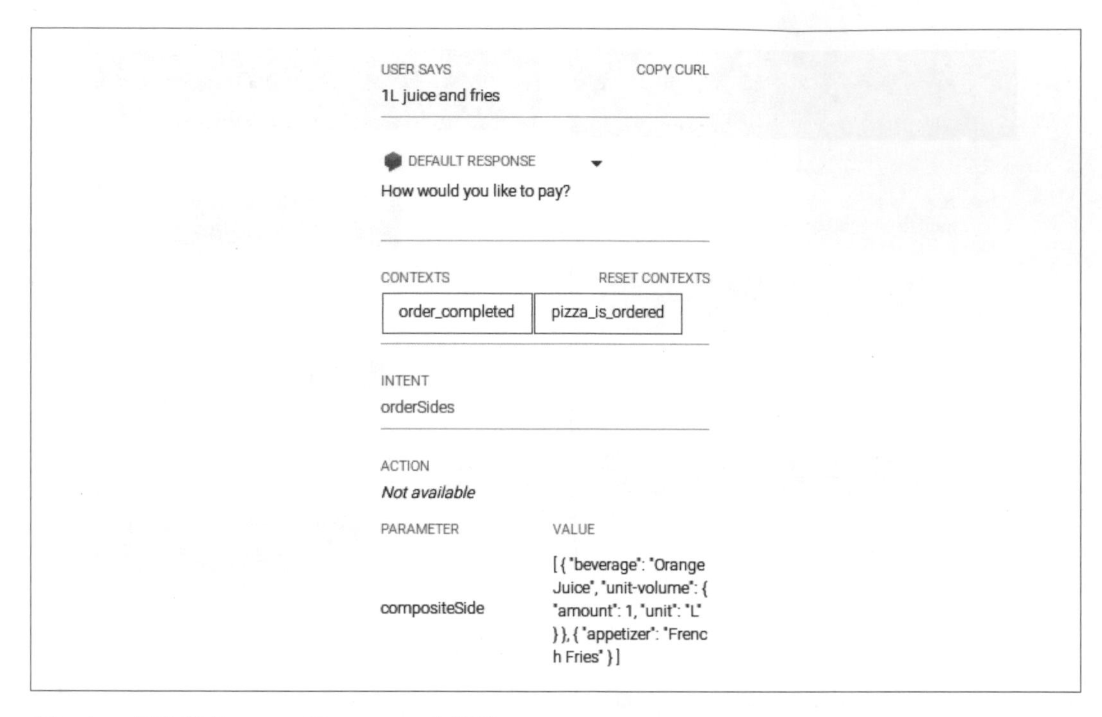

圖 6-19　用複雜的 entity 與 context 來測試

Dialogflow 可讓我們建立目標導向量聊天機器人。為我們的領域製作廣泛的 ontology（可能的 slot 與 intent）很重要，因為這可讓我們的機器人能夠豐富地回應各種用戶查詢。

我們已經展示如何使用 Dialogflow API 來建構功能齊全的聊天機器人了。我們也認識理解對話的兩大元素，intent 與 entity。接下來，我們要深入研究如何為 intent/dialog act 分類以及 entity/slot 識別任務建構自訂模型。

深入了解對話系統的元件

到目前為止，我們已經了解如何使用 Dialogflow 來建構聊天機器人，以及如何加入各種特徵來處理複雜的 entity 與 context。現在我們要深入了解對話系統內部的機器學習層面。正如我們說明對話系統的流程時所討論的那樣，根據對話歷史來了解 context（即用戶回應）是建構對話系統時，最重要的任務之一。

「了解 context」可以分解成了解用戶的 intent，以及為那個 intent 偵測相應的 entity。這些內部元件相當於聊天機器人流程的自然語言了解元件。為了說明這一點，我們來看一個預訂餐廳的對話範例，說明如何建立 context 了解（context understanding）的各種元件的模型。

圖 6-20 是一位用戶想要預訂餐廳的例子。正如我們所看到的，各個回應都有標籤。這些標籤代表這些回應的 intent 與 entity。我們想要使用這種標注來訓練 ML 模型。

User: I'm looking for a cheaper restaurant
`inform(price=cheap)`
System: Sure. What kind - and where?
User: Thai food, somewhere downtown
`inform(price=cheap, food=Thai, area=centre)`
System: The House serves cheap Thai food
User: Where is it?
`inform(price=cheap, food=Thai, area=centre); request(address)`
System: The House is at 106 Regent Street

圖 6-20　預訂餐廳的對話 [11]

在討論模型之前，我們要嚴謹地定義與對話的 context 理解有關的兩個自然理解任務。因為它們涉及理解底層語言的細節，它們也被歸類為**自然語言理解**（*natural language understanding*，*NLU*）任務。

dialog act 分類

dialog act **分類**是識別用戶的話語在對話 context 中起了什麼作用的任務。它揭露用戶正在執行什麼「行為（act）」。例如，認出「是 / 否」問題就是一個簡單的 dialog act 例子。當用戶詢問「Are you going to school today?」時，它就會被分類為一個是 / 否問題。另一方面，當用戶詢問「What is the depth of the ocean?」時，它可能不會被分類

為是 / 否問題。我們知道，intent 或 dialog act 是建構聊天機器人的重要元素，甚至在 Cloud API 中也是如此。識別 intent 有助於了解用戶的要求，並採取相應的行動。

從零開始建構 dialog act 分類與 slot 識別是複雜且消耗資料的流程。當我們的 dialog act 與 slot 天生比 Cloud API 或既有的框架可以解處理的更開放時，這樣做才有意義。在這類問題中，如果能夠完全控制 dialog 的內部，就可以隨著時間的過去產生更好的結果。

這可以重新定義成一種分類問題：將一個對話話語分類成 dialog act 或標籤（label）。在圖 6-20 的例子中，我們定義了一個 dialog act 預測任務，其中的標籤包含 inform、request 等。話語「Where is it?」可以分類成 dialog act「request」。另一方面，話語「I'm looking for a cheaper restaurant」可以分類成「inform」dialog act。根據第 4 章的說明，我們可以使用任何一種分類器來處理這個任務。我們將在第 225 頁的「對話程式範例」中，用完整的資料組範例來討論與這個任務有關的模型。

識別 slot

提取 intent 之後，我們希望繼續提取 entity。提取 entity 對生成正確且適當的回應而言也很重要。我們也在 Dialogflow 範例中看到，提取 entity 以及 intent 可以讓我們完全理解用戶的輸入。

在圖 6-20 的「I'm looking for a cheaper restaurant」中，我們想要識別「cheaper」是 price slot，並且一字不差地取得它的值，也就是說，這個 slot 的值是「cheaper」。如果我們知道成對的「slot——值」的 ontology，最終就可以恢復成比較正規化的形式，例如 “cheaper” → “cheap”。我們已經在第 5 章看過類似的任務了，在那裡，我們學會如何從句子中提取 entity。我們可以在這裡採取類似的做法（即，序列標注法），並提取這些 entity。

在之前的 Dialogflow 範例中，我們看到 slot 必須預先定義。但在這裡，我們想用 ML 演算法自己建構這個元件。我們將使用類似在第 5 章的 NER 背景下討論過的演算法來進行 slot 偵測與標注。我們將使用開源的序列標注程式庫 sklearn-crfsuite [12] 來進行這項工作，該程式庫已於第 5 章介紹。本節稍後將討論這個實驗的細節。

我們可以選擇一系列的 ontology 來標注 entity。假設我們要建構一個旅遊機器人。目的地的 entity 可能是 city 或 airport。為了讓它更穩健，我們必須偵測 airports 是 entity，因為一個城市可能有多個機場。另一方面，在餐廳預訂機器人的情況下，偵測 cities 是 entity 應該是對的。

這些方法的缺點之一是它們需要大量的有標籤資料來進行 intent 與 entity 偵測。我們也需要專用的模型來處理這兩項任務。這可能讓系統在部署期間變慢。為 entity 取得細膩的標籤也很昂貴。這些問題會限制為許多領域擴展處理線的能力。

最近一項關於口語理解的研究 [11] 指出，聯合理解與追蹤（joint understanding and tracking）比分別分類與循序標注部件（parts）更好。與個別的模型相比，這個聯合模型在部署時很輕盈。在建立聯合模型時，我們可以利用 dialog state，它在圖 6-20 的範例中是「inform(price - cheap)」。我們可以用對話行為（dialog act）來對每一個候選配對進行聯合排名或評分（組合起來是 dialog state），來共同決定狀態。聯合決定（joint determination）比較複雜，而且需要更好的表示法學習技術，這不在本書的討論範圍之內。感興趣的讀者可以參考 [11]。討論 NLU 元件之後，我們來看回應生成。

回應生成

認出 slot 與 intent 之後，對話系統的最後一步是生成適當的回應。生成回應的方法有很多種：固定的回應、使用模板，以及自動生成。

固定的回應

FAQ 機器人主要使用固定的回應。它會用 intent 與 slot 的值來查詢字典，從一個回應池裡面取出最好的回應。有一種簡單的情況是丟棄 slot 資訊，並且為 intent 提供一個回應。在進行更複雜的檢索時，我們可以建立排名機制，根據偵測到的 intent 與 slot-value（或 dialog state）來為回應進行排名。

使用模板

大家經常採用模板來讓回應更動態。當後續的回應是釐清狀況的問題時，很適合使用模板。我們可以用 slot 值來提出後續問題，或根據事實提出答案。例如，「The House serves cheap Thai food」可以用 <restaurant name> serves <price-value> <food-value> food 這個模板來建構。一旦我們確定 slot 與它們的值，我們就可以填寫這個模板，產生適當的回應。

自動生成

我們可以用資料驅動方法來學習比較自然且流暢的生成機制。取得 dialog state 後，我們可以建立條件生成模型，讓它接收 dialog state，為代理人產生下一個回應。這種模型可以是圖模型（graphical model）或 DL 語言模型。稍後會簡單介紹處理對話且類似自動生成的端對端方法。

雖然自動生成很穩健，但模板生成也有其優點。這兩者之間的界限有時很模糊，尤其是當模板的變化性很高的時候。模板式回應比較沒有語法錯誤，也比較容易訓練。

深入了解對話系統的各種元件之後，我們來看 dialog act 分類與 slot 預測的例子。

對話程式範例

接下來我們要介紹各種公開可用的對話資料組，並討論如何使用它們來建構對話系統的各個層面。然後，我們會使用兩個資料組來展示如何實作之前提到的兩個 context 理解任務：dialog act 預測或 intent 分類，以及 slot 識別或 entity 偵測。我們將介紹各個任務的一些模型，並藉由比較來展示如何逐步改善這些模型。模型的靈感都來自我們在第 4 章與第 5 章討論過的 NLU 任務（分類與資訊提取）。

資料組

表 6-2 是用來評測目標導向對話任務的演算法的各種資料組摘要。由於我們對於對話中的各種 NLU 任務感興趣，所以提供四個目標導向對話資料組，當成對話式 NLU 任務的評量標準。

表 6-2　來自各種領域的目標導向資料組，及其用途

資料組	領域	用途
ATIS [13]	機票預訂	intent 分類與 slot 填寫的評測資料組。它是單一領域的資料組，因此 entity 與 intent 均被限制為一個領域。
SNIPS [14]	多領域	intent 分類與 slot 填寫的評測資料組。這是多領域資料組，因此 entity 屬於多個領域。由於多領域資料組的變化性，為它們建構模型很有挑戰性。

資料組	領域	用途
DSTC [15]	餐廳	dialog state 追蹤或聯合決定 intent 與 slot 的評測資料組。它很像單領域資料組，但是用更多標注來表達 entity，並且包含更多參考資訊。
MultiWoZ [16]	多領域	用來評測 dialog state 追蹤或 intent 與 slot 聯合決定（joint determination）的資料組，跨越多個領域。類似變化性造成的原因，為這個資料組建立模型比為單一領域的資料組建立模型更有挑戰性。

除了這些資料組之外，對話處理流程的其他次要任務也有各種不同規模（即對話樣本數量）的資料組可用。在本節稍後，我們將討論如何收集這種資料組，並且將它用在特定領域場景。現在我們專注於目標導向對話，因為它們在業界有直接的用途，而且已經有最先進的研究了。

儘管現在有許多開源資料組，但只有少量資料組反映了人類對話的自然性。由線上的標注者收集的資料組，例如 Mechanical Turkers，都有模性化與強迫對話的問題，這會影響對話品質。此外，許多領域還沒有領域專用的對話資料組，例如醫療保健、法律等。

dialog act 預測

dialog act 分類或 intent 偵測是上一節介紹的對話系統中的 NLU 元件的一部分。這是個分類任務，我們將採用第 4 章介紹的分類處理線來處理它。

載入資料組　我們將使用 ATIS（Airline Travel Information Systems）來處理 intent 偵測任務。ATIS 是被大量用來進行語音語言理解以及執行各種 NLU 任務的資料組。這個資料組包含 4,478 個訓練話語和 893 個測試話語，總共有 21 個 intent。我們選擇 17 個 intent，在訓練組與測試組裡面都有它們。因此，這個任務是有 17 個類別的分類任務。這個資料組的實例長得像下列程式：

```
Query text: BOS please list the flights from charlotte to long beach arriving
 after lunch time EOS
Intent label:  flight
```

模型　因為這是個分類任務，我們將直接使用第 4 章用過的其中一項 DL 技術：CNN 模型。在這裡 CNN 很有用，因為它可以用密集表示法來描述 n-gram 特徵。「list of flights」這種 n-gram 意味著「flight」標籤的存在：

```
atis_cnnmodel = Sequential()
atis_cnnmodel.add(embedding_layer)
atis_cnnmodel.add(Conv1D(128, 5, activation='relu'))
atis_cnnmodel.add(MaxPooling1D(5))
atis_cnnmodel.add(Conv1D(128, 5, activation='relu'))
atis_cnnmodel.add(MaxPooling1D(5))
atis_cnnmodel.add(Conv1D(128, 5, activation='relu'))
atis_cnnmodel.add(GlobalMaxPooling1D())
atis_cnnmodel.add(Dense(128, activation='relu'))
atis_cnnmodel.add(Dense(num_classes), activation='softmax'))
atis_cnnmodel.compile(loss='categorical_crossentropy',
            optimizer='rmsprop',
            metrics= ['acc'])
```

用 CNN 來處理測試組，對所有類別平均而言可以得到 72% 的準確率。如果我們使用 RNN 模型，準確率會提升到 96%。我們相信 RNN 能夠描述輸入句子的不同單字之間的相互依賴性。RNN 可以描述一個單字對它看過的上下文（context）而言的重要性。*ch6/CNN_RNN_ATIS_intents.ipynb* 裡面有這些模型的詳細資訊與資料組程式碼：

```
atis_rnnmodel = Sequential()
atis_rnnmodel.add(Embedding(MAX_NUM_WORDS, 128))
atis_rnnmodel.add(LSTM(128, dropout=0.2, recurrent_dropout=0.2))
atis_rnnmodel.add(Dense(num_classes), activation='sigmoid'))
atis_rnnmodel.compile(loss='binary_crossentropy',
            optimizer='adam',
            metrics= ['accuracy'])
```

據我們所知，最近，訓練好的 transformer 模型（例如 BERT）有更好的效果。因此，我們將使用 BERT 來改善目前獲得的性能。BERT 可以更好地描述上下文，而且有更多參數，所以它更富表達性，可以模擬語言的複雜性。使用 BERT 時，我們要使用 BERT 風格的輸入語義單元化方案：

```
# 對於資料：
sentence = " [CLS] " + query + " [SEP]"
Tokenizer = BertTokenizer.from_pretrained('bert-base-uncased',
                                          do_lower_case=True)
tokenizer.tokenize(sentence)

# 對於模型：
model = BertForSequenceClassification.from_pretrained("bert-base-uncased",
                                                      num_labels=num_classes)
```

因為 BERT 是預先訓練好的，所以內容的表示方式比從零開始訓練的任何模型（例如 CNN 或 RNN）都要好很多。我們看到，BERT 達到 98.8% 的準確率，在 dialog act 預測任務勝過 CNN 與 RNN。notebook *ch6/BERT_ATIS_intents.ipynb* 有完整的模型與資料準備程式。

slot 識別

slot 識別是上一節介紹的對話系統的 NLU 元件的部分任務，之前已經說明它為什麼可以視為一個序列標注任務了。我們必須從輸入找出 slot 值，接下來將採用第 5 章介紹的序列標注流程來處理這項任務。

載入資料組　我們將用 SNIPS 處理這個 slot 識別任務。SNIPS 是由 Snips 策劃的資料組，Snips 是用來連接各種設備的 AI 語音平台。它裡面有 16,000 個眾包查詢，是 slot 識別任務的熱門評測資料組。我們將載入訓練與測試範例，下面的程式是資料組的實例的樣子：

```
Query text: [Play, Magic, Sam, from, the, thirties] # 已經語義單元化
Slots: [O, artist-1, artist-2, O, O, year-1]
```

如第 5 章所述，我們使用 BIO 方案來標注 slot。在此，O 代表「other」，而 `artist-1` 與 `artist-2` 代表 artist 名字的兩個單字，year 也一樣。

模型　因為 slot 識別任務可以視為序列標注任務，我們將使用第 5 章用過的一種流行技術：sklearn 程式包的 CRF++ 模型。我們也會將單字向量，而不是建立手工的特徵，傳入 CRF。CRF 這種流行的序列標注技術被大量用於資訊提取任務之中。

我們使用對這個任務有幫助的單字特徵。我們知道，除了單字本身的意思之外，它們的上下文也很重要。因此，我們將一個單字的前面兩個字與後面兩個字當成特徵。我們也使用一種額外的特徵——從預先訓練的 GloVe embedding（第 3 章討論過）提取的單字 embedding 向量。在輸入中，我們將各個單字的特徵連接起來，然後將這個輸入表示法傳給 CRF 模型來進行序列標注：

```
def sent2feats(sentence):
    feats = []
    sen_tags = pos_tag(sentence) # 這個格式是這個 POS 標注程式專屬的！
    for i in range(0,len(sentence)):
        word = sentence [i]
        wordfeats = {}
        # 單字特徵：句子中的 word、前 2 個 word、下兩個 word。
```

```
        wordfeats ['word'] = word
        if i == 0:
            wordfeats ["prevWord"] = wordfeats ["prevSecondWord"] = "<S>"
        elif i==1:
            wordfeats ["prevWord"] = sentence [0]
            wordfeats ["prevSecondWord"] = "</S>"
        else:
            wordfeats ["prevWord"] = sentence [i-1]
            wordfeats ["prevSecondWord"] = sentence [i-2]
        # 將下兩個 word 當成特徵
        if i == len(sentence)-2:
            wordfeats ["nextWord"] = sentence [i+1]
            wordfeats ["nextNextWord"] = "</S>"
        elif i==len(sentence)-1:
            wordfeats ["nextWord"] = "</S>"
            wordfeats ["nextNextWord"] = "</S>"
        else:
            wordfeats ["nextWord"] = sentence [i+1]
            wordfeats ["nextNextWord"] = sentence [i+2]

        # 加入單字向量
        vector = get_embeddings(word)
        for iv,value in enumerate(vector):
            wordfeats ['v{}'.format(iv)]=value

        feats.append(wordfeats)
    return feats

# 訓練
crf = CRF(algorithm='lbfgs', c1=0.1, c2=10, max_iterations=50)
# 擬合訓練資料
crf.fit(X_train, Y_train)
```

我們使用 CRF++ 模型得到 85.5 的 F1。更多細節請參考 notebook *ch6/CRF_SNIPS_slots.ipynb*。與之前的分類任務一樣，我們將試著使用 BERT 來改善目前獲得的性能。BERT 可以更好地描述上下文，即使是在序列標注任務中也是如此。我們用查詢（query）裡面的所有單字的所有隱藏表示法（hidden representation）來預測每個單字的標籤。因此，在最後，我們會將一系列的單字輸入模型，並且取得一系列的標籤（長度與輸入一樣），使用單字作為值可以用它們推斷出 slot：

```
# 對於資料：
sentence = " [CLS] " + query + " [SEP]"
Tokenizer = BertTokenizer.from_pretrained('bert-base-uncased',
                                           do_lower_case=True)
tokenizer.tokenize(sentence)

# 對於模型：
model = BertForTokenClassification.from_pretrained("bert-base-uncased",
                                                   num_labels=num_tags)
```

但是，我們發現 BERT 只得到 73 的 F1，原因可能是輸入中有許多專名個體是原始的 BERT 參數無法妥善表示的。另一方面，我們為 CRF 提取的特徵對這個資料組而言夠強，可以描述必要的模式。這個例子很有趣─簡單的模型竟然勝過 BERT。完整的模型細節請參考 notebook *ch6/BERT_SNIPS_slots.ipynb*。

正如我們看到的，預先訓練的模型的效果可能比從零開始訓練的其他 DL 模型更好，但有時也有例外，因為預先訓練的模型對資料的大小很敏感，預先訓練的模型可能會過擬小型的資料組，此時，人工製作的特徵或許有很好的類推效果。

我們已經知道如何使用流行的資料組為目標導向對話建立各種 NLU 元件了。我們看到各種 DL 模型在這些任務中有相對較好的表現。知道這些事情之後，我們就能夠用自己的資料組來執行這種自訂模型，並探索各種模型，來選出最好的一個。我們也介紹了四個資料組，它們是目標導向對話建模的熱門評測資料組，可以用來建構新模型的原型，來與最先進的模型進行比較，以驗證其性能。接下來，我們要討論通常不是在目標導向環境中使用的其他對話模型，以及它們的優缺點。

其他的對話處理線

我們已經討論了圖 6-3 介紹的模組化處理線了。但是還有許多其他的處理線可在各種場景中使用，尤其是在開放式聊天機器人的案例中。因為圖 6-3 的初始處理線有許多元件，所以有時不容易訓練，因為每一個元件都必須單獨訓練，並且需要獨立的有標籤資料組。此外，在模組化處理線中，我們必須明確地定義 ontology，它無法從資料中取得潛在的模式。因此，我們要簡單地介紹其他有前景的既有處理線。

端對端方法

在重要的 NLP 任務中，序列對序列模型（我們稱之為 seq2seq）已經獲得廣泛的認可，例如神經機器翻譯、專名個體識別等。seq2seq 模型通常接收一個序列，並輸出另一個序列。在翻譯任務中，假設我們的輸入句子是一種語言，輸出的句子是要翻譯過去的語言。

類似其他任務，我們可以用 seq2seq 模型來建立一個聊天機器人。想像模型的輸入是用戶話語：一連串的單字。它會產生另外一連串的單字作為輸出，也就是機器人的回應。seq2seq 模型是可端對端訓練的，因此我們不需要維護多個模組，它們通常採用 LSTM。最近已經有人用最先進的 transformer 來處理 seq2seq 任務了，所以它們也可以用在對話的情況。

我們通常使用語義單元化來建立單字語義單元，並且為問題建立一個序列。Seq2seq 能夠描述序列中的語義單元的固有順序——這一點很重要，因為它可確保我們描述問題的正確意思，從而正確地回答問題。圖 6-21 是 Google [11] 的端對端模型的一些例子。它們輸入問題至模型，模型生成對應的輸出。

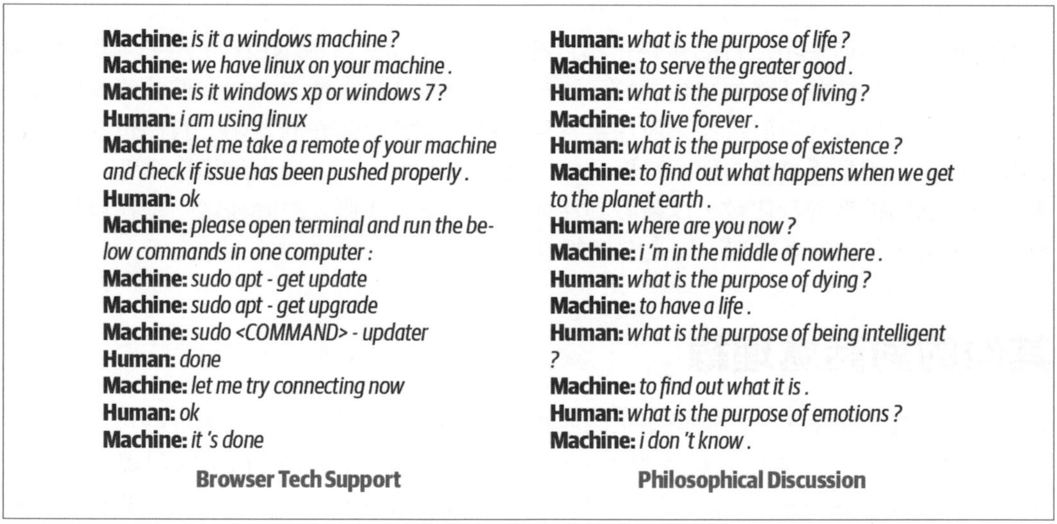

Machine: *is it a windows machine ?*
Machine: *we have linux on your machine .*
Machine: *is it windows xp or windows 7 ?*
Human: *i am using linux*
Machine: *let me take a remote of your machine and check if issue has been pushed properly .*
Human: *ok*
Machine: *please open terminal and run the below commands in one computer :*
Machine: *sudo apt - get update*
Machine: *sudo apt - get upgrade*
Machine: *sudo <COMMAND> - updater*
Human: *done*
Machine: *let me try connecting now*
Human: *ok*
Machine: *it 's done*

Browser Tech Support

Human: *what is the purpose of life ?*
Machine: *to serve the greater good .*
Human: *what is the purpose of living ?*
Machine: *to live forever .*
Human: *what is the purpose of existence ?*
Machine: *to find out what happens when we get to the planet earth .*
Human: *where are you now ?*
Machine: *i 'm in the middle of nowhere .*
Human: *what is the purpose of dying ?*
Machine: *to have a life .*
Human: *what is the purpose of being intelligent ?*
Machine: *to find out what it is .*
Human: *what is the purpose of emotions ?*
Machine: *i don 't know .*

Philosophical Discussion

圖 6-21　Google 的 seq2seq 模型完成的工作 [18]

使用深度強化學習來生成對話

如果你想知道電腦如何為各式各樣的問題生成各種不同的答案，別人也有這種想法。[19] 研究了典型的 seq2seq 模型的缺陷，發現它們通常不斷產生籠統的輸出，「I don't know」。這些模型在生成話語時，不會考慮如何回應才能進行一場良好的對話。為了做到這一點，模型要對「什麼是好的對話」有前瞻性的認識，最終協助用戶實現他們的目標。良好性的概念是抽象的，所以它通常是根據對話的目標來定義的。例如，在目標導向的對話環境中，我們有一個想要實現的既定目標，而在閒聊環境中，良好性是用對話的有趣程度來定義的。

我們可以看到兩個概念的結合：目標導向對話與 seq2seq 生成，此時可使用強化學習。機器的每一個回應其實都只是在執行特定的操作，我們可以製定一組這類的操作，來確保目標最終可以透過對話來實現。在以探索與開發為基礎的強化學習中，電腦會試著根據用戶定義的未來回報來學習最好的回應，取決於當前的回應有多大的可能性可以實現最終目標。圖 6-22 展示相較於典型的 seq2seq 模型，強化學習模型的表現有多好。在右邊，你可以看到強化學習模型產生比較多樣化的回應，而不是崩潰成籠統的預設回應。

Baseline mutual information model (Li et al. 2015)	Proposed reinforcement learning model
A: Where are you going? (1) B: I'm going to the restroom. (2) A: See you later. (3) B: See you later. (4) A: See you later. (5) B: See you later. (6)	A: Where are you going? (1) B: I'm going to the police station. (2) A: I'll come with you. (3) B: No, no, no, no, you're not going anywhere. (4) A: Why? (5) B: I need you to stay here. (6) A: I don't know what you are talking about. (7) ...
A: how old are you? (1) B: I'm 16. (2) A: 16? (3) B: I don't know what you are talking about. (4) A: You don't know what you are saying. (5) B: I don't know what you are talking about . (6) A: You don't know what you are saying. (7) ...	A: How old are you? (1) B: I'm 16. Why are you asking? (2) A I thought you were 12. (3) B: What made you think so? (4) A: I don't know what you are talking about. (5) B: You don't know what you are saying. (6) ... ...

圖 6-22　比較深度強化學習與 seq2seq 模型 [19]

Human-in-the-Loop

到目前為止，我們已經討論了機器在沒有人為干預的情況下，生成答案來回應問題的情況。如果人類介入機器的學習過程，根據正確或錯誤的回應進行獎勵或懲罰，機器的表現可能會提高。這些獎勵或懲罰就是提供給模型的回饋。

回答自然語言查詢通常有三個步驟：理解查詢、執行操作，以及回應話語。在這個過程中，機器可能需要人類在各種場景中介入，例如，如果問題超出聊天機器人的範圍、如果它採取的操作不正確、或如果它對查詢的理解是錯的。人類介入機器的學習程序通常稱為 *human-in-the-loop*。

Facebook 已經在聊天機器人的背景之下做了一個實驗 [20]，讓人類在機器人在強化學習環境中進行學習時，提供部分的獎勵。正如上一節所討論的，機器人的最終目標是滿足用戶的需求。但是在使用 human-in-the-loop 的情況下，當機器人探索各種動作時，它會從人類「老師」接收額外的輸入，這可以明顯改善回應的品質，如圖 6-23 所示。

bAbI Task 6: Partial Rewards	
Mary went to the hallway.	
John moved to the bathroom.	
Mary travelled to the kitchen.	
Where is Mary?	kitchen
Yes, that's right!	
Where is John?	bathroom
Yes, that's correct! (+)	

WikiMovies Task 6: Partial Rewards	
What films are about Hawaii?	50 First Dates
Correct!	
Who acted in Licence to Kill?	Billy Madison
No, the answer is Timothy Dalton.	
What genre is Saratoga Trunk in?	Drama
Yes! (+)	
...	

圖 6-23　人類在對話學習時提供額外的訊號 [20]

與完全自動化的對話生成系統相比，human-in-the-loop 在部署時是更實用的系統。雖然端對端模型的訓練速度很快，但它們有時無法可靠地產生事實正確的輸出。因此，結合端對端對話生成框架以及人力資源做成的混合式系統是比較可靠且穩健的。

在我們所討論的目標導向對話之外的各種技術中，許多方法都是企業建構，可在實際的環境中使用的，這些端對端模型的參數可能會變得很大（透過使用新的 transformer 架構），因此可能無法在小規模的應用程式中部署。但是我們在這裡看到，即使是 LSTM 模型也可以產生合理的輸出。human-in-the-loop 也是一種無論計算能力如何都可以採用的技術。

Rasa NLU

我們已經討論了如何建構對話系統的兩個主要元件：dialog act 預測與 slot 填寫了。除了這兩種元件之外，我們還要進行幾個整合步驟來將它們放入完整的對話流程之中。此外，我們也可以圍繞著這些元件建構包裝邏輯，為用戶創造全面性的對話體驗。

建構這種完整的對話系統需要大量的工程。但好消息是，有一些框架可讓我們建構自訂的 NLP 模型，以及當成開銷工程（overhead engineering）工具與支援，來協助建構機器人。Rasa 就是這類框架之一，它提供的功能組 [21] 在建構聊天機器人時非常重要。圖 6-24 是 Rasa 聊天機器人介面以及它的互動式學習框架，稍後將會介紹。

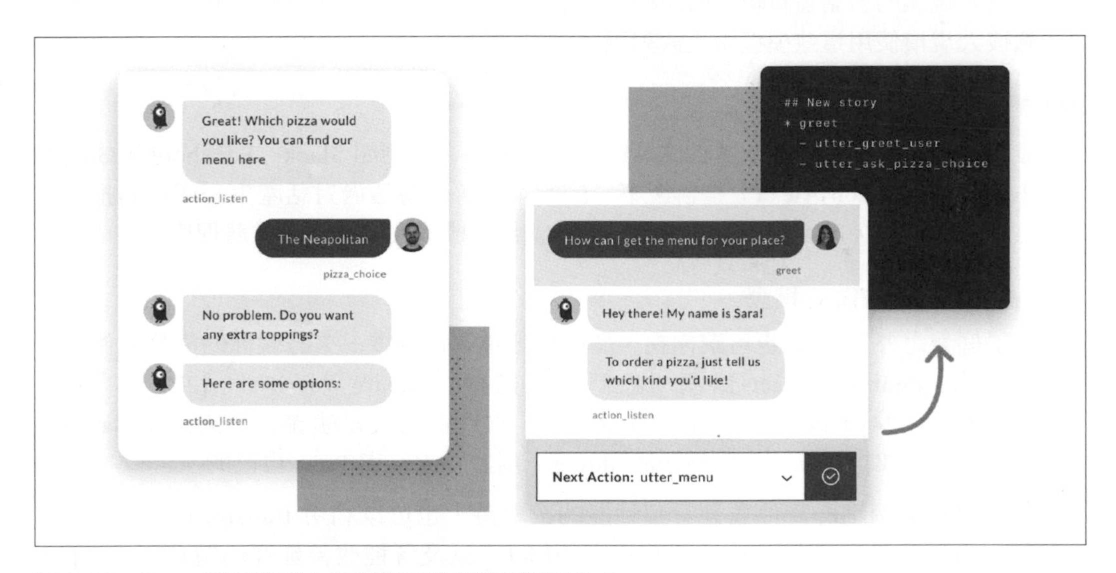

圖 6-24　Rasa 聊天機器人介面與互動式學習框架 [21]

我們將簡單介紹 Rasa 的功能，並討論如何使用它們來改善用戶使用聊天機器人的體驗：

以 *context* 為基礎的對話

Rasa 框架可讓用戶描述與利用對話 context 或 dialog state。在內部，Rasa 會執行 NLU 並捕捉所需的 slot 和它的值來產生回應。

互動式學習

Rasa 提供的互動式介面有兩種用途。第一種用途是藉著與機器人聊天，為內部的模型建立更多訓練資料。第二種用途是當模型犯錯時提供回饋。這個回饋可以當成模型的負面樣本，在有挑戰性的情況之下改善效果。

資料標注

Rasa 提供高互動性且易用的介面來注記更多資料以改善模型的訓練效果。資料的標注可以從零開始做起，或修改既有的模型已經預測標籤的範例。圖 6-25 是 Rasa 的標注步驟範例。包裝框架是用 Rasa NLU 來建構的，它可以簡化資料標注程序，以產生大規模的對話資料組。Chatette [22] 是這類的框架之一，這種工具可接收模板，然後大規模使用這些模板來生成對話實例。

API 整合

最後，對話服務也可以和其他的 API 以及聊天平台（例如 Slack、Facebook、Google Home 與 Amazon Alexa）整合。下一節的案例研究將透過對話產生一個食譜推薦，並將分面搜尋（faceted search）API 端點整合至機器人，來協助推薦程序。

在 *Rasa* 裡面自訂你的模型

除了框架之外，Rasa 也可讓你在一個模型池中進行選擇，來訂製你的模型。例如，要進行 intent/dialog act 偵測，我們可以選擇「sklearn classifier」[23] 或「mitie classifier」[24]，或是編寫自己的分類器，並將它加入組建流程，來讓 Rasa 使用它。這個框架也可以使用各種 embedding，例如 spaCy 與 Rasa 自己的。

當我們建構個別的元件並且看到性能的改善時，也可以利用 transformer 模型的威力。Rasa 為分類與序列標注任務提供 BERT（以及各種改善延遲的精華版本）[25, 26]。整體來說，這使得 Rasa 成為一種非常強大的工具，可讓你從零開始建構對話系統。

Rasa 可讓我們用模組化的方式建構聊天機器人。例如，我們可以從既有的、已訓練好的模型開始做起，之後再視需求使用以特定資料組建構的自訂模型。類似地，我們可以啟動預設的 API 整合與對話通道（conversation channel），並且在需要時修改它們。

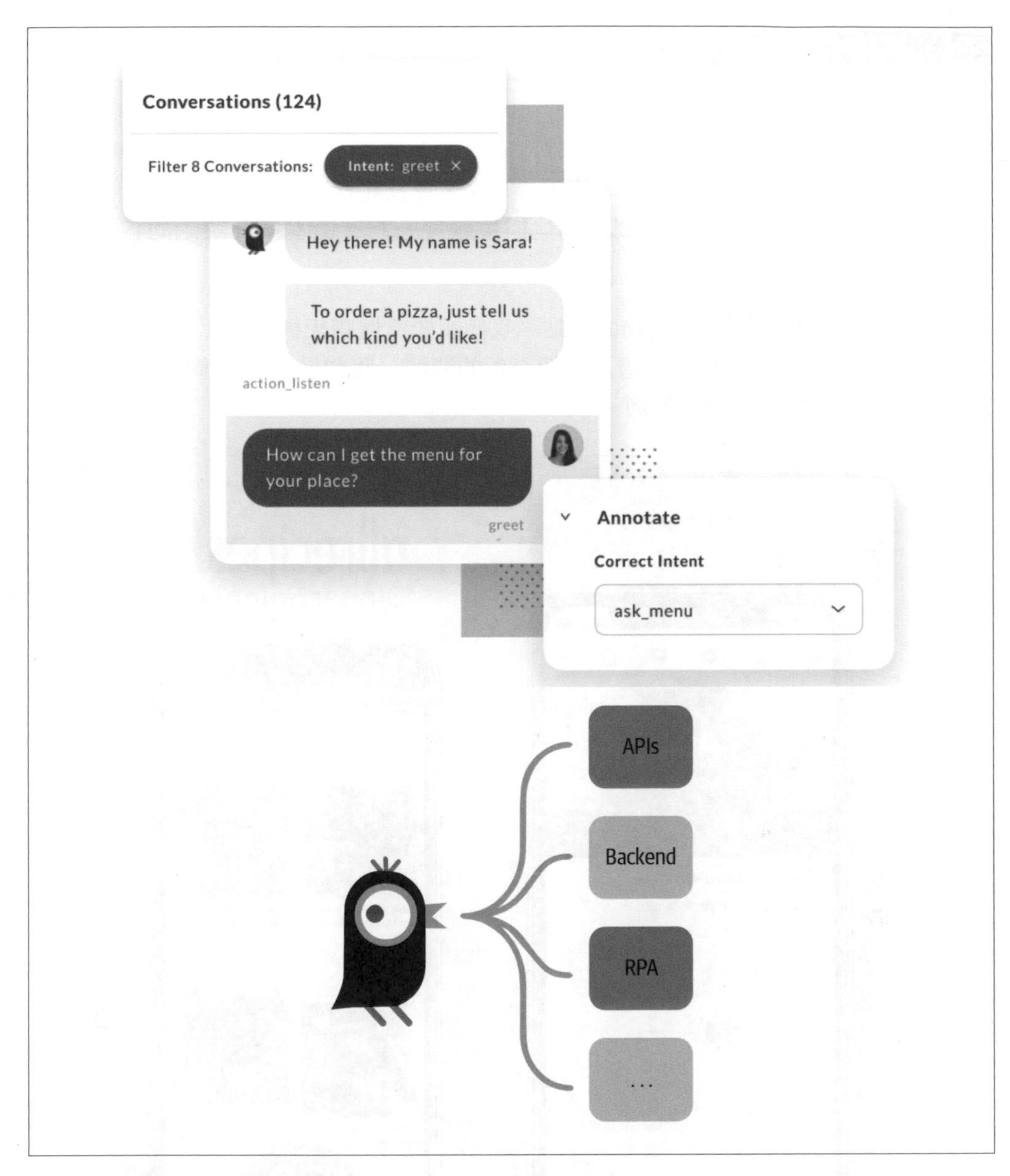

圖 6-25　資料標注與 API 整合

接下來是一個真實且完整的案例研究，討論在業界環境中，從零開始建構對話系統時必要的步驟，包括資料設定、模型建構，以及部署。

案例研究：食譜推薦

廚師通常會根據自己的烹飪和飲食偏好選找特定的食譜。讓廚師可以透過對話介面，藉著與代理人進行對話來敘述他們的偏好進而找出食譜是一個很棒的用戶體驗。在這個案例研究中，我們將討論本章介紹過的所有元件，以及建構它們所需的框架。我們將會看到資料的演進需求，以及商業問題的建模複雜度，並透過本章介紹過的各種工具來處理它們。

假如我們有一個整合食譜和食物的網站。我們想要建構聊天機器人。用戶可以說出他們渴望或想要料理的食物種類。這是一個全新的問題，我們該如何建構它？圖 6-26 是針對各種用戶偏好提供食譜的範例。

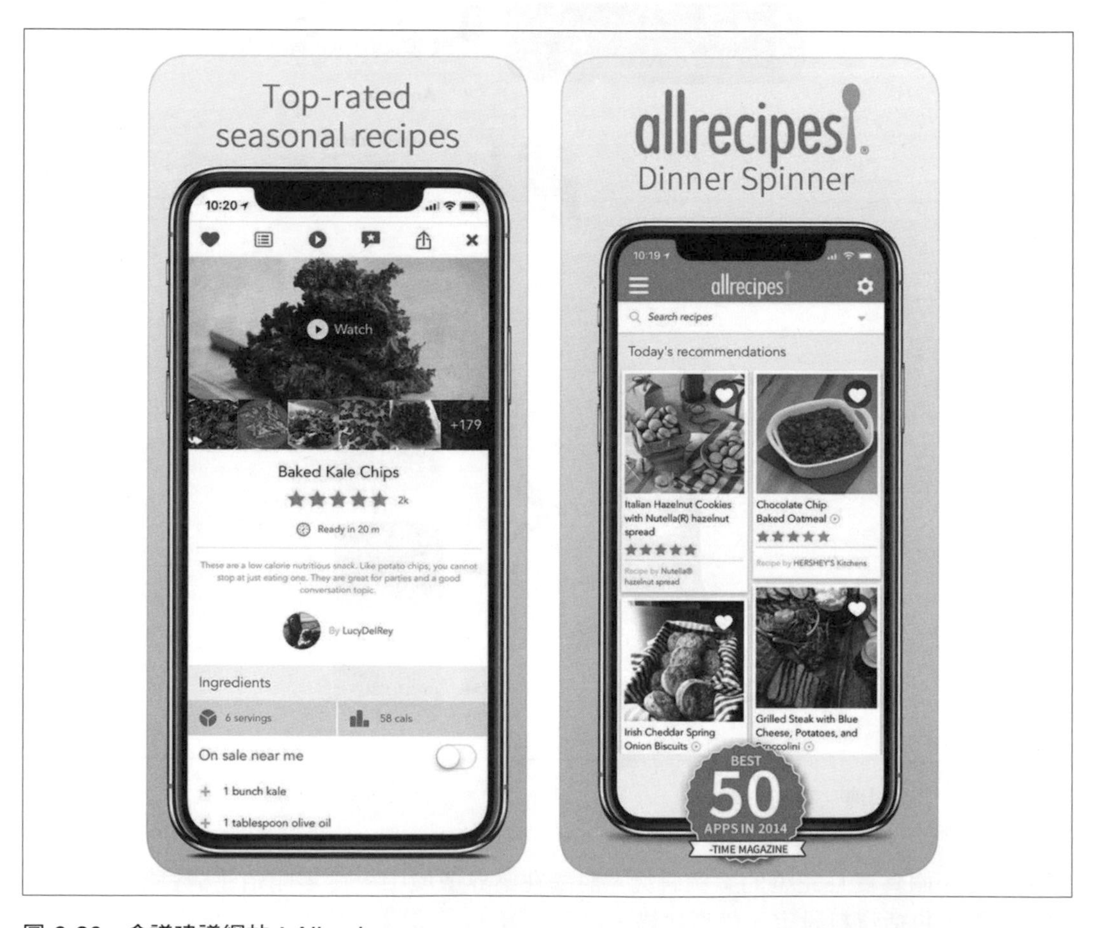

圖 6-26　食譜建議網站：Allrecipes.com

我們要使用目標與限制來將這個商業問題轉換成技術問題。當用戶與系統互動時，我們的目標是建立一個清晰的、可抓取食譜的查詢。食譜可能來自 API 端點或生成模型。這個查詢是由一組定義菜餚的屬性組成的，例如食材、料理方法、熱量、料理時間等。我們也知道，用戶可能在幾次對話之間透露他們的偏好，因此我們必須追蹤他們的偏好，並且在對話進行時，更新內部的 dialog state。

利用既有的框架

首先，我們使用本章介紹過的雲端 API Dialogflow，因為它很容易建構。在開始之前，我們像之前那樣定義 entity，例如食材、料理方法、熱量與料理時間。我們可以為料理領域建構一個 ontology，並決定聊天機器人支援的 slot 數量。

在一開始，我們可以做出這些 entity 的詳盡清單。以下是在建構機器人的早期階段，描述細節的訓練實例：

- I want a <u>low calorie dessert</u> that is vegan.
- I have <u>peas</u>, <u>carrots</u>, and <u>chicken</u> in my kitchen.What can I make with it in <u>30 minutes</u>?

Dialogflow 能夠處理用戶的偏好，以及識別用來尋找正確食譜的 slot 與值。此外，由於用戶互動的對話性質，機器人會維護它的 dialog state 或 context，來完全了解用戶的輸入。假設我們已經定義了食譜的資料庫，並且填入食譜了，接下來，當機器人抓到 entity 之後，我們必須將它們傳入 API 端點。這個端點會在資料庫執行分面搜尋，取出第一名的食譜。

當我們收集更多資料時，Dialogflow 會慢慢得變得更好。但是因為它缺乏自訂模型，所以它無法處理與此任務有關且比較複雜的對話。這是 Dialogflow 機器人最終會失敗的例子：

- I have a <u>chicken</u> with me, what can I cook with it besides chicken lasagna?
- Give me a recipe for a <u>chocolate dessert</u> that can be made in just <u>10 mins</u> instead of the regular <u>half an hour</u>.

在這些範例中，一個 slot 有多個值，而且其中只有一個是正確的，例如，「10 mins」是正確的，但「half an hour」不正確。在 Dialogflow 中使用比對法會在處理這種案例時失敗。這就是我們需要建構自訂模型的原因，如此一來，我們就可以在訓練流程中，將這些例子當成對抗（ adversarial）範例加入。在有自訂模型的 Rasa 處理線中，我們可以加入這種對抗範例，來讓模型學習識別正確的 slot 與它們的值。我們也可以使用資料擴增技術，來用資料製作這種對抗範例，並且用 Rasa 框架的資料標注技術來加入它們，如圖 6-27 所示。

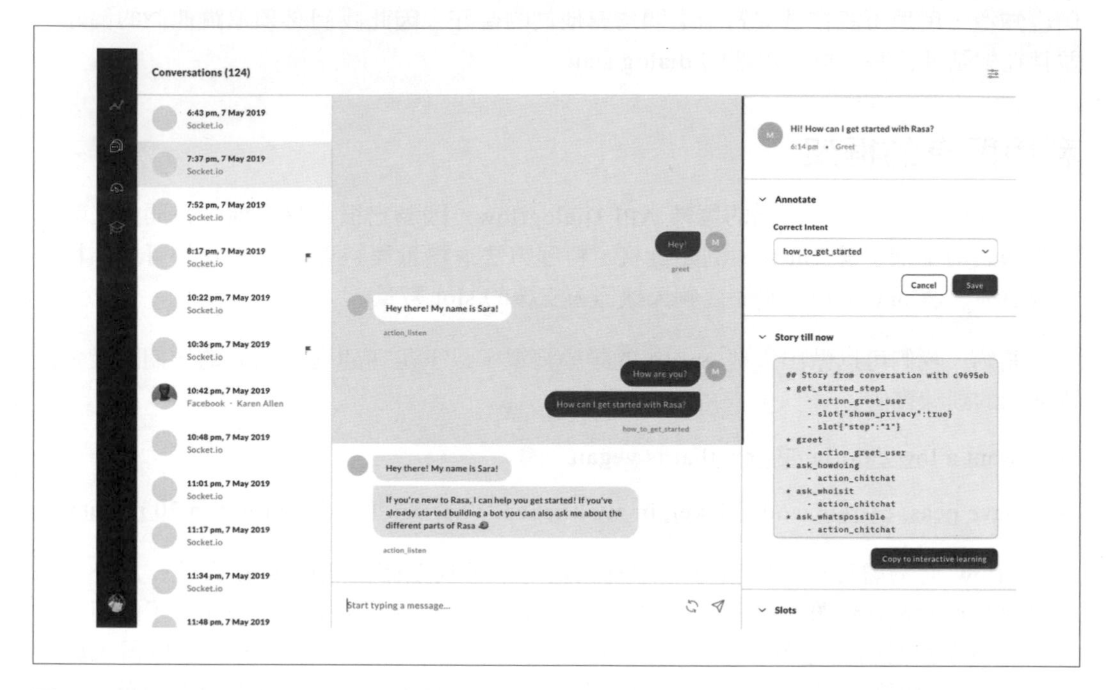

圖 6-27　Rasa 如何協助進行複雜的標注

藉由這種更新過的訓練資料，新的自訂模型就可以選擇正確的值，來完全描述用戶對食譜的要求了。抓到 slot 與值之後，其餘的流程與之前類似（即，API 端點可以使用這個資訊來查詢適當的食譜）。

開放式生成聊天機器人

我們的解決方案已經可以部署在真正的網站上，讓數百萬用戶定期互動了。現在我們可以專注地解決更具挑戰性的任務，以進一步提高用戶體驗。到目前為止，我們已經為用戶提供預先儲存在資料庫裡面的特定食譜了。如果我們想要讓聊天機器人更開放，讓它可以生成食譜，而不是在既有的食譜池中尋找它呢？這種系統的優點是，它能夠處理未知的屬性值，並且訂製食譜，以滿足用戶的個人口味。

開放式聊天機器人通常較難評估效果，因為在特定背景之下的一個回應的多種變體都有可能是正確的。雖然人工評估應該是最有效的做法，但是這種做法無法重現，因此不容易和其他系統進行比較。評估生成對話系統的正確做法是結合自動與人工評估。

在此，我們可以利用強大的 seq2seq 生成模型，根據用戶在描述食譜偏好時使用的各種屬性來進行生成。有研究員（包括其中一位作者）已經證實 [27] seq2seq 模型能夠根據偏好和以前的食譜互動來產生個人化的食譜。這些模型能夠結合細節，有機會產生新穎的食譜，而且那種食譜既有效，又能滿足用戶獨特的料理口味。圖 6-28 就是這種根據用戶偏好生成的新食譜。用戶的偏好可以只是他們之前互動過的食譜清單。例如，在這張圖中，用戶曾經與 mojito、martini 和 Bloody Mary 互動。個人化的模型加入額外的裝飾步驟（以灰色表示），來讓它更個人化。

Input	**Name:** Pomberrytini; **Ingredients:** pomegranate-blueberry juice, cranberry juice, vodka; **Calorie:** Low
Gold	Place everything except the orange slices in a cocktail shaker. Shake until well mixed and well chilled. Pour into martini glasses and float an orange slice in each glass.
Enc-Dec	Combine all ingredients. Cover and refrigerate. Serve with whipped topping.
Prior Tech	Combine all ingredients. Store in refrigerator. Serve over ice. Enjoy!
Prior Recipe	Pour the ice into a cocktail shaker. Pour in the vodka and vodka. Add a little water and shake to mix. Pour into the glass and garnish with a slice of orange slices. Enjoy!
Prior Name	Combine all ingredients except for the ice in a blender or food processor. Process to make a smooth paste and then add the remaining vodka and blend until smooth. Pour into a chilled glass and garnish with a little lemon and fresh mint.

Table 3: Sample generated recipe. Emphasis on personalization and explicit ingredient mentions via highlights.

圖 6-28　根據用戶的偏好生成的個人化食譜 [27]

將這種生成模型與其他對話元件結合可以提升用戶體驗。雖然我們討論的是特定的食譜推薦問題，但是在開發類似的應用程式時，也可以採取類似的做法。以上就是根據眼前的商業問題來建構機器人時，需要使用的工具和模型。我們從一個使用 Dialogflow 的簡單做法談起，逐漸增加複雜度，處理用戶表達查詢與選擇時的對話細節。最後，我們再往前一步，打造一個端對端的個人化聊天機器人。

結語

本章討論了聊天機器人，以及它們在各種領域的適用性。我們說明了一種處理線方法，並深入研究它的各種元件。我們也討論一個完整的流程式機器人和一套雲端 API，然後實作了 NLU 模型的 ML 元件。最後，我們分析商業領域，並提供一些漸進處理它的方法。

但是在對話系統與聊天機器人的領域中，仍然有許多挑戰尚未解決。因此，它在 NLP 社群裡面是一個非常活躍的研究領域。除了學術研究之外，業界的研究小組也在為既有的方法尋找可擴展的方案，希望為用戶建構並部署可靠的聊天機器人。直到今日，許多業界的聊天機器人仍然不夠穩健，還是有自然語言理解及自然語言生成方面的問題。我們指出這些挑戰是為了提供更廣闊的聊天機器人領域面貌。

目前建構對話系統的重要問題是缺乏可反映自然對話的資料組。很多時候，出於隱私原因，我們無法收集個人資料。有時，缺少這種對話介面會阻礙資料組的收集。此外，既有的資料組不太自然，尤其是聲稱是真實世界資料組的那些。這些資料組主要是由線上的標注者創造的，在多數情況下，由於客觀的資料收集性質，它們聽起來很像在讀腳本。這個問題與其他的 NLP 任務非常不同。例如，相較於透過眾包的線上標注者來取得標籤，在分類任務為一個資料點標注正確的類別，或者，在資訊提取任務指出相關資訊都比較客觀，也比較容易獲得。在對話的案例中，任務通常是主觀的，因此資料收集程序更複雜。

此外，目前的生成模型仍然沒有足夠的能力可以產生事實正確的句子，對聊天機器人而言，這是個關鍵的問題。在短暫的對話中，非事實正確的句子可能會影響對話的品質。因此，未來的研究和業界的努力方向，應該是收集更好的、更有代表性的資料，並改善自然語言理解和生成模型，以便在聊天機器人處理流程中使用。

總之，我們討論了對話系統的基礎，從一個整體的流程開始看起，再使用雲端 API Dialogflow 來開發一個對話系統，然後建構自訂的模型來理解對話語境，最後，我們用它們來處理一個案例研究。雖然我們預期這個領域仍然會繼續發展和改善，但本章仍然是一個很好的開端，可讓你搭配不斷出現的新解決方案。下一章將討論其他幾個常見的 NLP 問題場景。

參考文獻

[1] ParlAI (*https://parl.ai*). Last accessed June 15, 2020.

[2] Wallace, Michal and George Dunlop. Eliza, The Rogerian Therapist (*https://oreil.ly/O3bz8*). Last accessed June 15, 2020.

[3] Amazon. "Build a Machine Learning Model" (*https://oreil.ly/fkjpx*). Last accessed June 15, 2020.

[4] Miller, Alexander H., Will Feng, Adam Fisch, Jiasen Lu, Dhruv Batra, Antoine Bordes, Devi Parikh, and Jason Weston. "ParlAI: A Dialog Research Software Platform." Proceedings of the 2017 Conference on Empirical Methods in Natural Language Processing: System Demonstrations (2017): 79–84.

[5] Pratap, Vineel, Awni Hannun, Qiantong Xu, Jeff Cai, Jacob Kahn, Gabriel Synnaeve, Vitaliy Liptchinsky, and Ronan Collobert. "wav2letter++: The Fastest Opensource Speech Recognition System" (*https://oreil.ly/hCiIU*), (2018).

[6] Google Cloud. "Cloud Text-to-Speech" (*https://oreil.ly/7w1pL*). Last accessed June 15, 2020.

[7] van den Oord, Aäron and Dieleman, Sander. "WaveNet: A Generative Model for Raw Audio" (*https://oreil.ly/dvApO*), DeepMind (blog), September 8, 2016.

[8] Dialogflow (*https://dialogflow.com*). Last accessed June 15, 2020.

[9] Dialogflow login page (*https://oreil.ly/V8eGg*). Last accessed June 15, 2020.

[10] Google Cloud. Dialogflow V2 API (*https://oreil.ly/piEK0*). Last accessed June 15, 2020.

[11] Mrkši , Nikola, Diarmuid O. Séaghdha, Tsung-Hsien Wen, Blaise Thomson, and Steve Young. "Neural Belief Tracker: Data-Driven Dialogue State Tracking." Proceedings of the 55th Annual Meeting of the Association for Computational Linguistics 1 (2016): 1777–1788.

[12] Team HG-Memex. "sklearn-crfsuite: scikit-learn inspired API for CRFsuite" (*https://oreil.ly/zbPGo*). Last accessed June 15, 2020.

[13] Hemphill, Charles T., John J. Godfrey, and George R. Doddington. "The ATIS Spoken Language Systems Pilot Corpus." Speech and Natural Language: Proceedings of a Workshop Held at Hidden Valley, Pennsylvania, June 24–27, 1990.

[14] Coucke, Alice, Alaa Saade, Adrien Ball, Théodore Bluche, Alexandre Caulier, David Leroy, Clément Doumouro et al. "Snips Voice Platform: an embedded Spoken Language Understanding system for private-by-design voice interfaces" (*https://oreil.ly/_c5np*), (2018).

[15] Williams, Jason, Antoine Raux, and Matthew Henderson. "The Dialog State Tracking Challenge Series: A Review." Dialogue & Discourse 7.3 (2016): 4–33.

[16] Budzianowski, Pawe , Tsung-Hsien Wen, Bo-Hsiang Tseng, Inigo Casanueva, Stefan Ultes, Osman Ramadan, and Milica Gaši . "MultiWOZ - A Large-Scale Multi-Domain Wizard-of-Oz Dataset for Task-Oriented Dialogue Modelling" (*https://oreil.ly/V9zyy*), (2018).

[17] Serban, Iulian Vlad, Ryan Lowe, Peter Henderson, Laurent Charlin, and Joelle Pineau. "A Survey of Available Corpora for Building Data-Driven Dialogue Systems" (*https://oreil.ly/nLrql*), (2015).

[18] Vinyals, Oriol and Quoc Le. "A Neural Conversational Model" (*https://oreil.ly/Gq8Sh*), (2015).

[19] Li, Jiwei, Will Monroe, Alan Ritter, Michel Galley, Jianfeng Gao, and Dan Jurafsky. "Deep Reinforcement Learning for Dialogue Generation" (*https://oreil.ly/mfd3Q*), (2016).

[20] Weston, Jason E. "Dialog-Based Language Learning." Proceedings of the 30th International Conference on Neural Information Processing Systems (2016): 829–837.

[21] Rasa (*https://oreil.ly/aJSyJ*). Last accessed June 15, 2020.

[22] SimGus. Chatette: A powerful dataset generator for Rasa NLU, inspired by Chatito (*https://oreil.ly/QQ64f*), (GitHub repo). Last accessed June 15, 2020.

[23] scikit-learn. “Classifier comparison (*https://oreil.ly/WMulf*).” Last accessed June 15, 2020.

[24] MIT-NLP. MITIE: library and tools for information extraction (*https://oreil.ly/o-3Fr*), (GitHub repo). Last accessed June 15, 2020.

[25] Sucik, Sam. “Compressing BERT for faster prediction” (*https://oreil.ly/Iw_5B*). Rasa (blog), August 8, 2019.

[26] Ganesh, Prakhar, Yao Chen, Xin Lou, Mohammad Ali Khan, Yin Yang, Deming Chen, Marianne Winslett, Hassan Sajjad, and Preslav Nakov. “Compressing Large-Scale Transformer-Based Models: A Case Study on BERT” (*https://oreil.ly/VSQvc*), (2020).

[27] Majumder, Bodhisattwa Prasad, Shuyang Li, Jianmo Ni, and Julian McAuley. “Generating Personalized Recipes from Historical User Preferences” (*https://oreil.ly/OVyBz*), (2019).

第七章

主題概述

問題不是藉著提供新資訊來解決的，
而是藉著整理早就知道的東西。

—*Ludwig Wittgenstein*，哲學研究

截至目前為止，在第二部分，我們已經討論了一些常見的 NLP 應用場景，包括原文分類、資訊提取，和聊天機器人（第 4 章至第 6 章）。雖然它們在業界的專案中最常遇到的 NLP 用例，但是在建構涉及大量文件的實際應用程式時，我們還有許多其他的 NLP 任務需要處理。本章將簡單地討論其中的一些主題。我們從幾個可能在工作專案中遇到，且彼此不相關的場景談起，本章接下來的內容會更詳細地討論它們。

如果有人問我們 NLP 是什麼，但我們不知道怎麼回答，該怎麼辦？在網際網路出現之前，我們會去最近的圖書館進行一些研究。但是，現在我們會先使用搜尋引擎。「搜尋」這個動作涉及大量使用自然語言的人機互動，因此它產生非常有趣的 NLP 用例。

我們的客戶是一家大型的律師事務所。當他們收到新的案件時，必須研究大量與案件有關的文件，以掌握事情的全貌。很多時候他們沒有足夠的時間進行徹底的人工研究。所以他們希望我們開發一個軟體，以提供大量的文件所討論的主題的概要。**主題建模**（*topic modeling*）是在大量文件中尋找潛在主題的技術。

同一家事務所還有一個問題：他們收到的案件報告通常都很長，即使是經驗豐富的律師也很難迅速領會要旨，因此需要一個可以自動建立原文文件的摘要的解決方案。業界使用**原文摘要生成**（*text summarization*）來處理這種用例。

很多人每天都會在網路上看新聞。許多新聞網站都有「相關文章」這種功能，它可以顯示與我們正在閱讀的文章的主題有關的文章，應用場景包括根據個人檔案顯示與特定職務有關的職位。**推薦**方法主要使用 NLP 來為這種用例建構解決方案。

我們生活在一個文化日益多元的世界，許多機構都有遍布全球的客戶或顧客，因此需要將文件（大規模）翻譯成機構支援的所有語言。**機器翻譯**（*MT*）在這種場景中很有用。Amazon、Netflix 與 YouTube 等串流服務都廣泛地使用 MT 來產生各種語言的字幕。Google Translate 等工具可協助世界各地的遊客以當地語言進行溝通。

在日常生活中，我們會用搜尋引擎做很多事情，有時我們想要知道問題的答案。試著向你最喜歡的搜尋引擎詢問一個符合事實的問題，例如「誰寫了動物農莊？」Google 在最上面的結果中顯示「喬治·歐威爾」，以及他的生平，然後是其他常規的搜尋結果。試著再問一些描述性的問題，例如「怎麼讓狂哭的嬰兒安靜下來？」在它列出來的答案中，你會看到來自某個網站的簡介，列出讓嬰兒安靜的幾種方法。這是一個**問題回答**的例子，這種任務是為用戶的查詢找出最適當的答案，而不是顯示一堆文件。注意，它與第 6 章介紹的 FAQ 聊天機器人略有不同，後者的答案限制在一個小很多的資料組裡面（即 FAQ），而不是一大堆文件（例如 web）。

以上是本章即將討論的主題。雖然乍看之下，它們彼此之間有很大的差異，但隨著本書的進展，你將會看到它們之間的相似之處。上述的任務並不完整，但是它們都是為業界的應用程式開發 NLP 解決方案時，經常出現的場景。前四項任務（搜尋、主題建模、原文摘要和推薦）在實際應用 NLP 的場景中比較常見，所以我們會較詳細地討論它們。在處理大規模的問題回答和機器翻譯時，你應該不需要從零開始開發解決方案，所以我們只會介紹它們，來讓你知道該如何快速建構 MVP。表 7-1 整理了本章將要討論的主題、使用場景例子，以及它們使用的資料類型。

表 7-1　本章討論的主題

NLP 任務	用途	資料的性質
搜尋	為用戶的查詢尋找相關的內容	全球資訊網 / 大量的文件
主題建模	尋找一組文件裡面的主題與隱含模式	大量的文件
原文摘要	建立原文的簡短版本，包含最重要的內容	通常是一份文件
推薦	顯示相關的文章	大量的文件
機器翻譯	將一種語言翻譯成另一種	單一文件
問題回答系統	為查詢提供答案，而不是一組文件	單一文件，或一群文件

了解概要之後，我們開始詳細地逐一介紹這些主題。第一個主題是搜尋與資訊提取。

搜尋與資訊提取

搜尋引擎是所有人的網路活動的重要元素，我們會搜尋資訊來決定要買什麼好東西、要去哪裡吃飯、去哪裡做生意等。我們也重度依靠搜尋功能來篩選 email、文件與金融交易。很多搜尋都是透過文字來互動的（或是在語音輸入時，轉換成文字的語音）。這意味著，搜尋引擎裡面有許多語音處理動作。因此，我們可以說，NLP 在現代的搜尋引擎裡面扮演重要的角色。

我們來看一下在進行搜尋時會發生什麼事。當用戶使用查詢來進行搜尋時，搜尋引擎會收集一系列符合該查詢且經過排名的文件。為了做這件事，它要先建構文件的「索引」以及在查詢時使用的詞彙表，再用它來搜尋並排名結果。在索引文字資料與排名搜尋結果時，搜尋引擎流行使用第 3 章介紹過的一種方法：TF-IDF。它也可以使用最近開發的 NLP DL 模型來完成這項工作。例如，Google 最近開始使用 BERT 模型來排名搜尋結果與顯示搜尋段落。他們聲稱這種做法提高了搜尋品質與相關性 [1]。這是 NLP 在現代搜尋引擎中的用途的重要範例。

除了儲存資料與排名搜尋結果這兩種主要的功能之外，現代搜尋引擎的許多功能都與 NLP 有關。例如，考慮圖 7-1 的 Google 搜尋結果截圖，它展示了使用 NLP 的幾項功能。

圖 7-1 Google 搜尋查詢的螢幕截圖

1. **拼寫糾正**：這位用戶輸入不正確的拼法，搜尋引擎提供一個建議，顯示正確的拼法。

2. **相關的查詢**：「People also ask」功能顯示別人所詢問的關於 Marie Curie 的其他問題。

3. **段落提取**：所有搜尋結果都有一段涉及查詢的原文。

4. **傳記資訊提取**：右邊有一小段文章展示 Marie Curie 的生平細節，以及一些從原文提取的具體資訊。那裡也有一些引文，以及與她有關的人物。

5. **搜尋結果分類**：網頁的上方有搜尋結果的類別：all、news、images、videos 等。

這個例子展示了本書介紹過的許多概念的實際用例，雖然搜尋引擎也會在其他地方使用 NLP，但它們都是 NLP 在搜尋功能的用戶介面派上用場的例子。然而，搜尋引擎除了除了 NLP 之外還有很多元素，建構它是一項巨大的任務，需要大量的基礎設施，讓人不禁思考何時該建構搜尋引擎，以及如何建構？我們一定要建構像 Google 那種龐大的搜尋引擎嗎？為了回答這些問題，我們來看兩個場景。

假如我們在 Broad Reader 這類的公司工作，想要開發可以爬抓遍布整個 web 的論壇和討論板的搜尋引擎，讓用戶可以查詢這個龐大的集合。考慮另一個場景，假如我們的客戶是一家律師事務所，每天都會上傳大量來自客戶和其他法律來源的法律文件。我們要為這家客戶開發自訂的搜尋引擎來搜尋他們的資料庫。這兩種場景有何不同？

在第一種場景中，我們需要建構所謂的通用搜尋引擎，用來爬抓不同的網站，不斷尋找新內容與新網站，並不斷建立和更新「索引」。第二種場景是企業搜尋引擎，因為我們不需要探察內容來建立索引。因此，這兩種搜尋引擎的區別如下：

- 通用搜尋引擎，例如 Google 與 Bing，會在網路上爬抓內容，並藉著不斷尋找新網頁來盡可能涵蓋更多內容。

- 企業搜尋引擎的搜尋空間被控制在少量的機構內部文件之內。

根據我們的經驗，第二種搜尋應該是在工作時最常見的用例，所以我們只會簡單地介紹通用搜尋引擎，僅討論與企業搜尋也有關的基本元件。

搜尋引擎的元件

搜尋引擎如何工作？它的基本元件有哪些？我們用圖 7-2 簡單地介紹它們，這張圖摘自現在很有名的，1998 年的一篇關於 Google 的架構 [2] 的研究論文。

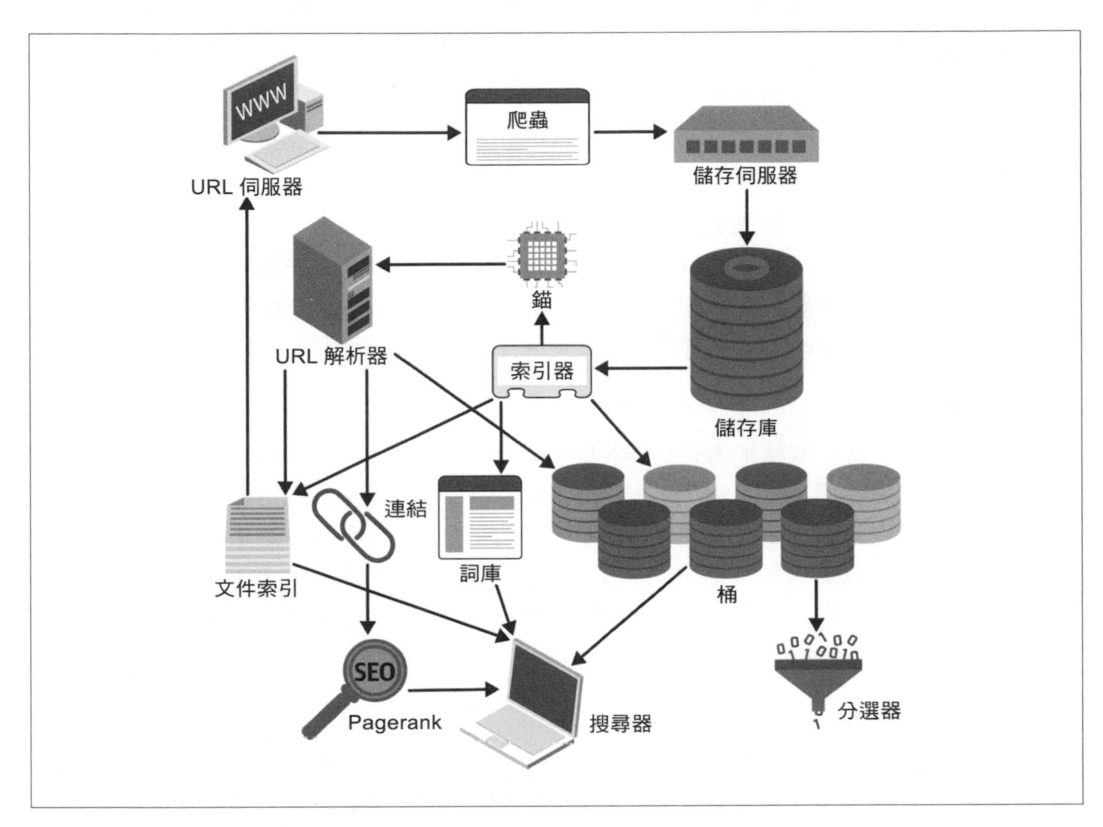

圖 7-2 Google 搜尋引擎的早期架構 [2]

如圖所示，在搜尋引擎裡面有幾個小的與大的元件，它的三種主要元件（還有第四種現在也很常見的元件）是：

爬蟲（*Crawler*）

收集搜尋引擎的所有內容。爬蟲的工作是根據一系列的種子 URL 遍歷 web，並且用寬度優先的方式來建構其 URL 集合。它會造訪各個 URL，儲存文件的副本，偵測連向外界的超連結，再將它們加入下次要造訪的 URL 清單。在設計爬蟲時，需要做出的典型決策包括：確定要抓取什麼內容、何時停止抓取、何時重新抓取、要重新抓取什麼，以及如何確保不會抓到重複的內容。根據我們的經驗，即使你必須開發某種通用搜尋引擎（例如部落格搜尋引擎），你也不太可能需要設計自己的爬蟲。你可以自訂 Apache Nutch [3] 與 Scrapy [4] 這類的準生產爬蟲，並在你的專案中使用。

索引器（*indexer*）

解析和儲存爬蟲收集的內容，並建構「索引」，以便高效地搜尋和檢索它們。雖然我們也可以為影片、錄音、圖像等東西建立索引，但是在實際的專案中，建立原文的索引是最常見的索引類型。在為搜尋引擎索引開發資料結構時，你必須考慮這個需求：讓它的爬蟲能夠快速且有效地搜尋，以回應用戶的查詢。web 搜尋引擎常用的索引演算法是「反向索引（inverted index）」，它會在詞彙表中儲存與每個單字有關的文件清單。與爬蟲一樣，你不太可能需要自行開發索引器。業界通常使用 Apache Solr [5] 與 Elasticsearch [6] 等軟體來建構索引，並用它來搜尋。

搜尋器（*Searcher*）

搜尋索引，並且根據結果與查詢的相關性來排序搜尋結果。在 Google 或 Bing 的典型搜尋查詢可能產生成百上千的結果。身為用戶的我們無法親自遍歷它們來確認結果是否與查詢有關，因此排序搜尋結果很重要。根據本書目前為止的內容，有一種直觀的排序方法是製作結果文件與用戶查詢內容的向量表示法，並且使用某種相似度指標來排序文件。事實上，正如本章開始時提到的，在第 3 章介紹，並且在第 4 章用來進行原文分類的 TF-IDF 是搜尋和排序搜尋結果的常用方法之一。

回饋（*Feedback*）

第四個元件在目前所有的搜尋引擎裡面都很常見，它的用途是追蹤及分析用戶和搜尋引擎的互動，例如點擊量、搜尋花費的時間、每次點擊花費的時間等，並使用它來持續改善搜尋系統。

希望這個簡短的介紹能讓你快速了解典型的搜尋引擎是以什麼組成的。資訊提取本身就是一個主要的研究領域了，搜尋引擎的開發更是涉及大量計算和基礎設施的大工程。上述的所有主題都還沒有被徹底解決。在本節中，我們只概述搜尋引擎如何運作，以便在接下來討論 NLP 上場的時機，以及如何開發自訂的搜尋引擎。感興趣的讀者可以參考 [7]，以詳細了解搜尋引擎開發背後的演算法及資料結果。

進行簡單的介紹之後，接下來我們要討論在工作場合中，典型的搜尋引擎處理線長怎樣，以及有哪些介紹過的 NLP 方法可在裡面使用。

典型的企業搜尋處理線

假設我們為一家大型報社工作，負責為它的網站開發搜尋引擎。如前所述，Solr 與 ElasticSearch 通常被用來處理這種場景。我們該如何使用它們？我們來一步一步講解，並討論在這個過程中使用的 NLP 工具。

爬網/內容採集

這個案例其實不需要爬蟲，因為我們不需要外部網站的資料。我們需要可從儲存所有新聞文章的地方（例如，在本地的資料庫，或是在某個雲端位置）讀取資料的方法。

原文正規化

收集內容之後，先根據它的格式提取主要的原文，並丟棄額外的資訊（例如報紙標題）。在向量化之前，通常還會進行一些預先處理，例如語義單元化、小寫化、停用字移除、詞幹提取等。

製作索引

為了建立索引，我們必須將原文向量化。如前所述，TF-IDF 是常用的做法。然而，我們也可以像 Google 那樣，使用 BERT。如何使用 BERT 來搜尋？我們可以使用 BERT 來取得查詢內容與文件的向量表示法，並且根據向量距離，產生最接近查詢內容的文件排序。[8] 展示如何使用這種原文 embedding 和 Elasticsearch 來建立索引與搜尋。

除了為一篇文章的整個內容建立索引之外，我們也可以為每一個文件的索引附加額外的欄位 / 方面（facets），並在稍後用這些方面來搜尋。例如，對一份報紙而言，它可能是新聞種類、其他的標籤，例如牽涉的州（例如一篇關於美國的新聞的 California）等。在必要時，我們可以用第 4 章介紹的原文分類方法來取得這種類別與標籤。在顯示搜尋結果時，我們可以用它與日期等過濾條件來充實用戶體驗。我們將在第 9 章看一個這種分面搜尋的例子。

假如我們按照上述的程序建構搜尋引擎了，接下來呢？當使用者輸入查詢內容時會怎樣？此時，處理流程通常包含下列步驟：

1. **處理查詢內容與執行**：如上所述，將搜尋查詢內容傳給原文正規化程序，處理查詢內容之後，執行它，取得結果，並根據相關性進行排序。Elasticsearch 之類的搜尋引擎程式庫甚至提供自訂的評分函式，可用來修改以查詢內容取得的文件的排名 [9]。

2. **回饋與排序**：為了評估搜尋結果，並且讓它們與用戶更相關，我們會記錄並分析用戶的行為，並使用用戶在結果上面的點擊動作之類的訊號，以及花在結果網頁上的時間，來改善排序演算法。就報紙的例子而言，這可能是學習讀者的偏好（例如讀者喜歡閱讀 Region X 的地區性新聞），並為他們顯示個人化的建議文章順序。

我們希望用這個報紙用例來展示典型的企業搜尋引擎開發流程的樣貌。與許多軟體一樣，機器學習領域的最新發展也影響了企業搜尋。我們簡要地介紹如何一起使用 Elasticsearch 與 BERT 和其他的 embedding 原文表示法。以機器學習驅動的 Amazon Kendra [10] 是最近加入這個領域的企業搜尋引擎。

設定搜尋引擎：範例

了解搜尋引擎的組件，以及它們如何在範例場景中一起運作之後，我們來看看如何使用 Elasticsearch 的 Python API 建構小型的搜尋引擎。我們將使用 CMU Book Summaries 資料組 [11]，它的內容是從維基百科網頁提取的 16,000 本書的情節摘要。我們將使用 500 份文件來說明這個程序，但你可以使用本節的 notebook（*Ch7/ElasticSearch.ipynb*）來以完整的資料組建構搜尋引擎。我們已經準備好內容了，所以不需要使用爬蟲。舉一個不涉及額外的預先處理（例如，沒有詞幹提取）的用例，下面的程式展示如何使用 Elasticsearch 建立索引：

```
# 以 booksummaries 資料組建立索引，只使用 500 份文件
path = "../booksummaries/booksummaries.txt"
count = 1
for line in open(path):
    fields = line.split("\t")
    doc = {'id' : fields[0],
          'title': fields[2],
          'author': fields[3],
          'summary': fields[6]
          }
      #  索引稱為 myindex
    res = es.index(index="myindex", id=fields[0], body=doc)
    count = count+1
    if count%100 == 0:
          print("indexed 100 documents")
    if count == 501:
          break
res = es.search(index="myindex", body={"query": {"match_all": {}}})
print("Your index has %d entries" % res['hits']['total']['value'])
```

這段程式用四個欄位（id、title、author 與 summary）為每一份文件建立索引，它們都是資料組本身就有的東西。建立索引之後，它執行一個查詢來檢查索引的大小。在這個例子中，輸出會顯示 500 個項目。建立索引之後，我們必須釐清如何使用它來執行搜尋。我們不討論搜尋程序的用戶介面設計層面，不過下面的程式說明如何使用 Elasticsearch 進行搜尋：

```
# 當查詢字串有多個單字時，比對查詢的動作與 OR 查詢一樣
# match_phrase 會尋找精確的匹配，所以在此使用它
while True:
    query = input("Enter your search query: ")
    if query == "STOP":
        break
    res = es.search(index="myindex", body={"query": {"match_phrase":
                                            {"summary": query}}})
    print("Your search returned %d results:"
                    %res['hits']['total']['value'])
    for hit in res["hits"]["hits"]:
          print(hit["_source"]["title"])
          # 取得匹配的前與後 100 個字元
          loc = hit["_source"]["summary"].lower().index(query)
          print(hit["_source"]["summary"][:100])
          print(hit["_source"]["summary"][loc-100:loc+100])
```

這段程式持續要求用戶輸入搜尋查詢，直到輸入 STOP 為止，然後顯示搜尋結果，以及一小段包含搜尋片語的文字。例如，當用戶搜尋「countess」時，結果可能是：

```
Enter your search query: countess
Your search returned 7 results:
All's Well That Ends Well
71
 Helena, the orphan daughter of a famous physician, is the ward of the Countess
 of Rousillon, and ho
...
...
...
Enter your search query: STOP
```

Elasticsearch 有許多修改評分函數、修改搜尋程序的查詢公式（例如精確比對 vs. 模糊比對）、加入預先處理步驟，例如在建立索引的程序時進行詞幹提取等。我們將它們留給讀者作進一步的練習。現在，我們來看一個從零開始建構並改善企業搜尋引擎的案例研究。

案例研究：書店搜尋

假如我們要為一個主要銷售書籍的電子商務商店建構搜尋處理線，我們有作者、書名與摘要等參考資訊。我們可以將之前介紹的搜尋功能當成基礎來建構，並且設定自己的搜尋引擎後端，或使用 Elasticsearch [12] 或 Elastic on Azure [13] 等線上服務。

預設的搜尋輸出可能會有很多問題。例如，它可能會顯示與標題或摘要完全匹配的結果，而不是雖然不完全匹配，但是相關性更高的結果。有些精確匹配的書籍可能寫得很糟，有不好的評論，但是這些層面並未在排序結果時列入考慮。例如，考慮這本書關於 Marie Curie 的書籍：*Marie Curie Biography* 與 *The Life of Marie Curie*。後者是 Marie Curie 的權威傳記，前者是新出版的、風評很差的書。但是，在查詢「*marie curie biography*」時，相關度較低的 *Marie Curie Biography* 的排名卻高於受歡迎的 *The Life of Marie Curie*。

我們可以將真實世界的指標納入搜尋引擎。例如，一本書被瀏覽和銷售的次數、書評的數量、以及該書的評分都可以納入搜尋排序函數中。在 Elasticsearch 中，我們可以使用函數評分（function scoring）並且為評分的數量、銷售的數量和平均分數選擇權重。因此，我們可能給銷售數量更多權重，而不是它被瀏覽的次數。隨著更多書籍被賣出和被評論，這些經驗法則可以產生更多相關的結果。在沒有資料或資料有限時，這種手工定義搜尋相關性權重的方法是很好的起點。

我們可以收集用戶與搜尋引擎的互動來進一步改善它。這些互動可能包含搜尋內容、用戶類型、他們對書籍採取的動作。記錄這種細膩的搜尋資訊之後，我們可從中發現各種模式，例如，在搜尋「science books for children」時，即使科學家傳記的排名較低，它們的購買率也會比較高。我們可以隨著時間過去與資料量增加，從這些紀錄中了解相關性排名。我們可以使用 Elasticsearch Learning to Rank [14] 等工具來學習這些資訊並改善搜尋相關性。隨著時間過去，也可以在搜尋查詢分析之中加入更高階的技術 [15]，例如神經 embedding。

收集越來越多用戶資訊之後，我們也可以根據用戶過往的偏好，來將搜尋結果個人化。通常這種系統是用搜尋引擎取得的初始排名來建構的軟體層。

在建構高階搜尋引擎的過程中需要考慮的另一個重點是：持續完全控制系統與資料對你而言有多重要。如果這種搜尋引擎不是你的產品的核心部分，而且你的公司對資料共享感到滿意，許多這類的功能也可以用代管服務來提供。這類的代管搜尋引擎服務有 Algolia [16] 與 Swiftype [17]。

由於搜尋引擎的實作涉及 NLP 之外的許多因素，而且通常只與大型的資料組有關，所以本書不展示涵蓋搜尋引擎所有面向的範例。但是，希望這篇簡介能讓你大致了解如何開發涉及文字資料的自訂搜尋引擎，以及你學過的 NLP 技術可在哪裡發揮作用。關於使用 Elasticsearch 來實作搜尋引擎的其他細節，請參考 [18]。接著我們進入本章的第二個主題：主題建模。

主題建模

主題建模是 NLP 在業界最常見的應用之一。要分析各式各樣的原文，從新聞文章到 tweet 到視覺化的字雲（word cloud，見第 8 章）到建立相連的主題與文件的圖（graph），主題建模對各種用例而言都很有用。主題建模被廣泛地用於文件聚類，以及組織大量的原文資料。它們可以在原文分類時使用。

但什麼是主題建模？假設有人給我們大量的文件，要求我們「理解」它們的意思，該怎麼做？顯然，這項任務並未被良好地定義。由於文件量很大，我們不可能人工瀏覽每一份文件。有一種處理這項工作的做法是找出一些最能夠描述文集的字，例如在這個文集中最常見的字，它們稱為**字雲**（*word cloud*）。取得好字雲的關鍵是移除停用字。如果我們拿任何一個英文文集，並列出最常見的 *k* 個字，我們將無法獲得任何有意義的見解，因為最常見的字將是停用字（the、is、are、am 等）。在進行適當的預先處理之後，字雲或許可以提供某些有意義的資訊，取決於所收集的文件。

另一種做法是將文件拆成單字與句子，再根據單字與句子之間的相似性，將它們分組。然後用單字與句子的群組來理解文集在說什麼。直觀地說，如果我們從每一個群組選一個字出來，選出來的組合就可以代表（在語義上）文集的意義。另一種做法是使用 TF-IDF（見第 3 章）。假設有一個文件文集，裡面有些文件與農業有關。那麼，「farm」、「crops」、「wheat」與「agriculture」等字可以組成農業文件的「主題」。若要從文集中，找出經常在一份文件中出現，但不常在其他文件中出現的字，最簡單的方法是什麼？

主題建模就是為了這個目的而存在的，它可以試著辨識文字文集中的「關鍵」字（稱為「主題」），且不需要預先了解那些字。這種做法與規則式的原文挖掘方法不同，後者使用正規表達式或字典式關鍵字搜尋技術。圖 7-3 是將一個人文文集的主題模型視覺化的情況。

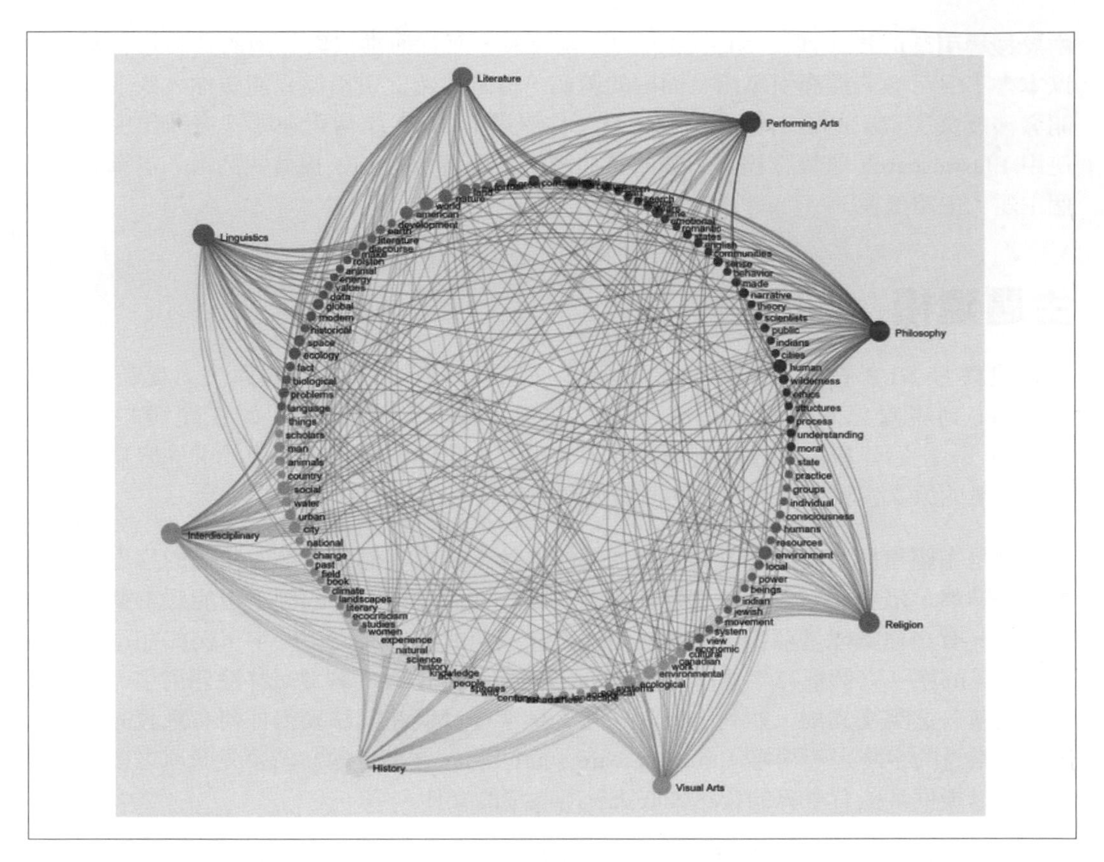

圖 7-3　主題建模視覺化 [19]

在這張圖裡面，我們可以看到以主題模型取得的人文學科關鍵字，裡面有一些關鍵字在不同的學科之間有重疊的情況。這個例子說明如何使用主題模型來發現大型文集的主題有哪些。需要注意的是，主題模型不是單一的。主題建模通常是指在一群可在大量原文文件中發現潛在主題的無監督統計學學習方法。流行的主題建模演算法有潛在狄利克里分配（latent Dirichlet allocation，LDA）、潛在語意分析（latent semantic analysis，LSA）和機率潛在語意分析（probabilistic latent semantic analysis，PLSA）。在實務上，最常用的技術是 LDA。

LDA 是怎麼做的？我們從一個玩具文集看起 [20]。假如我們有一組文件，D1 至 D5，而且每一個文件都有一個句子：

- D1:I like to eat broccoli and bananas.
- D2:I ate a banana and salad for breakfast.
- D3:Puppies and kittens are cute.
- D4:My sister adopted a kitten yesterday.
- D5:Look at this cute hamster munching on a piece of broccoli.

用這個文集來訓練的 LDA 主題模型可能會產生這種輸出：

- Topic A:30% broccoli, 15% bananas, 10% breakfast, 10% munching
- Topic B:20% puppies, 20% kittens, 20% cute, 15% hamster

- Document 1 and 2:100% Topic A
- Document 3 and 4:100% Topic B
- Document 5:60% Topic A, 40% Topic B

因此，主題只不過是許多關鍵字和它們的機率分布的混合物，而文件是用主題的混合物組成的，同樣有機率分布。主題模型只為各個主題提供一組關鍵字。在 LDA 模型中，主題到底代表什麼，以及它的名稱應該是什麼，通常留給人們進行解釋。在此，我們可能看到 Topic A 並說「它與食物有關」。類似地，對於 Topic B，我們可能會說「它與寵物有關」。

LDA 是怎麼做到的？ LDA 假設要考慮的文件是由許多混合的主題產生的。它進一步假設以下的流程可產生這些文件：最初，我們有一系列主題及其機率分布。每一個主題也有一系列的單字及其機率分布。我們從主題分布採樣 k 個主題，並且為其中的每一個主題從相應的分布中採樣單字，這就是生成文集中的各個文件的方法。

現在，我們有一組文件，LDA 試著回溯生成的流程，找出哪些主題會生成這些文件。這些主題稱為「latent（潛在）」，因為它們是隱性的，必須被發現。LDA 如何進行這種回溯？它藉著分解一個文件——字矩陣（M）來完成這件事，該矩陣存有所有文件裡面的單字的數量。它將全部的 m 個文件 D_1, D_2, D_3 ⋯ D_m 排成列，將文集詞彙表裡面的所有

n 個單字 $W_1,W_2, ..,W_n$ 排成行。$M[i,j]$ 是單字 W_j 在文件 D_i 裡面的頻率數量。圖 7-4 是假設的文集的這種矩陣，該文集有五份文件，詞彙表有六個單字。

	W1	W2	W3	W4	W5	W6
D1	0	3	0	0	1	2
D2	1	0	0	1	1	1
D3	2	1	2	2	4	2
D4	1	1	1	4	0	0
D5	0	1	2	1	0	4

圖 7-4　文件——字矩陣（M）

注意，如果詞彙表裡面的每一個字都代表唯一的維度，而且詞彙表的總大小是 n，那麼這個矩陣的第 i 列就是代表這個 n 維空間內的第 i 個文件的向量。LDA 將 M 分解成兩個子矩陣：M1 與 M2。M1 是個文件——主題矩陣，M2 是個主題——字矩陣，分別有 (M, K) 與 (K, N) 維。在四個主題 (K1–K4) 的情況下，M 的子矩陣長得像圖 7-5。在這裡，k 是我們想要尋找的主題的數量。

	K1	K2	K3	K4
D1	1	0	0	1
D2	1	1	0	0
D3	1	0	0	1
D4	1	0	1	0
D5	0	1	1	1

	W1	W2	W3	W4	W5	W6
K1	1	0	0	1	0	0
K2	0	1	1	0	1	1
K3	1	1	0	1	1	0
K4	1	0	0	0	1	0

圖 7-5　分解後的矩陣

主題數量 k 是超參數。k 的最佳值要用試誤法找出來。

接下來，我們可以用這些子矩陣來理解文件的主題結構，以及構成主題的關鍵字。現在我們已經了解在訓練主題模型時，幕後發生什麼事情了，我們來看一下怎麼建構模型。

訓練主題模型：範例

知道 LDA 的基本概念之後，如何製作它？在此，我們將使用 Python 程式庫 gensim [21] 的 LDA 實作，以及之前用過的 CMU Book Summary Dataset [11] 來展示如何建構搜尋引擎。本節的 notebook（*Ch5/TopicModeling.ipynb*）有更多細節。下面的程式說明使用 LDA 來訓練主題模型的做法：

```
from nltk.tokenize import word_tokenize
from nltk.corpus import stopwords
from gensim.models import LdaModel
from gensim.corpora import Dictionary
from pprint import pprint

# 語義單元化，移除停用字、非字母字、小寫
def preprocess(textstring):
   stops =  set(stopwords.words('english'))
   tokens = word_tokenize(textstring)
   return [token.lower() for token in tokens if token.isalpha()
          and token not in stops]

data_path = "/PATH/booksummaries/booksummaries.txt"
summaries = []
for line in open(data_path, encoding="utf-8"):
   temp = line.split("\t")
   summaries.append(preprocess(temp[6]))

# 建立文件的字典表示法
dictionary = Dictionary(summaries)
# 過濾不常見或太常見的字
dictionary.filter_extremes(no_below=10, no_above=0.5)
corpus = [dictionary.doc2bow(summary) for summary in summaries]
# 為單字字典建立索引
temp = dictionary[0]  # 這只是為了「載入」字典
id2word = dictionary.id2token
```

```
# 訓練主題模型
model = LdaModel(corpus=corpus, id2word=id2word,iterations=400, num_topics=10)
top_topics = list(model.top_topics(corpus))
pprint(top_topics)
```

如果我們用肉眼來瀏覽主題，有個主題會是 police、case、murdered、killed、death、body 等。雖然主題模型不會幫主題本身取名字，但藉著瀏覽這些關鍵字，我們可以推測它與犯罪 / 驚悚小說這個主題有關。

如何評估結果？取得 LDA 的主題 / 字矩陣之後，我們為各個主題進行排序，從最高的字權重排到最低的，再選擇各個主題的前 *n* 個字，然後衡量各個主題的字的連貫性，這本質上就是衡量這些字之間的相似性。此外，在這個例子中，我們對模型參數進行一些選擇，例如迭代次數、主題數量等，而且沒有做任何微調。本節的 notebook（*Ch7/TopicModeling.ipynb*）展示如何評估主題模型的連貫性。

如同任何一個實際的專案，我們必須先試驗各種不同的參數與主題模型，再選擇最終的模型來部署。Gensim 介紹 LDA [22] 的教學提供關於如何建構、微調及評估主題模型的更多資訊。

改善主題模型的方法是移除低頻率的字或只保留屬於名詞與動詞的字。如果文集很大，你可以將它拆成固定大小的批次，並且為各個批次進行主題建模。最好的輸出就是各批次之間的主題交集。

下一步呢？

知道如何建構主題模型之後，究竟如何使用它？根據我們的經驗，主題模型的使用案例包括：

- 根據學到的主題分析，以關鍵字的形式，總結文件、tweet 等
- 偵測一段時間之內的社交媒體趨勢
- 為原文設計推薦系統

此外，特定文件的主題分布也可以當成特徵向量，來進行原文分類。

雖然在業界的專案有一系列的主題模型用例，但它們在使用上仍然有一些挑戰。對主題模型進行評估與解釋仍然有挑戰性，而且目前尚未取得共識。為主題模型微調參數也很

耗時。在上述範例中，我們提供一些人工的主題。如前所述，目前我們還無法用簡單的程序來知道主題的數量，我們必須估計資料組裡面有哪些主題，再使用多個值來進行探索。另一件必須記住的事情是，像 LDA 這種模型通常只適用於較長的文件，處理短文件的效果很差，例如 tweet 文集。

儘管有這些挑戰，但主題模型仍然是任何一位 NLP 工程師的工具箱裡面的重要工具，它有更廣泛的用途。希望我們提供了足夠的資訊，可以協助你在工作時認出適合使用它的用例。感興趣的讀者可以參考 [23]，更深入地研究這個主題。接著我們來討論本章的下一個主題：原文摘要。

原文摘要生成

原文摘要生成就是為長篇原文建立摘要，這項任務的目標，就是建立一個連貫的總結，以描述原文的主要概念。它很適合用來快速閱讀大型文件、儲存有關的資訊，以及提取資訊。從 2000 年代開始，作為 Document Understanding Conference [24] 系列的一部分，世界各地的研究小組就開始積極地進行原文摘要自動生成的 NLP 研究。這一系列的會議舉辦了很多場比賽，來解決原文摘要生成領域裡面的幾項次級任務，包括：

提取式 *vs.* 抽象式

提取式摘要生成是從一篇文章中選出重要的句子，並且一起顯示它們，當成摘要。抽象式摘要生成是產生原文的摘要，它會產生一份新的摘要，而不是從原文選擇句子。

以查詢為主 *vs.* 與查詢無關

「以查詢為主摘要生成」是根據用戶的查詢建立原文摘要，而「與查詢無關摘要生成」則是建立通用的摘要。

單文件 *vs.* 多文件

顧名思義，單文件摘要生成是為一個文件建立摘要，而多文件摘要生成是為一堆文件建立摘要。

我們透過一些用例來讓你了解如何在實際的任務中運用它們。

摘要生成用例

根據我們的經驗，原文摘要生成最常見的用例就是單一文件、與查詢無關、提取式摘要生成。它通常被用來為長文件建立短摘要，讓人類讀者或機器使用（例如，在搜尋引擎中，用來建立摘要的索引，而不是全文的）。在真實世界中，這種摘要產生器有一個著名的例子——Reddit 的 autotldr 機器人 [25]，見圖 7-6 的螢幕擷圖。autotldr 機器人藉著選擇文章中最重要句子並排序它們來建立 Reddit 長貼文的摘要。

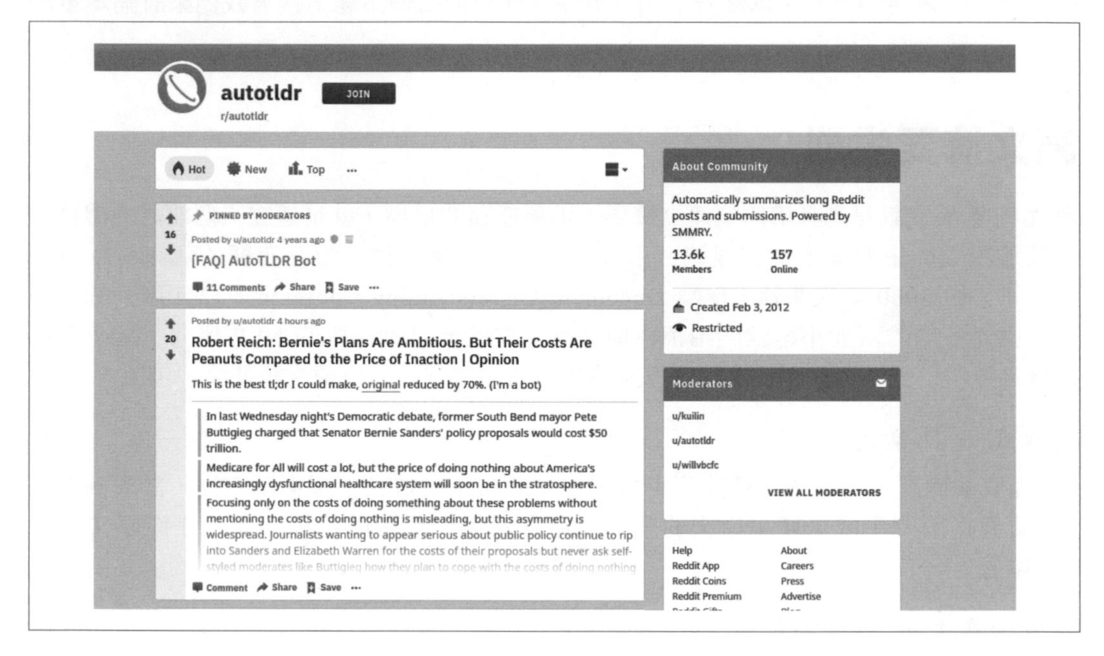

圖 7-6　Reddit 的 autotldr 機器人

本書的作者之一在工作場合實作過的另外兩個用例是：

- 在新文章上使用自動句子上色程式來為「摘要」句子（也就是可以描述原文要旨的句子）上色而不是建立完整的摘要。
- 使用文件摘要來建立索引（而不是全文）的原文摘要產生器，其目的是減少搜尋引擎的索引的大小。

當你在工作場合實作原文摘要產生器時，你可能也會遇到類似的場景。我們來看如何利用既有的程式庫來實作單文件、與查詢無關、提取式摘要產生器。

設定摘要產生器：範例

摘要生成領域的研究已經探索了規則式、監督與無監督方法，最近也使用了 DL 架構。然而，在現實的場景中，熱門的提取式摘要生成演算法都使用基於圖（graph-based）的句子排序法。這種方法根據文件中的每一個句子與其他句子之間的關來評分它們，不同的演算法採用不同的評分方式，然後回傳前 N 個句子作為摘要。Python 程式庫 sumy [26] 裡面有幾種流行的「與查詢無關、提取式摘要生成演算法」的實作。下列程式展示如何使用 sumy 實作的摘要生成演算法 TextRank [27] 來為一個維基百科網頁生成摘要：

```
from sumy.parsers.html import HtmlParser
from sumy.nlp.tokenizers import Tokenizer
from sumy.summarizers.text_rank import TextRankSummarizer

url = "https://en.wikipedia.org/wiki/Automatic_summarization"
parser = HtmlParser.from_url(url, Tokenizer("english"))
summarizer = TextRankSummarizer()
for sentence in summarizer(parser.document, 5):
    print(sentence)
```

這個程式庫會幫你提供的 URL 進行 HTML 解析與語義單元化，再使用 TextRank 來選擇最重要的句子，當成原文的摘要。執行這段程式會顯示維基百科網頁的五個最重要的句子。

實作這種摘要生成演算法的程式庫不是只有 sumy，gensim 是另一個流行的程式庫，它實作了改善版的 TextRank [28]。下面的程式展示如何使用 gensim 的摘要產生器來為一段原文產生摘要：

```
from gensim.summarization import summarize
text = "some text you want to summarize"
print(summarize(text))
```

注意，與 sumy 不同的是，gensim 沒有內建 HTML 解析器，所以如果我們想要解析網頁，就必須加入 HTML 解析步驟。gensim 的摘要產生器也可讓我們實驗摘要的長度。作為習題，我們讓讀者自行探索 sumy 的其他摘要生成演算法，以及進一步研究 gensim。

知道如何在專案中實作摘要產生器之後，當你使用這些程式庫來部署摘要產生器時，必須注意幾件事，我們來看看其中一些事項，它們都來自我們為各種應用場景建構摘要產生器的經驗。

實用的建議

如果你必須將摘要生成當成產品功能來部署，你要記住幾件事。你很可能會使用上述範例的現成摘要產生器，而不是從零開始製作你自己的。然而，如果既有的演算法不適合你的專案場景，或它們的表現不佳，你可能要開發自己的摘要產生器。如果你在研發機構工作，自行建構摘要產生器有一個更常見的原因：你正致力於改善摘要生成系統的水準。所以，假如你使用現成的摘要產生器，如何比較琳琅滿目的摘要生成演算法，從中選擇最適合你的用例的？

在研究領域中，摘要生成方法是用人類建立的通用參考摘要資料組來評估的。Recall-Oriented Understudy for Gisting Evaluation（ROUGE）[29] 是以 n-gram 重疊為基礎，用來評估自動摘要生成系統的一組通用評量標準。但是這種資料組不一定適合你的用例。因此，比較各種方法的最佳方式是建立你自己的評估資料組，或是請人類標注者根據摘要的連貫性、準確性等，為各種演算法產生的摘要進行評分。

在部署摘要產生器時，必須記得幾個實際的問題：

- 預先處理步驟，例如句子分割（或上述例子中的 HTML 解析）對生成的摘要有很大的影響。大多數的程式庫都有句子分割器，但它們也會錯誤地分割各種輸入資料（例如，當一篇新聞文章的中間引用了一封信時，該怎麼辦？）。據我們所知，這種問題沒有通用的解決方案，你可能要為你遇到的資料格式開發自訂的解決方案。
- 大多數的摘要生成演算法都對輸入原文的大小很敏感。例如，TextRank 以多項式時間運行，所以當它為大型的原文生成摘要時，很容易就占用大量的計算時間。當你用摘要產生器來處理極大型的原文時，必須注意這種限制。解決這種問題的方法包括對大型原文的各個部分執行摘要產生器，再將摘要串接起來。另一種做法是對原文最前面的 M% 與最後面的 N% 執行摘要產生器，而不是整段原文（假設這些部分有長文件的摘要）

摘要產生器對原文長度很敏感。所以，合理的做法是選擇原文的某些部分來讓摘要產生器處理。

到目前為止，我們只看了提取式摘要生成的例子。相較之下，抽象式摘要生成更像是個研究主題，而不是實際應用。經常在抽象式摘要生成研究中出現的有趣用例包括：新聞標題生成、新聞摘要生成，以及問題回答。最近，採用深度學習和強化學習來進行抽象摘要生成已經展現了一些有前途的結果 [30]。由於這個主題到目前為止仍然主要屬於研究領域，而且僅限於學術機構和組織的專業人工智慧團隊，所以本書無法更詳細地討論它。然而，我們希望以上的討論可讓你對摘要生成有足夠的認識，讓你可以在需要使用它時，做出 MVP。接著，我們來看可使用 NLP 的另一個有趣問題：推薦文字資料。

文字資料的推薦系統

在日常生活中，我們經常在各種網站看到相關的搜尋結果、相關的新聞文章、相關的工作、相關的商品等功能，顧客要求這些功能的情況也不罕見。這些「相關的文字」功能是如何工作的？

新聞文章、職位說明、商品說明和搜尋查詢都有大量文字。因此，在開發文字資料推薦系統時，原文的內容和不同的原文之間的相似性或相關性是重要的考慮因素。在建立推薦系統時，有一種常用的方法——**協同過濾**（*collaborative filtering*）。它會根據用戶過去的紀錄，以及根據彼此間興趣相似的用戶的紀錄，向用戶提供建議。例如，Netflix 的推薦機制大規模使用這種方法。

另外還有一些基於內容的推薦系統。這種推薦的例子有新聞網站的「相關文章」功能。見圖 7-7 這個來自 CBC 的例子，它是加拿大的新聞網站。

在文章正文下面，我們可以看到一群相關故事（related stories），它們的主題類似原始文章，原始文章的標題是「How Desmond Cole wrote a bestselling book about being black in Canada」。如你所見，相關故事涵蓋加拿大的黑人歷史和種族主義，並且列出另一篇關於 Desmond Cole 的文章。我們如何根據原文之間的內容相似度來建立這種功能？要建構這種以內容為基礎的推薦系統，有一種方法是使用本章介紹過的主題模型。我們可以將主題分布相似的文章的文章視為「相關的」文章。然而，神經原文表示法的出現，改變了顯示這種建議的方式。我們來看看如何使用神經原文表示法來顯示相關的建議文章。

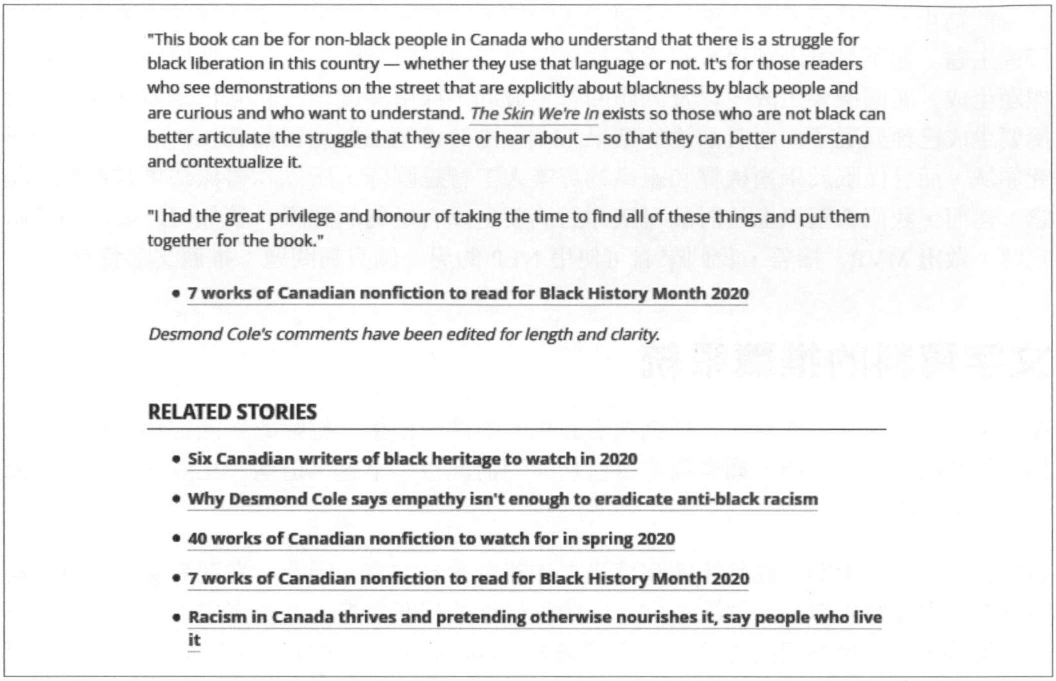

"This book can be for non-black people in Canada who understand that there is a struggle for black liberation in this country — whether they use that language or not. It's for those readers who see demonstrations on the street that are explicitly about blackness by black people and are curious and who want to understand. *The Skin We're In* exists so those who are not black can better articulate the struggle that they see or hear about — so that they can better understand and contextualize it.

"I had the great privilege and honour of taking the time to find all of these things and put them together for the book."

- **7 works of Canadian nonfiction to read for Black History Month 2020**

Desmond Cole's comments have been edited for length and clarity.

RELATED STORIES

- **Six Canadian writers of black heritage to watch in 2020**
- **Why Desmond Cole says empathy isn't enough to eradicate anti-black racism**
- **40 works of Canadian nonfiction to watch for in spring 2020**
- **7 works of Canadian nonfiction to read for Black History Month 2020**
- **Racism in Canada thrives and pretending otherwise nourishes it, say people who live it**

圖 7-7　cbc.ca 的相關故事功能 [31]

建立書籍推薦系統：範例

我們已經看了一些神經網路原文表示法（第 3 章）的例子，以及它們如何協助進行原文分類（第 4 章）。其中一種表示法是 Doc2vec。下面的程式說明如何使用 Doc2vec 來推薦相關書籍，它使用本章用過的 CMU Book Summary Dataset 來建立主題模型，以及 Python 程式庫 NLTK（語義單元化）與 gensim（實作 Doc2vec）：

```
from nltk.tokenize import word_tokenize
from gensim.models.doc2vec import Doc2Vec, TaggedDocument

# 讀取資料組的 README 來理解資料格式
data_path = "/DATASET_FOLDER_PATH/booksummaries.txt"
mydata = {} # 標題——摘要字典物件
for line in open(data_path, encoding="utf-8"):
    temp = line.split("\t")
    mydata[temp[2]] = temp[6]
```

```
# 為 doc2vec 準備資料，建立與儲存 doc2vec 模型。
d2vtrain = [TaggedDocument((word_tokenize(mydata[t])), tags=[t])
                        for t in mydata.keys()]
model = Doc2Vec(vector_size=50, alpha=0.025, min_count=10, dm =1, epochs=100)
model.build_vocab(train_doc2vec)
model.train(train_doc2vec, total_examples=model.corpus_count,
  epochs=model.epochs)
model.save("d2v.model")

# 使用模型來尋找相似的原文。
model= Doc2Vec.load("d2v.model")

# 這是維基百科的「Animal Farm」的摘要的句子：
# https://en.wikipedia.org/wiki/Animal_Farm
sample = """
Napoleon enacts changes to the governance structure of the farm, replacing
meetings with a committee of pigs who will run the farm.
 """
new_vector = model.infer_vector(word_tokenize(sample))
sims = model.docvecs.most_similar([new_vector]) # 提供 10 個最相似的標題
print(sims)
```

其輸出是：

```
[('Animal Farm', 0.6960548758506775), ("Snowball's Chance", 0.6280543208122253),
('Ponni', 0.583295464515686), ('Tros of Samothrace', 0.5764356255531311),
('Payback: Debt and the Shadow Side of Wealth', 0.5714253783226013),
('Settlers in Canada', 0.5685930848121643), ('Stone Tables',
0.5614138245582581), ('For a New Liberty: The Libertarian Manifesto',
0.5510331988334656), ('The God Boy', 0.5497804284095764),
('Snuff', 0.5480046272277832)]
```

注意，在本例中，我們只將原文語義單元化，沒有做任何其他的預先處理，也沒有做任何模型微調。這只是一個說明如何開發推薦系統的例子，不是詳細的分析。最近製作這種系統的方法會使用 BERT 或其他類似的模型來計算原文相似度。本節稍早曾經簡單介紹 Elasticsearch 的原文相似度搜尋選項，它是為我們的用例實作推薦系統的另一個選項。我們將它當成習題，讓讀者進一步探索。

了解如何為文字資料建構推薦系統之後，我們來看一下根據我們過去的經驗，在建構這類的推薦系統時的一些實用建議。

實用的建議

我們剛才看了一個簡單的原文推薦系統範例。這種方法適用於一些用例，例如推薦相關的新聞文章。然而，在許多需要提供更個人化的建議時，或是在需要考慮項目的非文字層面的應用程式中，我們可能必須考慮文字之外的層面。其中一個例子是 Airbnb 的類似清單推薦，他們結合 embedding 神經原文表示法與其他資訊，例如位置、價格等，來提供個人化的建議 [32]。

我們如何知道推薦系統是有效的？在實際的專案中，推薦造成的影響可以用性能指標來評量，例如用戶點擊率、轉換成購買的情況（相關的話）、顧客參與網站的程度等。並且用 A/B 測試來比較這些性能指標，也就是讓多組顧客接受不同的推薦。第三種做法（或許更耗時）是進行精心設計的用戶研究，向參與者展示具體的建議，並要求他們進行評價。最後，如果我們有小型的測試組，可以為特定項目提供適當的推薦，我們可以拿推薦系統與這個測試組進行比較來評估它。根據我們的經驗，業界規模的推薦系統會使用這些指標，結合 Google Analytics 等分析平台。

最後，也很重要的，我們的預先處理決策在系統提供的推薦中扮演重要的角色。所以，在使用一種方法之前，我們必須知道我們想要什麼。在上述的例子中，我們只進行一般的語義單元化。在實際案例中，我們也會經常在預先處理流程中，看到小寫化、特殊字元移除等。

希望以上的原文推薦系統概要可以提供足夠的資訊，讓你在工作場合認出合適的用例，並為它建構推薦系統。我們來看本章的下一個主題：機器翻譯。

機器翻譯

機器翻譯（MT）——將一種語言的文字自動轉換成另一種——是 NLP 研究領域的原始問題之一。早期的 MT 系統都採用規則式方法，需要大量的語言知識，包括來源與目標語言的語法，並使用它與字典等其他資源來明確地編寫規則。接下來幾年的研究與應用程式採取統計學的方法，使用不同的語言間的大量平行資料，這種資料通常來自被翻譯成多種語言的資料，例如歐洲議會程序。在過去的五年裡，以 DL 為基礎的神經 ML 方法有了爆炸性的成長，已經成為研究和生產大規模 ML 系統的先進技術。Google Translate 就是一個流行的例子。然而，由於建立這些系統需要大量的資料與資源，研究和開發這類系統主要是大型組織的專屬領域。

顯然，MT 是一個很大的研究領域，建立 MT 系統似乎是個很大的工程。MT 在業界有什麼用途？以下兩個例子是需要使用 MT 來開發解決方案的場景：

- 位於世界各地的商品使用者會以多種語言在社交媒體上發表評論。我們的顧客想要知道這些評論的整體情緒。為此，與其尋求多種語言的情緒分析工具，不如選擇 MT 系統，將所有評論翻譯成一種語言，並且對那種語言執行情緒分析。

- 我們定期使用大量的社交媒體資料（例如 tweet），並發現它的文章與我們在典型的文件中遇到的不同。例如「am gud」這個句子在嚴謹的、格式良好的英文中是「I am good」（關於社交媒體文章與一般的、格式良好的文章的不同，見第 8 章）。我們可以用 MT 來對映這兩個句子，將把「am gud」翻譯成「I am good」視為從「不嚴謹」翻譯為「合乎語法」的英語翻譯問題。

雖然我可能會開發自己的 MT 系統，也有可能不開發，但是在 NLP 專案的許多場景之下，我們可能也要實作 MT 解決方案。[33] 討論了一些業界的 MT 用例。那麼，當我們面對類似的情況時，該怎麼做？我們來看一個例子，了解如何在專案中設定 MT 系統。

使用機器翻譯 API：範例

從零開始建構 MT 系統是一項費時耗力的工作。要為專案設定 MT 系統，比較常見的方法是使用由大型研究機構（例如 Google 或 Microsoft）提供的付費翻譯服務，這些 API 是以先進的神經 MT 模型來驅動的。下面的程式展示如何使用 Bing Translate API [34]（註冊並取得訂閱金鑰和端點 URL 之後）並將英語翻譯成德語：

```
import os, requests, uuid, json

subscription_key = "XXXXX"
endpoint = "YYYYY"
path = '/translate?api-version=3.0'
params = '&to=de' # 將英語翻譯成德語（de）
constructed_url = endpoint + path + params

headers = {
    'Ocp-Apim-Subscription-Key': subscription_key,
    'Content-type': 'application/json',
    'X-ClientTraceId': str(uuid.uuid4())
}

body = [{'text' : 'How good is Machine Translation?'}]
```

```python
request = requests.post(constructed_url, headers=headers, json=body)
response = request.json()

print(json.dumps(response, sort_keys=True, indent=4, separators=(',', ': ')))
```

這個例子請求將句子「How good is Machine Translation?」從英語翻譯成德語，以 JSON 格式輸出的結果是：

```
[
    {
    "detectedLanguage": {
          "language": "en",
          "score": 1.0
    },
    "translations": [
          {
               "text": "Wie gut ist maschinelle Übersetzung?",
               "to": "de"
          }
    ]
    }
]
```

它顯示翻譯出來的德語句子是「Wie gut ist maschinelle Übersetzung?」 我們可以在需要這個服務時，呼叫 Bing Translate API 來使用它。這種服務的其他供應商也有類似的設定。在結束這個主題之前，對於想要將 MT 併入 NLP 專案的讀者，我們有一些實用的建議。

實用的建議

首先，如前所述，非必要時不要自行建構 MT 系統。使用翻譯 API 是比較務實的做法。在使用這種 API 時，務必注意付費方案。考慮到所涉及的成本，或許你可以為常用的原文儲存翻譯（稱為翻譯記憶體或翻譯快取）。

維護一個翻譯記憶體，用它來翻譯經常重複出現的內容。

在處理全新的語言，或是既有的翻譯 API 還沒辦法很好地處理的新領域時，你可以使用基於領域知識的規則式翻譯系統來處理眼前的有限場景。解決這種資料稀缺情況的另一種方法是使用「反向翻譯」來擴增訓練資料。假如我們要將英語翻譯成 Navajo 語。英語是 MT 的流行語言，而 Navajo 不是，但我們有一些英語——Navajo 翻譯的範例。此時，我們可以建立一個在 Navajo 與英語之間進行翻譯的 MT 模型，再使用這個系統來將一些 Navajo 句子翻譯成英語。現在，我們可以將這些機器翻譯的、成對的 Navajo——英語當成額外的訓練資料加入英語 –Navajo MT 系統，產生一個有更多例子可供訓練的翻譯系統（雖然有些範例是合成的）。一般來說，如果翻譯的準確性很重要，你可以結合神經模型與規則，以及一些後續處理流程來製作混合式 MT 系統。

在建構 MT 系統時，資料擴增很適合用來收集更多訓練資料。

MT 是一個很大的研究領域，有專門的年度會議、期刊和資料驅動競賽，涉及 MT 研究的學術和業界團體藉由這些競賽來比較及評估他們的系統。我們只是淺嘗輒止，來讓你對這個主題有一些概念。MT [35] 有許多教材可供感興趣的讀者進一步研究。簡單介紹 MT 之後，我們來看本章的下一個主題：問題回答系統。

問題回答系統

當我們使用 Google 或 Bing 之類的搜尋引擎在網路進行搜尋時，我們會看到「答案」以及一堆搜尋結果。這些答案可能是幾個字，或一串清單或定義。第 5 章曾經使用幾個這種查詢範例來說明專名個體在搜尋中扮演的角色。現在我們要更深入地認識它。考慮圖 7-8 這張在 Google 搜尋「who invented penicillin」的螢幕擷圖。

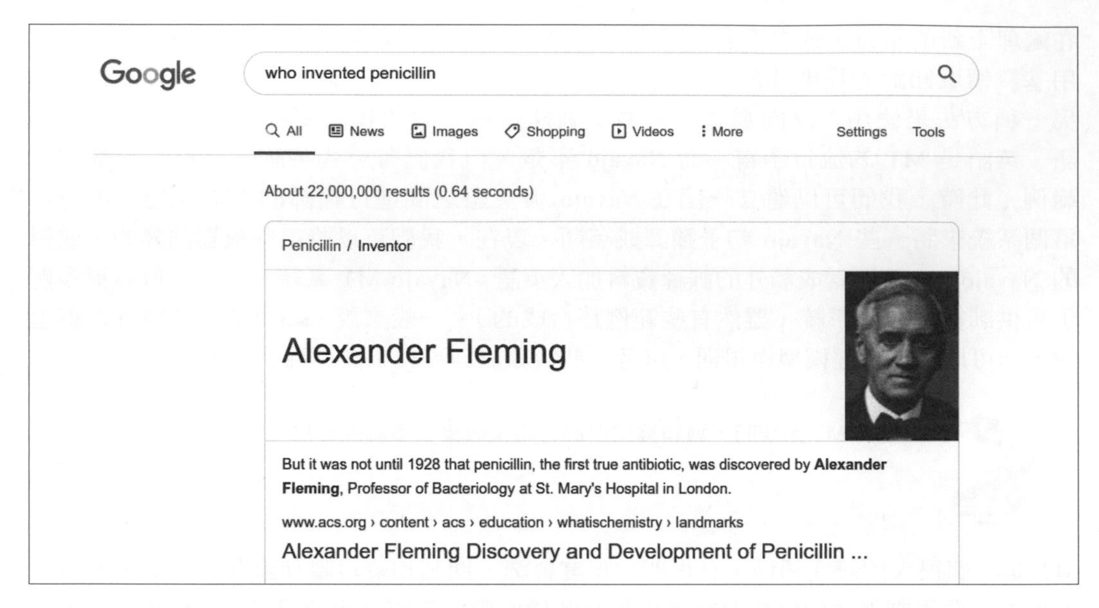

圖 7-8　查詢「who invented penicillin」的螢幕擷圖

在這裡，搜尋引擎執行一個額外的任務：在提取資訊的同時回答問題。如果我們按照上述的搜尋引擎處理流程來回答這個問題，處理步驟會像圖 7-9 那樣。

顯然，在理解用戶查詢、確定它是哪一種問題和需要哪一種答案，以及在取得與查詢有關的文件之後，確認答案在文件中的位置等任務之中，NLP 扮演重要的角色。

雖然這是一個大型、通用的搜尋引擎，但我們也有可能遇到必須使用公司資料，或其他自訂設定來實作內部的問題回答系統的情況。遵循第 248 頁的「搜尋與資訊提取」提到的處理線可讓我們找到這種情況的解決方案。

我們也有可能在工作場合遇到相對簡單的問題回答場景，FAQ 回答系統就是一種常見的案例。我們已經在第 6 章看過它如何工作了。我們來簡單地討論另一個場景，它來自本書作者之一的工作經驗。

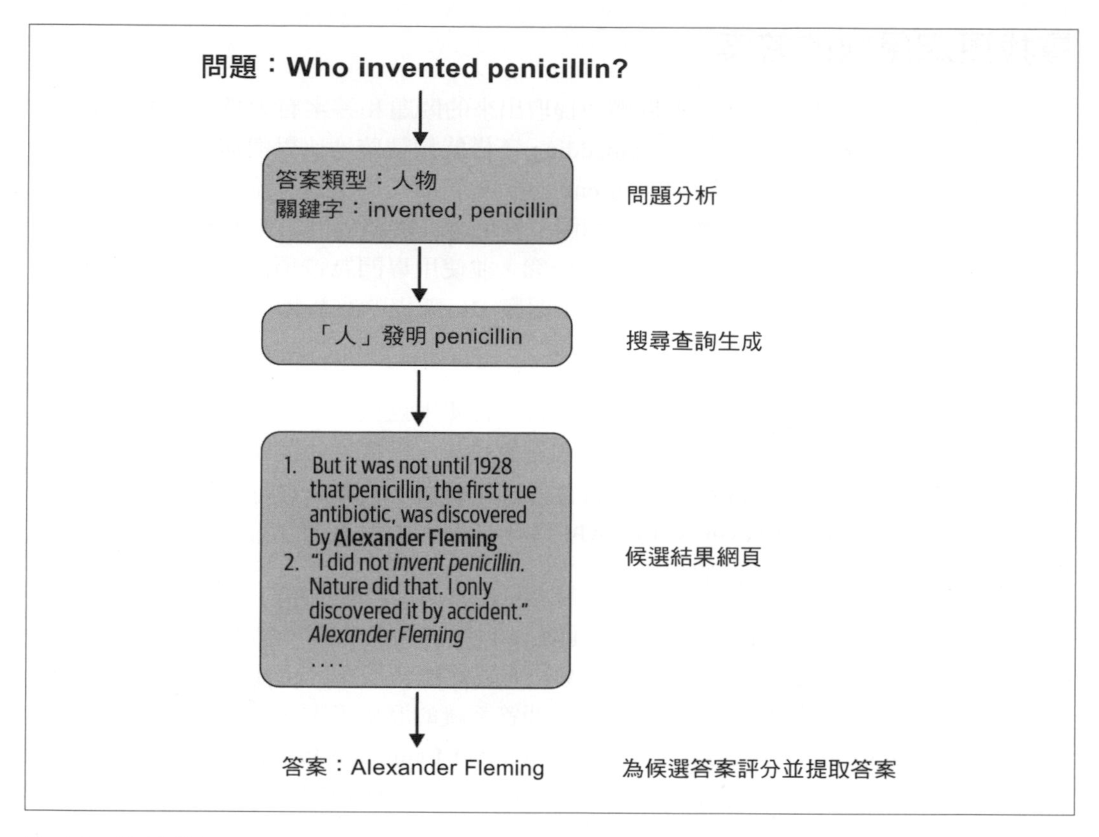

圖 7-9　答案提取

開發自訂的問題回答系統

假如我們要開發一個問題回答系統，來回答關於電腦的所有問題。我們已經選了一些有問題與回答的討論網站（例如 Stack Overflow），並且做好爬蟲了，如何建立問答系統的第一個版本？要建立 MVP，有一種方法是先看看網站的標記結構。通常問題與回答會用不同的 HTML 元素來區分。收集這些資訊，並專門用它來建立成對的問題——答案的索引，可讓我們為這項任務開始建構問答系統。下一步可以使用原文 embedding 並使用 Elasticsearch 來執行相似度搜尋

尋找更深層次的答案

在上述的方法中，我們希望用戶的問題與提取出來的問題和答案有大量的精準重疊。然而，本書的各章介紹過的 DL 原文 embedding 不僅能夠精確地比對與描述語義相似度，這種神經問答方法可以藉著比對問題的 embedding 和原文的次級單位（單字、句子與段落）的 embedding，在原文中尋找答案範圍。採用神經網路的問答系統仍然是十分活躍的研究領域，通常被當成監督 ML 問題來研究，並使用專門為這項任務設計的資料組，例如 SQuAD [36] 資料組。DeepQA 是用來開發 DL 架構的實驗性問答系統的流行程式庫，它是 Allen NLP [37] 的一部分。

問題回答的另一種方法是以知識為基礎的問答，它使用巨型的知識資料庫，以及將用戶查詢對映至資料庫的方法。它通常被用來回答簡短的、事實性的問題。真實世界的問答系統，例如 IBM Watson，曾經在熱門的智力競賽節目 Jeopardy! 同時使用這兩種做法打敗人類參賽者。Bing Answer Search API [38] 是採用這種混合式方法的研究系統的例子，可讓用戶藉著查詢系統以取得答案。

開發這種可以為更深的知識建立模型且具備 web 規模的問答系統需要大量的資料和計算資源以及大量的實驗。在進行 NLP 專案的典型軟體公司中，這還不是常見的場景，所以本書不會進一步討論它。如果你要了解問答系統的歷史概要，以及研究界的最新發展，我們建議你閱讀熱門的 NLP 教科書 Speech and Language Processing [39] 即將出版的版本的第 25 章。如果你想要為你自己的資料組（例如機構的內部文件）製作 DL 問答系統，CDQA-Suite [40] 程式庫可以提供基礎架構。

從以上的討論中可以看出，問題回答是一種搜尋的領域，它有廣泛的解決方案，從最簡單且直接的方法，例如提取標記，到複雜的、以 DL 為基礎的做法。希望這篇簡介包含你在開發問題回答系統時可能遇到的用例。

結語

本章介紹 NLP 在各種問題場景之中的作用，那些場景包括搜尋引擎和問題回答。我們看了如何使用本書介紹過的主題來處理這些問題。雖然這些主題乍看之下互不相關，但其中的一些主題是相關的，例如搜尋、推薦系統與問題回答系統都是某種形式的資訊提取。摘要生成也可以視為這種類型，因為它會從原文中提取相關的句子。此外，除了機器翻譯之外，這些方法通常都不需要大型的、已標注的資料組。因此，我們可以從這些主題看到一些相似的東西。注意，我們討論過主題都仍然是活躍的 NLP 研究問題，每天都有許多新的進展，所以本章並未詳盡地探討這些主題，希望我們提供足夠的概要，讓你在工作中遇到相關的用例時知道如何上手。

本書的「要領」部分到此結束。在下一章，我們來看如何在特定領域中，同時使用所有的主題。

參考文獻

[1] Nayak, Pandu. “Understanding Searches Better than Ever Before” (*https://oreil.ly/-syhq*). The Keyword (blog), October 25, 2019.

[2] Brin, Sergey and Lawrence Page. “The Anatomy of a Large-Scale Hypertextual Web Search Engine.” Computer Networks and ISDN Systems 30.1–7 (1998): 107–117.

[3] Apache Nutch (*https://oreil.ly/P8cnm*). Last accessed June 15, 2020.

[4] Scrapy, a fast and powerful scraping and web crawling framework (*https://scrapy.org*). Last accessed June 15, 2020.

[5] Apache Solr, an open source search engine (*https://oreil.ly/fTcCt*). Last accessed June 15, 2020.

[6] Elasticsearch, an open source search engine (*https://www.elastic.co*). Last accessed June 15, 2020.

[7] Manning, Christopher D., Prabhakar Raghavan, and Hinrich Schütze. Introduction to Information Retrieval. Cambridge: Cambridge University Press, 2008. ISBN: 978-0-52186-571-5

[8] Tibshirani, Julie. “Text similarity search with vector fields” (*https://oreil.ly/3K7_F*). Elastic (blog), August 27, 2019.

[9] Elasticsearch. “Function score query” documentation (*https://oreil.ly/4vM6S*). Last accessed June 15, 2020.

[10] Amazon Kendra (*https://oreil.ly/n4DJI*). Last accessed June 15, 2020.

[11] Bamman, David and Noah Smith. “CMU Book Summary Dataset” (*https://oreil.ly/TEpOW*), 2013.

[12] Amazon Elasticsearch Service (*https://oreil.ly/hyQOj*). Last accessed June 15, 2020.

[13] Elastic on Azure (*https://oreil.ly/2eOjQ*). Last accessed June 15, 2020.

[14] Elasticsearch. "Elasticsearch Learning to Rank: the documentation" (*https://oreil.ly/o_P9q*). Last accessed June 15, 2020.

[15] Mitra, Bhaskar and Nick Craswell. "An introduction to neural information retrieval." Foundations and Trends in Information Retrieval 13.1 (2018): 1–126.

[16] Search engine services by Algolia (*https://www.algolia.com*). Last accessed June 15, 2020.

[17] Search engine services by Swiftype (*https://swiftype.com*), and Amazon Kendra (*https://oreil.ly/n4DJI*). Last accessed June 15, 2020.

[18] Gormley, Clinton and Zachary Tong. Elasticsearch: The Definitive Guide (*https://oreil.ly/cpIGq*). Boston: OReilly, 2015. ISBN: 978-1-44935-854-9

[19] "EH Topic Modeling II" (*https://oreil.ly/xxC-O*). Last accessed June 15, 2020.

[20] Keshet, Joseph. "Latent Dirichlet Allocation" (*https://oreil.ly/KE20W*). Lecture from Advanced Techniques in Machine Learning (89654), Bar Ilan University, 2016.

[21] RaRe Consulting. "Genism: topic modelling for humans" (*https://oreil.ly/hDr-a*). Last accessed June 15, 2020.

[22] Gensims LDA tutorial (*https://oreil.ly/I80VD*). Last accessed June 15, 2020.

[23] Topic modeling is a broad area, with entire books written on the topic, so we wont discuss how they work in this book. Interested readers can refer to the following article as a starting point: Blei, David M. "Probabilistic Topic Models." Communications of the ACM 55.4 (2012): 77–84.

[24] NIST. Document Understanding Conference series (*https://duc.nist.gov*). Last accessed June 15, 2020.

[25] Reddit. autotldr bot (*https://oreil.ly/WpFTr*). Last accessed June 15, 2020.

[26] Sumy, an automatic text summarizer (*https://oreil.ly/8OQ1l*). Last accessed June 15, 2020.

[27] Mihalcea, Rada and Paul Tarau. "TextRank: Bringing Order into Text." Proceedings

of the 2004 Conference on Empirical Methods in Natural Language Processing (2004): 404–411.

[28] Mortensen, Ólavur. "Text Summarization with Gensim" (*https://oreil.ly/wu1xO*). RARE Technologies (blog), August 24, 2015.

[29] Wikipedia. "ROUGE (metric)" (*https://oreil.ly/uBsUq*). Last updated September 3, 2019.

[30] Paulus, Romain, Caiming Xiong, and Richard Socher. "Your TLDR by an ai: a Deep Reinforced Model for Abstractive Summarization" (*https://oreil.ly/SDWDy*). Salesforce Research (blog), 2017.

[31] Patrick, Ryan B. "How Desmond Cole Wrote a Bestselling Book about Being Black in Canada" (*https://oreil.ly/X-txd*). CBC, February 27, 2020.

[32] Grbovic, Mihajlo et al. "Listing Embeddings in Search Ranking" (*https://oreil.ly/C0pWw*). Airbnb Engineering & Data Science (blog), March 13, 2018.

[33] Way, Andy. "Traditional and Emerging Use-Cases for Machine Translation." Proceedings of Translating and the Computer 35 (2013): 12.

[34] Azure Cognitive Services. Translator Text API v3.0 (*https://oreil.ly/9NV4W*). Last accessed June 15, 2020.

[35] Machine Translation courses (*http://mt-class.org*). Last accessed June 15, 2020.

[36] SQuAD2.0. "The Stanford Question Answering Dataset" (*https://oreil.ly/XHL2-*). Last accessed June 15, 2020.

[37] Allen Institute for AI. AllenNLP (*https://oreil.ly/v1bKA*). Last accessed June 15, 2020.

[38] Microsoft. Project Answer Search API (*https://oreil.ly/J7Nkz*). Last accessed June 15, 2020.

[39] Jurafsky, Dan and James H. Martin. Speech and Language Processing (*https://oreil.ly/Ta16f*), Third Edition (Draft). 2018.

[40] CDQA-Suite, a library to help build a QA system for your dataset (*https://oreil.ly/uxXnj*). Last accessed June 15, 2020.

第三部分

應用

第八章

社交媒體

在現今的世界，我們不需要說英語，
因為我們有社交媒體。

—*Vir Das*

社交媒體平台（Twitter、Facebook、Instagram、WhatsApp 等）已經徹底改變了我們與個人、團體、社群、企業、政府機構、媒體機構等對象的溝通方式，進而改變企業和政府機構執行銷售、市場行銷、公共關係和顧客支援等事務的既有規範、禮儀和日常做法。因為社交媒體每天都會產生巨量和各式各樣的資料，現在已有大量的工作正致力於建構智慧型系統來理解這些平台上的通訊和互動。因為這種交流有很大部分發生在文字中，NLP 在建構這種系統時扮演了基本的角色。本章將關注 NLP 如何協助分析社交媒體資料，以及如何建構這種系統。

為了理解這些平台產生的資料量 [1, 2, 3]，考慮這些數字：

數量：Twitter 每個月有 1.52 億位活躍用戶，Facebook 的數量則是 25 億

速度：6,000 tweets/ 秒，57,000 Facebook 文章 / 秒

多樣性：主題、語言、風格（style）、腳本

圖 8-1 的圖表展示各種平台每分鐘產生的資料量 [4]。

圖 8-1　各種社交平台在一分鐘之內產生的資料

鑑於這些數量，社交平台絕對是最大型的無結構自然語言資料產生器。人工分析這些資料，甚至只是一小部分，根本是天方夜譚。因為很多內容都是文字，唯一的出路就是設計 NLP 智慧型系統來處理社交資料，並從中產生見解，這就是本章的焦點。我們將介紹一些重要的商業應用程式，例如主題偵測、情緒分析、顧客支援、假新聞偵測等。本章大部分的內容都會討論社交媒體平台的原文與其他資料來源的不同之處，以及如何設計子系統來處理這些差異。我們先來看一些使用 NLP 從社交媒體資料獲得見解的重要應用程式。

應用程式

目前有各式各樣使用社交媒體資料的 NLP 應用程式，其用途包括情緒偵測、顧客支援、意見挖掘等。本節將簡單介紹一些流行的應用程式，並且告訴你如何開始使用這些應用程式來滿足我們的需求：

熱門話題偵測

它的工作是識別目前在社交網路上最流行的話題。熱門話題告訴我們，人們會被什麼內容吸引，以及他們認為什麼值得關注。這些資訊對媒體公司、零售商、急救人員、政府機構和其他許多組織都非常重要，可以協助他們調整與用戶互動的策略。想像一下，在特定地理位置上執行這項任務時，可以獲得什麼見解。

意見挖掘

人們經常使用社交媒體來表達他們對於商品、服務或政策的看法。對品牌和組織來說，收集這些資訊並且理解它們非常有價值。我們不可能人工收集成千上萬則 tweet 與貼文來了解大眾的廣泛觀點。在這種情況下，能夠總結成千上萬則社交貼文，並從中提取關鍵的見解是非常有價值的。

情緒偵測

到目前為止，對社交媒體資料進行情緒分析是 NLP 在社交資料上最流行的應用。大品牌廣泛地依賴社交媒體的訊號，來更深入了解用戶對商品、服務，以及競爭對手的看法，並且更深入地了解顧客，包括透過情緒來確認他們應該接觸的客群，以及理解基礎客戶長期的情緒變化。

謠言/假新聞偵測

由於社交網路的快速和廣泛的影響力，它們也被用來傳播假新聞。在過去的幾年裡，已經有人利用社交網路和偽宣傳來左右大眾的觀點。目前有很多人正努力進行理解和識別假新聞和謠言的工作。這是控制這一種威脅的預防和糾正措施的一部分。

成人內容過濾

人們利用社交網路傳播不恰當的內容也給社交媒體帶來麻煩。因此 NLP 被廣泛地用來識別與過濾不適當的內容，例如裸露，褻瀆，種族主義，威脅等。

顧客支援

由於社交媒體的流行和知名度，在社交媒體提供顧客支援已經成為全球的各個品牌的必備條件。用戶會透過社交管道，向品牌傳達他們的抱怨和疑慮。NLP 被廣泛地用來進行理解、分類、過濾、排序，有時甚至可以自動回應投訴。

此外還有許多應用是我們沒有深入研究的，例如地理位置偵測、諷刺偵測、事件和主題偵測、緊急情況感知，和謠言偵測等。我們的目的是讓你對於可以使用社交媒體原文資料（SMTD）來建構的應用程式有個很好的了解。

現在，我們來看看為何不能直接使用本書談過的概念，使用 SMTD 建構 NLP 應用程式，以及為什麼要用特別的方式處理 SMTD。

獨特的挑戰

到目前為止，我們都（隱性地）假設作為輸入的原文都遵循任何語言的基本原則（就算不一定都是如此，也是在大部分的情況下），即：

- 單一語言
- 單一腳本（script）
- 嚴謹的
- 語法正確的
- 很少或沒有拼字錯誤
- 大部分都是文字的（很少非文字元素，例如表情符號、圖像、微笑圖示等）

這些假設，本質上源於原文資料的原始領域的屬性和特徵。標準的 NLP 系統假設它們處理的語言是高度結構化且嚴謹的。上述大多數的假設對社交平台的文字資料而言都不成立，原因是用戶在社交媒體上發文時，可能會非常簡短，這種簡化是社交媒體文章的特性。例如，用戶可能會將「are」寫成「r」，將「we」寫成「v」，將「laugh out loud」寫成「lol」等。這種簡化摧生了一種語言用法，這種用法非常不正式，是由不標準的拼寫、主題標籤、表情符號、新字和首字母縮寫、語碼混用（code-mixing）、音譯等元素組成的。這些特點讓社交媒體平台上的語言非常獨特，以致於被視為一種新語言——「社交語言」。

因此，為標準原文資料設計的 NLP 工具與技術無法很好地處理 SMTD。為了更好地說明這一點，我們來看一些 tweet 例子，如圖 8-2 與 8-3 所示。注意，它使用的語言與報紙、部落格文章、email、書籍章節等有很大的不同。

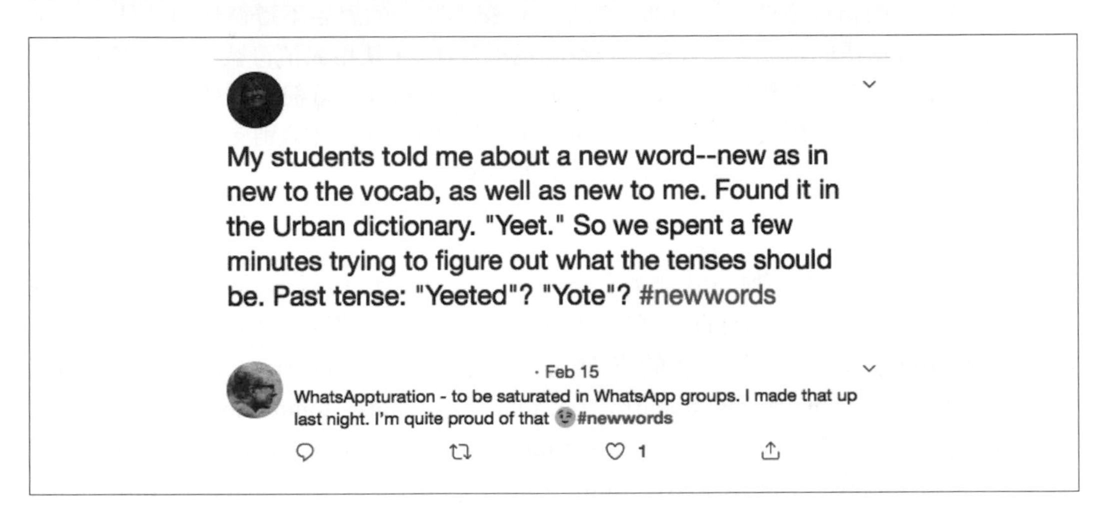

圖 8-2　在詞彙表加入新字的例子

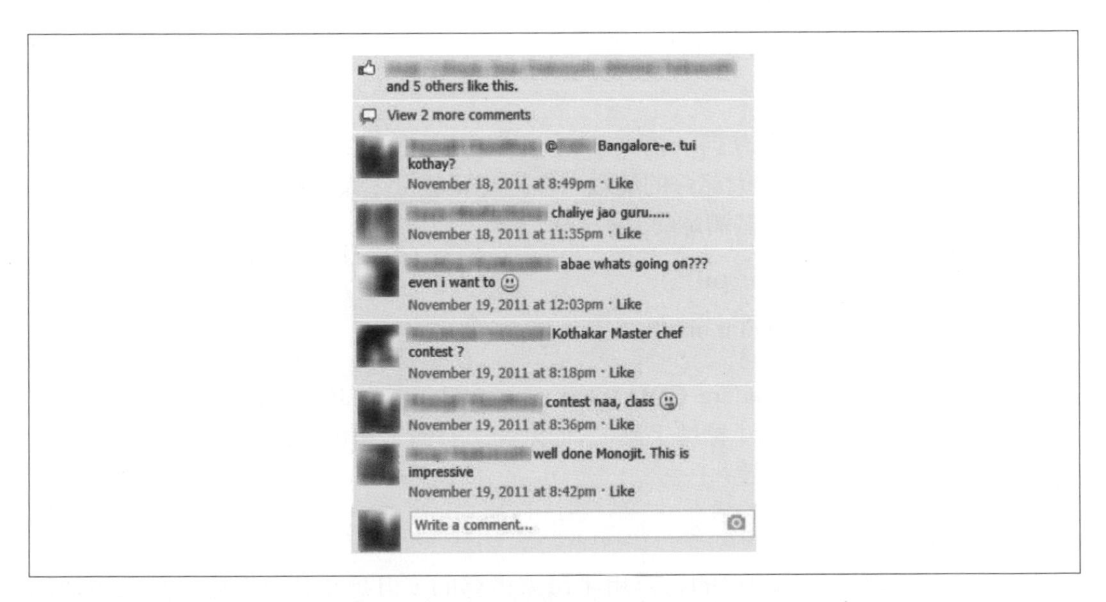

圖 8-3　語言的新用法：不標準的拼寫、表情符號、語碼混用、音譯 [5]

這些差異給標準的 NLP 系統帶來許多挑戰。我們來詳細看看關鍵的區別：

沒有語法

任何語言都嚴格地遵循語法規則。然而，社交媒體上的對話不遵循任何語法、標點符號，其特點是標點符號和大寫不一致（或不存在），使用表情符號、不正確或不標準的拼字、多次重複使用同一個字元，以及使用縮寫詞。這種與標準語言的不一致提高了預先處理步驟的難度，例如語義單元化、POS 標注及識別句子邊界。為了完成這種任務，我們要使用專門處理 SMTD 的模組。

拼寫不標準

大多數語言都只用一種方式來寫任何一個單字，所以用任何其他方式來寫那個字就是拼寫錯誤。在 SMTD，單字可能有許多種拼寫版本。例如，這是社群寫「tomorrow」這個英語單字的各種方法 [6]——tmw, tomarrow, 2mrw, tommorw, 2moz, tomorro, tommarrow, tomarro, 2m, tomorrw, tmmrw, tomoz, tommorow, tmrrw, tommarow, 2maro, tmrow, tommoro, tomolo, 2mor, 2moro, 2mara, 2mw, tomaro, tomarow, tomoro, 2morr, 2mro, tmoz, tomo, 2morro, 2mar, 2marrow, tmr, tomz, tmorrow, 2mr, tmo, tmro, tommorrow, tmrw, tmrrow, 2mora, tommrow, tmoro, 2ma, 2morrow, tomrw, tomm, tmrww, 2morow, 2mrrw, tomorow。為了讓 NLP 系統正常工作，它必須知道這些字都代表同一個字。

多語言

當你閱讀報紙或書籍的任何一篇文章時，你會發現它是用單一語言寫的。它們不太可能用多種語言來編寫大部分的篇幅。在社交媒體上，人們會混合使用各種語言。看一下這個來自社交媒體網站的例子 [7]：

> *Yaar tu to, GOD hain.* **tui**
>
> JU te ki korchis? Hail u man!

它的意思是「Buddy you are GOD.What are you doing in JU?Hail u man!"」這段原文混合三種語言：英語（標準字體）、印地語（斜體）和孟加拉語（粗體）。孟加拉語與印地語使用語音打字。

音譯

每一種語言都是用它自己的書寫用字母來書寫的，但是在社交媒體上，人們通常使用另一種文字來書寫某種文字。這種現象稱為「音譯」。例如，考慮 Hindi 字「आप」（天城文，讀成「aap」。）在英語中，它的意思「you」（羅馬字母）。但人們通常會用羅馬字母將它寫成「aap」。音譯在 SMTD 中很常見，原因通常是輸入介面（鍵盤）是羅馬字母，但交流語言不是英語。

特殊字元

SMTD 的特點是有許多非文字個體，例如特殊字元、emoji、主題標籤、表情符號、圖像與 gif、非 ASCII 字元等。例如，看一下圖 8-4 的 tweet。從 NLP 的角度來看，我們必須在預先處理流程中使用一些模組來處理這種非文字個體。

圖 8-4　在社交媒體資料裡面的特殊字元

不斷變化的詞彙

大多數的語言都不會每年出現新單字，就算有新單字也很少。但是社交語言的詞彙量的增加速度非常快，每天都有新字出現。這意味著任何一種處理 SMTD 的 NLP 系統都會看到許多不在訓練資料的詞彙表裡面的新字。這對 NLP 系統的性能有負面的影響，稱為 out of vocabulary（OOV）問題。

為了理解這種問題的嚴重性，看一下圖 8-5 的圖表。我們在幾年前做了這個實驗 [8]，我們收集了龐大的 tweet 文集，並且對每個月看到的「新詞彙」數量進行量化。這張圖表顯示每個月出現的新字比上個月的資料增加多少百分比。從圖中可以看出，與前一個月的詞彙相比，每個月都有 10–15% 的新字出現。

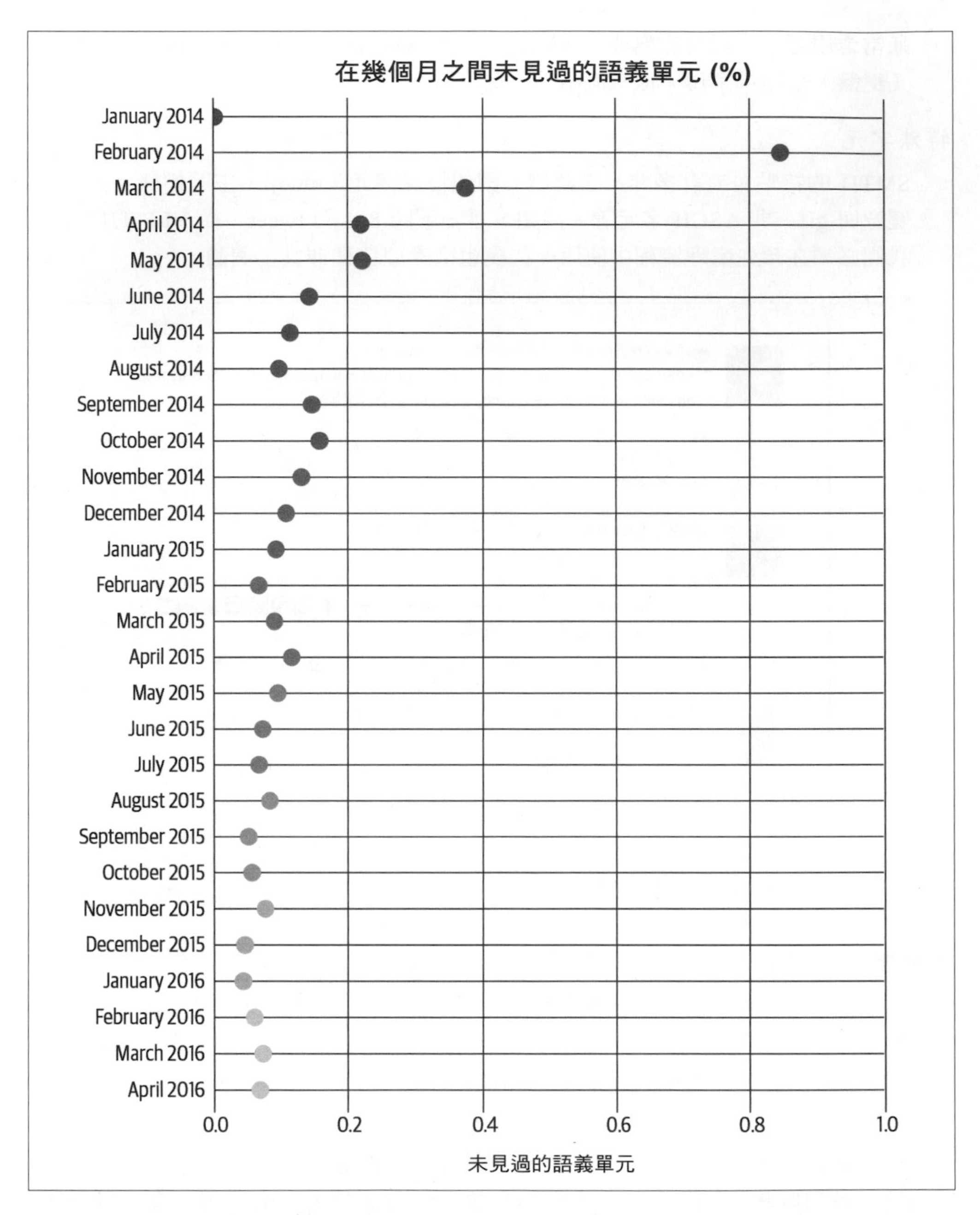

圖 8-5 每個月新字的百分率 [8]

原文的長度

與其他的溝通管道（例如部落格、商品評論、email 等）相比，社交媒體平台上的原文的平均長度短很多，原因是人們可以快速地輸入更短的文字，同時維持可理解性。這主要是因為 Twitter 有 140 個字元的限制。例如「This is an example for texting language」可以寫成「dis is n eg 4 txtin lang」，這兩者的意思相同，但前者有 39 個字元，後者只有 24 個字元。隨著 Twitter 的流行和普及，在社交平台上，簡潔變成一種規範。由於這種簡潔的寫作方式非常流行，所以現在這種風格在所有非正式的溝通中都可以看到，例如訊息和聊天。

有雜訊的資料

社交媒體的貼文充斥著垃圾郵件、廣告、推銷內容，以及各種未經請求的、無關的、令人分心的內容。因此，我們不能直接拿社交平台的原始資料來使用。濾除有雜訊的資料是非常重要的步驟。例如，假設我們在 Twitter handle 或 Facebook 網頁上為一項 NLP 任務收集資料（例如，諷刺偵測），無論是使用爬蟲還是 Twitter API。我們必須檢查有沒有垃圾郵件、廣告或無關的內容進入資料組。

簡言之，與部落格、書籍等文字資料相比，社交媒體的文字資料是極度非正式的，這種不正式的情況可以從上述的各種寫法看出。它們都可能對無法處理它們的 NLP 系統造成性能方面的負面影響。圖 8-6 [5] 是文字資料的嚴謹程度光譜，以及文字資料的各種來源。

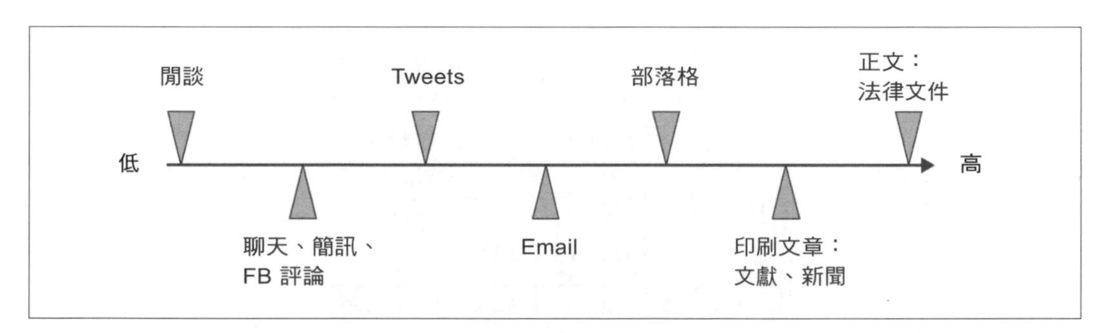

圖 8-6　各種資料來源的文字資料嚴謹程度頻譜 [5]

由於社交語言的不嚴謹性質，標準的 NLP 工具和技術很難順暢地處理 SMTD。處理 SMTD 的 NLP 要嘛，要將原文從社交的轉換成標準的（正規化），要嘛，要專門設計系統來處理 SMTD。當我們在下一節建構各種應用程式時，將會看到如何做這件事。

識別、理解和處理 SMTD 的語言特性很重要。建構能夠處理這些特性的子模組通常可以大幅改善處理 SMTD 的模型的性能。

現在我們來討論如何建構處理 SMTD 的商業應用程式。

處理社交資料的 NLP

現在我們要深入研究如何用 NLP 來處理 SMTD，來建構一些可以解決各種問題的有趣應用程式，例如，了解顧客對我們公布的公告或商品的反應，或識別用戶的人口統計數據等。我們將從字雲這種簡單的應用程式開始看起，逐步進入更複雜的應用，例如理解 Twitter 等社交媒體平台上的貼文中的情緒。

字雲

字雲是顯示在文件或文集裡面最重要的單字的圖形表示法。它只是以原文之中的單字（有不同的大小）組成的圖像，單字的大小與它在文集中的重要性（頻率）成比例。它可以讓人快速地了解文集中的**關鍵字**。當我們對這本書執行字雲演算法時，可以看到類似圖 8-7 的字雲。

圖 8-7　本書第 4 章的字雲

NLP、natural language processing 與 linguistics 在本書中出現的次數比其他單字還要多，所以它們在字雲裡面特別明顯。那麼，我們如何建立一堆 tweet 的字雲？處理這項任務的 NLP 處理線是什麼？

以下是建構字雲的步驟：

1. 將文集或文件語義單元化
2. 移除停用字
3. 按照出現的頻率，將其餘的字降序排序
4. 取出前 *k* 個字，並將它們「漂亮地」畫出來

這段程式展示如何實作這個處理線（完整的程式在 *Ch8/wordcloud.ipynb*）。為此，我們使用 `wordcloud` [9] 這個程式庫，它有產生字雲的內建函式：

```
    from wordcloud import WordCloud
document_file_path = './twitter_data.txt'
text_from_file = open(document_file_path).read()

stop_words = set(nltk.corpus.stopwords.words('english'))

word_tokens = twokenize(text_from_file)
filtered_sentence = [w for w in word_tokens if not w in stop_words]
wl_space_split = " ".join(filtered_sentence)
my_wordcloud = WordCloud().generate(wl_space_split)

plt.imshow(my_wordcloud)
plt.axis("off")
plt.show()
```

我們可以用不同的風格來產生各種形狀的字雲，以配合我們的應用程式 [10]，如圖 8-8 所示。

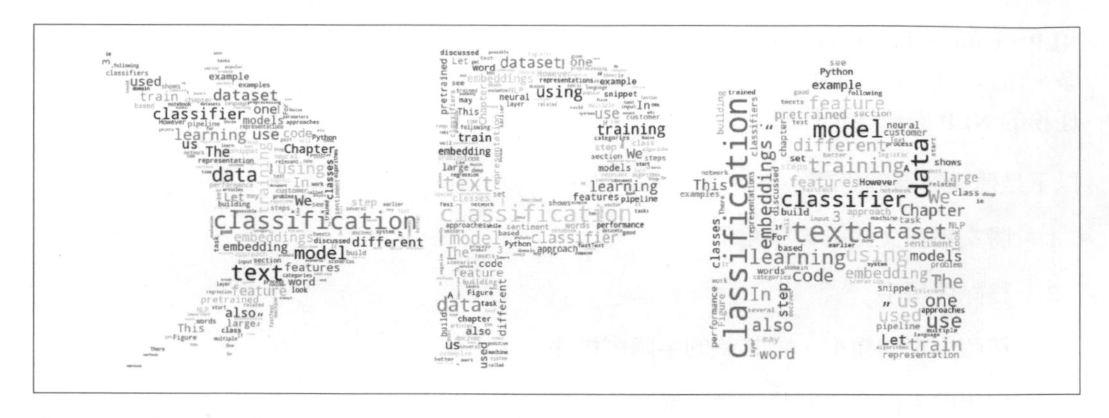

圖 8-8　用不同的形狀製作的同一塊字雲

處理 SMTD 的 tokenizer

上述程序的關鍵步驟之一是將原文資料正確地語義單元化。對此，我們使用 twokenize [11] 來取得原文文集的語義單元。它是專門從 tweet 的文字資料中取出語義單元的函式，這個函式屬於一組專門為了處理 SMTD 而打造的 NLP 工具 [12, 13]。你可能會問：為什麼需要專門的 tokenizer（語義單元化程式）？何不使用 NLTK 的標準 tokenizer 就好？雖然我們已經在第 3 章與第 4 章簡單地討論這個部分了，但它值得再花一些時間說明。答案是，NLTK 的 tokenizer 是為了處理標準的英語而設計的，尤其是，在英語中，兩個字是用空格隔開的，但是在 Twitter 裡面的英語不一定如此。

這意味著，使用空格來識別單字邊界的 tokenizer 可能無法正確地處理 SMTD。舉個例子來說明，考慮這段 tweet：「Hey @NLPer! This is a #NLProc tweet :-D」。這段文字最理想的語義單元化結果是：['Hey', '@NLPer', '!', 'This', 'is', 'a', '#NLProc', 'tweet', ':-D']。使用針對英語而設計的 tokenizer，例如 `nltk.tokenize.word_tokenize` 時，我們會得到這些語義單元：['Hey', '@', 'NLPer', '!', 'This', 'is', 'a', '#', 'NLProc', 'tweet', ':', '- D']。顯然，NLTK 的 tokenizer 產生的語義單元並不正確。使用可產生正確的語義單元的 tokenizer 非常重要，twokenize 是專門為了處理 SMTD 而設計的。

得到正確的語義單元之後，計算頻率就很簡單了。現在有不少專門處理 SMTD 的 tokenizer，其中流行的有 nltk.tokenize.TweetTokenizer [14]、Twikenizer [15]、CMU 的 ARK 製作的 Twokenizer [12] 及 twokenize [11]。它們在處理同一個輸入 tweet 時，會產生稍微不同的輸出。請使用在處理你的文集和用例時可產生最佳輸出的選項。

接下來，我們要討論下一個應用——提取熱門的話題。

熱門話題

在不久之前，了解最新的話題還很簡單——你只要拿起當天的報紙並瀏覽標題就可以了。但社交媒體已經改變這種情況。由於資訊的流量，趨勢可能（而且經常）會在幾個小時之內改變，追蹤每個小時的趨勢對一般人來說或許不太重要，但對商業實體來說可能非常重要。

如何追蹤熱門話題？在社交媒體的習慣中，圍繞著一個話題的對話通常會有主題標籤（hashtag）。因此，尋找熱門的主題就是在特定時間窗口之內尋找最流行的主題標籤。圖 8-9 是紐約地區的熱門話題的快照。

圖 8-9　Twitter 的熱門話題快照 [16]

那麼，如何製作一個能夠收集熱門話題的系統？最簡單的做法之一，就是使用 Tweepy [17] 這個 Python API。Tweepy 有一個簡單的函式 trends_available 可抓取熱門話題。它可以接收地理位置（WOEID，或 Where On Earth Identifier），並回傳那個位置的熱門話題。trends_available 函式可回傳一個 WOEID 的前 10 名熱門話題，前提是你提供的 WOEID 有趨勢資訊可用。這個函式會回傳一個「熱門」物件陣列。在這個回應中，每一個物件都包含這些資訊：熱門話題的名稱、可用來搭配 Twitter search 來搜尋該話題的查詢參數，以及 Twitter search 的 URL。下面的程式說明如何使用 Tweepy 來抓取熱門話題（完整程式在 *Ch8/TrendingTopics.ipynb*）：

```
import tweepy, json

CONSUMER_KEY = 'key'
CONSUMER_SECRET = 'secret'
ACCESS_KEY = 'key'
ACCESS_SECRET = 'secret'
auth = tweepy.OAuthHandler(CONSUMER_KEY, CONSUMER_SECRET)
auth.set_access_token(ACCESS_KEY, ACCESS_SECRET)
api = tweepy.API(auth)

# 代表全世界的 Where On Earth ID 是 1
# 見 https://dev.twitter.com/docs/api/1.1/get/trends/place 與
# http://developer.yahoo.com/geo/geoplanet/

WORLD_WOE_ID = 1
CANADA_WOE_ID = 23424775 # WOEID for Canada

world_trends = api.t
trends_place(_id=WORLD_WOE_ID)
canada_trends = api.trends_place(_id=CANADA_WOE_ID )
world_trends_set = set([trend['name'] for trend in world_trends[0]['trends']])

canada_trends_set = set([trend['name'] for trend incanada_trends[0]['trends']])

# 這會產生全世界與加拿大的前幾個熱門話題主題標籤
common_trends = world_trends_set.intersection(us_trends_set)

trend_queries = [trend['query'] for trend in results[0]['trends']]

for trend_query in trend_queries:
    print(api.search(q=trend_query))

# 這會回傳各個熱門話題的 tweet
```

這一小段程式可提供特定位置的前幾個即時熱門話題，唯一的問題是，Tweepy 是免費 API，所以它有使用率限制。Twitter 會限制應用程式在指定的時間窗口之內對任何特定 API 資源發出的請求數量——你無法發出上千個請求。Twitter 對於使用率限制有詳細的說明。如果你需要發出超出使用率限制的呼叫量，可參考 Gnip [18]，這是 Twitter 提供的付費資料軟管（hosepipe）。

我們接著來看如何實作另一種流行的 NLP 應用程式：用社交媒體資料來進行情緒分析。

了解 Twitter 情緒

說到 NLP 與社交媒體，最流行的應用一定是情緒分析。對全球各地的企業和品牌來說，聆聽人們對他們和他們的商品或服務的評論至關重要。更重要的是了解人們的觀點究竟是正面的還是負面的，以及這種情緒的極性是否隨著時間而改變。在社交媒體還沒出現的時代，這是透過顧客調查，包括上門造訪來完成的。在現今的世界，社交媒體是了解人們對一個品牌的看法的好管道，更重要的是了解這個情緒是如何隨著時間而改變的。圖 8-10 是大眾對於一家機構的情緒隨著時間改變的情況。這種視覺化可讓行銷團隊和機構獲得很好的見解，可分析他們的對象對他們的活動的反應，幫助他們戰略性地計劃未來的活動和內容。

本節將介紹如何使用來自公共領域的資料組來建構 Twitter 資料情緒分析程式。網路上有很多資料組可用，例如 University of Michigan Sentiment Analysis competition on Kaggle [20] 與 Twitter Sentiment Corpus by Niek Sanders [21]。

對 Twitter 進行情緒分析與第 4 章建構的情緒分析模型有什麼不同？最重要的不同在於資料組。我們在第 4 章使用 IMDB 資料組，它是由結構良好的句子組成的。另一方面，Twitter 情緒文集的資料是以非正式的 tweet 組成的，所以有第 286 頁的「獨特的挑戰」裡面討論的各種問題。這些問題會影響模型的效果。有一種很好的實驗是使用第 4 章的情緒分析處理線來執行 Twitter 文集，並深入研究模型犯下的錯誤種類。作為習題，我們讓讀者自行練習。

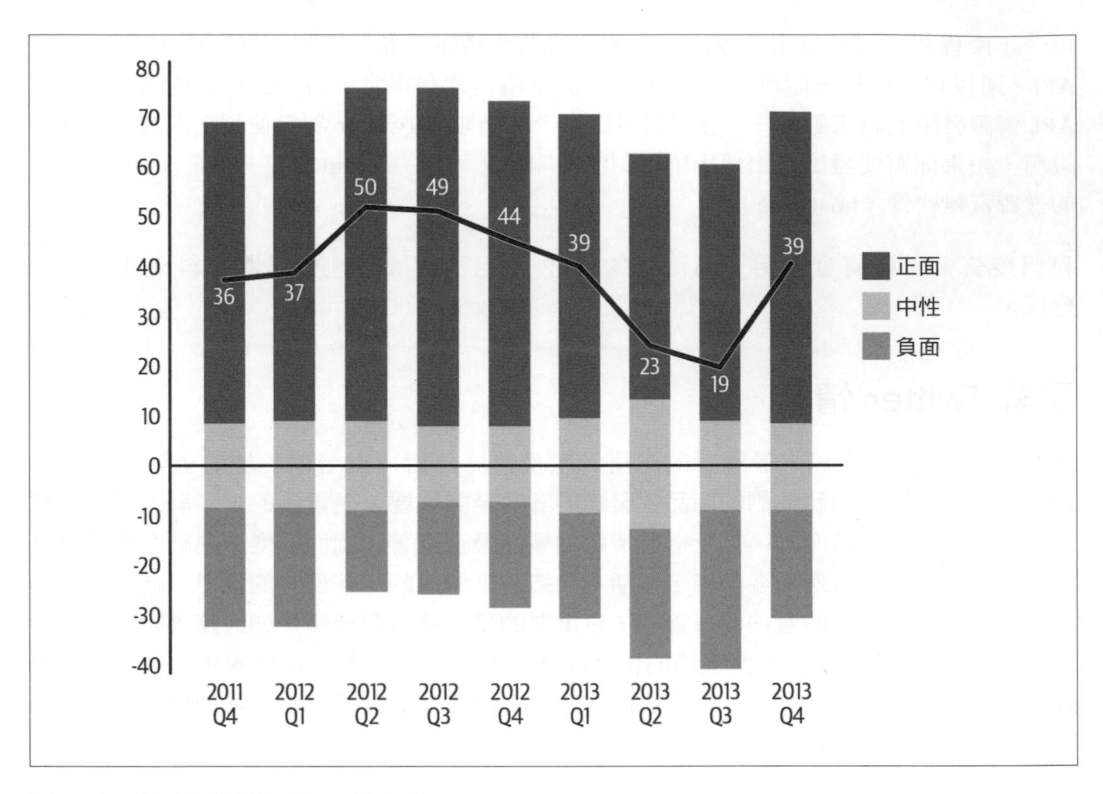

圖 8-10　追蹤情緒隨著時間的變化 [19]

接下來，我們要建立一個情緒分析系統，並設定一個基準線。為此，我們將使用 TextBlob [22]，它是建構在 NLTK 與 Pattern 之上的 Python NLP 工具組。它有一系列進行原文處理、原文挖掘、原文分析的模組。我們只要寫五行程式就可以完成一個基本的情緒分類器了：

```
from textblob import TextBlob

for tweet_text in tweets_text_collection:
    print(tweet_text)
    analysis = TextBlob(tweet_text)
    print(analysis.sentiment)
```

它可以提供文集裡面的每一則 tweet 的情緒極性和主觀值。情緒極性是介於 [–1.0, 1.0] 之間的值，代表原文有多麼正面或負面。主觀值的範圍是 [0.0, 1.0]，0.0 代表非常客觀，1.0 代表非常主觀。

它使用一個簡單的概念：將 tweet 語義單元化，並計算各個語義單元的情緒極性和主觀性，然後結合情緒極性和主觀性數字，取得代表整個句子的一個值。我們讓讀者自行探索細節。這個簡單的情緒分類器的效果應該不太好，主要是因為 TextBlob 使用的 tokenizer。我們的資料來自社交媒體，所以它應該不會使用正式英語。因此，在語義單元化之後，可能有許多語義單元是無法在英語字典裡面找到的標準單字，所以這種語義單元沒有情緒極性和主觀性。

假如有人要求我們改善分類器。我們可以嘗試第 4 章介紹過的技術和演算法。但是，因為資料的雜訊（見第 286 頁的「獨特的挑戰」），我們可能無法看到太大的性能改善。因此，改善系統的關鍵在於更好地清理和預先處理原文資料，這在處理 SMTD 時非常重要。接下來，我們要討論預先處理 SMTD 的重點，至於處理線的其餘部分，我們可以採用第 4 章介紹的處理線。

在處理 SMTD 時，預先處理和資料清理非常重要，它們應該是最能夠提升模型性能的步驟。

預先處理 SMTD

處理 SMTD 的大多數 NLP 系統都有豐富且包含許多步驟的預先處理流程。本節將討論在處理 SMTD 時經常出現的步驟。

移除標記元素

SMTD 裡面經常有標記元素（HTML、XML、XHTML 等），移除它們非常重要，你可以使用 Beautiful Soup [23] 程式庫來完成這件事：

```
from bs4 import BeautifulSoup

markup = '<a href="http://nlp.com/">\nI love <i>nlp</i>\n</a>'
soup = BeautifulSoup(markup)
soup.get_text()
```

這會產生輸出 `\nI love nlp\n`。

處理非文字資料

SMTD 通常充滿符號、特殊字元等，而且通常使用 Latin 與 Unicode 來編碼。為了理解它們，將資料中的符號轉換成簡單且容易理解的字元非常重要。通常它們會被轉換成 UTF-8 這種標準編碼格式。下面的例子說明如何將整個原文轉換成機器可讀的格式：

```
text = 'I love Pizza 🍕!  Shall we book a cab 🚕 to gizza?'
Text = text.encode("utf-8")
print(Text)

b'I love Pizza \xf0\x9f\x8d\x95!
Shall we book a cab \xf0\x9f\x9a\x95 to get pizza?'
```

處理單引號

SMTD 的另一個特點是單引號的使用，'s、're、'r 都很常見。處理它們的方法是擴展單引號，此時需要一個可將單引號對映至完整格式的字典：

```
Apostrophes_expansion = {
 “'s" : " is",
"'re" : " are",
"'r" : " are", ...} ## 使用這種字典
words = twokenize(tweet_text)

processed_tweet_text = [Apostrophes_expansion[word] if word
                        in Apostrophes_expansion else word for word in words]

processed_tweet_text = " ".join(processed_tweet_text)
```

據我們所知，目前還沒有現成的單引號和擴展格式的對映字典可用，所以你必須自行建立它。

處理 emoji

emoji（表情符號）是透過社交管道來進行溝通的核心，只要一張小圖像可以完全描述一或多個人類情感。但是，它們也給電腦帶來很大的挑戰。我們如何設計可理解 emoji 的意思的子系統？在進行預先處理的過程中刪除所有 emoji 是很魯莽的事情，這會失去大量的含義。

有一種好方法是將 emoji 換成解釋該 emoji 的文字。例如，將「ệ」換成「fire」。為此，我們要將 emoji 對映至其文字敘述，Demoji [24] 就是做這件事的 Python 程式包。它的函式 findall() 可提供原文內的所有 emoji 及其含義。

```
tweet = "#startspreadingthenews yankees win great start by 🎅🏾 going 5strong
innings with 5k's 🔥 🐂 solo homerun 🌋 🌋 with 2 solo homeruns
and 👹 3run homerun… 🤡 🚣🏼 👨🏽‍⚖️ with rbi's … 🔥 🔥 🇲🇽 and 🇳🇮
to close the game 🔥 🔥 !!!….WHAT A GAME!! "

demoji.findall(tweet)

{
    "🔥": "fire",
    "🌋": "volcano",
    "👨🏽‍⚖️": "man judge: medium skin tone",
    "🎅🏾": "Santa Claus: medium-dark skin tone",
    "🇲🇽": "flag: Mexico",
    "👹": "ogre",
    "🤡": "clown face",
    "🇳🇮": "flag: Nicaragua",
    "🚣🏼": "person rowing boat: medium-light skin tone",
    "🐂": "ox",
}
```

我們可以使用 findall() 的輸出來將原文中的所有 emoji 換成對映的單字含義。

拆開接在一起的字

SMTD 的另一個特點是，用戶有時會將多個單字組成一個單字，並且用大寫字母來避免混淆，例如 GoodMorning、RainyDay、PlayingInTheCold 等。這種情況很容易處理。這是執行這項工作的程式：

```
processed_tweet_text = "".join(re.findall('[A-Z][^A-Z]*', tweet_text))
```

當它處理 GoodMorning 時，會回傳「Good Morning」。

移除 URL

SMTD 的另一種常見特徵是 URL 的使用。取決於應用場景，我們可能想要完全移除 URL。下面的程式可將 URL 都換成常數 constant_url。在比較簡單的案例中，我們可以使用 regex，例如 http\S+，通常我們必須像下面的程式那樣自行編寫 regex。這段程式比較複雜的原因是，有些社交文章會使用 tiny URL，而不是完整的 URL：

```
def process_URLs(tweet_text):
    '''
    將 tweet 原文的所有 URL 換掉
    '''
    UrlStart1 = regex_or('https?://', r'www\.')
    CommonTLDs  = regex_or( 'com','co\\.uk','org','net','info','ca','biz',
                          'info','edu','in','au')
    UrlStart2 = r'[a-z0-9\.-]+?' + r'\.' + CommonTLDs +
                pos_lookahead(r'[/ \W\b]')
    # 對 "go to bla.com." 而言，* 不是 +，-- 不想要句點
    UrlBody = r'[^ \t\r\n<>]*?'
    UrlExtraCrapBeforeEnd = '%s+?' % regex_or(PunctChars, Entity)
    UrlEnd = regex_or( r'\.\.+', r'[<>]', r'\s', '$')
    Url =       (optional(r'\b') +
          regex_or(UrlStart1, UrlStart2) +
          UrlBody +
    pos_lookahead( optional(UrlExtraCrapBeforeEnd) + UrlEnd))

    Url_RE = re.compile("(%s)" % Url, re.U|re.I)
    tweet_text = re.sub(Url_RE, " constant_url ", tweet_text)

    # 處理 URL 裡面的 Unicode
    URL_regex2 = r'\b(htt)[p\:\/]*([\\x\\u][a-z0-9]*)*'
    tweet_text = re.sub(URL_regex2, " constant_url ", tweet_text)
    return tweet_text
```

不標準的拼寫

在社交媒體上，人們經常寫出技術上拼寫錯誤的單字。例如，人們通常會重複使用一或多個字元多次，像是「yessss」或「ssssh」(而不是「yes」或「ssh」)。這種字元的重複在 SMTD 中很常見。下面是修正它的簡易方法，它利用這個事實：英語幾乎沒有單字有連續三個同樣的字元。所以我們這樣調整：

```
def prune_multple_consecutive_same_char(tweet_text):
    '''
    yesssssssss 會被轉換成 yes
    ssssssssssh 會被轉換成 ssh
    '''
        tweet_text = re.sub(r'(.)\1+', r'\1\1', tweet_text)
        return tweet_text
```

它會產生 yess ssh。

另一個做法是使用拼寫修正程式庫。它們大部分都使用某種形式的距離標準，例如編輯距離（edit distance）或 Levenshtein 距離。TextBlob 本身就有一些拼寫修正功能：

```
from textblob import TextBlob

data = "His sellection is bery antresting"
output = TextBlob(data).correct()
print(output)
```

它的輸出是：His selection is very interesting。

希望以上內容可讓你知道為何在處理 SMTD 時，預先處理如此重要，以及如何完成這項工作。以上並非詳細的預先處理步驟。接下來，我們要把焦點放在 NLP 處理線（圖 2-1）的下一步：特徵工程。

SMTD 的原文表示法

之前，我們看了如何使用 TextBlob [22] 來製作簡單的推文情緒分類器。接下來我們要試著建構更複雜的分類器。假設我們已經完成上一節介紹的所有預先處理步驟了，接下來呢？現在我們要將原文拆成語義單元，再用數學來表示它們。我們使用 twokenize [11] 執行語義單元化，它是專門為了處理 Twitter 資料而設計的 tokenizer。該如何表示語義單元？我們可以嘗試第 3 章的各種技術。

根據我們的經驗，BoW 和 TF-IDF 這種基本的向量化方法處理 SMTD 的效果並不好，主要是因為原文資料的雜訊和變體（例如，本章稍早談過的「tomorrow」的變體）。雜訊和變體會導致非常稀疏的向量。這讓我們得考慮 embedding 這個選項。如第 3 章所述，訓練自己的 embedding 非常昂貴，所以，我們先使用訓練好的 embedding。第 4 章曾經介紹如何使用 Google 的預先訓練單字 embedding 來建構情緒分類器。現在，如果我們對著來自社交媒體平台的資料組執行同樣的程式，我們可能無法得到之前那種令人印象深刻的數據，其中一個原因是資料組的詞彙表與 Word2vec 模型的詞彙表有很大的不同。若要驗證這一點，只要將原文文集語義單元化，並且建立包含所有語義單元的集合，再拿它與 Word2vec 的詞彙表相比即可。這是做這件事的程式：

```
combined = tokenizer(train_test_X)

# 這是用資料組建立詞彙集合的方式之一
flat_list = chain(*combined)
dataset_vocab = set(flat_list)
```

```
len(dataset_vocab)
w2v_vocab = set(w2v_model.vocab.keys())

print(dataset_vocab - w2v_vocab)
```

在此，`train_test_X` 是從文集的訓練和測試區塊取得的影評的集合。你可能會問，當我們使用 IMDB 影評資料組時，為何不是如此。原因是，Google 的 Word2vec 是用維基百科和新聞文章訓練的。在這些文章裡面使用的語言和詞彙類似在 IMDB 影評資料組裡面使用的語言和詞彙，但是來自社交媒體的資料組不太可能如此。所以，對來自社交媒體的資料組來說，集合的差異很有可能非常大。

修正這種情況的方法包括：

1. 使用以社交資料預先訓練的 embedding，例如 Stanford 的 NLP 群組提供的 [25]。他們用 20 億則 tweet 來訓練單字 embedding [26]。

2. 使用更好的 tokenizer。我們強烈推薦 Allen Ritter 的 twokenize tokenizer [11]。

3. 訓練你自己的 embedding。這個選項應該保留到沒有其他方法時使用，而且只能在你有許多資料時使用（至少有 100 萬到 150 萬則 tweet）。就算是訓練自己的 embedding，性能指標也有可能無法顯著提升。

根據我們的經驗，如果你採用單字 embedding，(1) 與 (2) 可以提供最好的投資報酬。

即使你的性能指標有大幅的提升，但隨著訓練資料與生產資料之間的時差不斷增加，性能可能也會持續下降。原因是隨著時差的增大，訓練資料和生產資料的詞彙重疊率會不斷減少。主要原因之一是社交媒體的詞彙會不斷演變，大家會不斷創造和使用新字和首字母縮寫。或許你認為新字只會被偶然加入，但令人驚訝的是，事實遠非如此。圖 8-11 展示社交媒體詞彙的演變速度有多快 [8]。圖的左邊是在每一個月中，未曾見過的語義單元的百分比。這項分析是在 27 個月之間，用大約 200 萬條 tweet 完成的。圖的中間以長條圖來展示同一組數據，顯示總語義單元 vs. 新語義單元的情況。圖的右邊是累計長條圖。平均來說，每個月大約有 20% 的詞彙是新字。

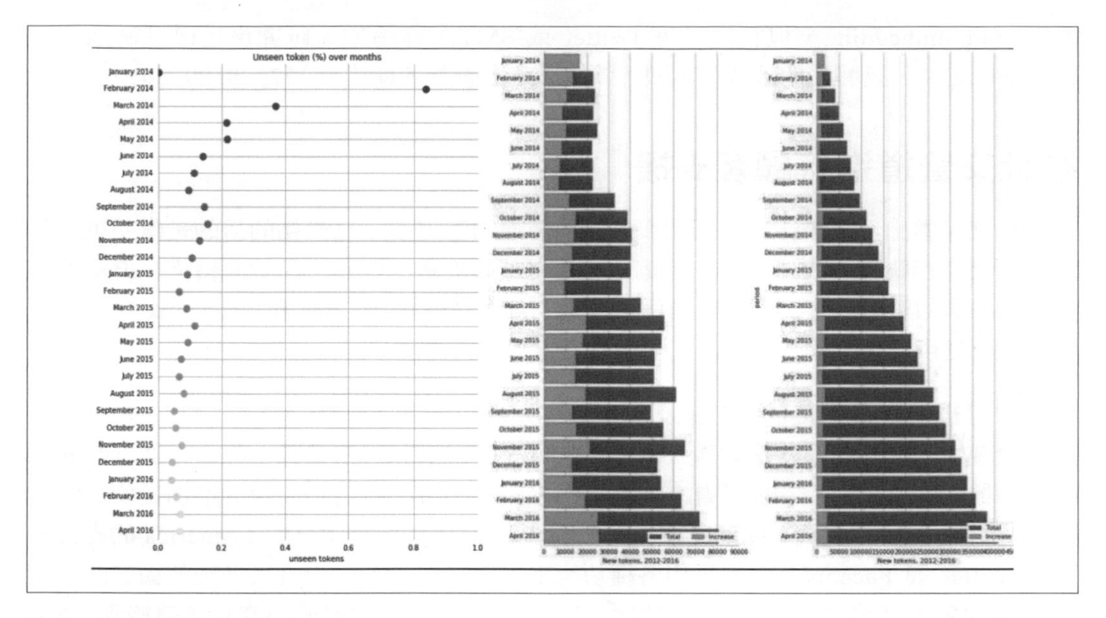

圖 8-11　社交媒體詞彙的發展速度

對我們來說，它代表什麼意思？無論我們的單字 embedding 有多好，由於社交媒體的詞彙會持續演變，在幾個月之內，我們的 embedding 就會落伍（也就是大部分的詞彙都不會出現在單字 embedding 裡面）。這意味著，當我們用一個字來查詢 embedding 模型來取得它的 embedding 時，它會回傳 null，因為要查詢的單字不在訓練 embedding 的資料裡面。這種情況相當於所有這類單字都會被完全忽略，這會大幅降低情緒分類器的準確度，因為隨著時間的過去，會有越來越多字會被忽略。

單字 embedding 並非 SMTD 的最佳表示法，尤其是當你想要使用它們超過四到六個月時。

這個領域的研究人員很早就發現這個問題，並且嘗試各種克服它的方法了。處理 SMTD 的這種持續性的 OOV 問題最好的方法之一就是使用字元 n-gram embedding。我們曾經在第 3 章與第 4 章討論 fastText 時介紹這個概念。在文集裡面的每一個字元 n-gram 都有一個 embedding。如果一個單字有在 embedding 的詞彙表裡面，我們就直接使用單字 embedding，如果沒有（也就是那個字是 OOV），我們就將那個字拆成字元 n-gram，並且結合所有的 embedding 來產生那個單字的 embedding。fastText 有預先訓練的字元 n-gram embedding，但它們不是 Twitter 或 SMTD 專用的。研究員也已經試過字元 embedding 了。感興趣的讀者可以順著這個思路去研究各種成果 [27, 28, 29, 30]。

在社交管道進行顧客支援

自從社交媒體出現以來，它已經發展成一種溝通的管道了，它最初的目的是幫助世界各地的人們互相聯繫和表達自我。但是隨著社交媒體被廣泛採用，品牌和機構被迫重新檢視他們的溝通策略。有一個很好的例子就是，各種品牌在 Twitter 和 Facebook 之類的社交平台上提供顧客支援，他們最初並不打算這樣做。

在本世紀初，隨著社交平台的普及，各種品牌開始建立 Twitter handle 與 Facebook 網頁等資產，主要是為了接觸顧客及用戶，進行品牌推廣和行銷活動。然而，隨著時間過去，各種品牌發現用戶和顧客會向他們提出投訴和不滿。投訴和問題的增加促使品牌建立專門的 handle 和網頁來處理支援流量。圖 8-12 是 Apple 與 Bank of America 的支援網頁。Twitter 與 Facebook 已經推出各種功能來支援品牌 [31]，而且大多數的顧客關係管理（CRM）工具都支援在社交管道提供客服。品牌可以將他們的社交管道連接到 CRM 工具，並使用工具來回應收到的訊息。

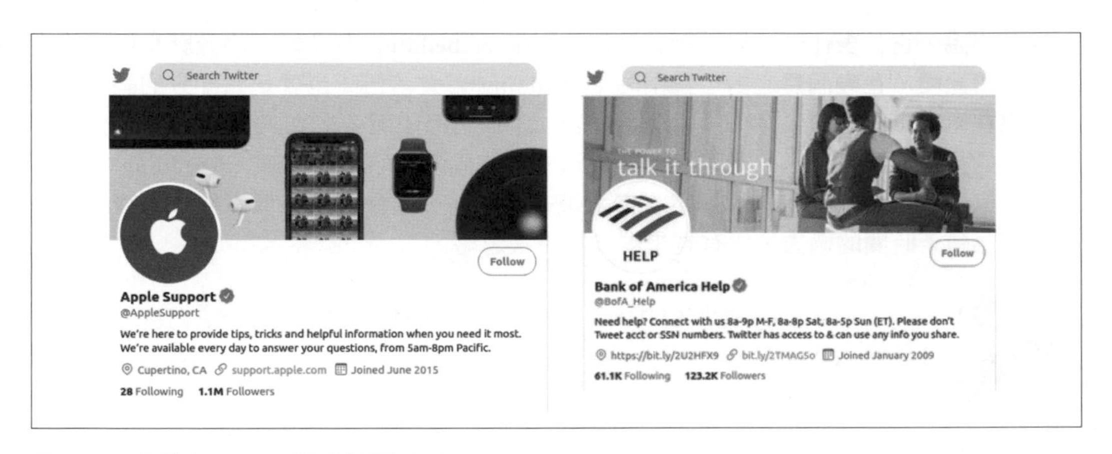

圖 8-12　品牌在 Twitter 的支援網頁 [32]

由於對話的公開性，品牌有義務迅速做出反應。但是，品牌的支援網頁會收到大量的流量。其中有些是真正的問題、不滿和請求。它們通常被稱為「actionable conversation（可行的對話）」，因為客服團隊必須快速地回應它們。另一方面，大部分的流量只是雜訊：促銷、優惠券、報價、意見、挑釁訊息等。它們通常被稱為「noise（噪音）」。客服團隊無法回應噪音，希望避開所有這類訊息。理想情況下，他們只希望可行的訊息被轉換成 CRM 工具裡面的票據。圖 8-13 是可行的訊息與和噪音的例子。

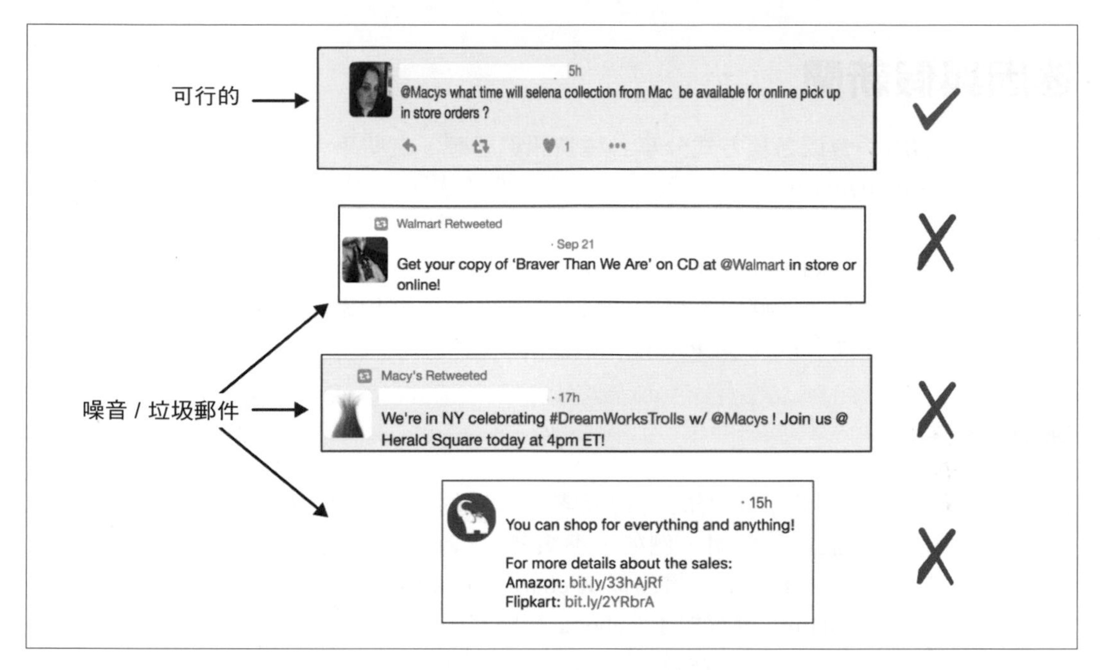

圖 8-13　可行的 vs. 噪音訊息 [8]

假設我們在一家 CRM 商品機構工作，需要建立一個模型，將噪音和可行訊息分開，該怎麼做？識別噪音 vs. 可行訊息相當於垃圾郵件分類問題或情緒分類問題。我們可以建立一個模型來檢查收到的訊息，它的處理流程很像另外兩個問題：

1. 收集有標籤的資料組
2. 清理它
3. 預先處理它
4. 將它語義單元化
5. 表示它
6. 訓練模型
7. 測試模型
8. 將它放入生產環境

我們已經討論了這個處理線的各種面向了。如同對 SMTD 進行情緒分析，關鍵在於預先處理步驟。我們要進入本章的最後一個主題了：識別社交平台上有爭議的內容。

迷因與假新聞

社交平台上的用戶會以各種方式分享各種資訊與思想。這些平台最初的設計是用來進行自我調節（self-regulating）的。但是，隨著時間的過去，用戶的行為已經超出社群規範，這就是所謂的「trolling（故意發表令人討厭的言論）」。社交平台上有很多文章都充滿爭議性的內容，例如 troll、迷因（meme）、網路用語、假新聞等。有些可能是為了帶風向，有些可能只是為了好玩。無論如何，我們必須監控和過濾內容。本節將討論如何研究這些內容的趨勢，以及 NLP 在裡面扮演的角色。

識別迷因

迷因是社交媒體用戶精心策劃的有趣元素，其目的是傳達有趣或諷刺的訊息。這些迷因會被稍微修改並重複使用，例如「不爽貓」（圖 8-14）的照片已經被用在許多場景，分別附帶各種不同的文字。這類似 Richard Dawkins [33] 首創的「基因」的概念。Facebook 的 Lada Adamic 曾經對 Facebook 網路裡面的迷因的資訊流進行研究 [34]，她說「…透過人為複製並貼上來傳播的迷因可能是精確的，也可能包含「突變」，也就是無心或刻意的修改。」圖 8-14 是你可能看過的兩個流行迷因。

圖 8-14　迷因例子 [35]

在介紹了解迷因趨勢的關鍵方法之前，我們來討論為何了解這些趨勢很重要。在 LinkedIn 這類的專業網路動態訊息平台上濫用惡搞迷因是很不可取的，這種行為很像有一群人故意在 Facebook 或 Google 上，傳播與官方流程或群體活動（例如用來進行籌款的 Facebook 網頁，或用來幫助學生申請研究所學校的 Google 群組 ）有關的意識或資訊。發現可能會變成迷因，進而欺騙或冒犯他人，或違反其他團體或平台規則的內容非常重要。識別迷因的方法主要有兩種：

以內容為主

這種迷因識別法使用內容來與其他迷因或已被認出來的類似模式進行比對。例如，在社群中，「This is Bill. Be like Bill」（圖 8-14）已經成為一種迷因了。若要確認新的貼文是否屬於同一個模板，我們可以提取原文，並使用 Jaccard 距離之類的評量標準來識別有問題的內容。如此一來，我們就有機會認出這種模式的迷因：「This is PersonX. Be like PersonX」。在我們的範例中，即使使用正規表達式都可以在新貼文裡面認出這種模板。

以行為為主

這種迷因識別法主要使用針對貼文採取的行動來完成。許多研究指出，從迷因出現時，到後來的幾個小時之內，迷因的分享行為會發生巨大的變化。通常我們可以藉著分析特定貼文的分享次數、評論與按讚的數量來識別病毒性內容（viral content）。通常這些數字都會超出其他非迷因貼文的平均數據。這種做法比較常在異常檢測領域中使用。感興趣的讀者可以閱讀在 Facebook 網路上對這種方法進行的廣泛研究 [34]。

在社交媒體背景下討論迷因的基本定義，並簡要地說明如何識別或衡量它們的影響之後，接下來要討論在社交媒體中另一個重要且緊迫的問題：假新聞。

假新聞

過去幾年來，社交平台上的假新聞已經變成大問題了。隨著社交平台用戶的增加，與假新聞有關的事件也顯著增加。這包括用戶創作虛假內容，並且不斷在社交網路上分享並傳播出去。在這一節，我們來看一下如何使用到目前為止學到的 NLP 技術來偵測假新聞。

我們來看一個假新聞的例子：“Lottery Winner Arrested for Dumping $200,000 of Manure on Ex-Boss' Lawn” [36]，它在 2018 年在 Facebook 被分享 230 萬次 [37]。

各種媒體機構與內容審核員都積極設法檢測和清除這類假新聞。目前已有一些原則性的方法可以用來對付這種威脅：

1. **使用外部的資料源來進行事實驗證**：事實驗證就是確認新聞文章描述的各種事實。它可以視為一種語言理解任務，當系統接收一個句子與一組事實之後，必須查明該組事實是否支持該項主張。

   假設我們可以讀取外部的資料源，例如維基百科，並假設它的事實都是被正確地輸入的。現在，當我們收到一段新聞原文，例如「Einstein was born in 2000」時，我們必須使用包含事實的資料來驗證它。請注意，在一開始，我們不知道哪項資訊可能是錯的，所以無法單純依靠模式比對來處理它。

   Cambridge 的 Amazon Research 創造了一個精選資料組來處理自然原文中的錯誤資訊 [38]。這個資料組包含這種樣貌的樣本：

   ```
   {
       "id": 78526,
       "label": "REFUTES",
       "claim": "Lorelai Gilmore's father is named Robert.",
       "attack": "Entity replacement",
       "evidence": [
           [
               [<annotation_id>, <evidence_id>, "Lorelai_Gilmore", 3]
           ]
       ]
   }
   ```

   或許你可以看到，我們可以開發一個模型，用它接收 `{claim, evidence}`，並產生 `REFUTES` 標籤。這比較像是一個有三種標籤的分類任務：`AGREES`、`REFUTES` 與 `NONE`。證據（evidence）集合包含句子的相關項目的維基百科 URL，3 代表句子在對應的維基百科文章裡面是事實正確的。

   媒體機構可以建構類似的資料組，從與他們的領域有關的文章裡面提取知識。例如，體育新聞公司可能會建構一個主要包含關於體育的事實的集合。

   我們可以使用 BoW 方法來表示主張（claim）與證據（evidence），並將它們成對傳給羅吉斯回歸來取得分類標籤。比較高階的技術還有使用 DL 方法（例如 LSTM 或預先訓練的 BERT）來取得這些輸入的編碼。然後我們可以連接這些 embedding，將它傳入神經網路，來對主張（claim）進行分類。感興趣的讀者可以參考 [39, 40, 41]。

2. **分類假新聞 *vs.* 真新聞**：為了解決這個問題，有一種簡單的做法是建立一個平行的資料文集，在裡面放入假新聞和真新聞的摘要，並將它們分類為真的或假的。雖然這種設計很簡單，但是對電腦來說，妥善地處理這個任務有時非常困難，因為人們可能會使用各種語言細節來干擾電腦識別假內容。

   Harvard 的研究人員最近開發了一個系統 [42] 來識別哪些文章是人類寫的，哪些文章是電腦產生的（因此可能是假的）。這個系統使用統計方法來理解事實，並利用這個事實：電腦在產生文章時，往往會使用通用的、普通的字，但是人類往往使用更具體、更符合個人寫作風格的詞語。這項研究指出，統計單字的使用情況通常可以揭露明顯的區別，進而用來區分假文章與真文章。我們鼓勵讀者閱讀 Sebastian Gehrmann 等人的著作 [42, 43]，以完全了解這種方法。

   AllenNLP 團隊使用類似的技術來開發名為 Grover 的工具 [44]，它使用 ML 模型來產生看起來很像人類撰寫的文章。他們利用電腦產生的文章之中的細節來了解它的獨特風格與屬性，再用它們來建構系統，以協助偵測假的、電腦產生的文章。我們鼓勵你操作一下這個團隊開放的展示網頁 [44]，來了解它的機制。

我們討論了社交媒體的兩項重要問題，謎因和假新聞，並簡單地介紹如何偵測它們。我們也討論如何將這些問題當成簡單的自然語言理解任務（例如分類），以及解決那些任務的資料組可能長怎樣。本節應該可以提供一個很好的起點，幫助你打造能夠識別社交媒體中的惡意或虛假內容的系統。

結語

在這一章，我們先概述 NLP 在社交媒體中的各種應用，並討論社交媒體文字資料對傳統的 NLP 方法帶來的獨特挑戰。然後，我們介紹各種 NLP 應用，例如建構字雲、偵測 Twitter 的熱門話題、理解 tweet 情緒、在社交媒體進行顧客支援，以及偵測迷因和假新聞。我們也了解在開發這些工具時可能遇到的文字處理問題，以及如何解決它們。希望這一章能讓你充分了解如何使用 NLP 技術來處理 SMTD，以及解決你在工作時可能遇到的，處理社交媒體文字資料的 NLP 問題。在下一章，我們將處理另一種已證明 NLP 十分有用的產業鏈：電子商務。

參考文獻

[1] Twitter. Quarterly results: 2019 Fourth quarter (*https://oreil.ly/RasvL*). Last accessed June 15, 2020.

[2] Internet Live Stats. "Twitter Usage Statistics" (*https://oreil.ly/Tx2U7*). Last accessed June 15, 2020.

[3] Zephoria Digital Marketing. "The Top 20 Valuable Facebook Statistics–Updated May 2020" (*https://oreil.ly/f3LTg*).

[4] Lewis, Lori. "This Is What Happens In An Internet Minute" (*https://oreil.ly/YVU3C*). March 5, 2019.

[5] Choudhury, Monojit. "CS60017 - Social Computing, Indian Institute of Technology Kharagpur, Lecture 1: NLP for Social Media: What, Why and How?" (*https://oreil.ly/CbIUH*). Last accessed June 15, 2020.

[6] Ritter, Alan, Sam Clark, and Oren Etzioni. "Named Entity Recognition in Tweets: An Experimental Study." Proceedings of the 2011 Conference on Empirical Methods in Natural Language Processing (2011): 1524–1534.

[7] Barman, Utsab, Amitava Das, Joachim Wagner, and Jennifer Foster. "Code Mixing: A Challenge for Language Identification in the Language of Social Media." Proceedings of the First Workshop on Computational Approaches to Code Switching (2014): 13–23.

[8] Gupta, Anuj, Saurabh Arora, Satyam Saxena, and Navaneethan Santhanam (*https://oreil.ly/P7c_a*). "Continuous Learning Systems: Building ML systems that learn from their mistakes" (*https://oreil.ly/39r6_*). Open Data Science Conference (2019).

[9] Mueller, Andreas. word_cloud: A little word cloud generator in Python (*https://oreil.ly/7whtP*), (GitHub repo). Last accessed June 15, 2020.

[10] Mueller, Andreas. "Gallery of Examples" (*https://oreil.ly/SyhSL*). Last accessed June 15, 2020.

[11] Ritter, Allen. "Twokenize" (*https://oreil.ly/z8wWs*). Last accessed June 15, 2020.

[12] Ritter, Allen. "OSU Twitter NLP Tools" (*https://oreil.ly/QdtZq*). Last accessed June 15, 2020.

[13] Noah's ARK lab. "Tweet NLP" (*https://oreil.ly/xlhX-*). Last accessed June 15, 2020.

[14] Natural Language Toolkit. TweetTokenizer (*https://oreil.ly/g3P5x*). Last accessed June 15, 2020.

[15] Routar de Sousa, J. Guilherme. Twikenizer (*https://oreil.ly/TNRdM*). Last accessed June 15, 2020.

[16] Twitter's Trending Topics (*https://oreil.ly/Fxn6S*). Last accessed June 15, 2020.

[17] Tweepy, an easy-to-use Python library for accessing the Twitter API (*http://www.tweepy.org*). Last accessed June 15, 2020.

[18] Twitter. Enterprise Data: Unleash the Power of Twitter Data (*https://oreil.ly/5-ojY*). Last accessed June 15, 2020.

[19] Wexler, Steve. "How to Visualize Sentiment and Inclination" (*https://oreil.ly/gQw6H*). Tableau (blog), January 14, 2016.

[20] Kaggle. UMICH SI650—Sentiment Classification (*https://oreil.ly/7CoBZ*). Last accessed June 15, 2020.

[21] Sanders Twitter sentiment corpus (*https://oreil.ly/ZlnRf*), (GitHub repo). Last accessed June 15, 2020.

[22] Loria, Steven. "TextBlob: Simple, Pythonic, text processing—Sentiment analysis, part-of-speech tagging, noun phrase extraction, translation, and more" (*https://oreil.ly/18zLK*). Last accessed June 15, 2020.

[23] Beautiful Soup (*https://oreil.ly/4DpmK*). Last accessed June 15, 2020.

[24] Solomon, Brad. Demoji (*https://oreil.ly/IJ643*). Last accessed June 15, 2020.

[25] Pennington, Jeffrey, Richard Socher, and Christopher D. Manning. "GloVe: Global Vectors for Word Representation" (*https://oreil.ly/MMche*). Last accessed June 15, 2020.

[26] The Stanford Natural Language Procesisng Group. “Pre-trained GloVe embeddings from Tweets” (*https://oreil.ly/WKYcd*). Last accessed June 15, 2020.

[27] Dhingra, Bhuwan, Zhong Zhou, Dylan Fitzpatrick, Michael Muehl, and William W. Cohen. “Tweet2Vec: Character-Based Distributed Representations for Social Media” (*https://oreil.ly/mQymq*). (2016).

[28] Yang, Zhilin, Bhuwan Dhingra, Ye Yuan, Junjie Hu, William W. Cohen, and Ruslan Salakhutdinov. “Words or Characters? Fine-grained Gating for Reading Comprehension” (*https://oreil.ly/0EQm1*). (2016).

[29] Kuru, Onur, Ozan Arkan Can, and Deniz Yuret. “CharNER: Character-Level Named Entity Recognition.” Proceedings of COLING 2016, the 26th International Conference on Computational Linguistics: Technical Papers (2016): 911–921.

[30] Godin, Fredric. “Twitter word embeddings” (*https://oreil.ly/QuySb*) and "Twitter Embeddings” (*https://oreil.ly/9cM4I*). Last accessed June 15, 2020.

[31] Lull, Travis. “Announcing new customer support features for businesses” (*https://oreil.ly/Jsa6v*). Twitter (blog), September 15, 2016; Facebook Help Center. “How does my Facebook Page get the ‘Very responsive to messages' badge?” (*https://oreil.ly/23UNN*); Facebook Help Center. “How are response rate and response time defined for my Page?” (*https://oreil.ly/KRmGH*).

[32] Apple's and Bank of America's support handles on Twitter: *https://twitter.com/AppleSupport and https://twitter.com/BofA_Help*. Last accessed June 15, 2020.

[33] Rogers, Kara. “Meme: Cultural Concept” (*https://oreil.ly/4J7g7*). Encyclopedia Britannica. Last modified March 5, 2020.

[34] Adamic, Lada A., Thomas M. Lento, Eytan Adar, and Pauline C. Ng. “Information Evolution in Social Networks.” Proceedings of the Ninth ACM International Conference on Web Search and Data Mining (2016): 473–482.

[35] Popsugar Tech (*https://oreil.ly/zpWRu*). Last accessed June 15, 2020.

[36] “Lottery Winner Arrested for Dumping $200,000 of Manure on Ex-Boss' Lawn” (*https://oreil.ly/mOsAp*). World News Daily Report. Last accessed June 15, 2020.

[37] Silverman, Craig. "Publishers Are Switching Domain Names to Try and Stay Ahead of Facebook's Algorithm Changes" (*https://oreil.ly/1SX-*j). BuzzFeed News, March 1, 2018.

[38] Thorne, James, Andreas Vlachos, Christos Christodoulopoulos, and Arpit Mittal. "FEVER: a large-scale dataset for Fact Extraction and VERification" (*https://oreil.ly/PCI0H*), (2018).

[39] Hassan, Naeemul, Bill Adair, James T. Hamilton, Chengkai Li, Mark Tremayne, Jun Yang, and Cong Yu. "The Quest to Automate Fact Checking." Proceedings of the 2015 Computation+ Journalism Symposium (2015).

[40] Graves, Lucas. "Understanding the Promise and Limits of Automated Fact-Checking." Reuters Institute, February 28, 2018.

[41] Karadzhov, Georgi, Preslav Nakov, Lluís Màrquez, Alberto Barrón-Cedeño, and Ivan Koychev. "Fully Automated Fact Checking Using External Sources." Proceedings of the International Conference Recent Advances in Natural Language Processing (2017).

[42] Strobelt, Hendrik and Sebastian Gehrmann. "Catching a Unicorn with GLTR: A Tool to Detect Automatically Generated Text" (*http://gltr.io*). Last accessed June 15, 2020.

[43] Gehrmann, Sebastian, Hendrik Strobelt, and Alexander M. Rush. "GLTR: Statistical Detection and Visualization of Generated Text" (*https://oreil.ly/vb1z7*), (2019).

[44] Allen Institute for AI. "Grover: A State-of-the-Art Defense against Neural Fake News" (*https://oreil.ly/0Ssr-*). Last accessed June 15, 2020.

第九章

電子商務與零售

當今的新市場必須培養和管理完美的
競爭力才能蓬勃發展。

—Jeff Jordan, Andreessen Horowitz

在現今世界中，電子商務已經變成購物的代名詞了。比實體零售店更充實的顧客體驗推動了電子商務的增長。在 2019 年，全球零售電子商務的銷售額是 3.5 萬億美元，預計在 2022 年將達到 6.5 萬億美元。ML 和 NLP 最近的發展在這種快速增長的趨勢中扮演了重要的角色。

當你造訪任何一家電子零售商的首頁時，你會發現大量的文字和圖片形式的資訊，這些資訊有很大部分是以商品敘述、評論等形式的文章組成的。零售商絞盡腦汁地利用這些資訊來取悅顧客，並建立競爭優勢。電子商務入口有一系列的文字相關問題可以用 NLP 技術來解決。之前的章節已經介紹各種類型的 NLP 問題和解決方案了（第 4 章至第 7 章）。在這一章，我們將概要介紹如何藉由本書介紹過的技術來處理電子商務領域的 NLP 問題。我們將討論這個領域的一些關鍵 NLP 任務，包括搜尋、建立商品目錄、收集評論和提供建議。

圖 9-1 是一些電子商務任務，我們先概要介紹它們。

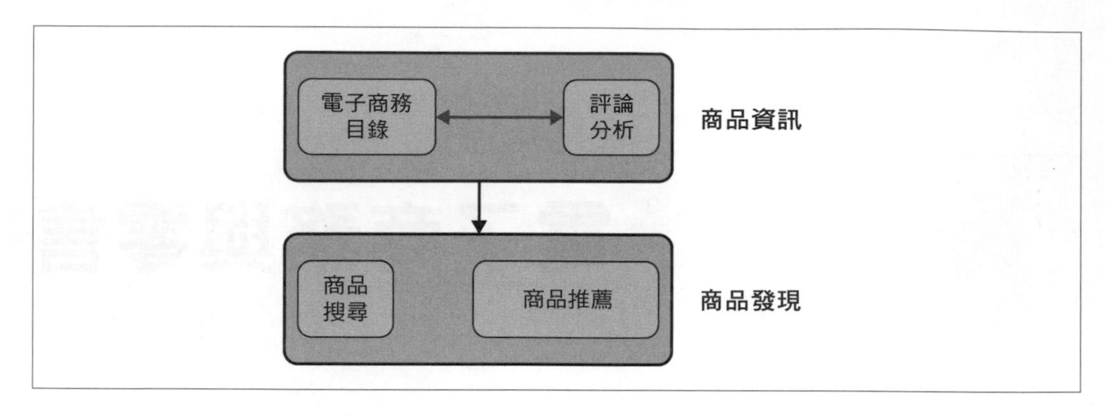

圖 9-1　電子商務中的 NLP 應用程式

電子商務目錄

任何一家大型的電子商務企業都需要一個容易瀏覽的商品目錄。商品目錄就是企業販售的，或用戶可購買的商品的資料庫，它包含商品敘述屬性，以及各種商品圖像。使用較好的商品敘述並加入相關的資訊可以協助顧客在目錄中選擇正確的商品。這種資訊也有助於商品搜尋與推薦。想像一下，當推薦引擎可以自動知道你喜歡的顏色是藍色的情況！當然，除非引擎發現你最近購買或搜尋的東西都是藍色的服飾，否則這是不可能辦到的。要做到這一點，我們要先認出「藍色」是與商品有關的顏色屬性。自動提取這種資訊稱為**屬性提取**。從商品敘述中提取屬性可以保證商品的所有相關資訊都被正確地做成索引和顯示，進而提升商品的可發現性。

評論分析

商品的用戶評論區是電子商務平台最引人注目的部分。評論可為商品提供不同的視角，它們是無法從商品屬性單獨獲得的，例如品質、實用性、與其他商品的比較，以及宅配回饋。評論可能會毫無用處，或可能不是來自可信任的用戶，此外，人工處理特定商品的許多評論也很困難。NLP 技術藉著執行情緒分析、評論摘要生成、識別評論的實用性等任務，為所有評論提供一個全面性的觀點。在第 5 章探討關鍵字提取時，我們已經看過一個用來分析評論的 NLP 範例了，本章稍後還有其他的用例。

商品搜尋

電子商務領域的搜尋系統與 Google、Bing 和 Yahoo 等通用搜尋引擎不一樣。電子商務搜尋引擎與可購買的商品及其相關資訊有密切的關係。例如，在常規的搜尋引擎中，我們主要處理自由格式的文字資料（例如新聞文章或部落格）而不是結構化的電子商務銷售與評論資料。當我們搜尋「在婚禮穿的紅色方格襯衫」時，電子商務搜尋引擎必須找到它。類似的集中式搜尋也以在預訂班機和旅館的旅遊網站上看到，例如 Airbnb 與 TripAdvisor。由於每一種類型的電子商務業務都有不同的資訊性質，所以我們要使用自訂的流程來進行資訊處理、提取和搜尋。

商品推薦

不提供推薦引擎的電子商務平台都不是完整的平台。顧客希望平台能夠理解他們的選擇，並推薦可以購買的商品。這種平台可以協助顧客組織購物想法，以及提供更好的功能。推薦打折的商品、同品牌的商品，或具備顧客喜愛的屬性的商品可以讓顧客黏在網站上，讓他們花更多時間，直接增加顧客購買商品的機率。除了以交易為基礎的推薦功能之外，也有人根據商品內容與文字評論來開發一組豐富的演算法，他們用 NLP 來建構這種推薦系統。

簡單介紹各種任務之後，我們要詳細地探討 NLP 在電子商務中的作用，先介紹如何用它來建構電子商務搜尋系統。

電子商務的搜尋系統

造訪電子商務網站的顧客希望快速找到並購買他們想要的商品。在理想情況下，搜尋功能能夠讓顧客用最少的點擊次數找到合適的商品。搜尋必須快速且精確，並且產生符合顧客需求的結果。優秀的搜尋機制可以提升轉換率（conversion rate），而轉換率會直接影響電商的收益。全球平均只有 4.3% 的搜尋動作會轉換成購買動作。據估計，前 50 名入口網站有 34% 的搜尋結果無法產生有用的結果 [2]，改善空間通常很大。

我們曾經在第 7 章討論一般的搜尋引擎是如何工作的，以及 NLP 可以用在哪裡。但是對電子商務而言，搜尋引擎需要根據商業需求進行更多微調。在電子商務裡面的搜尋是封閉領域，也就是說，搜尋引擎通常是用商品資訊來提取商品，而不是使用開放網路（例如 Google 或 Bing）的文件或內容。底層的商品資訊是用商品目錄、屬性和評論來建構的。搜尋機制會使用這項資訊的各種面向，例如顏色、樣式或種類。電子商務的這種搜尋方式通常稱為「分面搜尋（faceted search）」，這是本節的重點。

分面搜尋是一種專用的搜尋，可讓顧客用過濾器以精簡的方式進行瀏覽。例如，如果我們打算購買電視，我們可能會篩選品牌、價格、電視尺寸等。在電子商務網站上，根據商品的不同，用戶會看到一組搜尋過濾器。圖 9-2 與圖 9-3 是 Amazon 與 Walmart 的電子商務搜尋網頁。

這兩張擷圖的左邊有一組過濾器（或稱為「facet」），可讓顧客以符合其購買需求的方式進行搜尋。在圖 9-2 中，我們看到顧客搜尋電視型號，所以過濾器顯示解析度與螢幕大小等方面。除了這些自訂的過濾器之外，這種商品搜尋還有一些通用的選擇，例如品牌、價格範圍、貨運方式，如圖 9-3 所示。顯然這些過濾器是看待各種商品的角度。這種引導式搜尋可讓用戶自行設定搜尋結果，更能掌控購物過程，而不是只能篩選大量的搜尋結果來得到他們想要東西。

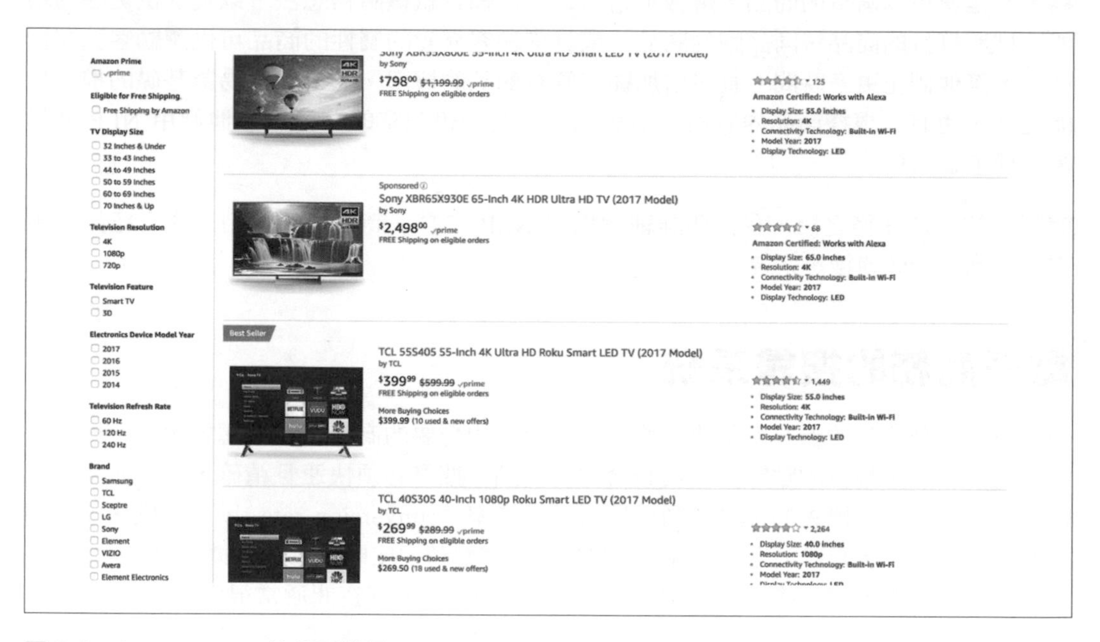

圖 9-2　Amazon.com 的分面搜尋

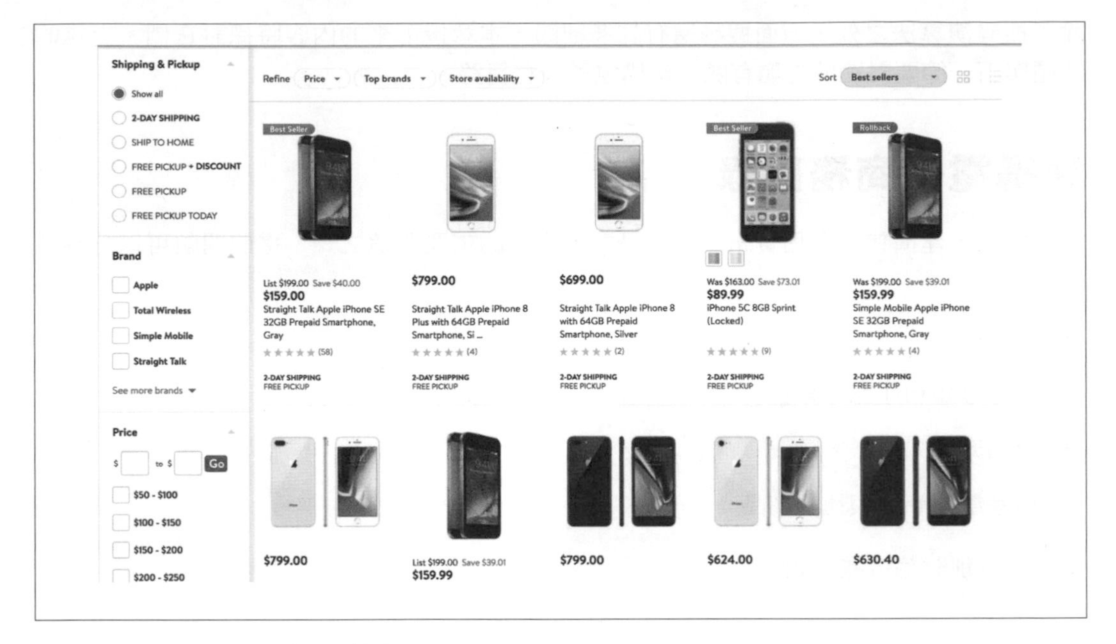

圖 9-3　Walmart.com 的分面搜尋

這些過濾器是定義分面搜尋的關鍵。但是，並非所有商品都可以使用它們，原因包括：

- 賣家沒有上傳所有資訊，因此電子商務網站無法在列出商品時使用它們。當新的電子商務公司剛進入市場，並積極促使各種賣家快速上線時，通常會發生這種情況。他們通常允許賣家直接列出商品的參考資訊，而不需要檢查它們的品質。
- 有些過濾器很難獲得，或賣家沒有完整的資訊可以提供，例如食品的熱量值通常需要從商品包裝上面的營養資訊取得。電子零售商不期望賣家提供這種資訊，但它們非常重要，因為它可能包含與商品銷售對談有直接關係的重要顧客訊號。

分面搜尋可以用最流行的搜尋引擎後端來建構，例如 Solr 與 Elasticsearch。除了常規的原文搜尋之外，搜尋查詢也會加入各種面向屬性。Elasticsearch DSL 也有內建的分面搜尋介面 [3]。

在電子商務環境中，除了方面與文字的相關性之外，我們也要考慮商業需求。例如，屬於促銷或拍賣的一部分的商品可能要放在結果的前面。我們可以利用 Elasticsearch boosting 這類的功能來建構它。

除了搜尋演算法之外，方面搜尋還有許多細節，本章接下來的內容將探討它們。上述的問題與下一節要討論的主題有關：建構電子商務目錄。

建構電子商務目錄

本章說過，建構包含有用資訊的目錄是電子商務的主要問題之一。這個問題可以分為幾個次級問題：

- 屬性提取
- 進行分類和建立分類樹
- 商品充實
- 移除重複商品與比對商品

本節將分別討論這些問題。

屬性提取

屬性就是可用來定義商品的屬性。例如，在圖 9-2 中，我們可以看到品牌、解析度、電視尺寸等屬性。在電子商務網站準確地顯示這些屬性可提供完整的商品概觀，讓顧客可以做出明智的選擇。豐富的屬性組合與點擊率有直接的關係，會影響商品的銷售。圖 9-4 是用一組過濾器或屬性取得的商品說明。

你可以看到，{clothing, color, size} 基本上定義了顧客可以看到的商品屬性。這些屬性可能有多個值，如圖中所示，在這個例子中，顏色有七個值。但是，我們很難直接從賣家那裡取得所有商品的屬性。此外，屬性的品質應該維持足夠的一致性，讓顧客可以取得正確且相關的商品資訊。

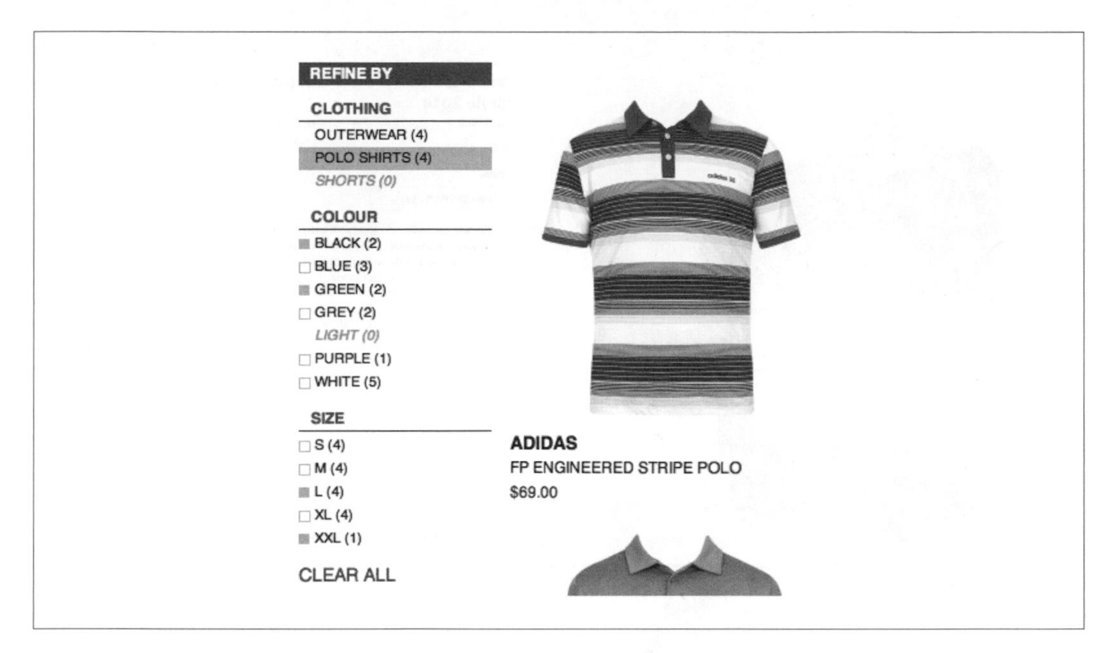

圖 9-4　用一組過濾器或屬性取得的商品

電子商務網站傳統上採用手動標注或眾包技術來取得屬性，這項工作通常是透過第三方公司或眾包平台（例如 Mechanical Turk）完成的，他們會詢問關於商品的特定問題來讓承包大眾回答。有時問題會被設計成多選題，來將答案限制成一組值。但一般來說，這種做法的成本很高，而且無法隨著商品數量而擴展，這就是使用機器學習技術的時候了。這是一項有挑戰性的任務，因為我們需要了解商品呈現的資訊的語境。例如，看一下圖 9-5 的兩個商品敘述。

Pink 是年輕女性喜愛的品牌，但是 pink 是很常見的外表顏色。因此，在第一個案例中，Pink 是品牌名稱屬性，但是在另一個案例中，pink 只是一種顏色。在圖 9-5 中，我們可以看到背包的品牌是「Pink」，顏色是 neon red，而運動衫的顏色是 pink。這類的情況很普遍，讓電腦面臨有挑戰性的任務。

圖 9-5　在這兩個例子中，「pink」是兩個不同的屬性的值

如果我們能夠以某種結構化的資料格式來取得一組屬性，那麼搜尋機制就可以根據顧客的需求，準確地利用它們來取得結果。從各種商品敘述取得屬性資訊的演算法通常稱為**屬性提取演算法**。這些演算法可以接收一組文字資料，並產生多對屬性 / 值。屬性提取演算法有兩種：**直接的**與**衍生的**。

直接屬性提取演算法假設輸入文字裡面有屬性值，例如，「Sony XBR49X900E 49-Inch 4K Ultra HD Smart LED TV (2017 Model)」裡面有品牌「Sony」，品牌是應該在商品的標題中出現的屬性。另一方面，**衍生屬性提取演算法**不假設輸入文字裡面有屬性值，它們會從上下文衍生資訊。性別就是通常不會出現在商品標題裡面的屬性，但是演算法可以從輸入文字識別該項商品是不是男性或女性專用的。考慮這個商品敘述：「YunJey Short Sleeve Round Neck Triple Color Block Stripe TShirt Casual Blouse」，這個商品是給女生用的，但是在產品敘述或標題裡面沒有明確地提到性別「女性」，在這種情況下，性別必須從原文中推斷出來（例如，從商品敘述中）。

直接屬性提取

通常，直接屬性提取都被當成序列對序列標注問題。我們讓一個序列標注模型接收一個序列（例如單字序列），並輸出另一個長度一樣的序列。在第 5 章，我們曾經在訓練專名個體辨識器的 notebook 裡面稍微談到這種問題。我們採用類似的方法，看看直接屬性提取演算法如何運作。

我們的訓練資料的格式如圖 9-6 所示，這個商品的標題是「The Green Pet Shop Self Cooling Dog Pad」。

The	Green	Pet	Shop	Self	Cooling	Dog	Pad
B-attribute	I-attribute	I-attribute	I-attribute	O	O	O	O

圖 9-6　直接屬性提取的訓練資料格式

我們想要提取「The Green Pet Shop」，用 - attribute 標籤來標注它，用 O（other）標籤來標注其餘的部分。對任何一種直接屬性提取程序來說，用 BIO 來標注資料都很重要。我們也要取得能夠代表各種商品類別的資料（例如 B-Attribute1、B-Attribute2 等）。

收集這種資料的方法有兩種。比較簡單的方法是用正規表達式來處理包含品牌與屬性的既有文字敘述，並使用那個資料組，這種做法類似弱監督。我們可以讓人類標注一小組資料，取得有標籤的資料之後，我們提取一組豐富的特徵來訓練 ML 模型。在理想情況下，輸入特徵必須描述屬性特性、位置和語境資訊。以下是可以描述這三個方面的特徵。我們可以採取類似的方法來開發更複雜的特徵，並透過分析來了解它們可否大幅改善效果。這項任務常見的特徵有：

特性特徵

它們通常是和語義單元有關的特徵，例如語義單元的大小寫、長度與它的字元組合。

位置特徵

這些特徵描述語義單元在輸入序列裡面的位置方面，例如在特定語義單元前面的語義單元數量，或語義單元的位置與序列總長度的比率。

前後特徵

這些特徵主要編碼鄰近語義單元的資訊，例如前 / 後語義單元的身分、語義單元的 POS 標籤，前面的語義單元是不是連接詞等。

產生特徵並且適當地編碼輸出標籤之後，我們就得到用來訓練模型的序列對了。接下來的訓練程序與 NER 系統的很像。雖然處理線看起來很簡單，而且很像 NER 系統，但是因為有領域特有的知識，這些特徵生成方案和建模技術也有一些挑戰。此外，取得夠大的資料組來涵蓋一系列的屬性是一項挑戰。

為了處理這種資料稀疏性，和其他特徵不完整的問題，有些方法建議使用單字 embedding 序列作為輸入，並將這個輸入序列按原樣傳給模型，由模型預測輸出序列。最近有些專案加入深度遞迴結構（RNN 或 LSTM-CRF 等）來執行 seq2seq 標注任務 [4]。第 3 章與第 4 章曾經介紹單字 embedding 與 RNN 在 NLP 中的用途。這是這種表示法可以派上用場的另一個例子。圖 9-7 是這種 DL 模型 [5] 的效果比典型的 ML 模型更好的例子。

Product Title	Previous Best	Current Deep Model
Woodland Imports Decorative Bottle	Woodland	**Woodland Imports**
Home Essentials White Essentials Sugar & Creamer	unbranded	**Home Essentials**
Plum Island Silver Sterling Silver Fairy Piece Ear Cuf	Plum Island	**Plum Island Silver**

圖 9-7　用 LSTM 框架來進行屬性提取可改善特性性能 [5]

間接屬性提取

間接屬性是商品敘述沒有直接提到的屬性。但是，這些屬性可以從其他直接屬性或整體敘述中推斷出來。例如，與性別和年齡有關的單字可以從原文推斷出來。「Suit for your baby aged 1–5 years」這種說法暗示該產品是讓幼兒使用的。由於這種屬性不會被明確提及，所以無法採用序列標注法。

在處理間接屬性分類時，我們使用原文分類，因為我們可以從整體的輸入推斷出高階類別（即間接屬性），而不是提取資訊。回想一下「YunJae Short Sleeve Round Neck Triple Color Block Stripe T-Shirt Casual Blouse」這個例子。在這個例子中，我們可以使用第 3 章的任何一種句子表示法來表示整個輸入字串。我也可以建立特徵，例如類別特有的單字的存在、字元 n-gram 與單字 n-gram。然後，我們可以訓練一個模型，來將輸入分類為間接屬性標籤。在這個範例中，對於「性別」屬性，我們應該使用男性、女性、男女皆宜與孩童作為不同的類別標籤。

採用深度摺積結構的模型所需要的資料量通常比沒那麼複雜的模型（例如 CRF 與 HMM）所需要的資料量多很多。資料越多，深度模型的學習效果越好。正如我們在前面幾章看到的，對所有的 DL 模型來說都是如此，但是在處理電子商務問題時，取得大量正確採樣、已標注的資料非常昂貴。因此，在建構複雜的模型之前，我們必須注意這件事情。

到目前為止，我們已經討論了如何從文字資料提取屬性，以及將它擴展為多模態（multimodal）屬性提取，加入關於商品的各種模態，例如標題、敘述、圖像、評論等等的各種方法。

在接下來的各節，我們要討論如何將處理商品屬性的技術擴展至電子商務與零售的其他方面。

進行分類和建立分類樹

商品分類就是將商品分成多個群組，這些群組可以用相似度來定義，例如我們可以將品牌相同的商品，或同一個類型的商品分在一起。一般來說，電子商務已經定義了廣泛的商品類別，例如電子商品、個人護理商品、食物。每當有新商品出現時，我們就要先將它放入分類樹（taxonomy），再將它放入目錄。圖 9-8 是電子商品類別的分類樹，它有更細的子類別階層。

我們可以藉著更嚴格地定義商品，來進一步定義更小的群組，例如在電腦類別裡面加入筆電和平板。舉一個例子，這本書屬於技術書籍類別，它的子類別與 AI 或自然語言處理有關。這項任務很像第 4 章介紹過的原文分類。

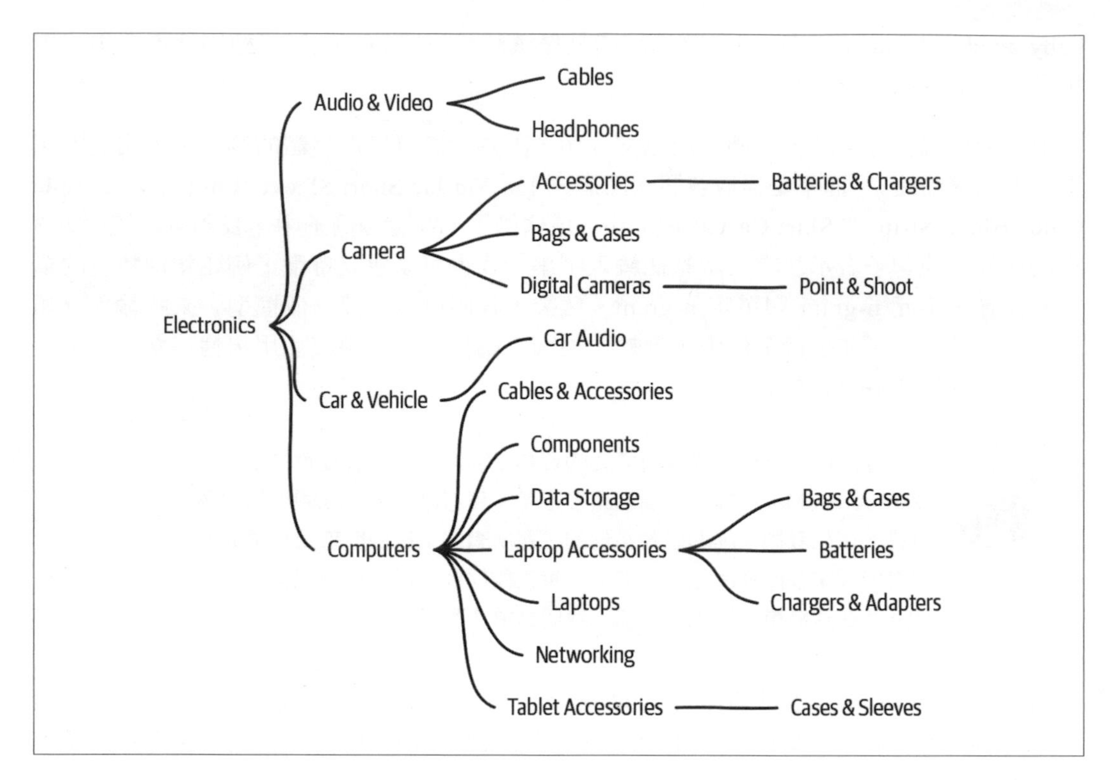

圖 9-8　典型的類別階層——商品的分類樹

使用優良的分類樹並且正確地連接商品非常重要，因為如此一來，電子商務網站可以：

- 根據用戶搜尋的商品顯示類似的商品
- 提供更好的推薦
- 為顧客選擇更實惠的商品組合
- 將舊商品換成新的
- 顯示同一個種類的不同商品的價格比較

這個分類程序在剛開始時通常是小規模人工進行的，但是隨著商品多樣性的增加，人工處理將越來越難。當規模變大時，這種商品分類通常屬於分類任務，會用演算法接收各種來源的資訊，並且採用分類技術來處理它 [7, 8]。

具體來說，在一些案例中，演算法會接收標題或敘述，並且在所有類別都已知的情況下，將商品分到合適的類別。這也是原文分類的典型案例。透過這種方式，我們可以自動進行分類程序，在確定類別之後，直接執行上述的相關屬性提取程序。先發現商品的類別，再將商品傳給屬性提取程序是合理的做法。

同時使用圖像與文字可以改善演算法的準確度。我們可以將圖像傳給摺積神經網路來產生圖像 embedding，並使用 LSTM 來編碼原文序列，再將它們接起來，傳給任何一種分類器，產生最終的輸出 [6]。

建構分類樹是昂貴的程序。我們可以使用階層式原文分類法，來將產品放到分類樹的正確階層。階層式原文分類法其實只是根據分類樹的階層套用分類模型。

高階類別通常使用簡單的規則式分類法來處理。在一開始，我們可以使用字典來比對它們。比較複雜，而且需要更深層的語境來確定分類樹階層的子類別要用 SVM 或決策樹等 ML 分類技術來處理 [9]。圖 9-9 是一個商品的各種分類樹階級。

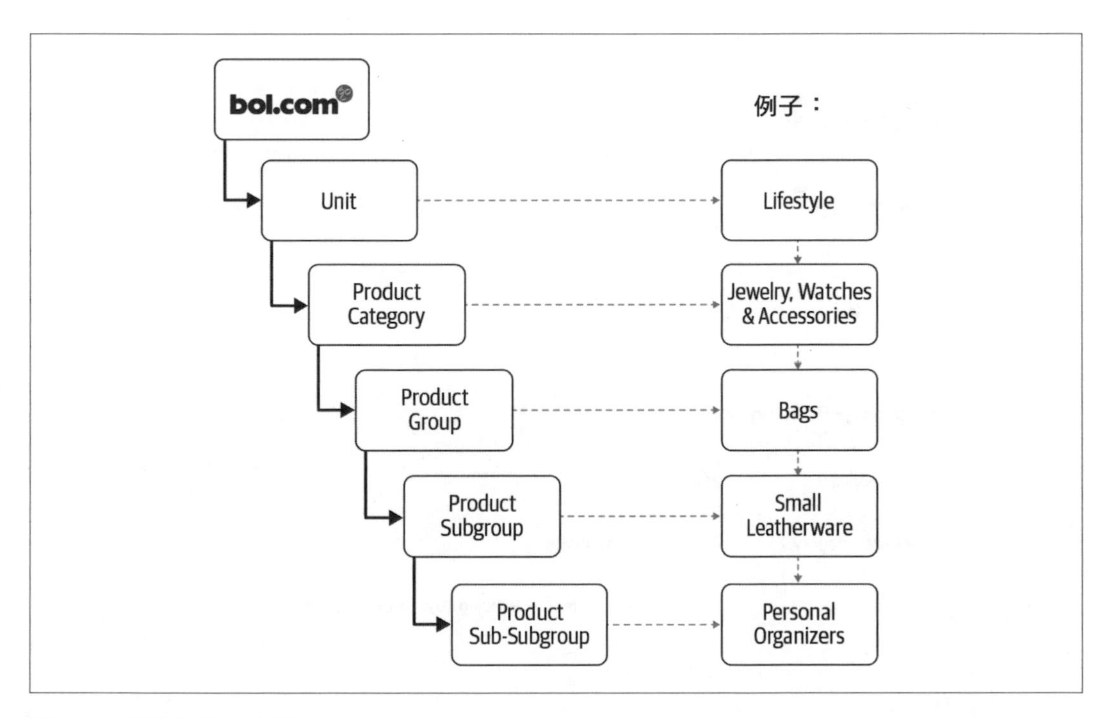

圖 9-9　有階級的分類樹 [9]

對新的電子商務平台而言，用商品分類來建立分類樹可能是一項困難的任務。建構豐富的內容需要大量的相關資料、人為干預，和分類專家的領域知識。對新成立的電子商務平台來說，它們的成本都很高，不過，Semantics3、eBay 與 Lucidworks 都有一些 API 協助完成這個過程。

這些 API 通常是用各種大型零售商的大量目錄內容來建構的，並且提供內部智慧，可藉著掃描獨特的商品碼來對商品進行分類。小規模的電子商務可以使用這種雲端 API 來進行 bootstrapping 分類樹建立，以及分類。圖 9-10 是 Semantics3 的 API 的螢幕擷圖 [10]。它們的 API 可以使用商品的名稱來分類它們。

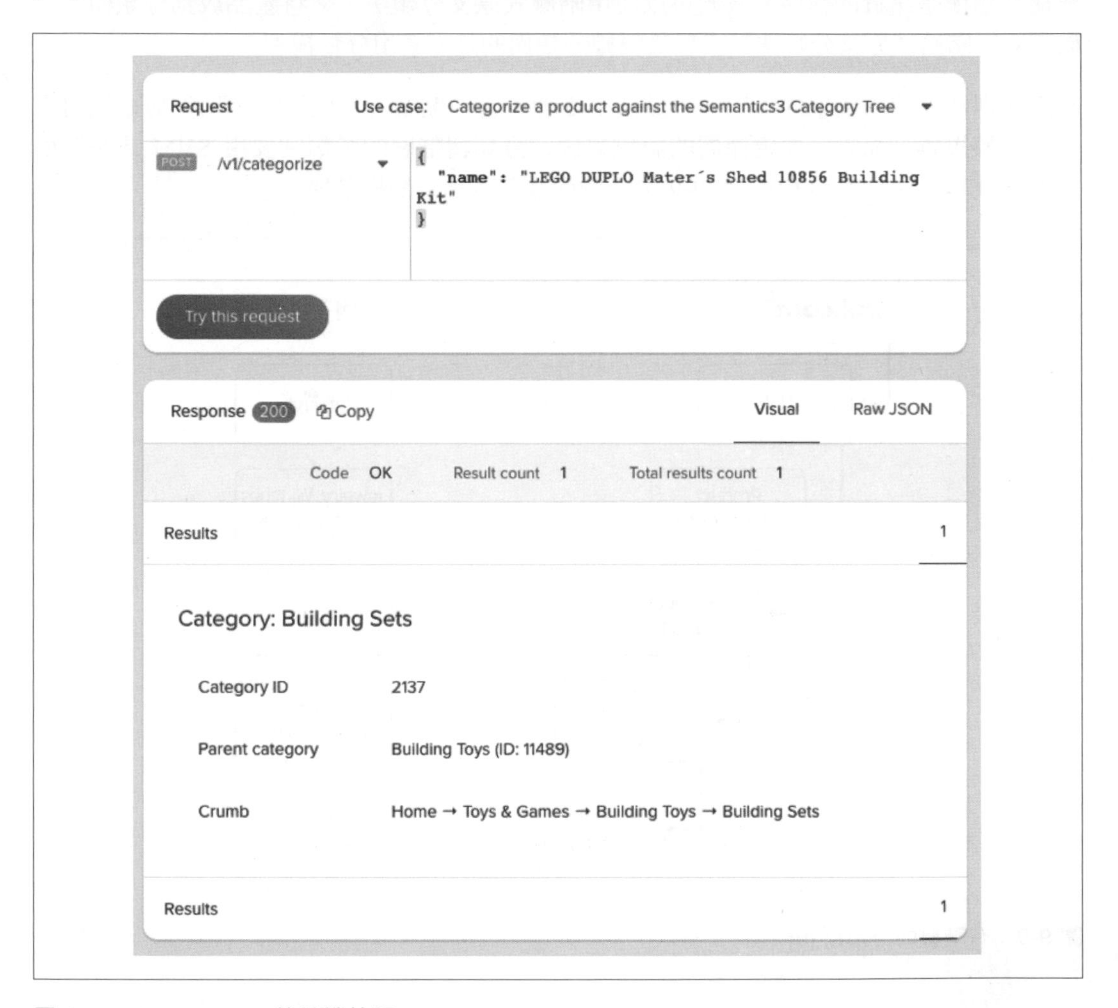

圖 9-10　Semantics3 終端機快照

收集大量的商品資訊之後，建議你使用自訂的規則式系統。有些 API 也支援用戶定義的規則，以及商品充實和重複刪除，見下一節的介紹。

商品充實

為了產生更好的搜尋結果和推薦，收集更豐富的商品資訊很重要。這種資訊的來源包括短標題與長標題、商品圖像，及商品敘述。但是這些資訊通常是不正確的，或不完全的。例如，有誤導性的標題可能會妨礙電子商務平台的方面搜尋。改善商品標題不僅可以改善搜尋結果的點擊率，也可以提高商品購買的轉換率。

圖 9-11 的商品的標題太長了，而且裡面有 iPad、iPhone 與 Samsung 等字，很容易誤導搜尋。這個標題的全文是「Stylus Pen LIBERRWAY 10 Pack of Pink Purple Black Green Silver Stylus Universal Touch Screen Capacitive Stylus for Kindle Touch ipad iphone 6/6s 6Plus 6s Plus Samsung S5 S6 S7 Edge S8 Plus Note」，複雜到連人類都很難閱讀和理解它，更不用說電腦了，此時很適合執行商品充實（product enrichment）。

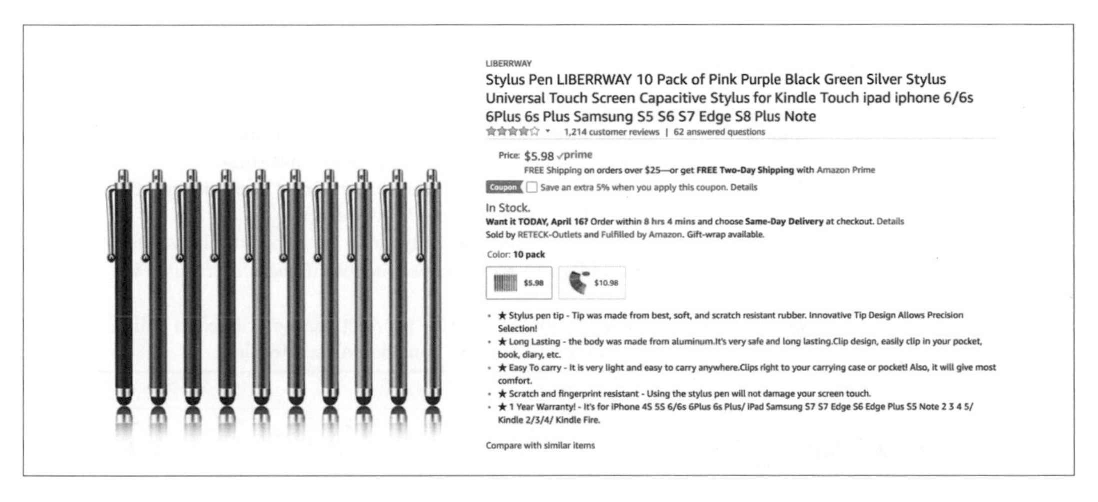

圖 9-11　這是個彆扭的商品標題，也是進行商品充實的理想案例

首先，我們看一下圖 9-11 的問題場景。當我們製作分類和充實（enrichment）階層到一個可接受的門檻之後（通常根據零售平台的定義），就可以試著讓商品標題更具表達性和準確性。

我們可以直接進行字串比對，我們也要濾除不屬於商品屬性值的語義單元。在這個範例中，商品是觸控筆，且 iPad 與 iPhone 都不是它的屬性值，這些單元會造成誤導，也可能會影響方面搜尋的品質，因此，這種單元應該移出商品標題，除非它們對於指出商品的領域專屬背景而言很重要。

在理想情況下，使用預先定義的商品標題模板有助於協助維持商品之間的一致性。我們可以用分類樹的屬性來組成模板，將商品類別或類型放在標題的第一個單元，例如「iPad」或「Macbook」，接下來是分類樹中較低階層或較細緻的屬性，例如品牌、大小、顏色等。因此，組合起來的標題是「iPad 64GB - Space Grey」。你可以省略分類樹的葉屬性，以維持商品標題的簡單。

商品充實通常被視為更大規模且更持續的程序，而不僅是在線上零售環境中改善商品的標題。除了分類樹的階層之外，我們也可以用其他方法來定義充實階層，這些方法大都是根據屬性資訊的重要性。[9] 有這些分類樹的定義，見圖 9-12。每一種商品都有 mandatory（必備）屬性，而 nice-to-have（最好有）屬性則是可能被遺漏的高階細節。

Enrichment Level	Importance	Description
0	Mandatory	If attributes with this enrichment level are missing, the product is not added to the product database.
1	Crucial	If attributes with this enrichment level are missing, the product is not added to the webshop.
2	Essential	These attributes generally describe product characteristics and there are no consequences if these attributes are missing.
3	Nice-to-have	These attributes describe product characteristics to a high level of detail and are considered nice-to-have.

圖 9-12　各種充實階層的分類 [9]

接下來，我們來關注商品重複移除與比對。

移除重複商品與比對商品

商品通常是由第三方賣家加入平台的，而不同的賣家可能用不同的名稱稱呼同一個商品。他們很少使用相同的詞彙，導致同一個產品有多種標題和商品圖像。例如，「Garmin nuvi 2699LMTHD GPS Device」 與「nuvi 2699LMTHD Automobile Portable GPS Navigator」指的是同一種商品。

除了商品分類與屬性提取之外，商品重複刪除也是電子商務的重要層面。認出重複的商品也是一項有挑戰性的任務，我們將討論透過屬性比對、標題比對與圖像比對來處理這個問題的方法。

屬性比對

如果兩個商品是一樣的，它們的各種屬性值必定也是相同的，因此，當我們完成屬性提取之後，就可以比較兩個商品的屬性值，在理想情況下，屬性的重疊程度越大代表商品有越強的匹配程度。我們可以使用字串比對來比對屬性值 [11]。我們可以用精確字元比對，或使用字串相似度指標來比對兩個字串。字串相似度指標的目的通常是為了處理輕微的拼寫錯誤、縮寫等。

在商品資料中，縮寫是個大問題。同一個單字可能有多種可接受的縮寫方式，我們要將它們對映到一致的形式（見第 331 頁的「商品充實」）或制定跨平台的規則來處理這個問題。在比對兩個單字時，處理縮寫的直覺規則是比對第一個與最後一個字元，並且檢查那些字元是否屬於較短或較長的單字。

標題比對

一個商品可能有多種標題，以下是同一台 GPS 導航機的各種標題，由不同的賣家販售：

- Garmin nuvi 2699LMTHD GPS Device
- nuvi 2699LMTHD Automobile Portable GPS Navigator
- Garmin nuvi 2699LMTHD — GPS navigator — automotive 6.1 in
- Garmin Nuvi 2699lmthd Gps Device
- Garmin nuvi 2699LMT HD 6” GPS with Lifetime Maps and HD Traffic (010–01188–00)

為了找出它的所有個體，我們必須使用一種比對機制來認出它們是相同的。有一種簡單的方法是比對這些標題的 bigram 與 trigram。我們也可以製作標題等級的特徵（例如共同的 bigram 與 trigram 的數量），再計算它們之間的歐氏距離。我們可以同時使用句子等級的 embedding 與一對原文句子來學習一個距離指標，以改善比對準確度 [12]，這種策略可以用 Siamese 網路 [13] 這種神經網路結構來實現。Siamese 網路可同時接收兩個序列，並學習以這種方式產生 embedding：如果那兩個序列相似，它們在 embedding 空間裡面就比較近，否則比較遠。

圖像比對

最後，屬性與標題可能也有不規則性（例如縮寫或領域專用的單字），因此很難比對。此時，商品圖像可以當成移除重複商品與比對商品的豐富資訊源。在圖像比對中，像素比對、特徵圖比對，甚至 Siamese 網路這種進階的圖像比對技術都很流行 [14]，在這個環境中使用它們可以降低商品重複數量。大多數的演算法都是採用電腦視覺方法的原理，並且依賴圖像品質與其他與尺寸有關的細節。

在電子商務世界中，A/B 測試是衡量各種演算法的結果與有效性的好方法。在屬性提取、商品充實與 A/B 測試之類的工作中，不同的模型會對商業指標產生各種影響。這些指標可能是直接或間接銷售、點擊率、在網頁上花費的時間等，相關指標的改善代表模型有更好的效果。

在實際的環境中，大家會結合這些演算法，並且結合它們的結果來移除重複的商品。在接下來幾節裡，我們將討論用來分析商品評論的 NLP，它是任何一種線上購物體驗的基本元素。

評論分析

評論是任何一個電子商務入口不可分割的一部分。它們收集了顧客針對商品的直接回饋。利用這些豐富的資訊建立重要的訊號，向電子商務系統傳遞回饋，讓系統用它們來進一步改善顧客體驗非常重要。此外，評論會被所有顧客看到，進而直接影響商品的銷售。本節將深入討論評論情緒分析的各種方面。

情緒分析

我們曾經在第 4 章將情緒分析視為分類任務來進行討論。但是對電子商務評論進行情緒分析有各種細微的差別。圖 9-13 是顧客在 Amazon 對於 iPhone X 的評論。我們大多數人都很熟悉電子商務網站上的這種方面等級（aspect-level）的評論，在這裡，你可以根據方面和屬性來對評論進行細分。

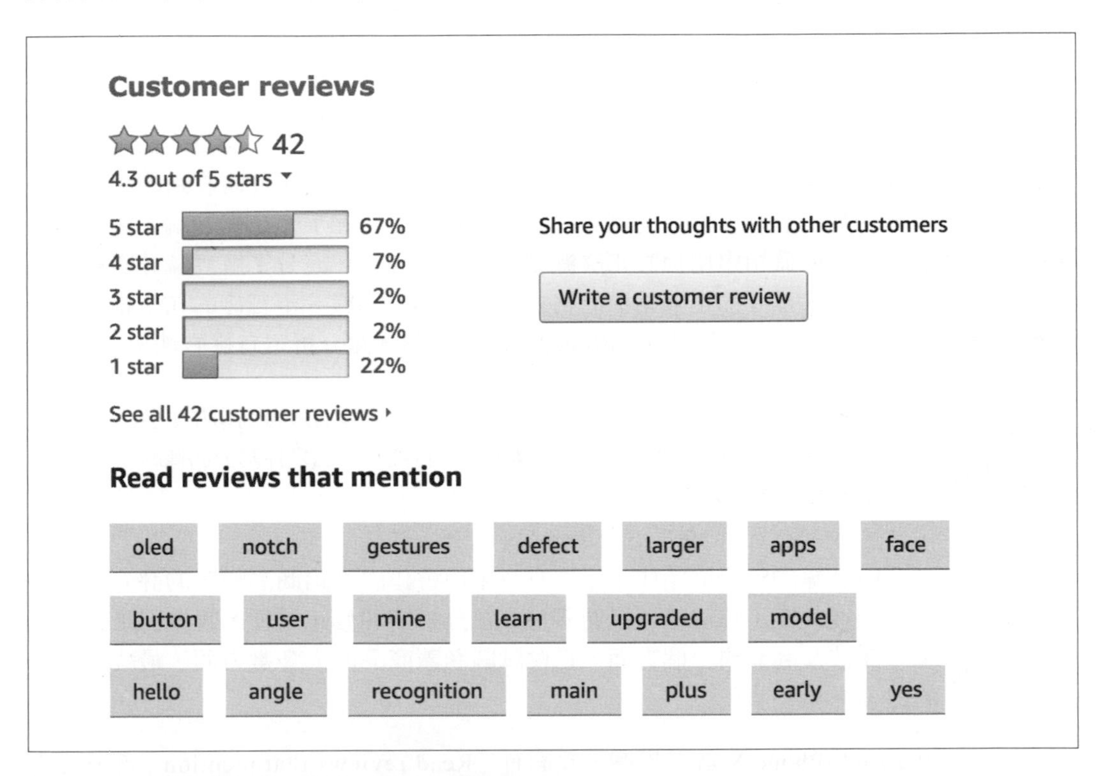

圖 9-13　分析顧客評論：評分、關鍵字與情緒

如你所見，有 67% 的評論給五顆星（最高分），有 22% 的評論給最低的一顆星。對電子商務公司來說，了解顧客為何提供糟糕的評價非常重要。為了說明這一點，圖 9-14 是針對同一個商品的兩個極端的評論。

★☆☆☆☆ **Some Apple x screens are shipping with defects.**
By lala44 on November 26, 2017
Color: Silver | Size: 64 GB

Have had phone 10 days and OLED screen is experiencing green line on edge of screen. CNET and Apple's own user community forum are indicating this is hardware manufacturing defect. Screen has green hue overall, so I now have to schedule appointment at Apple Genius to return for replacement.

★★★★★ **Five Stars**
January 30, 2018
Color: Space Gray | Size: 64 GB | Verified Purchase

It's an excelent smartphone, more that I expected!!!

圖 9-14　正面與負面的評論

當然，這兩條評論都有一些關於商品的資訊，為零售商提供關於顧客想法的線索。具體來說，了解負面評論更是重要。在圖 9-14 的第一則評論中，顧客說他收到的手機有問題，主要與螢幕的缺陷有關，零售商應該注意這一點。相比之下，正面評論表達的是一般的正面情緒，不會明確指出用戶真正喜歡哪些方面。因此，充分了解評論非常重要。它們本質上是文字，大部分都是無結構的格式，充滿拼寫錯誤、不正確的句子結構、不完整的單字與縮寫之類的非受迫性（unforced）錯誤，讓評論分析更有挑戰性。

通常一則評論不會只有一個句子，聰明的做法是將評論分成幾個句子，並且將每一個句子當成一個資料點來傳遞。在進行逐句分面標注和分面情緒分析時也應該如此。

一般認為，評分與評論的整體情緒成正比。有時用戶會錯誤地給商品較差的評分，但評論是正面的。直接從文字了解情緒可協助零售商在分析期間修正這種錯誤。但是在多數情況下，評論不僅涉及商品的一個方面，它會試圖涵蓋商品的大多數方面，最終用評分來總結所有的內容。

再看一下圖 9-13 的 iPhone X 評論擷圖，裡面有「Read reviews that mention」部分，它們是 Amazon 發現的重要關鍵字，可協助顧客瀏覽評論，它們清楚地指出顧客群正在討論的方面，可能是用戶體驗、製造方面、價格或其他的事情。如何知道顧客的情緒或回饋是什麼？到目前為止，我們只提供整體評論的高階情緒指數，但是無法更深入地理解它，這需要對評論進行方面等級（aspect-level）的理解，這些方面可以預先定義，或是從評論資料本身提取。在這個基礎之上，我們可以相應地採用監督或無監督方法。

方面等級的情緒分析

在討論方面等級的情緒分析技術之前，我們要先了解什麼是方面。**方面**（*aspect*）是在語義上豐富的、以概念為中心的單字集合，方面代表商品的某種屬性或特徵。例如，在圖 9-15 中，我們可以看到旅遊網站的方面有：location、value 與 cleanliness。

方面不是只限於商品的固有屬性，它也包括與商品的供應、展示、貨運、退貨、品質等有關的方方面面。通常明確地區分這些方面很難，除非已經做好假設。

如果零售商清楚地了解商品的方面，那麼尋找方面就屬於監督演算法的範疇。目前有一種使用種子字或種子詞典的技術，它本質上意味著方面的底層可能有關鍵的單元。例如，當你將用戶體驗視為 iPhone X 的一個方面時，種子字可能有螢幕解析度、觸控、反應時間等，這同樣取決於零售商想要操作的細膩程度。例如，螢幕品質本身可成為更細膩的方面。在接下來的小節，我們要了解方面等級情緒分析的監督與無監督技術。

監督方法

監督方法主要依靠種子字。它會試圖在句子中找出這些種子字。如果它在句子中發現特定的種子字，它會用相應的方面來標注句子。將所有句子都標注為方面之後，我們就要在句子等級上進行情緒分析。現在，由於我們已經為各個句子附加標籤，句子已經有可以用來過濾的標籤了，所以可以整合句子的情緒，來了解顧客對於特定方面的回饋。例如，我們可以將關於螢幕品質、觸控和反應時間的所有評論句子集合起來。

看一下圖 9-15 的旅遊網站範例，你可以清楚地看到它的方面等級情緒分析。如你所見，location、check-in、value 與 cleanliness 都有特定的評分，它們是從資料中正確提取的語義概念，用來呈現更詳細的觀點。

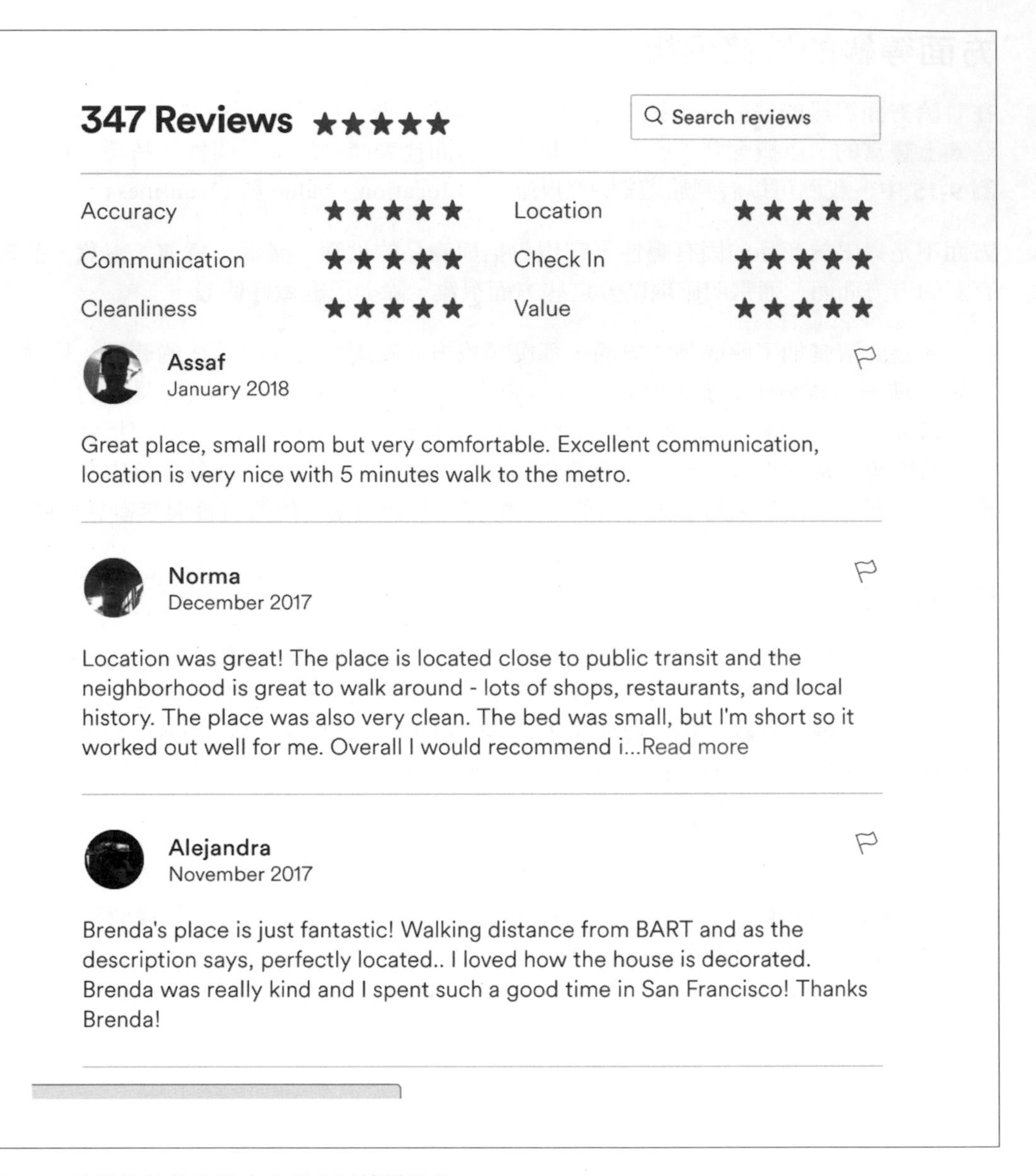

347 Reviews
Search reviews
Accuracy
Location
Communication
Check In
Cleanliness
Value
Assaf
January 2018
Great place, small room but very comfortable. Excellent communication, location is very nice with 5 minutes walk to the metro.
Norma
December 2017
Location was great! The place is located close to public transit and the neighborhood is great to walk around - lots of shops, restaurants, and local history. The place was also very clean. The bed was small, but I'm short so it worked out well for me. Overall I would recommend i...Read more
Alejandra
November 2017
Brenda's place is just fantastic! Walking distance from BART and as the description says, perfectly located.. I loved how the house is decorated. Brenda was really kind and I spent such a good time in San Francisco! Thanks Brenda!

圖 9-15 旅遊網站的評論之中的方面等級評分

無監督方法

據了解，取得高品質的種子詞典非常困難，因此也有一些偵測方面的無監督方法可用。主題建模是識別文件的潛在主題的技術，我們可以將這些主題視為方面。想像一下，如果我們將討論同一個方面的句子組合在一起，會是什麼情況，這就是主題建模演算法所做的事情。潛在狄利克里演算法（LDA）是最流行的主題建模方法之一，第 7 章已經詳細探討它了。

我們可以採取類似的策略，預先定義期望從一組句子中取得的方面數量。主題建模演算法也會輸出各個單字出現在所有主題（在此是方面）中的機率。因此，我們也可以將可能屬於某個方面的單字聚集起來，並且將它們稱為那個方面的特徵字，這有助於標注未標注的方面。

此外，我們可以藉著建立句子表示法，再執行聚類法，而不是 LDA，來執行更不需要監督的做法。根據我們的經驗，當評論句子比較少時，後者有時可以提供更好的結果。在下一節，我們將介紹如何為所有方面預測評分，並提供關於用戶偏好更細膩的觀點。

將整體評分與方面連接起來

我們已經知道如何偵測各個方面的情緒了。通常用戶也會提供整體評分，我們想要將那個評分與各個方面等級的情緒連接起來，此時可以使用一種稱為潛在回歸分析（LARA）[15] 的技術。LARA 的實作細節不在本書的討論範圍之內，不過這裡有一個例子，該系統為飯店評論產生方面等級的評分。圖 9-16 是來自 [15] 的表格，裡面有這些方面分數的細節。

我們可以假設最終的評分只是方面級別的各個情緒的加權組合。我們的目標是同時估計每一個權重，以及方面級別的情緒。我們也可以依序執行這兩項操作，也就是先找出方面級別的情緒，再找出權重。

在各個方面的情緒之上的權重代表評論者對那個特定主題有多麼重視。或許顧客對某個方面非常不滿，但那個方面對他們來說不太重要。在電子零售商採取任何行動之前取得這項資訊非常重要，你可以參考 [15] 來了解這項實作的細節。

Aspect	Summary	Rating
Value	Truly unique character and a great location at a reasonable price, Hotel Max was an excellent choice for our recent three-night stay in Seattle.	3.1
	Overall not a negative experience, however considering that the hotel industry is very much in the impressing business there was a lot of room for improvement.	1.7
Room	We chose this hotel because there was a Travelzoo deal where the Queen of Art room was $139.00/night.	3.7
	Heating system is a window AC unit that has to be shut off at night or guests will roast.	1.2
Location	The location, a short walk to downtown and Pike Place market, made the hotel a good choice.	3.5
	When you visit a big metropolitan city, be prepared to hear a little traffic outside!	2.1
Business Service	You can pay for wireless by the day or use the complimentary Internet in the business center behind the lobby though.	2.7
	My only complaint is the daily charge for Internet access when you can pretty much connect to wireless on the streets anymore.	0.9

圖 9-16　使用 LARA 對各個方面進行情緒預測

用戶資訊也是處理評論的關鍵。想像這個場景：有一位很受歡迎的用戶（而不是比較不受歡迎的用戶）寫了一篇很好的評論。用戶很重要！在執行評論分析時，我們可以根據用戶本人的風評（通常是由其他用戶打的分數）來為所有用戶定義「用戶權重」，並且在計算所有東西時使用，以消除評論者的偏見。

現在我們要透過一個演算法範例來深入了解方面。

了解方面

零售商的商業目標是分析商品的特定方面，以及分析評論反映了哪些情緒和意見。類似地，用戶可能對商品的某個方面感興趣，並且希望瀏覽關於該商品的所有評論。因此，一旦我們取出所有方面，並且用它們來標注每一個句子，我們就可以用方面來為句子分組。但是鑑於每一個電子商務網站都有大量評論，一個方面底下仍然會有許多句子。此時，或許可以利用摘要生成演算法來節省時間。想一下這種情況：我們需要針對某個方面採取行動，但我們無法瀏覽該方面的所有句子，必須用自動演算法來選擇那個方面最有代表性的句子。

LexRank [16] 是一種類似 PageRank 的演算法，它假設各個句子都是一個節點，並且用句子相似度來連結。當演算法完成工作之後，它會從中選出最中心的句子，並且對一個方面底下的句子進行摘要總結。圖 9-17 是一個進行評論分析處理線範例，它涵蓋了整體與方面級別的情緒。

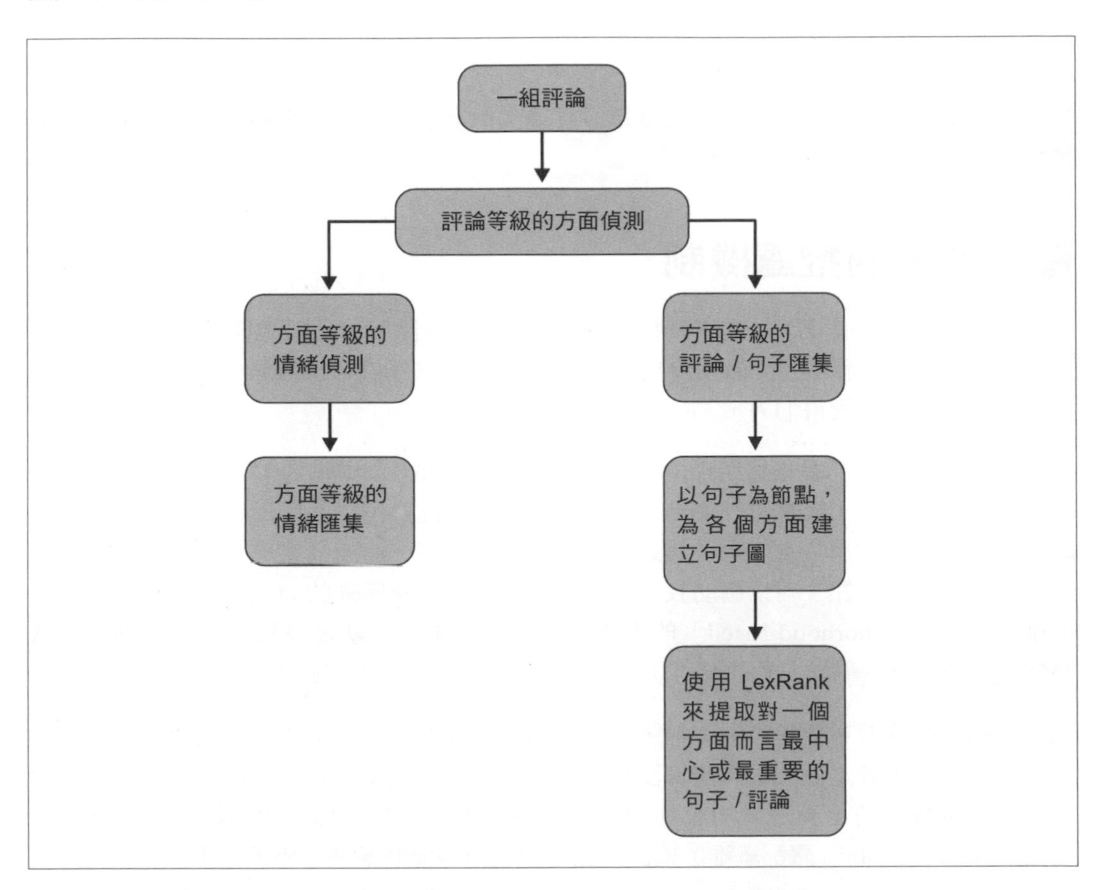

圖 9-17　完整的評論分析流程圖：整體情緒、方面級別情緒，以及對各個方面而言最重要的評論

在這個處理線裡面，我們從一組評論開始處理。在進行評論級別的方面偵測之後，我們可以為各個方面執行情緒分析，並且根據方面來將它們整合。整合之後，我們可以使用 LexRank 之類的摘要生成演算法來取得它們的摘要。最後，我們可以取得一個商品的某個方面的整體情緒，並且取得解釋該情緒的意見摘要。

唯有透過用戶評論與編輯評論才能完整地了解商品。編輯評論通常是由專業用戶或領域專家提供的，這些評論更可靠，可以顯示在評論區的最上面。但另一方面，一般用戶評論可以揭露來自所有用戶觀點的商品體驗真實情況。因此，融合編輯評論與一般用戶評論很重要。為此，我們可以在最上面的區域混合這兩種評論，並且對它們進行相應的排序。

知道如何從方面、情緒與評分的角度進行評論文析之後，在接下來的小節中，我們要簡單地討論電子商務個人化的細節。

電子商務的推薦機制

在第 7 章，我們討論了使用文字資料的各種推薦技術。除了商品搜尋與評論分析之外，商品推薦是電子商務的另一個主要支柱。圖 9-18 詳細展示在各種場景之下的推薦機制需要的演算法以及資料 [17]。

在電子商務中，商品是根據用戶的個人購物側寫（profile）來推薦的，例如追求時髦與流行的人、愛書人、喜歡流行商品的人等。這些購物側寫可以從用戶在平台上的行為推斷出來。想像有位用戶在平台上透過瀏覽或點擊或購買一組商品來與平台互動，這些互動有一些有用的資訊，可以協助我們確認該用戶接下來感興趣的商品。我們可以採取以近鄰為主（neighborhood-based）的方法來完成這件事，也就是尋找類似的商品（根據屬性、購買紀錄、購買它們的顧客），並且以推薦的形式提供它們。

點擊、購買紀錄等主要是數字資料，而電子商務也有大量的文字資料可用來進行商品推薦。除了數值來源之外，推薦演算法也可以在文字中加入產品敘述，以促使人們更了解商品，以及提供符合更細膩的屬性的相似商品。例如，在商品說明中提到的服飾原料（例如 52% 棉，48% 聚酯纖維）或許是在尋找相似服飾時需要考慮的重要文字資訊。

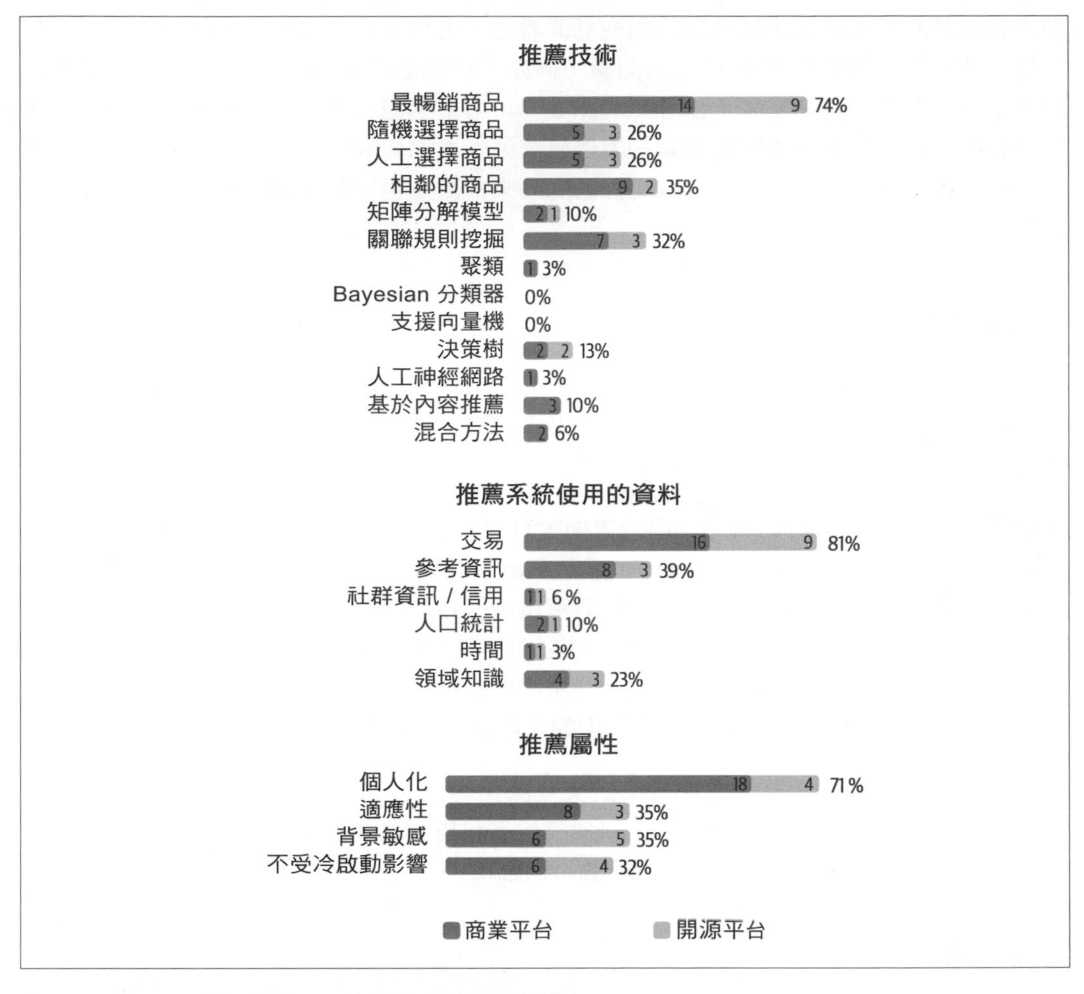

圖 9-18　全面研究各種電子商務推薦場景使用的技術

推薦引擎可處理來自各種來源的資訊。維護各種資料表的正確匹配，以及各種資料源之間的資訊一致性非常重要。例如，在整理關於商品屬性與商品交易紀錄時，我們應仔細檢查資訊的一致性。我們可以從補充資料與替代資料看出資料的品質。在處理各種資料源時，我們應該檢查異常的行為，就像在處理電子商務推薦時那樣。

評論有大量的細節資訊，以及用戶對商品的看法，可用來協助推薦商品。假如有一位用戶提供關於行動設備的螢幕尺寸的回饋（例如「我喜歡比較小的螢幕」），用戶對商品的特定屬性做出的特定回饋是個強烈的訊號，可用來過濾商品，讓推薦對用戶而言更實用。我們將詳細地看一下與此有關的案例研究，看看如何利用商品評論，為電子商務建立推薦系統。評論不僅有助於找到更好的商品來推薦，也可藉由顧客提供的回饋細節揭露不同商品之間的關係。

案例研究：替代品和補充品

推薦系統是以商品間的「相似」概念來建構的。這種相似性可能是「基於內容」或「基於用戶側寫」來定義的。此外，在電子商務環境中，還有另一種識別商品之間的關係的方法。

搭配物是經常一起購買的商品。另一方面，有些配對（pair）是用來取代別的配對的，它們稱為替代配對（substitute pair）。雖然經濟學的定義嚴格得多，但這些思考方式通常可以描述購物行為的方面。有時由於個別用戶行為的巨大差異，我們很難從他們身上推斷出商品之間的關係。但總的來說，這些用戶互動可以揭露關於商品之間的替代性和搭配性。我們可以透過幾種策略 [18]，利用用戶的互動資料來識別替代性與搭配性，但是在此，我們將說明一種主要依靠商品中的文字評論的方法。

Julian McAuley 提出一種全面理解商品交互關係的框架 [19]，這種框架可接收查詢商品，並回傳一系列經過排序的商品，包括替代品和搭配物（見圖 9-19），我們將在電子商務的背景之下，以案例研究的形式討論這個應用。

商品連結

下一個任務是了解兩個商品是如何產生連結的。我們已經取得主題向量了，主題向量描述了商品在潛在屬性空間裡面的內在屬性。在處理一對商品時，我們想要結合商品各自的主題向量，來建立一個特徵向量，然後預測它們之間有沒有任何關係。這個問題可視為二元分類問題，其中，特徵是從一對商品各自的主題向量取得的。我們將這個程序稱為「link prediction（連結預測）」，類似 [22]。

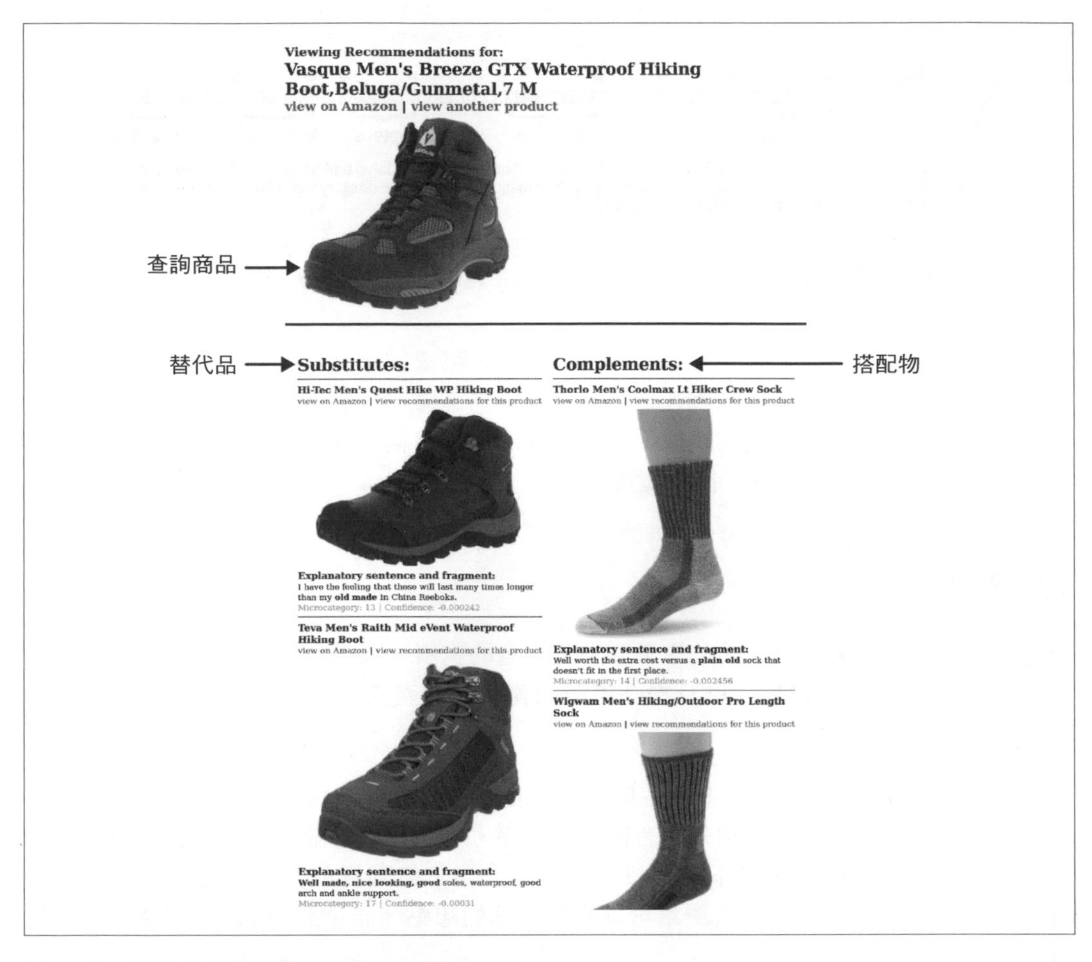

圖 9-19　根據商品評論提供的替代品和搭配物 [19]

為了確保主題向量的表達能力足以預測一個連結或一對商品之間的關係，我們可以同時取得主題向量和預測連結，而不是依序處理它們，也就是說，我們可以學習各個商品的主題向量，將它們結合成一對商品的函數。

圖 9-20 是學到的主題向量，其細節位於 [19]。它展示了主題向量變得具備足夠的表現力，可描述商品的內在屬性。這種表示法也會產生階層依賴關係，這種關係可在某種程度上描述商品所屬的分類。

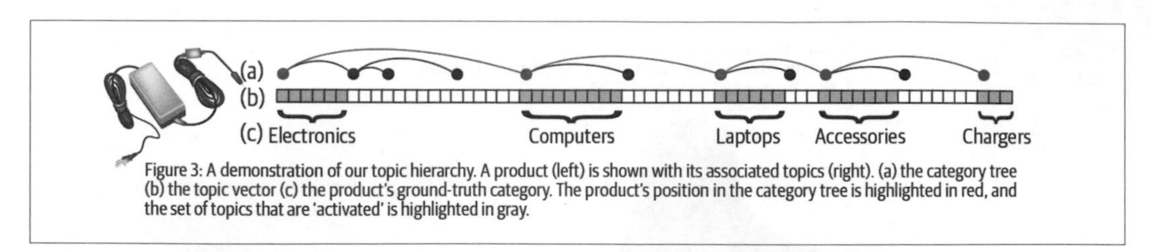

(a)
(b)
(c) Electronics
Computers
Laptops
Accessories
Chargers
Figure 3: A demonstration of our topic hierarchy. A product (left) is shown with its associated topics (right). (a) the category tree (b) the topic vector (c) the product's ground-truth category. The product's position in the category tree is highlighted in red, and the set of topics that are 'activated' is highlighted in gray.

圖 9-20. 展示從評論中取得的各種分類身分與關係的主題向量與主題階層 [19]

從這個案例研究可以看到，評論包含實用的資訊，可揭露商品之間的各種關係。這種潛在表示法比精確地從評論提取屬性更具表達性，它不僅可以有效地處理連結預測任務，也可以揭露與商品類別有關的概念。藉由更好的商品連結，以及取得更多相似的商品，這種表示法有助於產生更好的商品推薦。

結語

讓電子商務產業獲得巨大成功的主要動力是大量的資料，以及利用資料來進行的決策。NLP 技術在改善用戶體驗，以及提高電子商務和零售產業的收益等方面發揮了重要的作用。

本章討論了 NLP 在電子商務中的各種層面。我們先介紹方面搜尋，然後深入研究商品屬性，這些領域與商品充實和分類有密切的關係。接著我們討論了電子商務評論文析與商品推薦。本章的大多數例子與背景都是商品交易，但同樣的技術也可以用在其他領域，例如旅遊和食品。希望這一章可以成為很好的起點，讓你將 NLP 和智慧融入你的領域。

參考文獻

[1] Clement, J. "Global Retail E-commerce Sales 2014–2023" (*https://oreil.ly/RyAAZ*). Statista, March 19, 2010.

[2] Fletcher, Iain. "How to Increase E-commerce Conversion with Site Search" (*https://oreil.ly/mfr4s*). Search and Content Analytics (blog). Last accessed June 15, 2020.

[3] Elasticsearch DSL. Faceted Search (*https://oreil.ly/KdKVS*). Last accessed June 15, 2020.

[4] Huang, Zhiheng, Wei Xu, and Kai Yu. "Bidirectional LSTM-CRF Models for Sequence Tagging" (*https://oreil.ly/iE4ag*). 2015.

[5] Majumder, B. P., Aditya Subramanian, Abhinandan Krishnan, Shreyansh Gandhi, and Ajinkya More. "Deep Recurrent Neural Networks for Product Attribute Extraction in eCommerce" (*https://oreil.ly/nvrly*). 2018.

[6] Logan IV, Robert L., Samuel Humeau, and Sameer Singh. "Multimodal Attribute Extraction" (*https://oreil.ly/Jt11M*). 2017.

[7] Popescu, Ana-Maria, and Oren Etzioni. "Extracting Product Features and Opinion from Reviews." Proceedings of the Conference on Human Language Technology and Empirical Methods in Natural Language Processing (2005): 339–346.

[8] Wang, Tao, Yi Cai, Ho-fung Leung, Raymond YK Lau, Qing Li, and Huaqing Min. "Product Aspect Extraction Supervised with Online Domain Knowledge." Knowledge-Based Systems 71 (2014): 86–100.

[9] Trietsch, R. C. "Product Attribute Value Classification from Unstructured Text in E-Commerce." (master's thesis, Eindhoven University of Technology, 2016).

[10] "Product Classification with AI: How Machine Learning Sped Up Logistics for Aeropost" (*https://oreil.ly/UkKcp*). Semantics3 (blog), June 25, 2018.

[11] Cheatham, Michelle, and Pascal Hitzler. "String Similarity Metrics For Ontology Alignment." International Semantic Web Conference. Berlin: Springer, 2013: 294–309

[12] Bilenko, Mikhail and Raymond J. Mooney. "Adaptive Duplicate Detection Using Learnable String Similarity Measures." Proceedings of the Ninth ACM SIGKDD International Conference on Knowledge Discovery and Data Mining (2003): 39–48.

[13] Neculoiu, Paul, Maarten Versteegh, and Mihai Rotaru. "Learning Text Similarity with Siamese Recurrent Networks." Proceedings of the First Workshop on Representation Learning for NLP (2016): 148–157.

[14] Zagoruyko, Sergey and Nikos Komodakis. "Learning to Compare Image Patches via Convolutional Neural Networks." Proceedings of the IEEE Conference on Computer Vision and Pattern Recognition (2015): 4353–4361.

[15] Wang, Hongning, Yue Lu, and Chengxiang Zhai. "Latent Aspect Rating Analysis on Review Text Data: A Rating Regressions Approach." Proceedings of the 16th ACM SIGKDD International Conference on Knowledge Discovery and Data Mining (2010): 783–792.

[16] Erkan, Günes and Dragomir R. Radev. "LexRank: Graph-Based Lexical Centrality as Salience in Text Summarization." Journal of Artificial Intelligence Research 22 (2004): 457–479.

[17] Sarwar, Badrul, George Karypis, Joseph Konstan, and John Riedl. "Analysis of Recommendation Algorithms for E-Commerce." Proceedings of the 2nd ACM Conference on Electronic Commerce (2000): 158–167.

[18] Misra, Subhasish, Arunita Das, Bodhisattwa Majumder, and Amlan Das. "System for calculating competitive interrelationships in item-pairs." US Patent Application 15/834,054, filed April 25, 2019.

[19] McAuley, Julian, Rahul Pandey, and Jure Leskovec. "Inferring Networks of Substitutable and Complementary Products." Proceedings of the 21th ACM SIGKDD International Conference on Knowledge Discovery and Data Mining (2015): 785–794.

[20] McAuley, Julian and Jure Leskovec. "Hidden Factor and Hidden Topics: Understanding Rating Dimensions with Review Text." Proceedings of the 7th ACM Conference on Recommender Systems (2013): 165–172.

[21] Blei, David M., Andrew Y. Ng, and Michael I. Jordan. "Latent Dirichlet Allocation." Journal of Machine Learning Research 3 (2003): 993–1022.

[22] Menon, Aditya Krishna and Charles Elkan. "Link Prediction via Matrix Factorization." Joint European Conference on Machine Learning and Knowledge Discovery in Databases. Berlin: Springer, 2011: 437–452

第十章

醫療保健、金融和法律

軟體正吞噬這個世界，
但 *AI* 即將吞噬軟體。

—Jensen Huang, Nvidia CEO

NLP 正在影響和改善所有主流產業和領域。在上兩章，我們討論如何在電子商務、零售與社交媒體領域中使用 NLP。在這一章，我們將探討 NLP 正在迅速發揮影響力，而且對全球經濟產生實質影響的三大產業：醫療保健、金融和法律。我們選擇這些領域來展示你可能在你的機構裡面遇到的各種問題、解決方案和挑戰。

醫療保健這個詞包含用來維持和改善健康和幸福的所有商品和服務。據估計，它在全球市場的產值超過 10 萬億美元，擁有數千萬的勞動力 [1]。金融業是現代文明的基石之一，其產值估計超過 26.5 萬億美元。法律服務業的年產值超過 8,500 億美元，預計在 2021 年將超過 1 萬億美元。

在第一節，我們會先介紹醫療保健產業，然後介紹醫療保健領域之中的各種應用，並詳細討論特定的用例。

醫療保健

醫療保健產業包含用於治療、預防、安寧照護、復健的商品（即藥品和設備）和服務（諮詢和診斷檢測）。

治療性護理是指治療可治癒的疾病，而預防性護理的目的是防止生病。復健的目的是協助病人從疾病中恢復，包括物理治療之類的活動。安寧照護的重點是提升末期病人的生活品質。

對大多數發達經濟體來說，醫療保健占國內生產總值（GDP）相當大的比重，往往超過 10%。在如此龐大的市場中，對這些程序與系統進行自動化與優化會帶來巨大的好處，這就要依靠 NLP 了。來自 Chilmark Research [2] 的圖 10-1 展示 NLP 可以協助的各種應用。其中的每一行代表廣泛的領域，例如臨床研究和收益周期管理。藍色的格子代表目前正在使用的應用，紫色的格子是剛出現並正在測試的應用，紅色的格子是將在更長的時間範圍內實際使用的下一代應用。[譯註]

Research	Treat	Capture	Population Health	Revenue Cycle Management	Analytics/Reporting
Data Mining					
Cohost Discovery	Clinical Decision Support	Speech Recognition	Pharmacosurveillance	Computer Assisted Coding	Registry Reporting
Clinical Trial Matching	Computations Phenotyping	Clinical Documentation Improvement (CDI)	Population Surveillance	Prior Authorization	Descriptive Analytics
Drug Discovery	Biomarker Discovery	Patient Reported Outcomes	Adverse Event Detection	Risk Adjustment	Predictive Analytics
Precision Medicine	Virtual Therapy	Ambient Virtual Scribe	Social Determinants of Health	Payer Provider Convergence	Prescriptive Analytics
	Triage		Readmissions		

Next-Generation　Emerging　Proven

圖 10-1　NLP 在醫療保健領域中的用例，來自 Chilmark Research [2]

醫療保健需要處理大量無結構的文字，我們可以對它使用 NLP 來改善健康結果。NLP 可以提供協助的領域很廣泛，包括但不限於分析醫療紀錄、開單和確保用藥安全。在下一節，我們將簡單介紹其中一些應用。

譯註　顏色可在 [2] 的網址中看到。

健康和醫療記錄

大部分的健康和醫療記錄都是以無結構的文字格式來收集和儲存的，包括醫學筆記、處方、錄音筆錄，以及病理學和放射學報告。圖 10-2 是這種紀錄的範例。

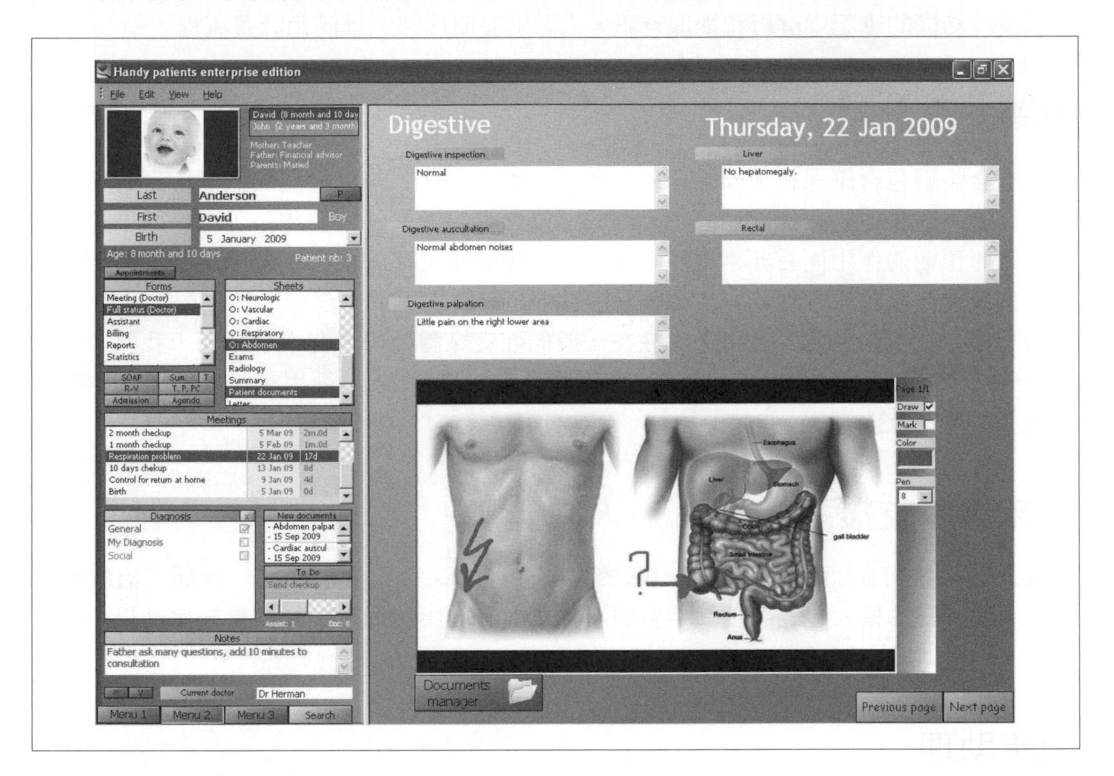

圖 10-2　電子醫療紀錄範例 [3]

所以我們很難使用資料的原始形式來進行搜尋、組織、研究和理解。資料未以標準化的方式來儲存更是加劇這種情況。NLP 可以協助醫生搜尋和分析這些資料，甚至可以將一些工作流程自動化，例如藉著建構自動問答系統來減少尋找患者資訊的時間。本章稍後將詳細討論其中的一些部分。

患者排序和開單

我們可以使用 NLP 技術從醫生筆記了解病人的狀態和急迫性，以安排各種健康程序和檢查的優先順序，進而降低延遲和管理錯誤的機率，並且將流程自動化。類似地，我們可以從無結構的筆記中解析和提取資訊，來識別醫療代碼，以簡化計費流程。

用藥安全監視

用藥安全監視包含確保用藥安全所需的所有活動，包括收集、檢測和監測不良的用藥反應。醫療程序和藥物可能產生意想不到的，或有害的效果，監測和預防這些效果對確保藥物發揮預期的作用而言非常重要。隨著社交媒體使用率的提升，越來越多這類的副作用都會被社交媒體訊息提及，監視和識別它們是解決方案的一部分。我們曾經在第 8 章討論其中一些技術，本章會將重點放在一般的社交媒體分析。在本章後面，我們也會討論一些社交媒體特有的案例。除了社交媒體之外，將 NLP 技術用在醫療紀錄上也有助於進行用藥安全監視。

臨床決策支援系統

決策支援系統可協助醫護人員做出關於醫療保健的決策，包括篩檢、診斷、治療和監測。這種系統的輸入包含各種文字資料，例如電子健康紀錄、表格式實驗室結果，和操作說明。用 NLP 來處理這些資料可以改善決策支援系統。

健康助理

健康助理和聊天機器人可以藉著使用各種專家系統和 NLP 來改善患者和護理人員的體驗。例如，Woebot [4]（圖 10-3）之類的服務可以讓抑鬱症患者保持振奮的精神。Woebot 結合 NLP 和認知療法，藉著詢問可增加正面思考的問題來實現其目的。

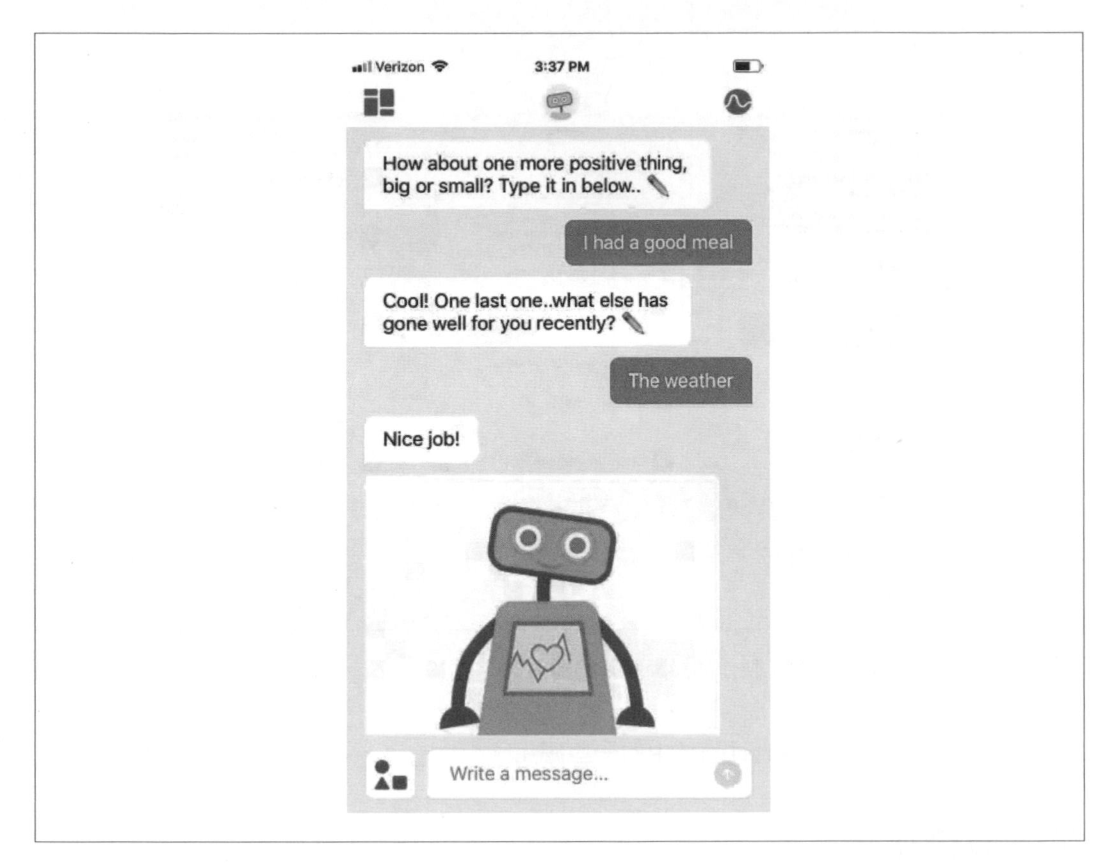

圖 10-3　Woebot 對話

類似地，助理可以評估病人的症狀，以診斷潛在的醫療問題。聊天機器人可以根據診斷的急迫性和嚴重性來預約相關的醫生。Buoy [5] 就是其中一種系統。我們也可以利用既有的診斷框架，根據用戶的特定需求來建構這些系統。Infermedica [6] 就是這種框架（圖 10-4），它的聊天介面可以向用戶問出症狀，並且列出可能的疾病及其機率。

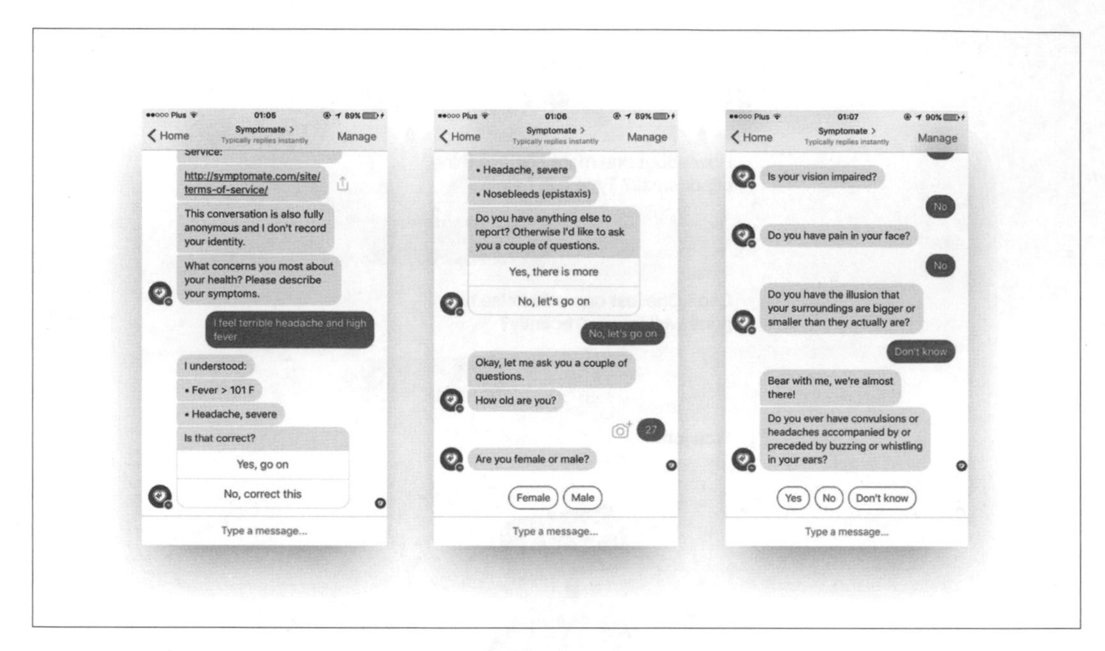

圖 10-4 用 Infermedica API 製作的診斷聊天機器人

在下一節，我們將更詳細地討論其中的一些應用。

電子健康紀錄

隨著越來越多機構以電子形式儲存臨床和醫療資料，醫療資料和個人紀錄也迅速激增。隨著採用數量、文件大小和紀錄的增加，醫生和臨床工作人員越來越難以閱讀這些資料，導致資訊量超出負荷。這種現象進而導致更多錯誤、遺漏和延誤，影響患者的安全。

在接下來的幾節中，我們要廣泛地介紹 NLP 如何協助管理這種負荷，及改善病人的健康。在本節，我們將討論電子健康紀錄（EHR）。

HARVEST：縱向報告理解

目前已經有各種工具可以克服之前提到的資訊超載，其中有一項值得注意的工具是來自 Columbia University 的 HARVEST [7]。紐約市的醫院已經普遍使用這項工具了。首先，我們要介紹標準臨床資訊系統是如何運作的。

圖 10-5 是紐約長老會醫院（New York Presbyterian Hospital，iNYP）使用的標準臨床資訊檢視系統。iNYP 有具備大量文字、密集、耗時且難以處理的報告，雖然他們可以選擇基本文字搜尋，但具備大量文字的資訊很容易被略過，這在分分秒秒都很繁忙的醫院環境中是一項障礙。

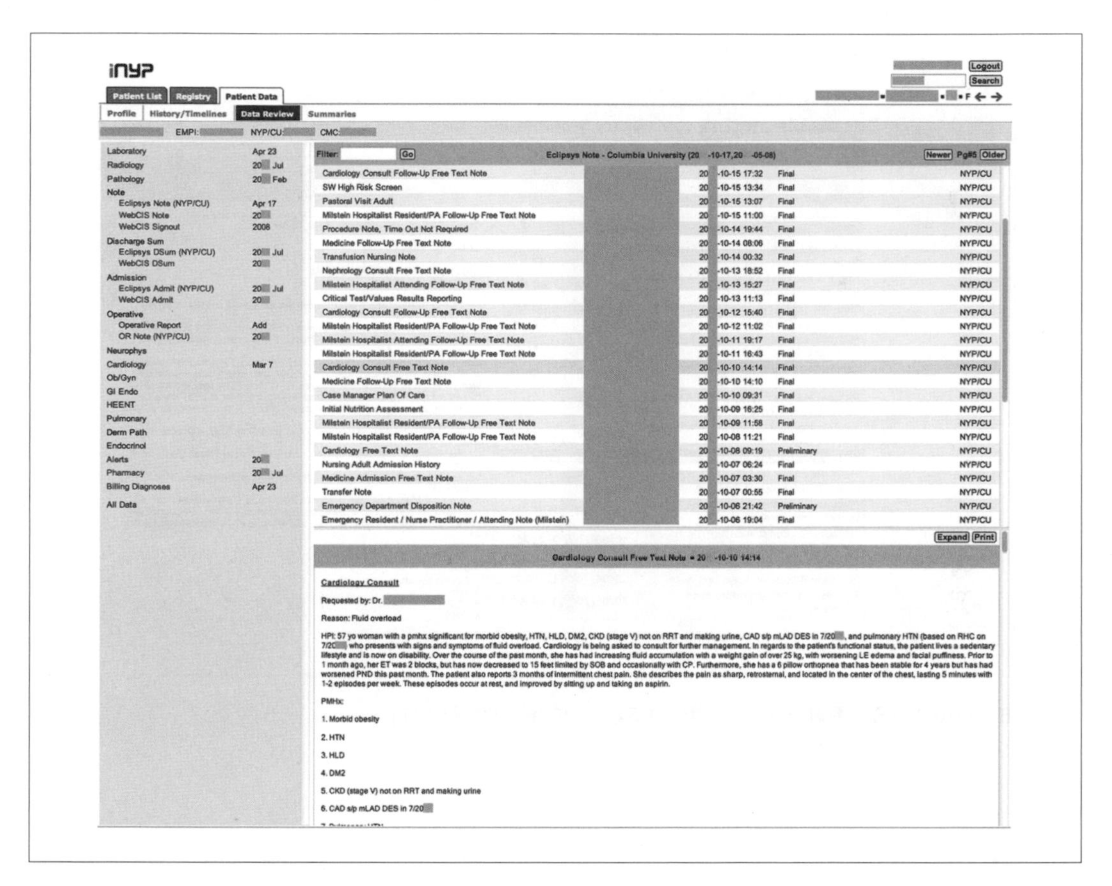

圖 10-5 紐約長老會醫院的標準臨床資訊檢視系統的擷圖

相較之下，HARVEST 可以解析所有醫療資料，讓它們更容易分析，並且可以用於任何醫療系統之上。圖 10-6 展示如何在 iNYP 系統之上使用 HARVEST，將之前文字繁多的報告格式改為視覺化的敘述。

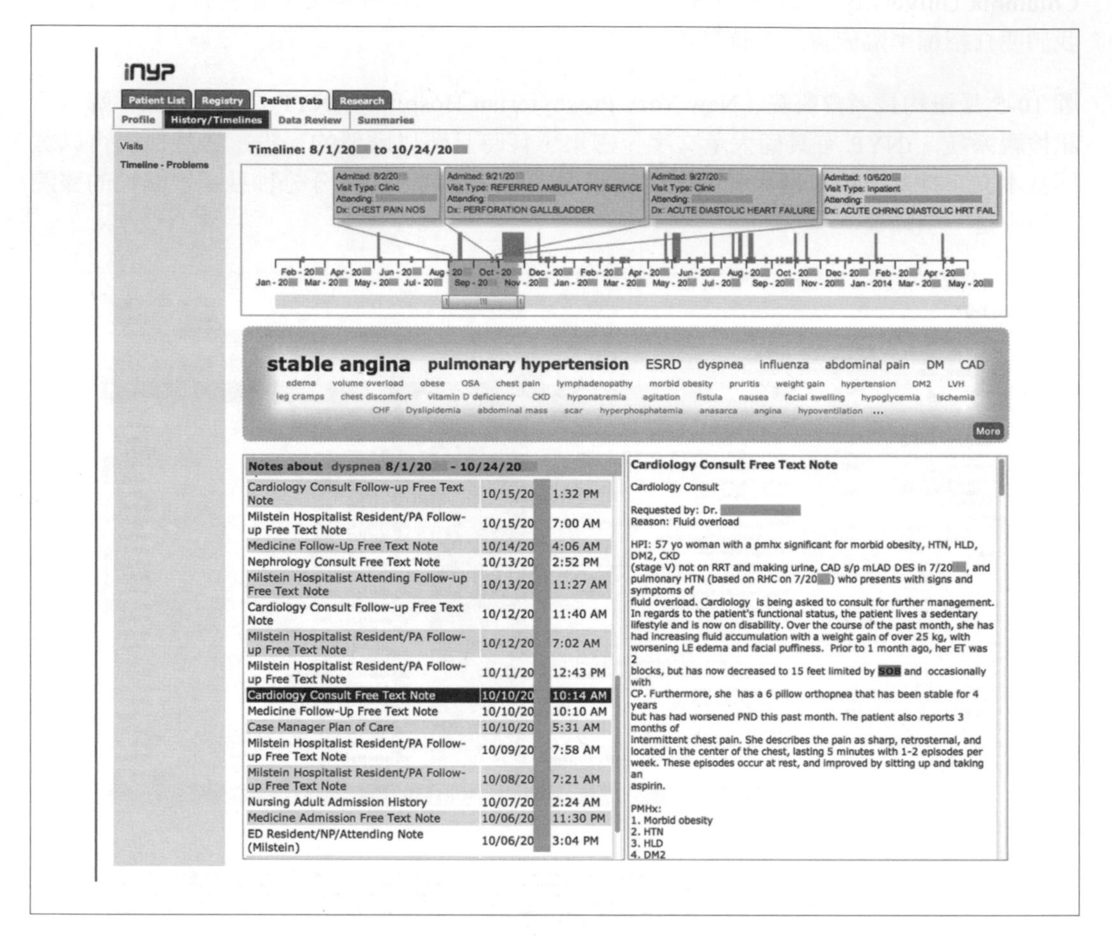

圖 10-6 HARVEST 系統，顯示與圖 10-5 同一位患者的資料 [7]

我們可以看到患者每次去診所或醫院的時間表，裡面也有一個字雲，描述病人在特定時間範圍內的重大醫療狀況。如果需要，用戶也可以深入查看病歷。每一份報告的摘要也支援這些功能，因此用戶可以快速地了解患者的病史。HARVEST 不僅僅是經過改造的新奇產品，它不但對醫生非常有用，對一般的醫療人員和護理人員也是如此，可以近乎即時地提供病人的資訊快照。

與患者有關的歷史觀察（來自醫生、護理師、營養師等）都是用一種稱為 HealthTermFinder 的專名個體識別器來執行的。它可以找出與醫療保健有關的所有詞彙，再將它們對映至統一醫療用語系統（Unified Medical Language System，UMLS）語義群組，然後用字雲來將它們視覺化。字雲的權重是以 TF-IDF 決定的，我們曾在第 7 章討論它。同時，從大到小的字體代表患者遭遇過的各種問題的程度和頻率。這種視覺模式可以協助人們識別和探索從未想過的問題。

HARVEST 能夠以更有效和更容易理解的方式，描述病人在一段時間內的病史，無論那段時間有多長。更有價值的是，它可以提升醫療人員深入分析根本問題的能力，而不是只停留在治根不治本，或有偏見的誤診上。紐約長老會醫院的醫療從業人員曾經對 HARVEST 進行一項測試，在這項測試中，超過 75% 的參與者表示，雖然 HARVEST 是全新的用戶介面，但他們將來必定會定期使用它，其他人也傾向使用該系統。圖 10-7 是這些參與者當時提供的回饋。

HARVEST 藉著整理患者一生的醫療問題歷史，來提供容易理解的摘要和結論。它的獨特賣點在於，它可以根據微觀的詳細觀點，在宏觀層面上挖掘、提取內容，並將它們視覺化，無論病人在醫院的哪裡看病或被誰看。經過設計，這種系統可以用來視覺化和分析大量的資訊。當底層的知識庫是無結構的文字（就像 EHR 那樣）時，NLP 技術在這類的分析和資訊視覺化工具中扮演重要的角色。

Table 4:

Subject feedback on the overall use of Harvest (A) and applicable usage in the clinical workflow (B)

A.

- "It's a great adjunctive tool to visually represent the patient's chart history"
- "Good visual representation of the patient's clinic and [ED] visits and admissions, and gives a good overall sense of the patient's medical problems"
- "[Allows for] review [of] the medical record to find specific instances when things were diagnosed or managed"
- "Useful tool to quickly tell burden of disease"
- "Made me more confident that I wasn't missing information that can sometimes be buried in the list of [past medical history]"
- "[I]t helped pick up on diagnoses within the chart that I otherwise would've had a lot of difficulty finding"
- "The tool was very helpful in quickly getting a sense of how many (and what type of) encounters a patient had"

B.

- "[T]he Harvest tool would be most helpful when taking care of new patients and patient not already well-known
- "I would use it in pre-scrolling patients prior to seeing them both in the outpatient and inpatient setting"
- "[Harvest] would allow me to better become acquainted with other people's patients in the event I was covering for them in clinic"
- "[When] admitting a patient to the hospital, I feel like it would allow me to gather information to write a pertinent admission note in less time
- "[I]n the emergency department this tool would allow me to get a rapid view of the important terms in the patient's medical record"

ED, emergency department.

圖 10-7　紐約長老會醫院對於 HARVEST 的臨床回饋 [7]

健康問題回答

在上一節，我們看了如何使用 NER 等基本 NLP 技術來改善用戶處理大規模的紀錄與資訊的體驗。但是為了讓用戶體驗更上一層樓，我們可以在這些紀錄之上建構問題回答（QA）系統。

我們已經在第 7 章討論過問題回答系統了，但這裡的重點是關於醫療保健細節問題，例如：

- 患者需要服用什麼劑量的特定藥物？
- 什麼疾病需要服用特定的藥物？
- 醫學檢查的結果是什麼？
- 在特定的檢驗日期內，醫學檢驗的結果超出範圍多少？
- 哪個實驗室檢驗確認了一種特殊疾病？

正如整本書所討論的，為特定任務建構正確的資料組通常是解決任何一種 NLP 問題的關鍵。對於醫療保健領域的 QA 系統，我們將把重心放在 emrQA 這個資料組，它是由 IBM Research Center、MIT 與 UIUC 聯合製作的 [8, 9]。圖 10-8 是這種資料組的一個案例，例如，對於「Has the patient ever had an abnormal BMI?」這個問題，正確的答案是從過往的健康紀錄中提取的。

Record Date: 08/09/98

08/31/96 ascending aortic root replacement with homograft with omentopexy. The patient continued to be hemodynamically stable making good progress. Physical examination: BMI: 33.4 Obese, high risk. Pulse: 60. resp. rate: 18

Question: Has the patient ever had an abnormal BMI?

Answer: BMI: 33.4 Obese, high risk

Question: When did the patient last receive a homograft replacement ?

Answer: 08/31/96 ascending aortic root replacement with homograft with omentopexy.

圖 10-8　在 emrQA 裡面的一對問題案例

要建立這種問題與回答的資料組，並且用它們來建構 QA 系統，通用的問題回答資料組建立框架包含：

1. 收集領域專屬問題，再將它們正規化。例如，我們可以用多種方式詢問病人的醫療情況，例如「這個問題是怎麼處理的？」或「採取了什麼行動來解決病人的問題？」它們都必須用相同的邏輯形式正規化。

2. 將問題模板對映至專家領域知識，並賦予邏輯形式。問題模板是個抽象問題。例如，對於某一類型的問題，我們預期它的回答是一個數字或藥物類型。更具體地說，問題模板是「藥物的劑量是多少？」然後將它對映至確切的問題，例如「硝化甘油的劑量是多少？」這個問題的邏輯形式期望其回應是劑量。我們將在圖 10-9 更詳細地說明。

3. 使用在 (1) 與 (2) 收集的標注與資訊來建立一系列的問答配對。在這裡，我們使用既有的資訊，例如 NE 標籤，以及連接到邏輯形式的答案類型來 bootstrap 資料。這個步驟特別適宜，因為它可以減少在建立 QA 資料組時的人力工作。

更具體地說，在建立 emrQA 時，這個程序調查了退伍軍人管理局的醫生來收集原型問題，取得 2,000 個有雜訊的模板，標準化之後，得到大約 600 個。然後將這些原型問題有邏輯對映至 i2b2 資料組 [10]。i2b2 資料組已經被專家用一系列的細節資訊進行標注，例如藥物概念、關係、斷言、共指消解等。雖然它們不是專為 QA 而設計的，但藉著使用邏輯對映和既有的標注，我們可以從中產生問題與答案。圖 10-9 是這個程序的高階概覽。為了確保資料組的品質，這個程序是由一組醫生密切監督的。

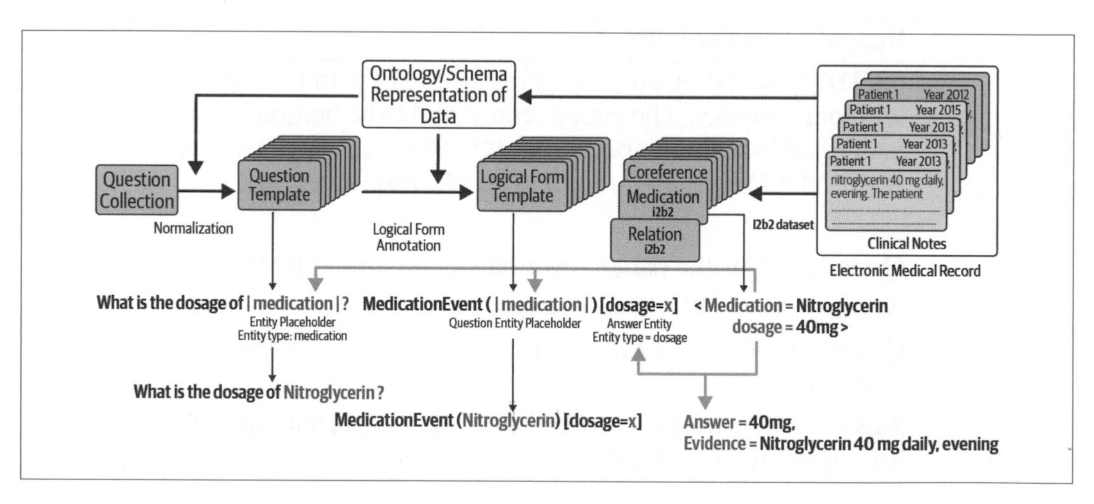

圖 10-9　使用既有的標注來製作 QA 資料組

為了建立基本 QA 系統，他們使用神經序列對序列模型，以及經驗法則模型。這些模型在 emrQA 團隊的文獻有更詳細的介紹。為了評估這些模型，他們將資料組拆成兩組：emrQL-1 與 emrQL-2。在測試與訓練資料中，emrQL-1 的詞彙比較多樣。在處理 emrQL-1 時，經驗法則模型的表現比神經模型的表現更好，而處理 emrQL-2 時，神經模型的表現比較好。

更廣泛地說，這是一個有趣的用例，說明如何使用經驗法則、對映機制和其他較簡單的已標注資料組來建構複雜的資料組。除了處理健康紀錄之外，這些知識也可以在一系列需要產生 QA 資料組的其他問題中使用。接下來，我們要討論如何使用健康紀錄來預測健康結果。

結果預測與最佳實踐法

我們已經看了 NLP 如何協助探索，以及醫生如何從病人的健康紀錄中提出問題。在這裡，我們要介紹一種更先進的應用，使用健康紀錄預測健康結果。健康結果是一組屬性，可解釋疾病對患者的影響。它們包括病人恢復的速度和程度，它們在衡量各種治療方法的效果時也很重要。這項工作是由 Google AI、Stanford Medicine 與 UCSF [11] 合作完成的。

除了預測健康結果之外，使用電子健康紀錄來進行可擴展和準確的深度學習的另一個重點，可確保我們可以建構既可擴展，又高度精確的模型和系統。可擴展性是必要的因素，因為醫療保健有各式各樣的輸入，每一家醫院或部門收集的資料可能不相同。因此，我們必須簡單地為不同的結果或不同的醫院訓練系統，而且必須準確無誤，以免產生過多誤報，醫療保健產業對準確度的需求是不言自明的，因為這與人命有關。

EHR 聽起來很簡單，其實不然，它們本身有很多細節與複雜性。即使是像體溫這種簡單的東西，也可能有各種診斷方式，包括透過舌頭、額頭或其他身體部位。為了處理所有這類的情況，人們建立了快捷式醫療服務互操作資源（FHIR）標準，它使用標準的格式以及不重複的位碼（locator），以保證一致性和可靠性。

讓資料有一致的格式之後，我們將它傳入一個 RNN 模型。所有的歷史資料都是從紀錄的開頭傳入，直到它的結尾。它的輸出變數就是我們要預測的結果。

這個模型是用一系列的健康結果來評估的。在預測患者會不會住院更長時間，它的 AUC 分數（曲線下方面積）是 0.86，對於非預期的再入院，其 AUC 是 0.77，對於預測患者的死亡率，其 AUC 是 0.95。這種用例經常使用 ACU [12] 來評量，因為 AUC 是針對所有陽性潛在診斷閾值的效果的整體指標，而不是針對任何特定閾值的效果 [13]。分數 1.0 代表完全準確，0.5 相當於隨機機率。

在醫療保健領域，模型的可解釋性很重要，換句話說，模型必須指出為何它們提出特定的結果。如果沒有可解釋性，醫生就很難將結果納入診斷。為此，我們用深度學習的一種概念，*attention*，來理解對結果而言，哪些資料點與事件是最重要的。圖 10-10 是 attention 的例子。

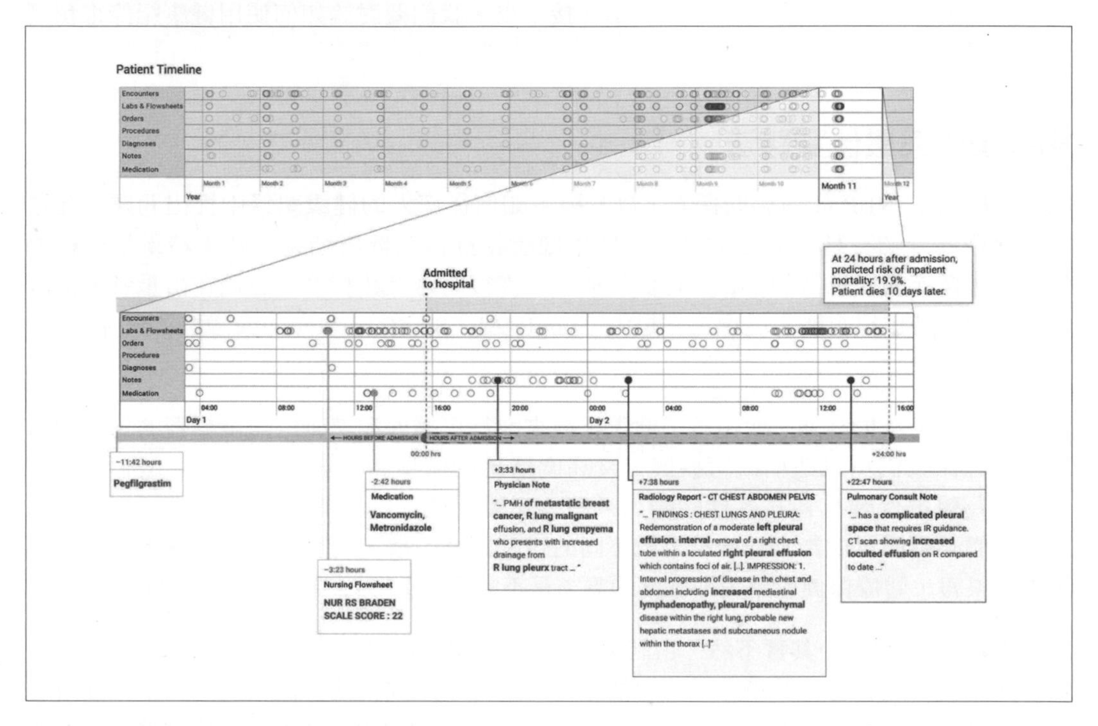

圖 10-10　對健康紀錄使用 attention 的例子

Google AI 團隊也提出在建構醫療保健 ML 模型時應注意的一些最佳實踐法，概述了機器學習生命周期的每一個部分的概念，從問題的定義，到資料的收集，到結果的驗證。這些建議與 NLP、電腦視覺以及結構化資料問題有關。讀者可以參考 [14] 來了解它們。

以上的技術主要管理人類的身體健康，它們是相對容易量化的，因為有各種數值測量方法可用，但心理健康沒有明確的量化方法可測量。我們來看一些監控人們心理健康的技巧。

接下來的小節將討論心理健康和自殺問題。

心理健康監測

考慮到現今的經濟和技術快速發展，以及生活步調的加快，毫無疑問，大多數人，尤其是 X、Y 和 Z 世代在一生中，往往會經歷某種形式的心理健康問題。據估計，全球有 7.9 億多人受到精神健康相關問題的影響，也就是說，每 10 個人就有超過 1 個人面臨這個問題 [15]。National Institutes of Health 的一項研究估計，每 4 位美國人就有 1 位可能在某一年裡受到一或多種心理健康狀況的影響。在 2017 年，有超過 47,000 位美國人自殺，而且這個數字還在快速增長 [16]。

隨著社交媒體的使用率到達空前的高度，我們越來越有可能使用社群媒體的訊號來追蹤特定個人，和跨群體的情緒狀態和精神平衡。我們也有機會從各種群體類型（包括年齡與性別）深入了解這些層面。在這一節，我們要簡單介紹如何對 Twitter 用戶的公開資料進行探索性分析 [17]，以及如何使用第 9 章介紹的技術來解決這個問題。

可用來評價個人心理健康的方面有無數種，舉個例子，Glen Coppersmith 等人的研究重點是利用社交媒體識別有自殺風險的個體，這項研究的目標是開發早期預警系統，以及找出問題的根源。

這項研究確認並評估了 554 位聲稱想要自殺的用戶。其中有 312 位用戶明確指出他們最近企圖自殺。這項研究沒有納入被標為私人資訊的檔案，他們只檢查公共資料，不包括任何直接傳訊，或已被刪除的貼文。

他們用以下幾個角度來分析每位用戶的 tweet：

- 用戶企圖自殺的說法是不是明顯是真的？
- 用戶是否談到自己的自殺企圖？
- 自殺企圖是否可以及時定位？

見圖 10-11 這幾個 tweet 範例。

I'm so glad I survived my suicide attempt to see the wedding today. I was so foolish when I was young, so many suicide attempts!
I have been out of touch since I was hospitalized after my suicide attempt last week. It's been half a year since I attempted suicide, and I wish I had succeeded
I'm going to go commit suicide now that the Broncos won... #lame It is going to be my financial suicide, but I NEEEEEEEEEED those shoes.

圖 10-11　建構社交資料組的細節

前兩則 tweet 提到真正的自殺企圖，後兩則則是在諷刺，或說假話。中間的兩個例子提到明確的自殺日期。

分析這些資料的步驟如下：

1. **預先處理：** 因為 Twitter 資料通常有雜訊，所以要先對它進行正規化與清理，並且用同類的語義單元來表示 URL 和用戶名稱。我們曾經在第 9 章討論清理社群媒體資料的各種層面。

2. **字元模型：** 使用字元 n-gram 模型以及羅吉斯回歸來對各個 tweet 進行分類。使用 10-fold 交叉驗證來評估效果。

3. **情緒狀態：** 為了估計 tweet 裡面的情緒內容，使用主題標籤來 bootstrap 一個資料組。例如，將包含 #anger 但不包含 #sarcasm 與 #jk 的 tweet 都放入一個情緒標籤。並且將無情緒內容的 tweet 分類為 No Emotion。

我們根據這些模型能夠指出多少潛在的自殺風險來測試它們。它們能夠識別 70% 非常有可能自殺的人，只有 10% 是誤報。圖 10-12 是一個混淆矩陣，它詳細描述了將各種情緒錯誤分類的情況。

我們可以藉著識別潛在的心理健康問題，來介入被舉報的案例。建立精確的監控和警報機制之後，我們也可以使用 Woebot 這種 NLP 機器人來激勵高風險人群的情緒。在下一節，我們將深入研究如何從醫療資料中提取個體。

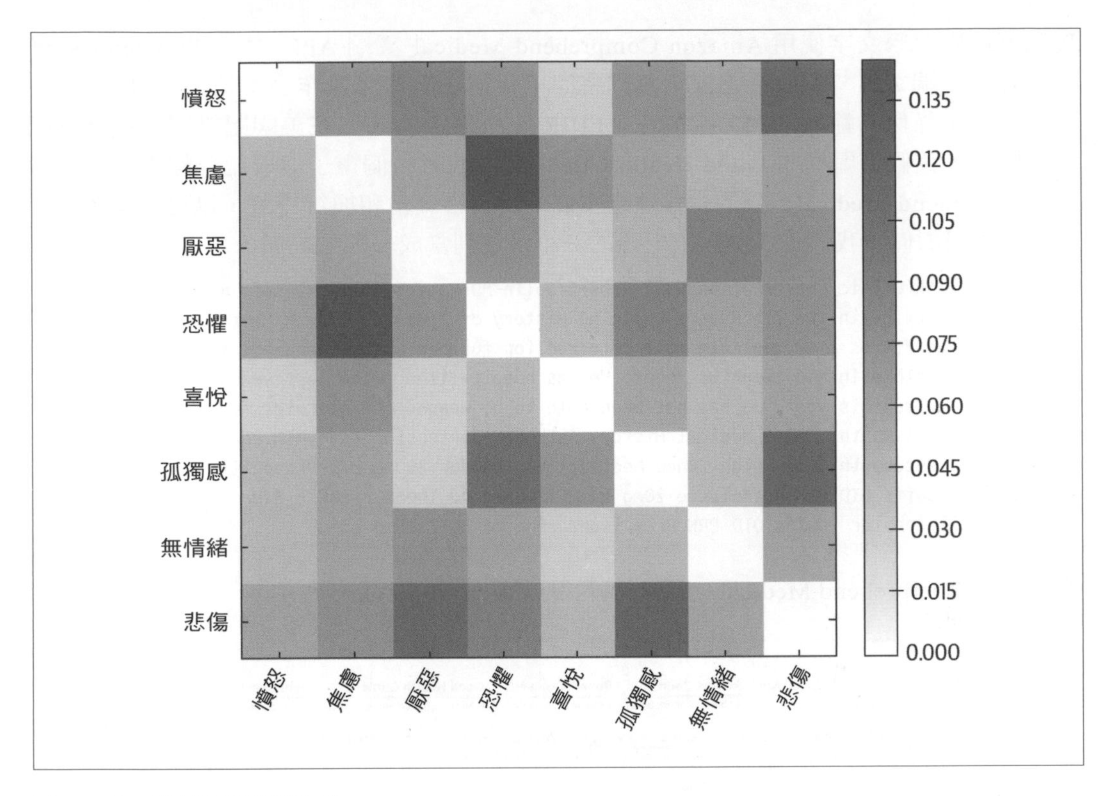

圖 10-12　情緒分類混淆矩陣

醫學資訊提取和分析

我們已經看了一系列以健康紀錄和資訊建構的應用程式了。如果我們要使用健康紀錄來建構應用程式，第一個步驟是從紀錄裡面提取醫療個體和關係。醫學資訊提取（IE）可協助從健康紀錄、放射線報告、出院摘要、護理文件和醫學教育文件中，識別臨床綜合症狀、醫療狀況、藥物、劑量、強度，和常見的生物醫學概念。我們可以使用雲端 API 和預先建構的模型來處理這件事。

我們先來認識 Amazon Comprehend Medical [18]，它是 AWS 更大型的套件 Amazon Comprehend 的一部分，可讓我們在雲端執行流行的 NLP 任務，例如關鍵字提取、情緒和語法分析，以及語言和個體辨識。Amazon Comprehend Medical 可協助處理醫療資料，包括醫療專名個體和關係提取，以及醫學本體知識連結。

我們可以對醫學文字使用 Amazon Comprehend Medical 雲端 API。本章的 notebook 有詳細介紹雲端 API，不過在這裡，我們將簡單介紹它們如何運作。首先，我們從 FHIR 取得健康紀錄作為輸入 [19]。提醒你，FHIR 是一個描述如何在美國記錄與共享醫療資訊的標準。我們從虛構的 Good Health Clinic [20] 取得一個電子健康紀錄樣本。為了測試 Comprehend Medical，我們也移除它裡面的所有格式化和換行符號，以更了解系統處理它的效果如何。我們將這個醫療紀錄的一小段序列當成一開始的輸入：

```
Good Health Clinic Consultation Note Robert Dolin MD Robert Dolin MD Good Health
Clinic Henry Levin the 7th Robert Dolin MD History of Present Illness Henry
Levin, the 7th is a 67 year old male referred for further asthma management.
Onset of asthma in his twenties teens. He was hospitalized twice last year, and
already twice this year. He has not been able to be weaned off steroids for the
past several months. Past Medical History Asthma Hypertension (see HTN.cda for
details) Osteoarthritis, right knee Medications Theodur 200mg BID Proventil
inhaler 2puffs QID PRN Prednisone 20mg qd HCTZ 25mg qd Theodur 200mg BID
Proventil inhaler 2puffs QID PRN Prednisone 20mg qd HCTZ 25mg qd
```

將它傳給 Comprehend Medical 之後，我們得到圖 10-13 的輸出。

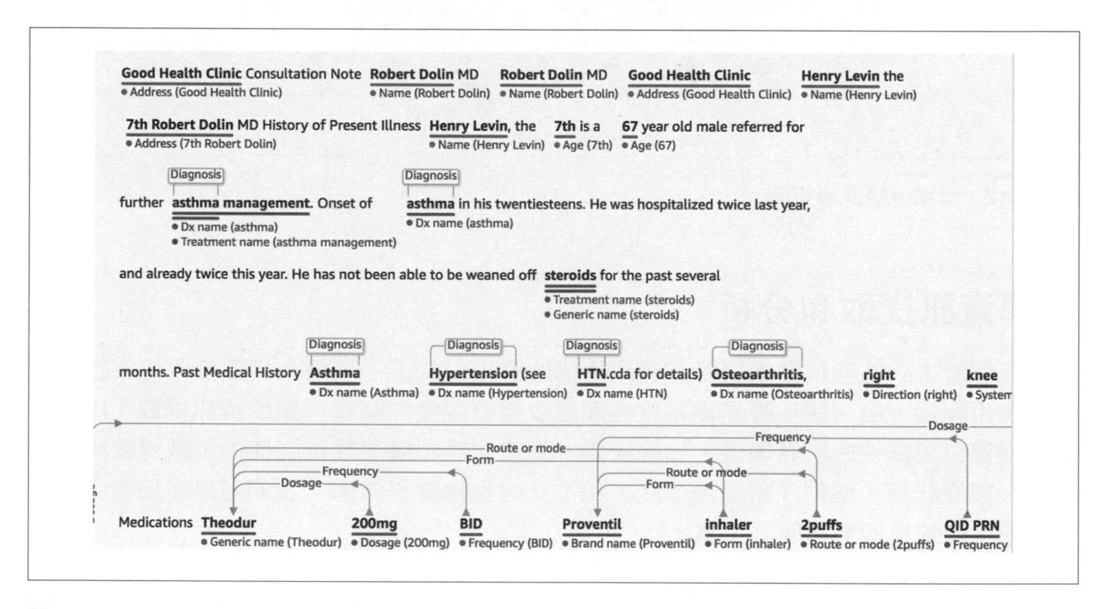

圖 10-13　用 Comprehend Medical 處理 FHIR 紀錄產生的輸出

從上圖可以看到，我們能夠提取所有東西，從診所和醫生的細節，到診斷和藥物，以及它們的頻率、劑量和途徑。我們也可以將提取出來的資訊連接到標準的醫學本體知識，例如 ICD-10-CM 或 RxNorm。我們可以透過 AWS boto 程式庫來使用 Comprehend Medical 的所有功能，詳情見第 10 章的 notebook。

雲端 API 與程式庫是建構醫療資訊提取的好起點，但如果我們有特定的需求，並且想要建構自己的系統，我們推薦 BioBERT。本書已經介紹過 BERT，Bidirectional Encoder Representations 了。然而，預設的 BERT 是用一般的網路文章訓練的，它們與醫學文章和紀錄有很大的不同。例如，一般英語和醫學紀錄的單字分布有很大的差別，這會影響 BERT 處理醫療任務時的表現。

為了建立更好的生物醫學資料，有人製作了 BERT for Biomedical Text（Bio BERT）[21]，它調整 BERT 來處理生物醫學文件，以取得更好的性能。在領域適應階段，我們使用標準的 BERT 模型與預先訓練的生物醫學文章來將模型權重初始化，生物醫學文章包括來自 PubMed（醫學結果搜尋引擎）的文章。圖 10-14 是預先訓練與微調 BioBERT 的程序。

這個模型與權重是開源的，可以在 GitHub 取得 [22, 23]。我們可以微調 BioBERT，用它來處理一系列的醫療問題，例如醫療專名個體辨識，以及關係提取。它也被用於醫療保健文章的問答任務上。BioBERT 的性能比 BERT 和其他的先進技術更好。我們也可以根據醫療任務和資料組來調整它。

我們已經討論了 NLP 可以提供協助的一系列醫療保健應用程式了。我們討論了可以用醫療紀錄來建構的應用程式的各個方面，並了解如何運用社交媒體監控來處理心理健康問題。最後，我們了解如何為醫療保健應用程式奠定基礎。接下來，我們要進入金融和法律的領域，看看 NLP 可以提供什麼幫助。

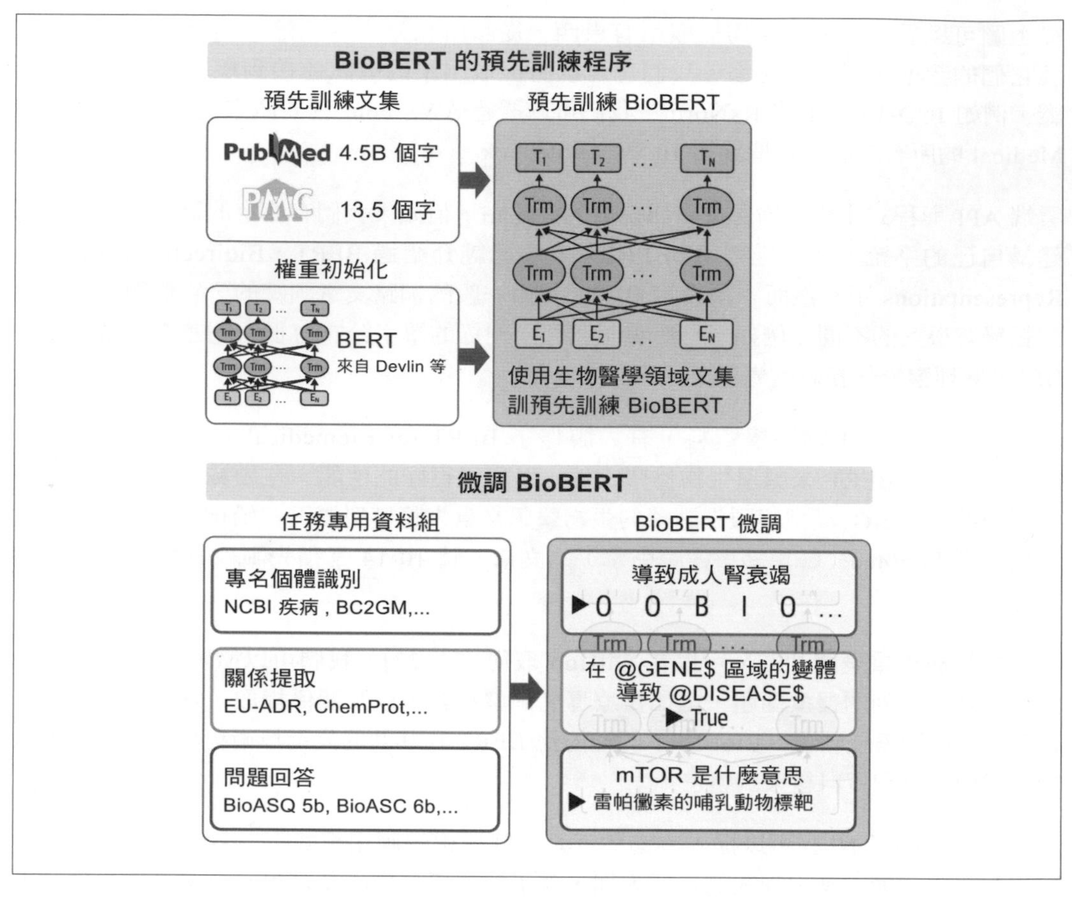

圖 10-14　BioBERT 預先訓練與微調

金融與法律

金融是一個涵蓋廣泛頻譜的多元化領域，從上市公司監控，到投資銀行交易流程。全球金融服務業預計在 2022 年將成長到 26 萬億美元 [24]。因為金融和法律的關係比較密切，所以我們用同一節來討論它們。在金融框架、操作、報告和評估，以及整合及利用 NLP 的背景之下，我們可以從這三個角度看待金融：

組織觀點

不同的組織類型需要考慮的需求與觀點各有不同。觀點包括：

- 私人公司
- 上市公司
- 非盈利企業
- 政府機構

行動

一個組織可能採取多種行動，包括：

- 分配和重新分配資金
- 會計和審計，包括識別異常和離群值，來調查價值和風險
- 安排優先順序和資源規劃
- 遵守法律和政策規範

金融背景

這些行動可能有各種背景，包括：

- 預測和預算
- 零售銀行業務
- 投資銀行業務
- 股市操作
- 加密貨幣操作

除了圍繞著建構、觀察、管理和回報金融流程，來做出即時、周到和有計劃的決策之外，我們也必須持續關注公司不斷變化的性質，以相應地建立和設計金融基礎設施，ML 和 NLP 可以協助設計這種系統。圖 10-15 [25] 展示英國銀行家認為 ML 與 NLP 可以在哪些領域改善他們的營運。

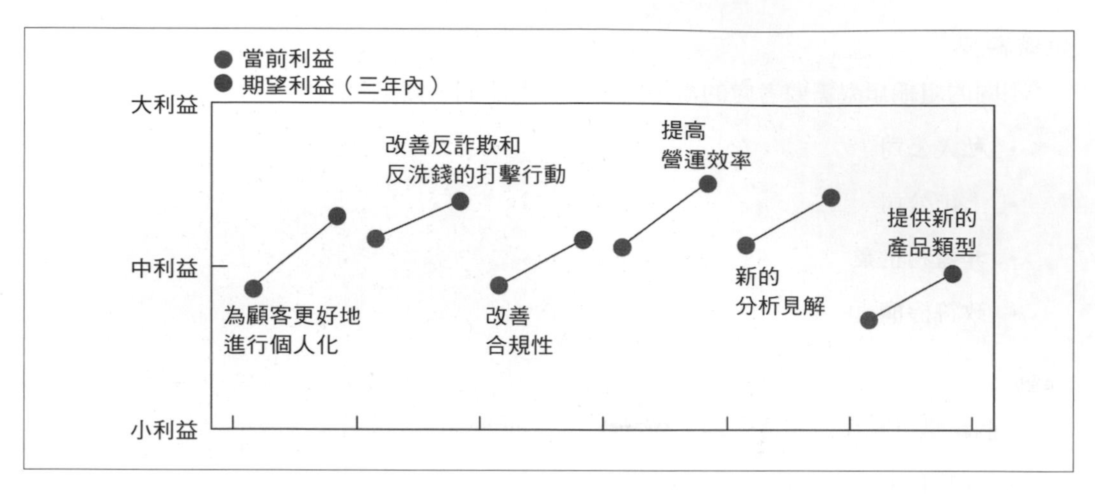

圖 10-15　英國估計 ML 效益的調查 [25]

他們估計，ML 與 NLP 可以大幅改善營運效率和分析見解，而且可望提升反詐欺和反洗錢工作的效益。

NLP 在金融領域的應用

本節將介紹 NLP 在金融領域的具體應用，包括貸款風險評估、審計和會計問題，以及金融情緒分析。

金融情緒

股票市場交易需要依靠一群特定公司的一系列資訊。這項知識可以協助建立一組決定是否買入、持有或賣出股票的行動。這種分析可能根據公司的季度財務報表，或基於分析師在報告中針對公司的評論來建立，也可能來自社交媒體。

第 8 章介紹的社交媒體分析有助於監控社交媒體文章，並指出潛在的交易機會。例如，有 CEO 辭職時，情緒通常是負面的，進而負面地影響公司的股價。另一方面，如果 CEO 表現不佳，且市場歡迎他的辭職，可能會導致股價上漲。可提供此類交易資訊的公司包括 DataMinr 與 Bloomberg。圖 10-16 是 DataMinr 終端畫面，它向用戶顯示與 Dell 有關的警報和影響市場的新聞。

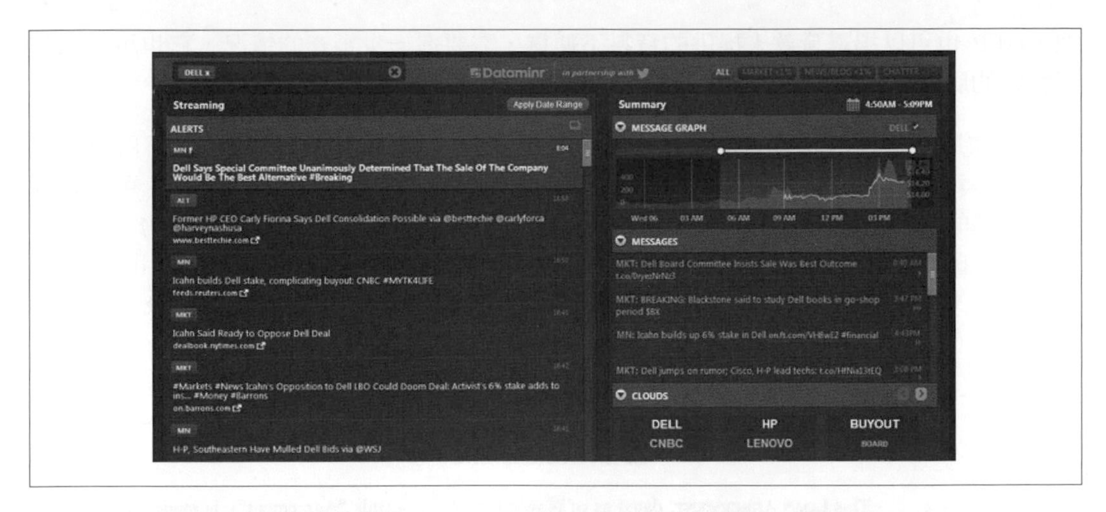

圖 10-16　Dataminr 社交終端畫面

金融情緒分析與一般情緒分析不同，它們之間不但領域不同，目的也不同。一般來說，金融情緒分析的目的是猜測市場將會對一些新聞做出什麼反應，而不是猜測新聞本身是否正面。就像我們在醫療保健的 BioBERT 看過的，已經有一些人試著調整 BERT，準備在金融領域使用它，其中一項成果是 FinBERT [26]。

FinBERT 使用路透社的金融新聞。為了進行情緒分類，它使用 Financial PhraseBank，這個詞彙庫有超過 4,000 個已由具備商業和金融背景的人標注的句子。在一般的情緒分析中，正面代表某個東西有正面情感，但是在 Financial PhraseBank 裡面，正面情緒代表公司的股價將會因為句子裡面的新聞而上漲。FinBERT 的準確度是 0.97，且 F1 是 0.95，比一般的先進方法好很多。你可以在 GitHub 取得 FinBERT 程式庫以及它的資料 [26]。我們可以將這個程式庫當成基礎來解決自己的問題，並使用預先訓練的模型來進行金融情緒分類。

風險評估

信用風險是一種量化貸款成功償還機率的方法，它通常是用一個人的消費和貸款償還紀錄來計算的。然而，在許多情況下，尤其是在貧困社區中，這個資訊是有限的。據估計，全世界有超過一半的人口被排除在金融服務 [27] 之外，NLP 可以協助緩解這個問題。NLP 技術可以增加更多資料點，進而用來評估信用風險。例如，在商業貸款中，創業能力和態度可以用 NLP 來衡量，Capital Float 與 Microbnk 都使用這種方法。類似地，NLP 也可以揭露貸款人提供的資料不連貫，需要進一步審查的情況，它也可以處理更微細的層面，例如貸款人在申請貸款時的情緒。[27] 對此有更詳細的介紹。

個人貸款協議通常要求從貸款文件中取得各種資訊，我們可以將它們傳入信用風險模型。這些資訊可以協助識別信用風險，如果你從這些文件中取得錯誤的資料，可能會導致有缺陷的評估，第 5 章的專名個體識別（NER）可以改善這種情況。圖 10-17 是這種貸款協議的例子，在圖中，我們可以看到貸款協議，以及從裡面提取的各個相關個體。這個例子來自一篇探討 NER 針對金融領域進行領域調整的研究報告 [28]。我們將在第 373 頁的「NLP 和法律領域」更詳細地討論這種個體提取。

LOAN AGREEMENT

This LOAN AGREEMENT, dated as of November 17, 2014 (this "Agreement"), is made by and among Auxilium Pharmaceuticals, Inc., a corporation incorporated under the laws of the State of Delaware ("U.S. Borrower"), Auxilium UK LTD, a private company limited by shares registered in England and Wales ("UK Borrower" and, collectively with the U.S. Borrower, the "Borrowers") and Endo Pharmaceuticals Inc., a corporation incorporated under the laws of the State of Delaware ("Lender").

RECITALS

WHEREAS, U.S. Borrower, Endo International PLC ("Endo"), a public limited company incorporated under the laws of Ireland, Endo U.S. Inc. ("HoldCo"), a corporation incorporated under the laws of the State of Delaware and an indirect wholly-owned subsidiary of Endo, and Avalon Merger Sub Inc., a corporation incorporated under the laws of the State of Delaware ("AcquireCo"), are parties to that certain Agreement and Plan of Merger (the "Merger Agreement"), dated as of October 8, 2014, pursuant to which AcquireCo will merge with and into U.S. Borrower, with U.S. Borrower surviving the merger, subject to the terms and conditions of the Merger Agreement;

WHEREAS, pursuant to the terms of the QLT Merger Agreement (as defined in the Merger Agreement), upon the termination of the QLT Merger Agreement in connection with the execution of the Merger Agreement, U.S. Borrower was obligated to pay the QLT Termination Fee (as defined in the Merger Agreement);

WHEREAS, Lender is an indirect wholly-owned subsidiary of Endo;

WHEREAS, on October 9, 2014 (the "Payment Date"), Lender paid the QLT Termination Fee in the amount of $28,400,000 (the "Payment"), which, in accordance with the terms hereof, the parties have agreed shall constitute a loan from Lender to Borrowers on the terms and conditions set out in this Agreement; and

圖 10-17　貸款協議，以及被標注的個體

會計和審計

Deloitte、Ernst & Young 和 PwC 這幾家全球性公司目前的工作重點是針對公司的年度績效提出更有意義、更可操作且更相關的審計結論和意見。例如，Deloitte 已經藉著在合約文件審查和長期採購協議等領域使用 NLP 和 ML 來將它的 Audit Command Language 演進成更高效的 NLP 應用程式了，這在他們針對政府資料的報告裡面有更詳細的說明 [29]。

此外，經過幾十年漫長的滴答聲，以及典型的日常交易和發票等紙張的約束，許多公司終於發現在審計過程使用 NLP 與 ML 可帶來明顯的優勢，讓他們可以對交易的異常值進行直接識別、關注、視覺化和趨勢分析等工作。許多人花了大量的時間和精力在調查這些異常值及其原因上，這有助於及早辨識有潛在重大風險和詐欺行為的活動（例如洗錢），以及可能帶來價值的活動，這些機制可以在整個公司之中進行模擬和推斷，並且針對各種商業流行進行定製。

接下來，我們把注意力轉向 NLP 在法律事務中的使用。

NLP 與法律領域

法律界整合及利用技術工具的歷史已經有數十年之久了。鑑於繁重的研究、案例引用、訴訟摘要準備、文件審查、合約設計、背景分析及意見起草等工作，長期以來，包括律師事務所和法院系統在內的法律界人士一直在尋求可以減少其工作時數的方法、手段和工具。我們不會詳細介紹法律 NLP，因為這個領域的研究受到專利的保護，不是公開或部分公開的。因此，我們將討論一般性的概念。

NLP 可以協助法律服務領域的核心任務包括：

法律研究

: 這項任務包括為特定案件尋找相關資訊，包含搜尋立法機構和判例法及法規。ROSS Intelligence [30] 是這種服務之一，它可以比對事實和相關案例，以及分析法律文件。圖 10-18 是它的工作狀況。

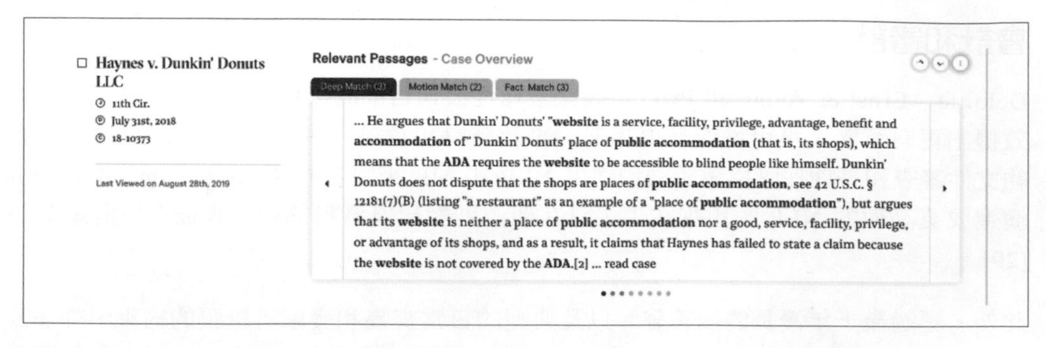

圖 10-18　ROSS 比對相關的段落

合約審查

審查一份合約，確保它遵循一套規範和規則，包括對不同的條款進行評論和建議編輯。SpotDraft [31] 是例子之一，它主要處理 GPDR 法規。

合約生成

根據問答結果來產生合約。在簡單的情況下，可能只要使用簡單的表單即可。如果情況比較複雜，可能需要使用互動式聊天機器人。當系統接收所有回應之後，它會用一個填空演算法來產生合約。

法律發現

從電子形式的資訊中發現可在案件中使用的異常現象和模式。在某些情況下，這種發現是完全無監督的。有時它涉及更積極地學習（例如，提供一組初始的已標注文件）。siren.io [32] 是這類產品之一，它的目標是在情報、執法、網路安全和金融犯罪領域中協助發現模式。

使用 LexNLP 來提取法律個體

在建構任何一種智慧型應用程式之前，我們都要在任何類型的合約中，提取一堆法律條款和個體。LexNLP [33] 可以協助這項任務，因為它有法律分詞和語義單元化功能，這種功能很重要，因為有些法律縮詞是一般的解析程式無法處理的，例如 LLC 或 F.3d。類似地，LexNLP 可協助我們將文件分成幾個部分，並且提取定期合約日期或法規之類的事實。此外，它可以插入 ContraxSuite，後者有一系列稍後會介紹的法律功能。

接著，我們來看一下它如何運作：

```
import lexnlp.extract.en.acts
import lexnlp.extract.en.definitions

print("List of acts in the document")

data_contract = list(lexnlp.extract.en.acts.get_acts(text))
df = pd.DataFrame(data=data_contract,columns=data_contract[0].keys())
df['Act_annotations'] = list(lexnlp.extract.en.acts.get_acts_annotations(text))

df.head(10)

print("Different ACT definitions in the contract")

data_acts = list(lexnlp.extract.en.definitions.get_definitions(text))
df = pd.DataFrame(data=data_acts,columns=["Acts"])
df.head(20)
```

圖 10-19 是使用 LexNLP 提取的文件裡面的法律（act）清單。

從程式中可以看到，我們從 SAFE（simple agreement for future equity，未來股權簡單協議）投資文件提取資訊，我們提取文件中的所有法律及其定義。類似地，它可以擴展為提取公司、引註、約束、法律期限、法規等。第 10 章的 notebook 有其中的一些主題的介紹。

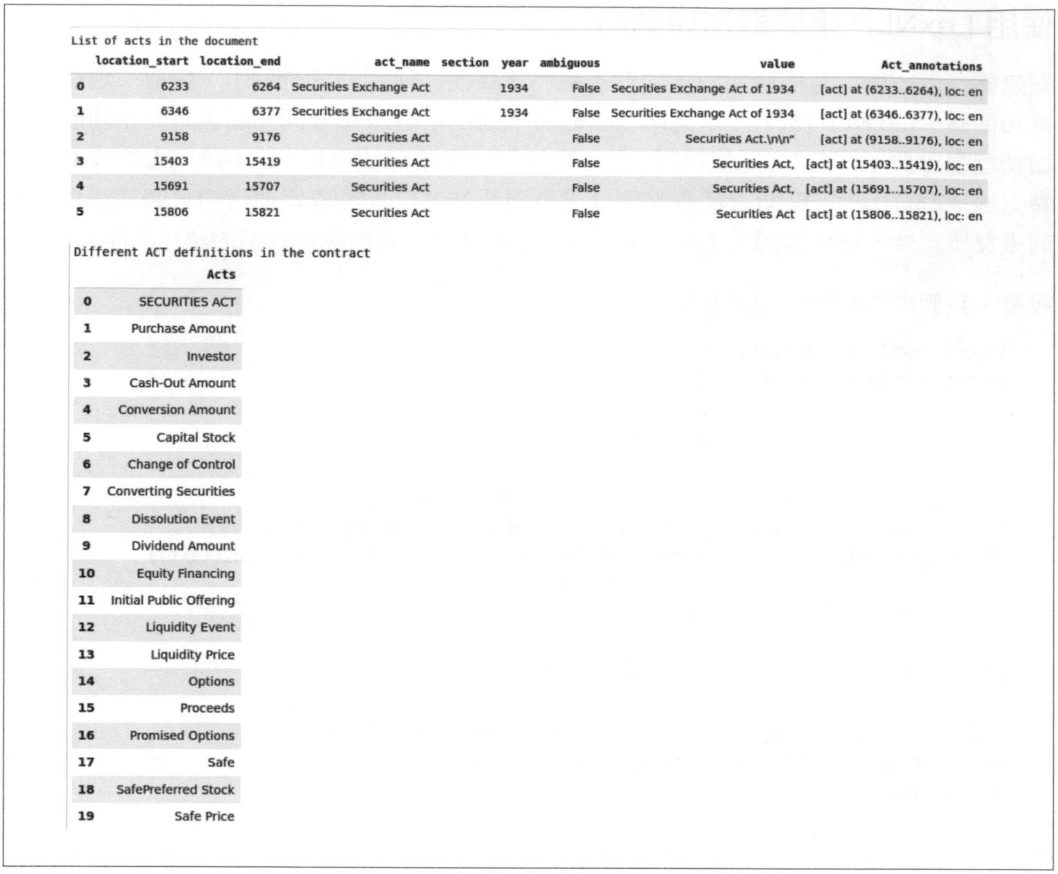

List of acts in the document

	location_start	location_end	act_name	section	year	ambiguous	value	Act_annotations
0	6233	6264	Securities Exchange Act		1934	False	Securities Exchange Act of 1934	[act] at (6233..6264), loc: en
1	6346	6377	Securities Exchange Act		1934	False	Securities Exchange Act of 1934	[act] at (6346..6377), loc: en
2	9158	9176	Securities Act			False	Securities Act.\n\n"	[act] at (9158..9176), loc: en
3	15403	15419	Securities Act			False	Securities Act,	[act] at (15403..15419), loc: en
4	15691	15707	Securities Act			False	Securities Act,	[act] at (15691..15707), loc: en
5	15806	15821	Securities Act			False	Securities Act	[act] at (15806..15821), loc: en

Different ACT definitions in the contract

	Acts
0	SECURITIES ACT
1	Purchase Amount
2	Investor
3	Cash-Out Amount
4	Conversion Amount
5	Capital Stock
6	Change of Control
7	Converting Securities
8	Dissolution Event
9	Dividend Amount
10	Equity Financing
11	Initial Public Offering
12	Liquidity Event
13	Liquidity Price
14	Options
15	Proceeds
16	Promised Options
17	Safe
18	SafePreferred Stock
19	Safe Price

圖 10-19　LexNLP 的輸出

除了法律個體提取之外，LexNLP 也提供多個國家的會計、財務資訊、監管機構、法律和醫療領域的法律詞典 [34] 和知識集。它也與 ContraxSuite [35] 整合，後者可刪除重複的文件、根據文件描述法律個體的方式來進行聚類（見圖 10-20）等。在建構自訂的應用程式時，我們也可以在基本平台上注入程式碼來建構它。

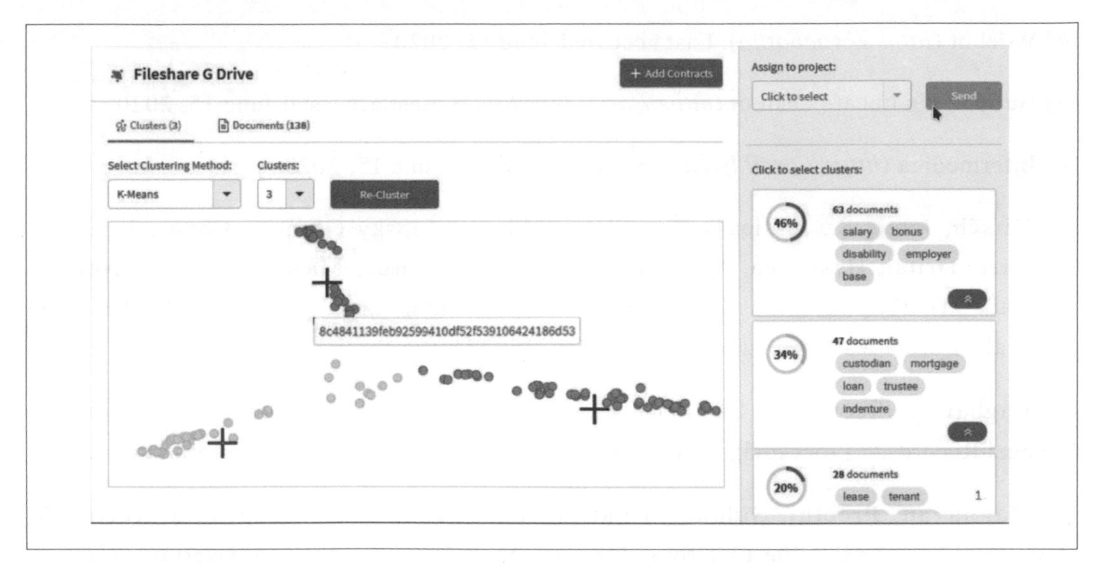

圖 10-20　將一組文件內的法律個體聚類

結語

這一章介紹了如何在醫療保健、金融和法律領域中使用 NLP，包含模型建構、線上 API 的使用，以及資料組建立的所有內容。這些領域有各式各樣的問題和解決方案，因此，即使你的領域和這些領域無關，在這裡學到的技術或許也可以用來解決任何非傳統問題。下一章將介紹如何將一切整合起來，建構完整的 NLP 解決方案。

參考文獻

[1] Business Wire. "The $11.9 Trillion Global Healthcare Market: Key Opportunities & Strategies (2014–2022)" (*https://oreil.ly/JfILB*). June 25, 2019.

[2] Chilmark Research. "NLP Use Cases for Healthcare Providers" (*https://oreil.ly/3iIJr*). July 17, 2019.

[3] Wikipedia. "Electronic health record" (*https://oreil.ly/FU5DC*). Last modified April 17, 2020.

[4] Woebot (*https://woebot.io*). Last accessed June 15, 2020.

[5] Buoy: a healthcare chatbot (*https://oreil.ly/vrKwD*). Last accessed June 15, 2020.

[6] Infermedica (*https://oreil.ly/mEkxK*). Last accessed June 15, 2020.

[7] Hirsch, Jamie S., Jessica S. Tanenbaum, Sharon Lipsky Gorman, Connie Liu, Eric Schmitz, Dritan Hashorva, Artem Ervits, David Vawdrey, Marc Sturm, and Noémie Elhadad. "HARVEST, a longitudinal patient record summarizer." Journal of the American Medical Informatics Association 22.2 (2015): 263–274.

[8] Raghavan, Preethi and Siddharth Patwardhan. "Question Answering on Electronic Medical Records." Proceedings of the 2016 Summit on Clinical Research Informatics (2016).

[9] Raghavan, Preethi, Siddharth Patwardhan, Jennifer J. Liang, and Murthy V. Devarakonda. "Annotating Electronic Medical Records for Question Answering" (*https://oreil.ly/UYbrD*), (2018).

[10] i2b2. "NLP Research Datasets" (*https://oreil.ly/WFPqh*). Last accessed June 15, 2020.

[11] Rajkumar, Alvin and Oren, Eyal. "Deep Learning for Electronic Health Records" (*https://oreil.ly/RM9ic*). Google AI Blog, May 8, 2018.

[12] Google Machine Learning Crash Course. "Classification: ROC Curve and AUC" (*https://oreil.ly/TIatR*). Last accessed June 15, 2020.

[13] Hilden, Jørgen. "The Area Under the Roc Curve and Its Competitors." Medical Decision Making 11.2 (1991): 95–101.

[14] Liu, Yun and Po-Hsuan Cameron Chen. "Lessons Learned from Developing ML for Healthcare" (*https://oreil.ly/p-Bat*). Google AI Blog, December 10, 2019.

[15] Ritchie, Hanna and Max Roser. "Mental Health" (*https://oreil.ly/TdVZv*). Our World In Data, April 2018.

[16] National Institute of Mental Health (NIMH). "Suicide" (*https://oreil.ly/YZ1t0*). Last accessed June 15, 2020.

[17] Coppersmith, Glen, Kim Ngo, Ryan Leary, and Anthony Wood. "Exploratory Analysis of Social Media Prior to a Suicide Attempt." Proceedings of the Third Workshop on Computational Linguistics and Clinical Psychology (2016): 106–117.

[18] Amazon Comprehend Medical (*https://oreil.ly/hKZft*). Last accessed June 15, 2020.

[19] Fast Healthcare Interoperability Resources (FHIR) specification (*https://oreil.ly/OmShK*). Last accessed June 15, 2020.

[20] FHIR sample healthcare record (*https://oreil.ly/fjDIY*), (download).

[21] Lee, Jinhyuk, Wonjin Yoon, Sungdong Kim, Donghyeon Kim, Sunkyu Kim, Chan Ho So, and Jaewoo Kang. "BioBERT: A Pre-Trained Biomedical Language Representation Model for Biomedical Text Mining." Bioinformatics 36.4 (2020): 1234–1240.

[22] DMIS Laboratory - Korea University. BioBERT: a pre-trained biomedical language representation model (*https://oreil.ly/VZhCv*), (GitHub repo). Last accessed June 15, 2020.

[23] NAVER. BioBERT: a pre-trained biomedical language representation model for biomedical text mining (*https://oreil.ly/IYKfX*), (GitHub repo). Last accessed June 15, 2020.

[24] Ross, Sean. "What Percentage of the Global Economy Is the Financial Services Sector?" (*https://oreil.ly/jb2x7*) Investopedia, February 6, 2020.

[25] Bank of England. "Machine Learning in UK Financial Services" (*https://oreil.ly/a7q8-*). October 2019.

[26] Araci, Dogu. "FinBERT: Financial Sentiment Analysis with Pre-trained Language Models" (*https://oreil.ly/TqnOX*), (2019).

[27] Crouspeyre, Charles, Eleonore Alesi, and Karine Lespinasse. "From Creditworthiness to Trustworthiness with Alternative NLP/NLU Approaches." Proceedings of the First Workshop on Financial Technology and Natural Language Processing (2019): 96–98.

[28] Alvarado, Julio Cesar Salinas, Karin Verspoor, and Timothy Baldwin. "Domain Adaption of Named Entity Recognition to Support Credit Risk Assessment." Proceedings of the Australasian Language Technology Association Workshop (2015): 84–90.

[29] Eggers, William D., Neha Malik, and Matt Gracie. "Using AI to Unleash the Power of Unstructured Government Data." Deloitte Insights (2019).

[30] Ross Intelligence (*https://oreil.ly/_uvv-*). Last accessed June 15, 2020.

[31] SpotDraft (*https://spotdraft.com*). Last accessed June 15, 2020.

[32] Siren: Investigative Intelligence Platform (*https://siren.io*). Last accessed June 15, 2020.

[33] LexPredict. LexNLP by LexPredict (*https://oreil.ly/3WS6x*), (GitHub repo). Last accessed June 15, 2020.

[34] LexPredict. LexPredict Legal Dictionaries (*https://oreil.ly/NdU6O*), (GitHub repo). Last accessed June 15, 2020.

[35] ContraxSuite (*https://oreil.ly/UdSgi*). Last accessed June 15, 2020.

第四部分

整合一切

第十一章

端對端 NLP 程序

過程比目標重要許多。
你變成怎樣的人，比最終的結果有價值得多。

—Anthony Moore

到目前為止，我們已經在本書中解決了一系列的 NLP 問題，從了解 NLP 處理線長怎樣，到如何在各種領域中使用 NLP。要有效地運用我們學到的知識來建構 NLP 端對端軟體產品，不僅僅要將 NLP 處理線裡面的各個步驟拼接在一起，在過程中還有幾個決策點。雖然許多知識只能從經驗中獲得，但是在這一章，我們將傳授一些關於端對端 NLP 程序的知識，來協助你更快、更好地上手。

我們已經在第 2 章知道典型的 NLP 系統處理線的樣貌了，那麼這一章與那一章有什麼不同？在第 2 章，我們的重點是處理線的技術層面，例如，如果表達原文？該進行哪些預先處理步驟？如何建構模型，然後如何評估它？在第 1 部分與第 2 部分，我們執行各種 NLP 任務的各種演算法。我們也看了如何在各種產業領域使用 NLP，例如醫療保健、電子商務和社交媒體。然而，在所有章節中，我們幾乎沒有花時間討論關於部署和維護這種系統的問題，以及管理這種專案時應遵循的流程。它們就是本章的重點。本章討論的要點不僅適用於 NLP，也適用於其他概念，例如資料科學（DS）、機器學習、人工智慧（AI）等。本章將交替使用這些詞彙，當我們專指 NLP 任務時，會明確地聲明這一點。

首先，我們將回顧第 2 章介紹的 NLP 處理線，並且看一下之前沒有談到的最後兩個步驟：部署，然後是監控與更新模型。我們也會看一下建構和維護成熟的 NLP 系統需要哪些事物。接下來，我們要討論各個 AI 團隊遵循的資料科學程序，尤其是與建構 NLP 軟體有關的。在這一章的最後，我們將提供大量的建議、最佳實踐法，以及成功交付 NLP 專案應該做和不應該做的事情。我們先來看一下如何部署 NLP 軟體。

回應 NLP 處理線：部署 NLP 軟體

我們在第 2 章看到，典型的 NLP 專案生產環境處理線包含這些階段：資料採集、原文清理、原文預先處理、原文表示法和特徵工程、建模、評估、部署、監控，與模型更新。當我們在機構內遇到涉及 NLP 的新問題場景時，我們必須先考慮建立一個涵蓋這些階段的 NLP 處理線。在這個程序中，我們應該自問的問題有：

- 需要使用哪種資料來訓練 NLP 系統？要從哪裡取得這些資料？這些問題不僅在剛開始時很重要，之後當模型成熟時也是如此。
- 有多少資料可用？如果不夠，可以使用哪些資料擴增技術？
- 在必要時，如何標注資料？
- 如果量化模型的性能？要用哪一種指標？
- 如何部署系統？要使用雲端的 API 呼叫，還是單體系統，還是在邊緣設備上的嵌入式模組？
- 如何提供預測結果？使用串流還是批次程序？
- 需要更新模型嗎？如果要，多少更新一次？每天？每週？每月？
- 需要監控模型性能和提醒的機制嗎？如果需要，我們需要哪一種機制，以及如何讓它就緒？

考慮這些關鍵決策點之後，處理線的廣泛設計就就緒了！接下來，我們可以開始專注建構具備強大基礎的第 1 版模型、實作處理線、部署模型，然後開始反覆改善解決方案。我們曾經在第 2 章看過 NLP 處理線在部署之前的各個階段，並且為各種 NLP 任務實作它們。接下來，我們要討論處理線的最終階段：部署、監控與模型更新。

部署是什麼意思？我們建構的 NLP 模型通常都是一個更大規模的軟體系統的一部分，當模型可以妥善地單獨運作之後，我們就要將它插入更大型的系統，並確保一切都正確運行。將模型和其餘的軟體整合，並且讓它可在生產環境中運作的一切任務就是**部署**。模型的部署通常包含這些步驟：

1. **模型包裝**：如果模型很大，我們可能要將它存入雲端持久保存空間，例如 AWS S3、Azure Blob Storage 或 Google Cloud Storage，以方便使用。或許可以將它序列化，並封裝成一個程式庫來呼叫，以方便使用。此外也有開放的格式可用，可讓不同的框架互相操作，例如 ONNX [1]。

2. **模型供應**：將模型當成 web 服務讓其他的服務使用。在比較適合使用緊密耦合的系統與批次處理的情況下，我們可讓模型成為任務流程系統（Airflow [2]、Oozie [3] 或 Chef [4]）的一部分，而不是成為 web 服務。Microsoft 也公布了用於 MLOps [5] 和 MLOps in Python [6] 的參考處理線。

3. **模型擴展**：以 web 服務來提供的模型能夠隨著請求的流量的增加而擴展。作為批次服務的一部分來運行的模型也能夠隨著輸入批次變大而擴展。公共雲端平台和內部雲端系統都有提供擴展技術。圖 11-1 是在 AWS 上面的這種處理線，負責處理原文分類。關於這個處理線的更多工程細節，可參考 AWS 的文章 [7]。

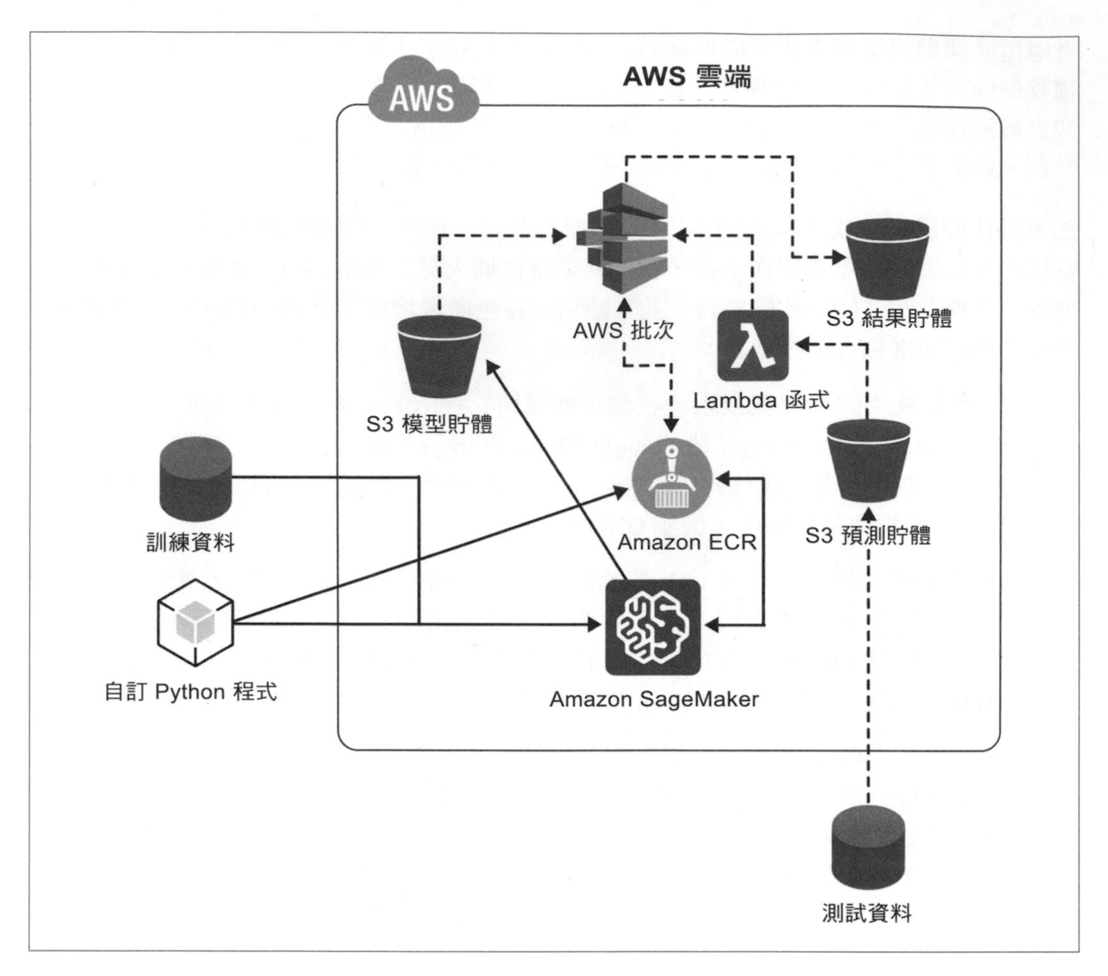

圖 11-1　提供原文分類服務的 AWS 雲端與 SageMaker [8]

我們來看一個範例，以了解如何將 NLP 模型部署到更大型的系統之中。

範例場景

假設我們為一家社交媒體平台工作，要建構一個分類器，用來識別濫用性用戶評論。這個分類器的目的是標注有濫用傾向的任何內容，並將它傳給人員審核，以防止不良內容出現在平台上。我們已經收集與這項任務有關的資料、設計一組特徵、測試一系列演算法，並且建構一個預測模型了，它可以接收一則新評論，並將它分類為濫用或安全。然後呢？

我們的模型只是更大規模的社交媒體平台的一小部分，平台還有幾項元素：需要動態算繪的內容、與用戶互動的各種模組、負責儲存和提取資料的元件等。平台的子系統可能是用不同的程式語言寫的，我們的分類器只是產品的一個小元件，我們必須將它整合至更大規模的環境中，怎麼做？要處理這種情況，有一種常見的方法是製作一個 web 服務，將模型放在 web 服務的後面，讓平台的其餘元件透過這個 web 服務和模型互動。平台使用新的評論來查詢 web 服務，並取回預測，在必要時，將針對 web 服務的呼叫與產品整合起來。Flask [9]、Falcon [10] 與 Django [11] 等流行的 web app 框架經常被用來建立這種 web 服務。

開發各種 NLP 解決方案需要使用一系列既有的程式庫。在設置 web 服務，並且用雲端或伺服器承載服務時，我們要確保沒有相容性的問題，為此，最常見的選項是將各種程式庫包在容器裡面，例如 Docker [12] 或 Kubernetes [13]。在生產環境中運作 web 服務也需要處理許多其他問題，例如技術堆疊、負載平衡、延遲、傳輸量、妥善性和可靠性。建構模型以及讓它在生產環境運行包括許多工程任務，它們通常很耗時。AWS SageMaker [14] 與 Azure Cognitive Services [15] 等雲端服務試圖協助降低這些工程任務的難度。它們有時可以將整個程序自動化到一定的程度，包含最終的細節，甚至只要按下一次按鍵就可以設定服務。這種設計的概念是為了讓 AI 團隊專注最重要的部分：模型的建構。

模型大小是另一個重要的問題。現代的 NLP 模型可能非常龐大，例如，Google 的 Word2vec 模型有 4.8 GB，光是將它載入記憶體就需要 100 秒（參考 *Ch3/Pre_Trained_Word_Embeddings.ipynb*）。類似地，fastText 分類模型通常超過 2 GB。眾所周知，BERT 之類的模型更是笨重。在雲端運行這種大型的模型不但有挑戰性，也可能很昂貴。在模型壓縮領域，有很多處理這種情況的文獻，包括：

- Rasa NLP 的一個團隊撰寫的部落格文章「Compressing BERT for Faster Prediction」[16]
- Microsoft Research 與 Tsinghua University 與的團隊提出的報告「A Survey of Model Compression and Acceleration for Deep Neural Networks」[17]
- Facebook AI Research 團隊提出的報告「FastText.zip: Compressing text classification models」[18]

- 由 Cedric Chee 維護的 GitHub 版本庫「Awesome ML Model Compression」，裡面有相關論文、影片、程式庫與工具 [19]。

以上只是部署 NLP 模型的步驟概要，坊間有許多書籍和教材完整地介紹這個部分，感興趣的讀者可以先閱讀 *Machine Learning Engineering* [20] 這本書的最後幾章。

對大多數的業界用例而言，模型的建構大都不是一次性的工作，隨著已部署的系統被越來越多人使用，模型也必須隨著新場景和新資料點而進行相應的調整。因此，模型應該定期更新。我們來討論在建構和維護成熟的 NLP 軟體應考慮的問題。

建構和維護成熟的系統

在大多數現實環境中，資料的底層模式會隨著時間的過去而改變。這意味著，很久之前訓練的模型可能會過期，也就是說，當初用來訓練模型的資料，已經和模型在目前的生產環境中收到，並且用來進行預測的資料有很大的不同，這種現象稱為 *covariate shift*，處理它的方式通常是更新模型。同樣地，在多數的產業環境中，一旦第一版模型開始被使用之後，改善模型就是一件不可避免的事情了。更新與改善既有的 NLP 模型可能僅僅意味著使用新的或額外的訓練資料，有時會加入新特徵。在更新這種模型時，我們的目標是確保接下來部署的系統的效果至少要與既有的系統一樣好。大多數的模型更新和改善都會導致更複雜的模型。隨著模型複雜度的提升，我們必須確保系統不會在複雜性不斷增加的情況下崩潰。在管理成熟的 NLP 模型的複雜性的同時，我們也必須確保它是可維護的。在這個過程中，我們要考慮的問題有：

- 尋找更好的特徵
- 迭代既有的模型
- 程式碼和模型的再現性
- 問題排除和測試
- 將技術債務最小化
- 將 ML 程序自動化

這一節將一個一個討論這些問題，首先，我們來討論如何找到更好的特徵。

尋找更好的特徵

在這本書中，我們不斷地強調先建構一個簡單的模型的重要性。第 1 版模型通常不是最終模型，我們可能會不斷加入新特徵，並且在 V1 之後定期重新訓練模型。我們的目標是找出最有表達性的特徵，以描述在資料中可以幫助進行預測的規律。我們該如何開發這種特徵呢？第 3 章曾經介紹各種生成原文特徵的方法，我們可以從不需要使用問題領域的先驗知識的表示法開始（例如基本向量化、分散式表示法與通用表示法），或使用關於問題與領域的先驗知識來為問題開發特定的特徵（即人工特徵），或使用兩者的結合。

為特定問題設計特定的特徵（或特徵工程）可能既困難且昂貴，這就是大家通常在一開始使用不限於特定問題的原文表示法的原因。然而，領域專屬的特徵有其價值，例如，在情緒分類任務中，與原文的向量表示法相比，領域特有的指標能夠以更穩健的方式提取情緒，例如負面詞的數量、正面詞的數量，以及其他單字或子句等級的特徵。

假設我們實作了一堆特徵來建構 NLP 模型，最好的模型需要每一個特徵嗎？如何從裡面選出包含最多資訊的特徵？例如，如果我們使用了兩個特徵，其中一個可以從另一個衍生，我們就無法加入任何額外的資訊。特徵選擇是很適合處理這種案例，並且協助做出明智決策的技術。目前有很多統計學方法可藉著移除多餘的或不相關的特徵，來微調特徵集合，這個廣大的領域稱為**特徵選擇**。

特徵選擇的兩大流行技術是包裹法和過濾法。包裹法使用 ML 模型來為特徵子集合進行評分。這種方法使用每一個新的子集合來訓練模型，然後用一個預先保留的集合來測試模型，再根據模型的錯誤率來找出最佳特徵。包裹法的計算成本很高，但它們通常可以提供最佳特徵組合。過濾法使用某種代理（proxy）指標，而不是錯誤率來排序和評分特徵（例如特徵之間的相關性，以及預測輸出的相關性）。計算這種指標的速度很快，同時仍然可以描述特徵組合的有用性。過濾法的計算成本通常比包裹法低，但它們產生的特徵組合不是針對特定類型的預測模型而優化的。在 DL 方法中，雖然特徵工程與特徵選擇是自動執行的，但我們也要實驗各種模型架構。

因為特徵選擇方法通常是任務專屬的（舉例而言，也就是說，分類任務使用的方法與機器翻譯使用的方法不同），感興趣的讀者可以參考 Google AI 的 Wide and Deep Learning [21] 裡面的資源，例如稀疏特徵、密集特徵，以及特徵互動等。*Feature Engineering for Machine Learning* [22] 這本書也很實用。希望以上的概要可以讓你認同特徵選擇在建構成熟、有生產品質的 NLP 系統時發揮的作用。假設我們正在執行增加新特徵和評估它們的程序，如何將此程序納入訓練程序，以及更新 NLP 模型？我們來看一下這個問題。

迭代既有的模型

如前所述，幾乎沒有 NLP 模型是靜態的個體，我們通常需要更新模型，即使它是在生產系統裡面。原因不只一個，我們可能得到更多（且更新）與之前的訓練資料不同的資料，如果我們沒有更新模型來反映這項改變，它很快就會過時，並產生大量糟糕的預測。或許用戶會告訴我們模型的預測有哪些問題，讓我們對模型及其特徵做出反省和修正。我們必須設計一個流程來定期重新訓練和更新模型，並且將模型部署到生產環境。

當我們開發出新模型時，拿它的結果與之前的最佳模型的結果相比一定有助於了解價值的提升程度。我們如何知道新模型比既有的更好？在分析模型的性能時，我們可以比較兩個模型的原始預測，或是比較預測結果衍生的性能。我們藉著回顧本章稍早談到的濫用評論偵測案例來解釋這兩種做法。

假如我們有一個濫用 vs. 非濫用評論的黃金標準測試組，永遠可以用它來比較新舊模型的分類準確性。我們也可以採取外部驗證法，觀察其他的層面，例如每天被用戶質疑的模型決策有多少。我們可以設置一個儀表板來定期監控各個模型的這些指標並且顯示它們，如此一來，我們就可以從各個模型裡面選出相較於目前的模型最好的那一個。我們也可以使用舊模型（或任何基準模型）來對新模型進行 A/B 測試，並且測量商業 KPI 來看看新模型的表現如何。在採用新模型時，或許可以先讓一小部分的用戶使用它，監控它的性能，再逐漸擴展到整個用戶群。

程式碼和模型的再現性

確保 NLP 模型在不同的環境中以相同的方式持續運作對任何專案的長期成功而言都非常重要。可重現的模型或結果通常是更可靠的象徵。在建構系統時，有一系列的最佳實踐法可用來實現這個目標。

保持程式碼、資料與模型之間的分離性絕對是正確的。在軟體工程中，將程式碼與資料分開通常是最佳實踐法，這一點對 AI 系統而言更是重要。雖然目前已經有著名的程式碼版本控制系統可用，例如 Git，但是控制模型和資料組的版本是不一樣的工作。最近出現一些解決這個問題的工具，例如 Data Version Control [23]。幫模型和資料版本取一個適當的名稱絕對是好方法，如此一來，我們就可以在必要時輕鬆地恢復。在儲存模型時，你應該將所有的模型參數以及其他變數放在別的檔案裡面。類似地，避免將參數值寫死在模型裡面。如果你必須在訓練程序使用任何數字（例如種子值），請在程式碼的註釋裡面解釋它。

另一種好習慣是經常在程式碼與模型中建立檢查點，定期或每完成一個階段就將學到的模型存入版本庫。在訓練模型時，最好在需要使用隨機初始化時使用同樣的種子，這可以確保模型在使用相同的參數與資料時，都可以產生類似的結果（與內部表示法）。

改善可重現性的關鍵是明確地記下所有步驟，在資料分析的探索階段更是需要如此。你可以在同一個筆記裡面，盡量紀錄中間步驟與資料輸出，這可以協助你將實驗性的模型轉換成生產模型，且不失去任何資訊。若要進一步了解這個部分，我們推薦最先進的 AI 可重現性報告 [24]，以及這篇對於 Facebook 可重現性研究員 Joelle Pineau 的訪談 [25]。我們要進入本節的下一個主題了。在進行這些迭代，和建構多個模型時，如何確保在訓練過程中沒有錯誤和 bug，以及資料沒有雜訊？如何診斷和測試程式碼與模型？

問題排除和可解釋性

為了維護軟體的品質，「測試」在任何一個軟體開發程序裡面都是關鍵的步驟。然而，考慮到 ML 模型的機率性質，如何測試 ML 模型仍然未有定論。圖 11-2 與 11-3 說明測試 AI 系統的一些優良實踐法。我們已經在第 4 章看過如何使用 Lime（圖 11-3）了。

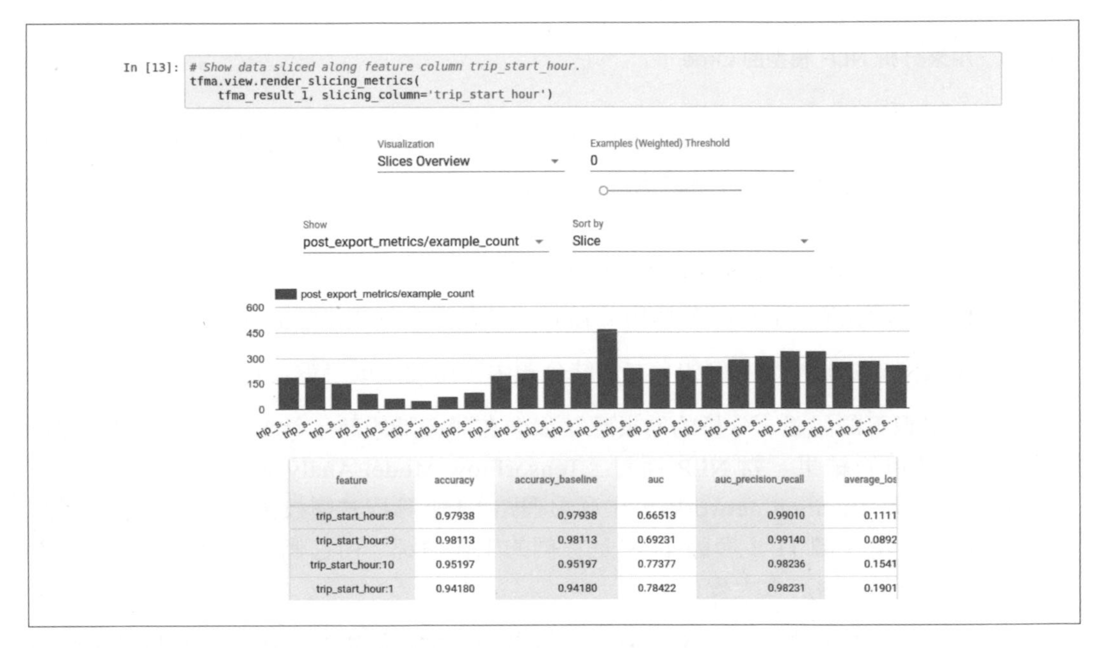

圖 11-2　TensorFlow 模型分析（TFMA）[26]

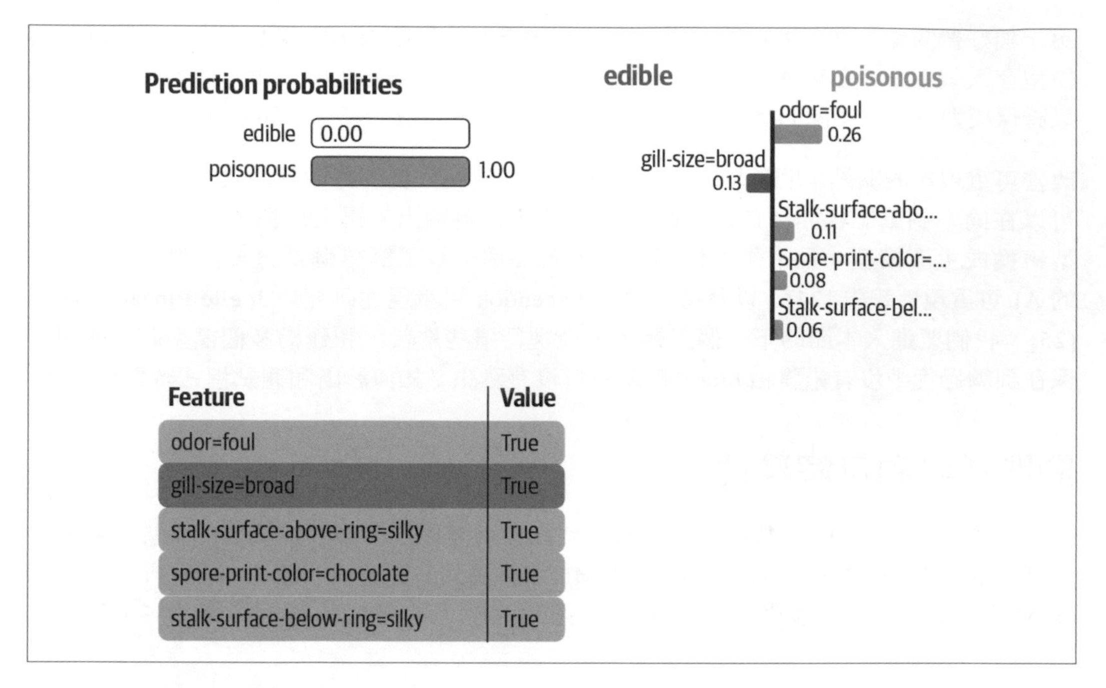

圖 11-3　用來分析 NLP 模型的 Lime

正如本章談過的，模型只是 AI 系統的一個小元件。在測試整個系統時，除了模型之外的部分都可以使用軟體工程的測試技術，它們的效果都很好。以下是在測試模型時，很實用的步驟：

- 使用在建構模型時用過的訓練、驗證和測試資料組來執行模型，它產生的指標應該不會有太大的差異。我們經常使用 k-fold 交叉驗證來確認模型的性能。
- 用邊緣案例來測試模型。例如，在情緒分類中，用雙重或三重否定句來測試。
- 分析模型犯下的錯誤。分析的結果應該很像在開發階段時，針對它犯下的錯所進行的分析得到的結果。對 NLP 而言，TensorFlow Model Analysis [26]、Lime [27]、Shap [28] 與 attention networks（注意力網路）[5] 等程式與技術可讓你更深入了解模型在做什麼。圖 11-2 與圖 11-3 是它們的工作情況，用它們在開發和生產階段看到的結果應該不會有太大變化。
- 另一種好方法是建立一個子系統來追蹤特徵的關鍵統計數據。因為所有特徵都是數字，我們可以記錄統計數據，例如平均值、中位數、標準差、分布圖等。與這些統計數據不一樣的東西都是警訊，我們可能會看到系統做出錯誤的預測。其原因或許只是處理線裡面的 bug，或比較複雜，是底層資料裡面的共變量位移。TensorFlow Model Analysis [26] 等程式包可追蹤這些指標。圖 11-4 是一個資料組的各種特徵的指標分布，我們可以追蹤它們來找出共變量位移或 bug。

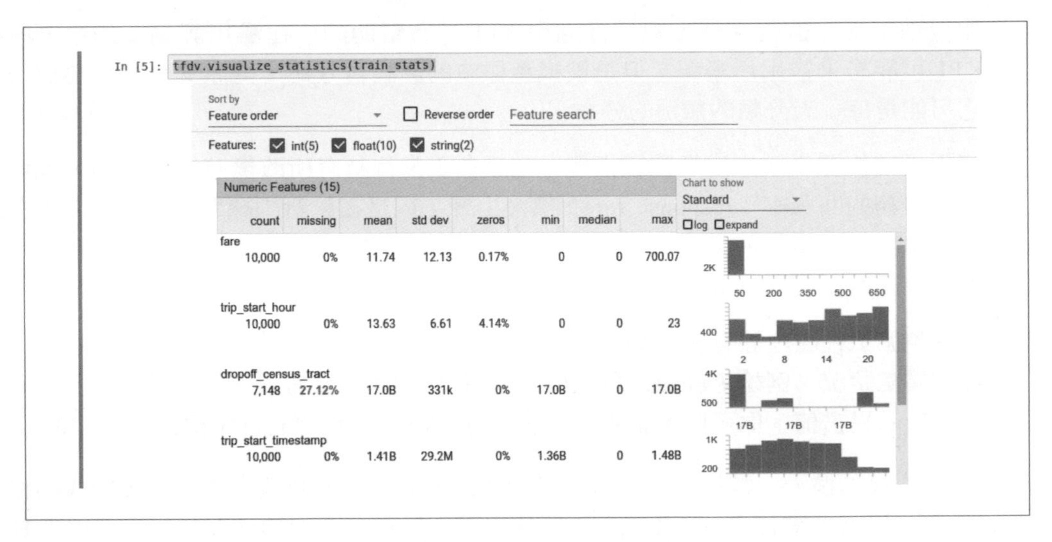

圖 11-4　在 TensorFlow Extended [29] 裡面的特徵統計數據

- 建立儀表板來追蹤模型指標，以及用它們來建立警報機制，以防指標有任何偏差。下一節將更詳細討論這個部分。
- 知道模型的內部如何工作絕對是好事，這對了解模型為何有某種行為有很大的幫助。AI 有一個關鍵的問題是：如何做出可以解釋為何模型做了某件事的智慧系統。這稱為可解釋性，代表人類了解決策原因的程度 [30]。雖然有許多機器學習演算法（例如決策樹、隨機森林、XGboost 等）和電腦視覺有很強的可解釋性，但 NLP 並非如此，尤其是 DL 演算法。藉著最新的技術，例如注意力網路、Lime 與 Shapley，我們可讓 NLP 模型有更好的可解釋性。感興趣的讀者可以閱讀 Christoph Molnar 的 Interpretable Machine Learning [31] 來進一步了解這個主題。

監控

將 ML 系統部署到生產環境之後，我們要確保模型持續正確運行。舉一個部署例子，如果我們每天都用新的資料點來自動訓練模型，系統可能會出現一些 bug，或模型出現故障。為了確保這件事不會發生，我們要監控關於模型的一系列事情，並且在正確的時間點觸發警報：

- 務必定期監控模型的性能。對於 web 服務模型，監控的數據可能是回應時間的平均值和各種百分位數（50（中位數）、90、95 與 99（或更深））。如果模型被部署為批次服務，我們就要監控批次處理與工作時間的統計數據。
- 類似地，儲存監視模型參數、行為和 KPI 是有幫助的。在濫用評論範例中，模型 KPI 可能是未被用戶舉報，但是被模型標注的評論百分比。對原文分類服務而言，它可能是每一天分類的類別的分布。
- 使用異常偵測系統來定期監控指標，並且在正常行為有所改變時發出警報，或許是 web 服務的回應率（response rate）突然上升，或是在重新訓練期間突然下降。在最壞的情況下，當性能大幅下降時，我們可能要按下斷路器（也就是改用比較穩定的模型，採用預設的方法）。
- 如果整個工程處理線有使用 logging 框架，它應該也可以隨著時間的過去監控任何指標的異常狀況。例如，Elastic 的 ELK 堆疊提供內建的異常檢測 [7]。Sumo Logic 也可以顯示異常值，你可以視需要查詢它 [32]。Microsoft 也有異常檢測服務 [33]。

隨著專案規模的擴大，監控和部署 ML 模型可以節省大量的時間。隨著系統的成熟和模型的穩定，適當的監控可讓 MLOps 團隊獨自管理系統，進而讓資料科學人員處理其他更困難的問題。不過，隨著系統的成熟，我們也會開始累積更多技術債務，這是下一節的主題。

將技術債務最小化

在這本書中，特別是在這一章中，我們已經看了訓練 NLP 模型的各個層面、作為更大規模系統的一部分部署它們，以及迭代改善它們。當我們從第一版的系統開始迭代時，系統與各種元件，包括模型，都很容易變得複雜，讓系統更難維護。有時我們不知道是否值得讓系統更複雜，來進行逐步改善。這種場景可能會產生技術債務。我們來看看如何在建構 AI 軟體時解決技術債務。

在製作任何軟體系統時，為未來進行規劃和建構非常重要。我們必須確保系統在持續迭代與測試之後，能夠繼續保持高性能和易於維護。沒必要的或拙劣的改善可能會產生技術債務。如果你不使用一項功能或它與其他功能的組合，務必將它移出處理線。沒有用途的功能或程式碼只會阻礙基礎設施、妨礙快速迭代，以及降低清晰度。

根據經驗，你應該要查看特徵的覆蓋率。如果一項特徵只會在少數幾個資料點出現，例如 1%，它應該就不值得保留。但是你也不能盲目地採取這種做法。例如，如果同一個特徵只覆蓋 1% 的資料，但是光用那個特徵就可以產生 95% 的分類準確率，它就很有效，絕對值得繼續使用。根據我們的經驗，有一個重要的小技巧（也是本書一再重申的）：**如果你想要將技術債務最小化，請選擇比較簡單的模型，而不是性能相當，卻更複雜的模型**。但是，如果沒有性能相當的簡單模型，你應該就必須使用複雜的模型。

除了這些建議之外，我們也要分享一些說明如何建構成熟的 ML 系統的里程碑文獻：

- 「A Few Useful Things to Know About Machine Learning」，University of Washington 的 Pedro Domingoes 著 [34]
- 「Machine Learning: The High-Interest Credit Card of Technical Debt」，Google AI 團隊著 [35]
- 「Hidden Technical Debt in Machine Learning Systems」，Google AI 團隊著 [36]
- Feature Engineering for Machine Learning 書籍，Alice Zheng 與 Amanda Casari 著 [22]
- 「Ad Click Prediction: A View from the Trenches」，Google Search 團隊著，探討如何處理大型線上 ML 系統面臨的問題 [37]
- 「Rules of Machine Learning」，Google 的 Martin Zenkovich 著作的線上指南 [38]
- 「The Unreasonable Effectiveness of Data」，著名的 UC Berkeley 研究員 Peter Norvig 和 Google AI 合著的報告 [39]
- 「Revisiting Unreasonable Effectiveness of Data in Deep Learning Era」，Carnegie Mellon University 的團隊以另一個現代的觀點看待上一份報告 [40]

到目前為止，我們已經討論用來建構成熟的 AI 系統的各種最佳實踐法了。從尋找更好的特徵，到資料組的版本控制，這些實踐法都是人工的，而且需要大量的工作。為了實現建構智慧機器和減少人工勞力這兩項終極目標，最近有一項有趣的專案將建構 AI 系統的一些方面自動化。我們來看一些朝著這個方向努力的例子。

自動機器學習

機器學習的聖杯之一，就是將越來越多的特徵工程程序自動化。這導致了一個次級領域的出現，AutoML（automated machine learning，自動機器學習），其目的是讓機器學習更加平易近人。在多數案例中，它會產生一個資料分析處理線，可能包含資料預先處理、特徵選擇，以及特徵工程。這個處理線實際上可以為特定的問題和資料選擇最佳的 ML 方法與參數設定。這些步驟對 ML 專家來說都很耗時，對初學者來說則很難處理，因此 AutoML 是彌合機器學習領域空白的橋樑。AutoML 本身實質上是「用機器學習來進行機器學習」，因此它是可讓更廣泛的、希望使用大量資料的族群使用的強大、精密技術。

例如，Google 有一個研究團隊曾經使用 AutoML 技術 [41] 與 Penn Treebank 來建立語言模型。Penn Treebank 是語言結構的能評測資料組 [42]。Google 研究團隊發現，他們的 AutoML 方法可以設計出與世界級機器學習專家設計的頂尖模型並駕齊驅的模型。圖 11-5 是 AutoML 產生的神經網路。

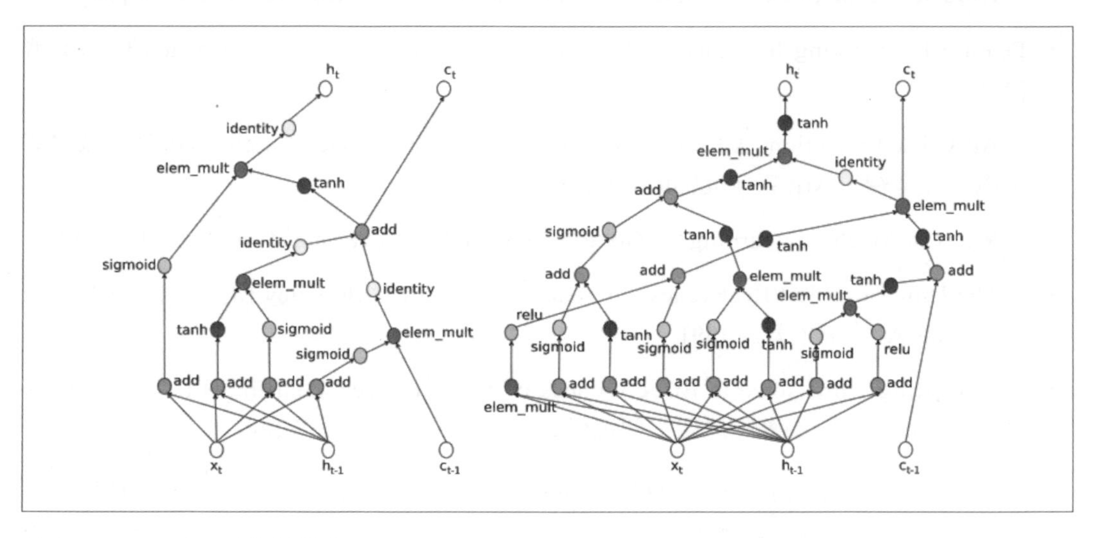

圖 11-5　AutoML 產生的網路 [41]

圖的左邊是 Google 專家做來解析文字的神經網路。右邊是 Google 的 AutoML 自動建立的網路。AutoML 藉著自動探索各種神經網路結構產生的效果與人工製作的模型一樣好。有趣的是，他們的系統設計出來的 ML 模型也幾乎和人類做的一樣好。

AutoML 是機器學習的尖端技術。除非我們不知道該採取哪種傳統方法來改善性能，否則就不要從頭開始建構它。從頭開始建構它通常需要大量的計算和 GPU 資源，以及更高的技術水準。

auto-sklearn

如前所述，除非沒有其他的選擇，否則不要採用自動機器學習。但是在使用 AutoML [43] 的需求比較明確時，auto-sklearn 是最佳程式庫之一。它使用最新的 Bayesian 優化與 meta-learning 在廣大的超參數空間中進行搜尋，以自行找出合理的 ML 模型。因為它與流行的 ML 程式庫 sklearn 整合，所以很容易使用：

```
import autosklearn.classification
import sklearn.model_selection
import sklearn.datasets
import sklearn.metrics
X, y = sklearn.datasets.load_digits(return_X_y=True)
X_train, X_test, y_train, y_test = \
      sklearn.model_selection.train_test_split(X, y, random_state=1)
automl = autosklearn.classification.AutoSklearnClassifier()
automl.fit(X_train, y_train)
y_hat = automl.predict(X_test)
print("Accuracy", sklearn.metrics.accuracy_score(y_test, y_hat))
```

這段程式為 MNIST 數字資料組 [44] 建立一個 `autosklearn` 分類器。它將資料組拆成訓練與測試組。運行大約一個小時之後，它會自動產生超過 98% 的準確率。

當我們窺視內部發生什麼情況時，可以看到 AutoML 的不同階段，如下所示：

```
[(0.080000, SimpleClassificationPipeline({'balancing:strategy': 'none',
'categorical_encoding:__choice__': 'one_hot_encoding', 'classifier:__choice__':
'lda',
'imputation:strategy': 'mean', 'preprocessor:__choice__': 'polynomial',
'rescaling:__choice__': 'minmax',
'categorical_encoding:one_hot_encoding:use_minimum_fraction': 'True',
'classifier:lda:n_components': 151,
'classifier:lda:shrinkage': 'auto', 'classifier:lda:tol':
0.02939556179271624,
'preprocessor:polynomial:degree': 2, 'preprocessor:polynomial:include_bias':
'True',
'preprocessor:polynomial:interaction_only': 'True',
'categorical_encoding:one_hot_encoding:minimum_fraction': 0.0729529152649298},
dataset_properties={
  'task': 2,
```

```
    'sparse': False,
    'multilabel': False,
    'multiclass': True,
    'target_type': 'classification',
    'signed': False})),
  ...
  ...
  ...
  ...
  (0.020000, SimpleClassificationPipeline({'balancing:strategy': 'none',
  'categorical_encoding:__choice__':
  'one_hot_encoding', 'classifier:__choice__': 'passive_aggressive',
  'imputation:strategy': 'mean',
  'preprocessor:__choice__': 'polynomial', 'rescaling:__choice__': 'minmax',
  'categorical_encoding:one_hot_encoding:use_minimum_fraction': 'True',
  'classifier:passive_aggressive:C':
  0.03485276894122253, 'classifier:passive_aggressive:average': 'True',
  'classifier:passive_aggressive:fit_intercept': 'True',
  'classifier:passive_aggressive:loss': 'hinge',
  'classifier:passive_aggressive:tol': 4.6384320611389e-05,
  'preprocessor:polynomial:degree': 3,
  'preprocessor:polynomial:include_bias': 'True',
  'preprocessor:polynomial:interaction_only': 'True',
  'categorical_encoding:one_hot_encoding:minimum_fraction': 0.11994577706637469},
  dataset_properties={
    'task': 2,
    'sparse': False,
    'multilabel': False,
    'multiclass': True,
    'target_type': 'classification',
    'signed': False})),
  ]
  auto-sklearn results:
    Dataset name: d74860caaa557f473ce23908ff7ba369
    Metric: accuracy
    Best validation score: 0.991011
    Number of target algorithm runs: 240
    Number of successful target algorithm runs: 226
    Number of crashed target algorithm runs: 1
    Number of target algorithms that exceeded the time limit: 2
    Number of target algorithms that exceeded the memory limit: 11
```

接下來，我們來看 Google Cloud 服務，以及處理 NLP 問題的一些其他方法。

Google Cloud AutoML 與其他技術

Google Cloud Services 最近也發布了 AutoML 服務。在使用它時，除了按照它期望的格式提供訓練資料之外，不需要任何技術方面的知識。它們專門為 AI 的各種部分建立 Cloud AutoML 服務，包括電腦視覺、結構化表格資料，以及 NLP。

在進行 NLP 時，Cloud AutoML 會在你為這些任務訓練自訂模型時自動執行：

- 原文分類
- 個體提取
- 情緒分析
- 機器翻譯

Google Cloud 已經為以上所有任務定義了 AutoML 模型期望收到的資料格式。關於這個部分的更多資訊可以參考他們的文件 [45, 46]。Microsoft 的 Azure Machine Learning 也有 AutoML 工具 [47]。

另一種自動處理 NLP 問題的方法是使用 Kaggle Competitions Grandmaster 的頂級選手 Abhishek Thakur 製作的 AutoCompete 框架 [48]。雖然他的作品最初是為了處理比賽中的資料科學問題，但是現在那個方法已經發展成解決這類問題的通用框架了。他也發表了一個詳細的 notebook，「Approaching (Almost) Any NLP Problem on Kaggle」[49]，為具備定義良好的資料組和目標的 NLP 問題建立通用的建模框架。或許它無法完全解決你正在處理的特定 NLP 任務，但它可以在一開始建立很好的基本模型。

到目前為止，我們已經解決了在建構、部署、維護 NLP 軟體時可能出現的一系列問題。然而，這項工作有一個同樣重要的元素——遵循標準的產品開發流程。雖然軟體開發流程和生命周期的領域已經被妥善地建構起來了，但是在處理涉及預測模型的專案，例如本書不斷討論的那些專案時，我們還有一些重要的事情需要考慮。我們來看一下這個層面。

資料科學流程

資料科學是一個廣泛的術語，代表從各種形式的資料中提取有意義的資訊和可操作的見解的演算法和程序。因此，業界的所有 NLP 專案都可以歸類於資料科學之下。雖然資料科學是一個相對較新的術語，但它在過去幾年裡已經以某種形式出現了。多年來，對於資料的處理，人們已經制定許多最佳流程和實踐法了。在業界最流行的兩種程序是 KDD 程序與 Microsoft Team Data Science Process。

KDD 程序

ACM SIGKDD Conference on Knowledge Discovery and Data Mining（KDD）是最古老且最有名的資料挖掘會議之一。這個會議的創始人也在 1996 年創造了 KDD 程序。KDD 程序 [50] 由一系列步驟組成，如圖 11-6 所示，可用在資料科學或資料挖掘問題上，以取得更好的結果。

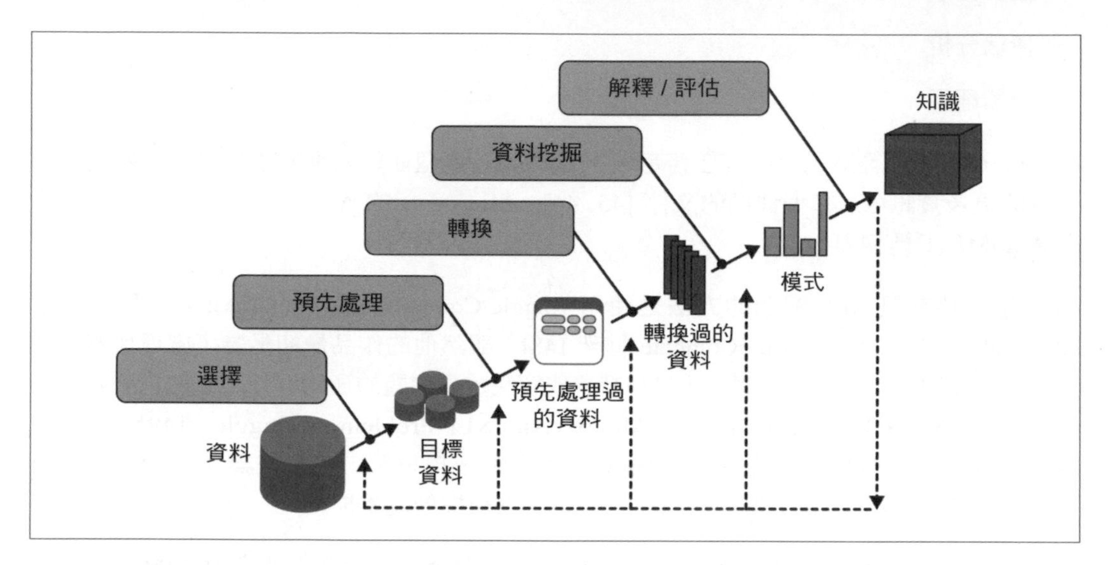

圖 11-6　KDD 程序 [50]

這些步驟的順序如下：

1. **了解領域**：包括了解應用與理解問題的目標。這也涉及深入問題領域，以及提取相關的領域知識。
2. **建立目標資料組**：包括選擇問題所關注的資料和變數的子集合。雖然可以使用大量的資料源，但我們只關注需要處理的子集合。
3. **預先處理資料**：包含連貫性地處理資料所需的所有工作。這包括填充缺漏值、降低雜訊和移除異常值。

4. **精簡資料**：如果資料有很多維度，這個步驟可讓它更容易處理。這個步驟包含降維，以及將資料投射至另一個空間。這個步驟是選擇性的，依資料而定。
5. **選擇資料挖掘任務**：一個問題可以用各種類別的演算法來處理，它們可能是回歸、分類或聚類。根據我們在步驟 1 的理解來選擇正確的任務很重要。
6. **選擇資料挖掘演算法**：為資料挖掘任務選擇正確的演算法。例如，對於分類任務，我們可能選擇 SVM、隨機森林、CNN 等，如第 4 章所示。
7. **資料挖掘**：這是用第 6 步選擇的演算法來處理資料組並建立預測模型的核心步驟，參數與超參數調整也是在這裡進行的。
8. **解釋**：執行演算法之後，用戶必須解釋結果。這件事可以藉著將結果的各種元件視覺化來完成一部分。
9. **整合**：這是將模型部署到既有系統、記錄方法以及產生報告的最後一步。

我們可以從圖中看到，KDD 程序是高度可迭代的，每一個步驟之間都可能有任何數量的迴圈。在每一個步驟中，我們可以（也可能需要）返回之前的步驟，並且細化那裡的資訊，再繼續前進。這個程序是處理特定的資料科學問題時很好的參考程序。雖然這本書反覆介紹的處理線與它有些不同，但它們處理的是同一個概念，也就是將 NLP 系統的建構架構化。接下來，我們來看第二個程序。

Microsoft Team Data Science Process

KDD 程序是在 90 年代晚期出現的。隨著機器學習和資料科學領域的發展，專門從事這類資料科學專案大型團隊也開始出現。此外，在快速發展的資料驅動開發世界中，我們需要更靈活且迭代式的框架，因此其他的資料科學程序也開始出現。Microsoft Team Data Science Process（TDSP）就是為了完成這項任務而設計的。它是 Microsoft Azure 團隊在 2017 年公布的現代程序，可在資料科學領域中使用機器學習。

TDSP 是一種敏捷的、迭代式的資料科學程序，其目的是執行和交付進階的分析解決方案。它的設計是為了改善企業組織內部的資料科學團隊之間的協作和效率。TDSP 的主要功能有：

- 定義資料科學生命周期
- 標準化的專案結構，包括專案文件與報告模板

- 執行專案的基礎架構
- 資料科學工具，例如版本控制、資料探索和建模

TDSP 文件 [52] 有以上所有層面的詳細說明，因此在這一節，我們只會簡單介紹一下。TDSP 資料科學生命周期展現了資料專案的各種階段，如圖 11-7 所示。

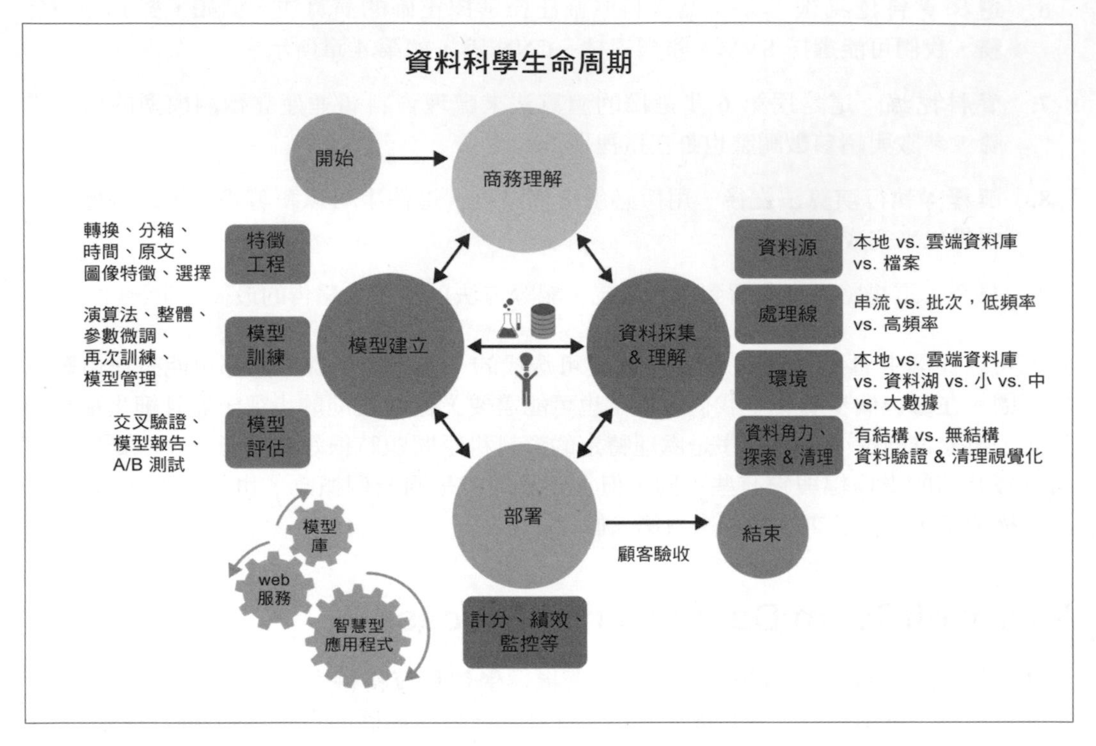

圖 11-7　Microsoft TDSP 生命周期 [51]

雖然 TDSP 與 KDD 程序有一些相似之處，但 TDSP 有趣的地方在於：它是從商業和團隊管理的角度，定義一個資料科學專案的生命周期。這個周期包括下列階段：

- 商業理解
- 資料採集與理解
- 建模
- 部署
- 顧客驗收

資料科學生命周期在高層次展示了資料科學團隊如何高效、敏捷地運作的各種元素。在 TDSP 文件裡面的「Charter」與「Exit Report」文件是特別值得關注的部分。它們在專案開始時協助定義專案，並且提供最終報告給顧客。

整體而言，這些程序對本書到目前為止談過的問題和解決方案都很有幫助，從原型設計，到在生產系統中部署。當然，這些程序不是 NLP 專用的，而是比較通用的建議，可在涉及 ML 方法的任何資料驅動專案中使用。隨著資料科學領域的發展，其他類似的專案管理程序也會陸續出現，希望本節可以讓你了解在軟體開發環境中管理自己的 NLP 專案時應該注意的事項。

在你的機構中成功發展 AI

到目前為止，本書的重點都是如何為各種 AI 問題成功地建構和部署解決方案。任何 AI 專案都不可能只憑藉解決方案的優秀技術而成功—此外還有許多其他因素。眾所周知，在業界中，有大量 AI 專案失敗的原因是他們沒有部署模型，或是在部署模型之後，無法實現其目標。根據 Gartner [53] 的最近一項研究，超過 85% 的 AI 專案都失敗了。在此，我們將討論讓 AI 專案成功的一些關鍵點，以及經驗法則。其中許多重點都來自我們自己在不同的組織中、各種 AI 領域的工作經驗。

團隊

讓合適的團隊解決眼前的 AI 問題非常重要。在了解問題陳述、決定優先順序、開發、部署與使用時，許多因素都取決於團隊的技能。雖然沒有固定的配方，但根據我們的經驗，正確的組合應該有 (1) 建構模型的科學家，(2) 運維模型的工程師，(3) 管理 AI 團隊和制定策略的領導者。擁有這些人才也很好：(4) 從研究所畢業並且在業界工作的科學家，(5) 了解如何擴展與資料處理線的工程師，(6) 曾經是科學個人貢獻者的領導人。(5) 是不言自明的，但 (4) 與 (6) 值得進一步解釋。

我們先來看 (4)。科學家必須了解機器學習的基本原理，並且能夠想出新的解決方案。研究所（尤其是 PhD）可以幫你做好這項準備。但是在業界，解決 AI 問題不僅僅是採用新的演算法而已。它也涉及收集和清理資料、讓資料可供使用，以及採用已知技術。這與學術界有很大的不同，在學術界，大多數的工作都使用已知的公共資料組來進行，那些資料既容易獲得，也很乾淨。在學術界，大多數的研究員都致力於設計新穎的方法來超越最先進的結果。在許多情況下，剛從學術界畢業的科學家會採用複雜的方法，結果卻證明適得其反，他們為產品建構 AI，但 AI 只是手段，不是目的。這就是必須讓團隊的資深科學家在業界環境中建立和部署模型的原因。

我們來看 (6)：帶領 AI 與帶領軟體工程團隊非常不同。儘管在人工智慧系統裡面運行的也是程式碼，但人工智慧與軟體工程有本質上的不同。許多領導層和組織都沒有意識到這個細微的差別。他們相信，因為它是程式碼，所以所有的軟體工程原則都適用。從定義問題陳述，到規劃專案時間表，開發 AI 系統與開發傳統 IT 系統都是不一樣的。這就是為什麼我們建議在組織內的 AI 領導人必須曾經在 AI 領域當過獨立貢獻者（IC）。

正確的問題和正確的期望

我們經常遇到問題定義不明或是 AI 團隊設定了錯誤的期望的情況。我們藉著一些例子來進一步了解這種情況。考慮這個場景：我們得到許多顧客對特定產品和品牌的評論，並且被要求提出「有趣的」見解。這在業界很常見，我們曾經在第 257 頁的「主題建模」討論過類似的場景。現在，我們可以將主題建模應用在這個場景嗎？這取決於「有趣」在這裡是什麼意思。它可能是大多數顧客說了什麼，或是屬於特定地區的一小群顧客說了什麼，或是顧客對於特定產品功能的看法。可能性有很多。重要的是，我們要先和關係人一起明確地定義任務。有一個好方法是拿各種輸入，包括邊緣情況，要求關係人寫下他們需要的輸出。切記，即使你有大量的現成資料，也不一定代表它是個 AI 問題，許多問題都可以用工程方法與規則以及 human-in-the-loop 方法來解決。

另一個常見的問題是關係人對 AI 技術抱持錯誤的期望。之所以發生這種情況，通常是因為熱門媒體的文章往往拿 AI 與人類的大腦相比。雖然這確實是 AI 領域的動機，但它遠非事實。例如，假設我們做出一個情緒分析系統，但是它對一個句子做出錯誤的預測，雖然它有很高的準確度，但無法 100%。來自軟體工程領域的多數關係人都會將它視為 bug，不願意接受不是 100% 正確的任何東西。他們不知道，任何 AI 系統（到目前為止）都會在處理少數的輸入時產生錯誤的輸出。對 AI 的另一種期望是，它會完全取代人力，從而節省資金。這種情況很少發生。我們最好將 AI 視為**支援**人類的擴充智慧，而不是**取代**人力的人工智慧。此外，到了某個時刻，模型的表現會停滯不前，無法隨著時間而持續提升。我們可以從圖 11-8 看到這一點，雖然人們期望它持續上升，但實際的表現比較像 S 形曲線。

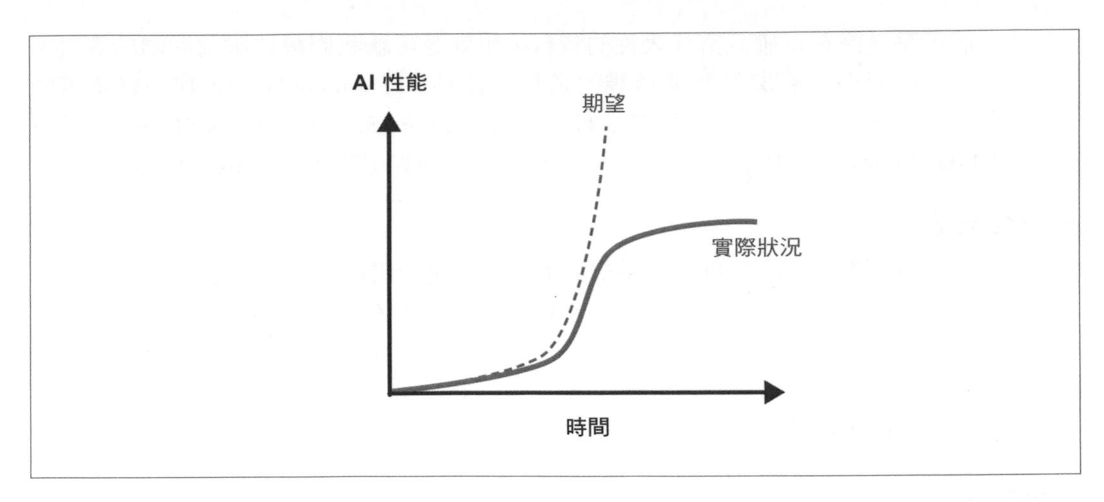

圖 11-8　期望與現實的 AI 性能

即使是非常成熟且先進的 AI 系統也需要人類的監督。在許多案例中，我們可以減少人力，但是這需要很長一段時間。同樣地，來自軟體工程領域的關係人可能不了解建構負責任的 AI 的重要性。負責任的 AI 能夠確保提供公平、透明、負責任、可靠的解決方案。Google [54] 與 Microsoft [55] 已經公布了建構負責任的 AI 系統的最佳實踐法。

資料與時機

資料是任何一個 AI 系統的核心。前面的章節已經詳細地討論了資料的各種層面了。我們再來看一個層面：在許多情況下，一個組織有幾 GB 甚至幾 TB 的資料，不代表他們已經準備好迎接 AI 並且可以迅速得到它的好處。擁有資料與擁有正確的資料是不一樣的。我們來瞭解這個層面：

資料的品質

為了有很好的表現，任何 AI 系統都需要使用高品質的資料來進行訓練和預測。高品質是什麼意思？資料是結構化的、同質的、乾淨的，而且沒有雜訊和異常值。將一堆充滿雜訊的資料變成高品質的資料通常是漫長的過程。有一個比喻可以讓你理解這種情況：原始資料是原油，AI 模型是戰機。戰機需要航空燃料才能飛行，它們無法靠原油飛行。因此，要讓戰機飛行，就必須有人蓋煉油廠，有系統地從原油中提煉航空燃料。蓋這種煉油廠是個漫長且昂貴的工程。

另一個重點是擁有正確且富代表性的資料，也就是可讓我們解決眼前問題的資料。例如，如果我們沒有關於想要搜尋的資料的參考資訊（metadata），我們就不可能改善搜尋引擎。因此，如果我們沒有「Adidas Shoes Size 10 Tennis Shoes」，只有「Adidas Shoes Size 10」，我們就不可能輕鬆地讓搜尋引擎找到 tennis shoes。

資料的數量

大多數的 AI 模型都是它們在訓練時使用的資料組的壓縮表示法。模型表現不佳的主要原因是沒有足夠的資料可以代表它在生產環境中看到的資料。多少資料才夠？這是個很難回答的問題，但你可以參考一些經驗。例如，對使用基本演算法（例如單純貝氏或隨機森林 ）的句子分類模型而言，我們觀察到，每一個類別都至少需要 2,000 至 3,000 個資料點才能建構一個過得去的分類器。

資料標注

時至今日，在業界取得成功的 AI 大都來自監督 AI。我們在最初的幾章討論過，它是個次級領域，其中的每一個資料點都有基準真相。對許多問題而言，基準真相來自人類標注者。這通常是個耗時且昂貴的程序。在許多業界環境中，關係人都不知道這個步驟的重要性。資料標注通常是個連續的流程。雖然我們在建構第一版模型時，就已經一次性地標注成批的資料了，但是一旦模型被放入生產環境並且穩定下來，標注生產資料就成了一個持續的過程。此外，我們需要定義標注的程序，並且加強品質檢查，以提高人類標注者的準確性和一致性，所以要使用像 kappa 這種指標來衡量標注者之間的可靠度 [56]。

目前，AI 人才的成本很高。如果沒有正確的資料，雇用 AI 人才是徒勞無功的，擁有正確的資料是 AI 團隊快速交付良好作品的先決條件。我的意思不是你一定要完成所有先決條件才能引進 AI 人才，而是你必須充分了解先決條件，例如正確的資料，並且在缺乏它們的時候有務實的期望。

好的程序

另一個經常導致 AI 專案失敗的重要因素是沒有遵循正確的程序。在這一章，我們已經討論 KDD 與 Microsoft 程序了。它們都是很好的起點。以下是在起步階段需要考慮的重點：

設定正確的指標

在業界中，大多數的 AI 專案的目標是解決商業問題。在許多案例中，團隊會將 precision、recall 等當成成功指標。但是除了 AI 指標之外，我們也要設定正確的商業指標。例如，假如我們要建構原文分類器，來將顧客投訴自動傳給正確的客服團隊。對這個任務而言，正確的指標是投訴被再次傳給其他團隊的次數。就算一個分類器有 95% 的 F1 分數，如果它會導致一個投訴被重新轉發很多次，它也是沒有用的。另一個例子是可以正確偵測意圖，卻有很高的用戶離線率的聊天機器人系統。我們可以從用戶互動與離線率掌握全貌，這些事實是僅僅使用 AI 專屬指標時無法看到的。

從簡單做起，建立穩固的基礎

人工智慧科學家經常被最新技術和最先進（SOTA）的模型影響，直接在他們的工作裡面使用它們。大多數的 SOTA 技術都需要大量的計算資源和資料，導致成本和時間的超支。最好的做法是先從簡單的方法開始，建立穩固的基礎。與規則式系統相比，SOTA 技術往往只能帶來微小的改善！在採取複雜的方法之前，請先嘗試各種簡單的方法。

讓它工作，讓它更好

建立模型通常只占 AI 專案的 5–10%，剩下的 90% 是由各種步驟組成的，包括資料收集到部署、測試、維護、監控、整合、前導測試等。與其花費大量時間建構一個令人驚奇的模型，先快速地建構一個可接受的模型，並且完成一個完整的專案周期絕對是件好事。這可以協助所有關係人了解專案的價值主張。

維持較短的周轉周期

就算我們使用著名的方法來解決一個標準的問題，也要用它們來處理資料組，看看它們是否有效。例如，如果我們要建構情緒分析系統，眾所周知，單純貝氏可以提供一個非常穩固的基礎。但是單純貝氏在處理我們的資料組時，很有可能無法提供很好的結果。建構 AI 系統需要許多實驗，以找出哪些可行，哪些不可行。因此，快速建構模型，並且頻繁地讓關係人知道結果非常重要。這有助於提早發現危險訊號，並且得到早期的回饋。

此外還有一些其他的重要事項需要考慮，我們接下來討論。

其他層面

除了截至目前為止討論的各項重點之外，我們還有一些其他的重點需要考慮，包括計算成本和投資報酬：

計算成本

許多 AI 模型（尤其是 DL 模型）都需要大量計算資源。隨著時間的過去，你會發現在雲端或實體硬體上的 GPU 是相當昂貴的。許多機構都花費巨資在 GPU 和其他雲端服務上，讓他們不得不建立平行的專案來降低這些成本。

盲目地遵循 *SOTA*

從業者往往喜歡在他們的工作中使用 SOTA 模型。這種行為經常造成一場災難。例如，可產生驚人結果的 Google SOTA 聊天系統 Meena [57] 需要用 2,048 顆 TPU 花 30 天來訓練，這個計算時間價值 $1.4M。由於 Meena 展現了令人印象深刻的成果，或許有人為了每天節省 $1,000，想要使用 Meena 技術來建構聊天機器人，來將顧客支援自動化，但他們需要運行這個聊天機器人 4 年多，才能打平訓練成本。

ROI

AI 專案的成本都很高，各種階段都有成本，例如資料收集、標注、聘請 AI 人才和計算。因此，在專案剛起步時就估計收益非常重要。我們必須即早建立流程和明確的指標來評估專案的報酬。

完全自動化很難

我們不可能實現百分之百的自動化，至少對任何中等複雜的 AI 專案來說都是如此，它們必須持續依靠一些人力。圖 11-9 用之前討論過的 S 形曲線來展示這種情況。完全自動化的程度與可接受的性能可能會因專案而不同，但整體的概念是正確的。

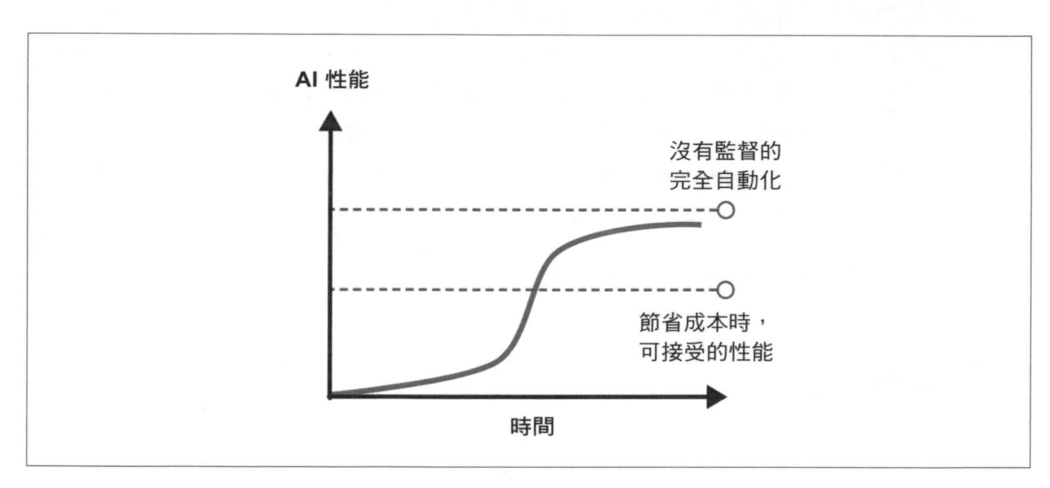

圖 11-9　完全自動化可能很難

雖然本節已經討論一些重點了，但是在商業環境中成功運行 AI 是一個很大的主題。所以我們要推薦一些讀物，其中有些提出軟體工程與 AI 的區別，有的則討論建構 AI 系統的經驗法則：

- 「Why Is Machine Learning 'Hard'?」，Stanford 研究員 S. Zayd Enam 撰寫的部落格文章 [58]
- 「Software 2.0」，著名研究員、教育工作者、Tesla 科學家 Andrej Karpathy 的部落格文章，說明 AI 與編寫軟體的不同 [59]
- 「NLP's Clever Hans Moment Has Arrived」，Benjamin Heinzerling 討論從某些流行資料組取得 SOTA 結果的可行性 [60]
- 「Closing the AI Accountability Gap」，由 Google AI 團隊與非營利的 Partnership on AI 提供的報告 [61]
- 「The Twelve Truths of Machine Learning for the Real World」，研究員與 O'Reilly 作者 Delip Rao 撰寫的部落格文章 [62]
- 「What I've Learned Working with 12 Machine Learning Startups」，創業老手、ML 顧問 Daniel Shenfeld 的文章 [63]

它們可以提供更全面的觀點。圖 11-10 是我們在本節討論的內容。

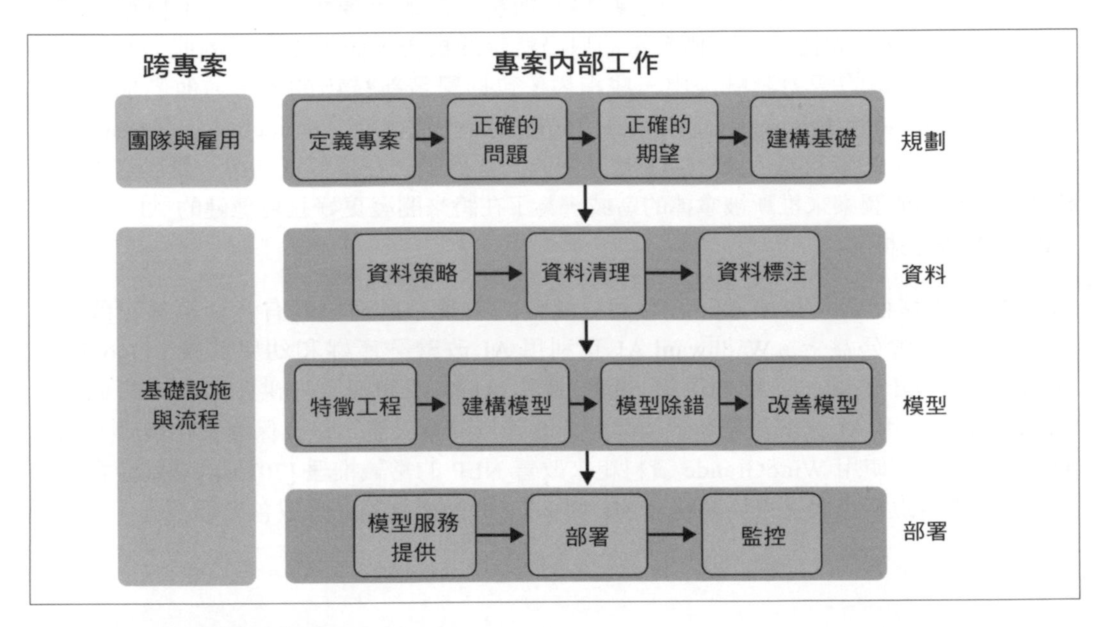

圖 11-10 AI 專案的生命周期

以上的很多建議都不是一成不變的死規則，你要根據專案、問題、資料與組織的背景來決定如何執行它們。希望本節的討論可以幫助你的 AI 工作取得成功。

窺視地平線

我們想用「機器學習的發展」的各種觀點來結束這一章和這本書。ML 會在科技的前緣持續改進，它的應用在未來幾年將與商業更加密切。我們可以從著名的科學家 C.P. Snow 在 1959 年發表的影響深遠的演說 *The Two Cultures and the Scientific Revolution* [64] 之中看到這一點。在這場演說中，Snow 闡述了知識世界可以從兩個不同的觀點來看待，這兩個觀點似乎隨著時間的過去而越來越分歧，一個觀點是科學與技術，另一個觀點則是藝術與人文。他解釋了為什麼讓這兩個觀點有一個共同的核心，以更好地推動整個領域的發展非常重要。對 AI 而言也是如此。

類似地，在 AI 的世界裡，我們也看到兩種截然不同的觀點。一方面，我們擁有最頂尖的研究人員和科學家所取得的進步。另一面，我們有嘗試利用 AI 的公司，包括財星 500 大企業到初創公司。世界越來越相信，兩者的交集可讓業界成功地採用 AI。

從研究者和科學家的角度可以看到兩個宏觀趨勢：建構**真正具有智慧的機器**，以及將 ***AI* 用在社會公益上**。例如，Google 的 François Chollet 在「On the Measure of Intelligence」[65] 裡面強調建立好的指標來衡量智慧的重要性。目前 AI 模型的評估方法本質上大多是狹隘的，它們衡量的只是特定的技巧，而不是廣泛的能力和智慧。Chollet 根據人類的智力測驗提出一些指標，包括學習新技巧的效率。他們根據經典的 IQ 測驗 Raven's Progressive Matrices [66] 推出一種稱為 Abstraction and Reasoning Corpus（ARC）的資料組。圖 11-11 是其中的一個例子，在這個任務中，電腦必須觀察整個輸入矩陣的圖案來推斷被拿掉的區域。為了在將來開發更好且更穩健的 AI，我們必須改善 AI 的指標。

AI 與技術整體而言可以成為一股有益於社會的力量。目前已經有各種專案正致力於將 AI 用於社會公益上。Wadhwani AI 正利用 AI 改善孕產婦和幼兒健康。Google AI for Social Good 採取一系列的舉措，包括使用 AI 來預測與管理洪水 [68]。類似地，Microsoft 正使用 AI 來解決全球氣候問題、改善無障礙設施，以及保護文化遺產 [69]。Allen AI 一直在使用 WinoGrande 資料組來改善 NLP 的常識推理 [70]。許多基金會和研究室都在進行這類專案，來協助整合 ML 與 NLP 的前衛技術，以改善人類福祉。

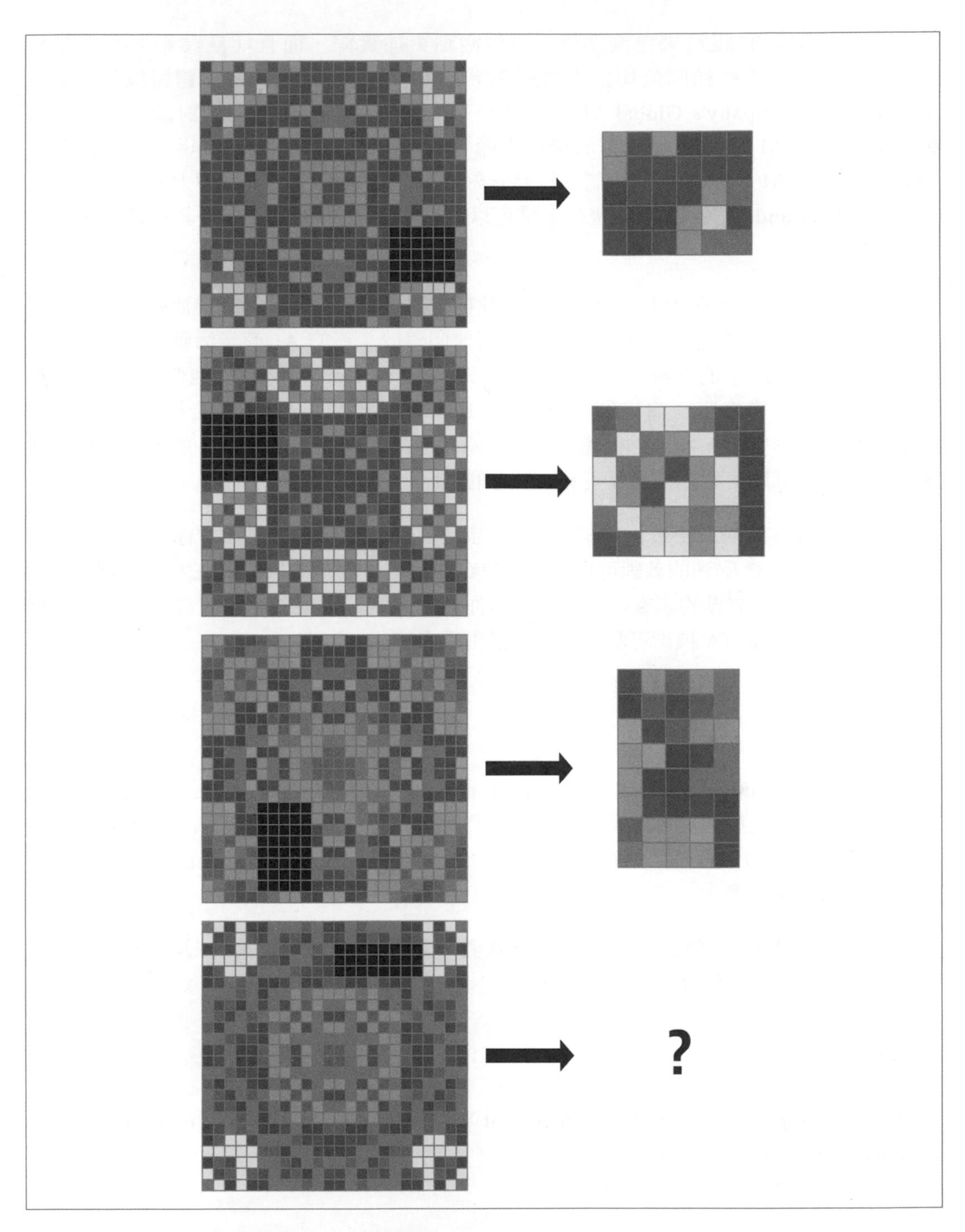

圖 11-11　測試一般性智慧的 ARC 任務範例，來自 [66]

另一個完全不同的觀點來自商業界。這個觀點更加實際，而且與商業影響和商業模型有關。例如，有些顧問公司已經對跨產業的 AI 用例和有效性進行跨組織的調查。McKinsey & Company's Global AI 調查就是其中一個例子 [71]。他們討論了如何在各種產業中，用 AI 來減少低效率的情形來節省成本，以及藉著擴展市場來賺更多錢。他們也評估了 AI 對勞動力的影響，以及它對組織的哪個部分最有影響力。另一項研究是 MIT Sloan and BCG [72] 的報告。這可以協助商業領袖學習如何在其組織中引入和發展 AI。

創投（VC）公司一直在大力投資初創公司建構「以 AI 來驅動」的商業活動。他們正在編寫報告（report）與匯報（debrief）來說明他們對於「新的 AI 商業活動如何形成」以及「它們如何成功」的理解。大型創投公司 Andressen Horowitz 根據他們在許多 AI 投資得到的經驗，發表了一篇報告「The New Business of AI」。這篇報告指出許多 AI 初創公司雖然大肆宣傳，卻依然面臨毛利率下降和產品規模擴大等挑戰，並提出實用的建議，協助建立可以更好地擴展且更有競爭力的 AI 公司。

以上觀點是否有幫助取決於你的組織在 AI 旅程之中的位置，首先，當你創立一家新的 AI 公司時，從 VC 學到的教訓可以協助你決定該打造什麼。其次，要在大型組織裡面制定 AI 策略，來自業界的調查與報告可以讓你更進入狀況。最後也很重要的是，隨著組織的成熟，採納 SOTA 技術可能導致產品發生重大變化。

結語

終於到了結束 Practical Natural Language Processing 的時刻了！希望你已經了解 NLP 任務和處理線，以及如何在各種領域中應用它們，它們將會協助你的日常工作。NLP 的發展即將結出豐碩的果實，雖然有些基本的 NLP 問題還沒有被洽當地指出來，例如上下文（context）與常識。

掌握任何技術都需要一輩子的學習，希望我們的參考資料、研究論文以及業界報告可以協助你繼續完成這段旅程。

參考文獻

[1] ONNX (*https://onnx.ai*): An open format built to represent machine learning models. Last accessed June 15, 2020.

[2] Apache Airflow (*https://oreil.ly/pJRzj*). Last accessed June 15, 2020.

[3] Apache Oozie (*https://oreil.ly/TW8xV*). Last accessed June 15, 2020.

[4] Chef (*https://www.chef.io*). Last accessed June 15, 2020.

[5] Microsoft. "MLOps examples" (*https://oreil.ly/z8SZa*). Last accessed June 15, 2020.

[6] Microsoft. MLOps using Azure ML Services and Azure DevOps (*https://oreil.ly/mS8vB*), (GitHub repo). Last accessed June 15, 2020.

[7] Elastic. "Anomaly Detection" (*https://oreil.ly/35PbS*).

[8] Krzus, Matt and and Jason Berkowitz. "Text Classification with Gluon on Amazon SageMaker and AWS Batch" (*https://oreil.ly/oN0jO*). AWS Machine Learning Blog, March 20, 2018.

[9] The Pallets Projects. "Flask" (*https://oreil.ly/K6AW-*). Last accessed June 15, 2020.

[10] The Falcon Web Framework (*https://oreil.ly/ipNIv*). Last accessed June 15, 2020.

[11] Django (*https://oreil.ly/jsEyA*): The web framework for perfectionists with deadlines. Last accessed June 15, 2020.

[12] Docker (*https://www.docker.com*). Last accessed June 15, 2020.

[13] Kubernetes (*https://kubernetes.io*): Production-Grade Container Orchestration. Last accessed June 15, 2020.

[14] Amazon. AWS SageMaker (*https://oreil.ly/MCkm-*). Last accessed June 15, 2020.

[15] Microsoft. Azure Cognitive Services (*https://oreil.ly/30cWw*). Last accessed June 15, 2020.

[16] Sucik, Sam. "Compressing BERT for Faster Prediction" (*https://oreil.ly/_Osgi*). Rasa (blog), August 8, 2019.

[17] Cheng, Yu, Duo Wang, Pan Zhou, and Tao Zhang (*https://oreil.ly/nOSC7*). "A Survey of Model Compression and Acceleration for Deep Neural Networks." (*https://oreil.ly/bbjBw*) 2017.

[18] Joulin, Armand, Edouard Grave, Piotr Bojanowski, Matthijs Douze, Hérve Jégou, and Tomas Mikolov. "FastText.zip: Compressing Text Classification Models" (*https://oreil.ly/LEf1y*), 2016.

[19] Chee, Cedric. Awesome machine learning model compression research papers, tools, and learning material (*https://oreil.ly/aRYn_*), (GitHub repo). Last accessed June 15, 2020.

[20] Burkov, Andriy. Machine Learning Engineering (Draft) (*https://oreil.ly/1xTP6*). 2019.

[21] Cheng, Heng-Tze. "Wide & Deep Learning: Better Together with TensorFlow (*https://oreil.ly/FBfSY*)." Google AI Blog, June 29, 2016.

[22] Zheng, Alice and Amanda Casari. Feature Engineering for Machine Learning. Boston: O'Reilly, 2018. ISBN: 978-9-35213-711-4

[23] DVC (*https://dvc.org*): Open source version control system for machine learning projects. Last accessed June 15, 2020.

[24] Gundersen, Odd Erik and Sigbjørn Kjensmo. "State of the Art: Reproducibility in Artificial Intelligence." The Thirty-Second AAAI Conference on Artificial Intelligence (2018).

[25] Gibney, E. "This AI Researcher Is Trying to Ward Off a Reproducibility Crisis." Nature 577.7788 (2020): 14.

[26] TensorFlow. "Getting Started with TensorFlow Model Analysis" (*https://oreil.ly/dQWKv*). Last accessed June 15, 2020.

[27] Marco Tulio Correia Ribeiro. Lime: Explaining the predictions of any machine learning classifier (*https://oreil.ly/FynST*), (GitHub repo). Last accessed June 15, 2020.

[28] Lundberg, Scott. Shap: A game theoretic approach to explain the output of any machine learning model (*https://oreil.ly/8saPS*), (GitHub repo). Last accessed June 15, 2020.

[29] TensorFlow. "Get started with TensorFlow Data Validation" (*https://oreil.ly/DHec0*). Last accessed June 15, 2020.

[30] Miller, Tim. "Explanation in Artificial Intelligence: Insights from the Social Sciences" (*https://oreil.ly/drgXS*), (2017).

[31] Molnar, Christoph. Interpretable Machine Learning: A Guide for Making Black Box Models Explainable (*https://oreil.ly/EXsY8*). 2019.

[32] Sumo Logic. "Outlier" (*https://oreil.ly/Izt9N*). Last accessed June 15, 2020.

[33] Microsoft. "Anomaly Detector API Documentation" (*https://oreil.ly/L9ksb*). Last accessed June 15, 2020.

[34] Domingos, Pedro. "A Few Useful Things to Know about Machine Learning." Communications of the ACM 55.10(2012): 78–87.

[35] Sculley, D., Gary Holt, Daniel Golovin, Eugene Davydov, Todd Phillips, Dietmar Ebner, Vinay Chaudhary, and Michael Young. "Machine Learning: The High Interest Credit Card of Technical Debt." SE4ML: Software Engineering for Machine Learning (NIPS 2014 Workshop).

[36] D. Sculley, Gary Holt, Daniel Golovin, Eugene Davydov, Todd Phillips, Dietmar Ebner, VinayChaudhary, Michael Young, Jean-Francois Crespo, and Dan Dennison. "Hidden Technical Debt in Machine Learning Systems." Proceedings of the 28th International Conference on Neural Information Processing Systems 2 (2015): 2503–2511.

[37] McMahan, H. Brendan, Gary Holt, David Sculley, Michael Young, Dietmar Ebner, Julian Grady, Lan Nie et al. "Ad Click Prediction: A View from the Trenches." Proceedings of the 19th ACM SIGKDD International Conference on Knowledge Discovery and Data Mining (2013): 1222–1230.

[38] Zinkevich, Martin. "Rules of Machine Learning: Best Practices for ML Engineering" (*https://oreil.ly/-azsB*). Google Machine Learning. Last accessed June 15, 2020.

[39] Halevy, Alon, Peter Norvig, and Fernando Pereira. "The Unreasonable Effectiveness of Data." IEEE Intelligent Systems 24.2 (2009): 8–12.

[40] Sun, Chen, Abhinav Shrivastava, Saurabh Singh, and Abhinav Gupta. "Revisiting Unreasonable Effectiveness of Data in Deep Learning Era." Proceedings of the IEEE International Conference on Computer Vision (2017): 843–852.

[41] Petrov, Slav. "Announcing SyntaxNet: The World's Most Accurate Parser Goes Open Source" (*https://oreil.ly/tuwnp*). Google AI Blog, May 12, 2016.

[42] Marcus, Mitchell, Beatrice Santorini, and Mary Ann Marcinkiewicz. "Building a Large Annotated Corpus of English: The Penn Treebank" (*https://oreil.ly/yk7V4*). Computational Linguistics 19, Number 2, Special Issue on Using Large Corpora: II (June 1993).

[43] Feurer, Matthias, Aaron Klein, Katharina Eggensperger, Jost Springenberg, Manuel Blum, and Frank Hutter. "Efficient and Robust Automated Machine Learning." Advances in Neural Information Processing Systems 28 (2015): 2962–2970.

[44] Le Cun, Yann, Corinna Cortes and Christopher J.C. Burges. "The MNIST database of handwritten digits" (*https://oreil.ly/d0fDb*). Last accessed June 15, 2020.

[45] Google Cloud. "Features and capabilities of AutoML Natural Language" (*https://oreil.ly/3Ljr4*). Last accessed June 15, 2020.

[46] Google Cloud. "AutoML Translation" (*https://oreil.ly/fq5DQ*). Last accessed June 15, 2020.

[47] Microsoft Azure. "What is automated machine learning (AutoML)?" (*https://oreil.ly/yahkz*), February 28, 2020.

[48] Thakur, Abhishek and Artus Krohn-Grimberghe. "AutoCompete: A Framework for Machine Learning Competition" (*https://oreil.ly/8iFSU*), (2015).

[49] Thakur, Abhishek. "Approaching (Almost) Any NLP Problem on Kaggle" (*https://oreil.ly/ksGdV*). Last accessed June 15, 2020.

[50] Fayyad, Usama, Gregory Piatetsky-Shapiro, and Padhraic Smyth. "The KDD Process for Extracting Useful Knowledge from Volumes of Data." Communications of the ACM 39.11 (1996): 27–34.

[51] Microsoft Azure. "What is the Team Data Science Process?" (*https://oreil.ly/N6hzM*), January 10, 2020.

[52] Microsoft. "Team Data Science Process Documentation" (*https://oreil.ly/R8c7d*). Last accessed June 15, 2020.

[53] Kidd, Chrissy. "Why Does Gartner Predict up to 85% of AI Projects Will 'Not Deliver' for CIOs?" (*https://oreil.ly/28IOn*), BMC Machine Learning & Big Data Blog, December 18, 2018.

[54] Google AI. "Responsible AI Practices" (*https://oreil.ly/aAicm*). Last accessed June 15, 2020.

[55] Microsoft. "Microsoft AI principles" (*https://oreil.ly/rL2Oh*). Last accessed June 15, 2020.

[56] Artstein, Ron and Massimo Poesio. "Inter-Coder Agreement for Computational Linguistics." Computational Linguistics 34.4 (2008): 555–596.

[57] Adiwardana, Daniel and Thang Luong. "Towards a Conversational Agent that Can Chat About…Anything" (*https://oreil.ly/k7Cac*). Google AI Blog, January 28, 2020.

[58] Enam, S. Zayd. "Why is Machine Learning 'Hard'?" (*https://oreil.ly/ZcJ6c*), Zayd's Blog, November 10, 2016.

[59] Karpathy, Andrej. "Software 2.0" (*https://oreil.ly/XgkWP*). Medium Programming, November 11, 2017.

[60] Heinzerling, Benjamin. "NLP's Clever Hans Moment has Arrived" (*https://oreil.ly/oPIA2*). The Gradient, August 26, 2019.

[61] Raji, Inioluwa Deborah, Andrew Smart, Rebecca N. White, Margaret Mitchell, Timnit Gebru, Ben Hutchinson, Jamila Smith-Loud, Daniel Theron, and Parker Barnes. "Closing the AI Accountability Gap: Defining an End-to-End Framework for Internal Algorithmic Auditing" (*https://oreil.ly/x7SJR*), (2020).

[62] Rao, Delip. "The Twelve Truths of Machine Learning for the Real World" (*https://oreil.ly/3oDtV*). Delip Rao (blog), December 25, 2019.

[63] Shenfeld, David. “What I've Learned Working with 12 Machine Learning Startups” (*https://oreil.ly/dRjPD*). Towards Data Science (blog), May 6, 2019.

[64] Snow, Charles Percy. The Two Cultures and the Scientific Revolution. Connecticut: Martino Fine Books, 2013.

[65] Chollet, François. “On The Measure of Intelligence” (*https://oreil.ly/XvV8v*), (2019).

[66] John, Raven J. “Raven Progressive Matrices,” in Handbook of Nonverbal Assessment, Boston: Springer, 2003.

[67] Wadhwani AI. “Maternal, Newborn, and Child Health” (*https://oreil.ly/zL2BL*). Last accessed June 15, 2020.

[68] Matias, Yossi. “Keeping People Safe with AI-Enabled Flood Forecasting” (*https://oreil.ly/qTp5L*). Google The Keyword (blog), September 24, 2018.

[69] Microsoft. “AI for Good” (*https://oreil.ly/XtOAD*). Last accessed June 15, 2020.

[70] Sakaguchi, Keisuke, Ronan Le Bras, Chandra Bhagavatula, and Yejin Choi. “WinoGrande: An Adversarial Winograd Schema Challenge at Scale” (*https://oreil.ly/0_VLH*), (2019).

[71] Cam, Arif, Michael Chui, and Bryce Hall. “Global AI Survey: AI Proves Its Worth, but Few Scale Impact” (*https://oreil.ly/U61yX*). McKinsey & Company Featured Insights, November 2019.

[72] Ransbotham, Sam, Philipp Gerbert, Martin Reeves, David Kiron, and Michael Spira. “Artificial Intelligence in Business Gets Real.” MIT Sloan Management Review (September 2018).

[73] Casado, Martin and Matt Bornstein. “The New Business of AI (and How It's Different From Traditional Software)” (*https://oreil.ly/MMHTt*). Andreesen Horowitz, February 16, 2020.

索引

※ 提醒您： 由於翻譯書排版的關係，部分索引名詞的對應頁碼會和實際頁碼有一頁之差。

A

B

C

D

E

F

G

H

I

J

K

L

M

N

O

P

Q

R

S

T

U

V

W

Y

Z

關於作者

Sowmya Vajjala 擁有德國圖賓根大學電腦語言學博士學位。她目前在加拿大最大的聯盟研發機構國家研究委員會擔任研究官員。她曾經在美國愛荷華州立大學任教，以及在微軟研究院和環球郵報工作。

Bodhisattwa Majumder 是加州大學聖地牙哥分校的 NLP 和 ML 博士候選人。此前，他就讀於印度理工學院克勒格布爾分校，並以優異的成績畢業。在此之前，他在 Google 人工智慧研究中心和微軟研究院進行 ML 研究，並建立大規模的 NLP 系統，為數百萬用戶提供服務。目前，他帶領他的大學團隊參加 2019–2020 的 Amazon Alexa Prize。

Anuj Gupta 曾經在財星百大企業和初創公司擔任資深主管，建構 NLP 與 ML 系統。在他的職涯中，他曾經培養並領導多個 ML 團隊。他在印度理工學院德里分校和海得拉巴分校學習計算機科學。他目前是 Vahan 公司的機器學習和資料科學負責人。最重要的是，他也是一位父親和人夫。

Harshit Surana 是 DeepFlux 公司的技術長。他曾經以創業者和顧問的身分，在幾家矽谷初創公司創造並擴展多個 ML 系統與工程處理線。他在卡內基梅隆大學學習計算機科學，並在那裡和麻省理工學院媒體實驗室合作常識 AI 專案。他的 NLP 研究論文被引用了 200 多次。

出版記事

在 *Practical Natural Language Processing* 封面上的動物是一隻折衷鸚鵡（*Eclectus roratus*）。牠原產於大洋洲的低地雨林，從澳大利亞東北部到摩鹿加群島皆隨處可見。幾個世紀以來，印尼人和新幾內亞人已經馴養牠們，用牠們的羽毛來製作精緻的頭飾，藉以向鳥類傳達人們的身分或親屬關係。

雄性鸚鵡的羽毛呈亮綠色，在翅膀下面有紅色和藍色的羽毛，而雌性有紅冠和藍紫色的胸部。這種鳥類是鸚鵡科裡面最具性別兩態性的物種，導致早期的生物學家將牠們歸類為不同的物種。牠們與其他鸚鵡物種的另一個區別是牠們的多夫多妻制，這種習性讓雌鳥可以安全地築巢長達 11 個月而不用經常離開，因為牠們可以依靠多隻雄鳥餵食。

折衷鸚鵡仍然保有龐大的數量。許多 O'Reilly 封面的動物都是瀕臨絕種的，牠們對這個世界來說都很重要。

封面插圖是由 Karen Montgomery 根據 *Shaw* 的 *Zoology* 裡面的黑白版畫繪製而成。

自然語言處理最佳實務｜全面建構真正的 NLP 系統

作　　者：Sowmya Vajjala 等
譯　　者：賴屹民
企劃編輯：蔡彤孟
文字編輯：詹祐甯
設計裝幀：陶相騰
發 行 人：廖文良

發 行 所：碁峰資訊股份有限公司
地　　址：台北市南港區三重路 66 號 7 樓之 6
電　　話：(02)2788-2408
傳　　真：(02)8192-4433
網　　站：www.gotop.com.tw
書　　號：A642
版　　次：2021 年 01 月初版
建議售價：NT$780

國家圖書館出版品預行編目資料

自然語言處理最佳實務：全面建構真正的 NLP 系統 / Sowmya Vajjala 等原著；賴屹民譯. -- 初版. -- 臺北市：碁峰資訊, 2021.01
　面；　公分
譯自：Practical natural language processing.
ISBN 978-986-502-700-1(平裝)
1.自然語言處理
312.835　　109020984

讀者服務

- 感謝您購買碁峰圖書，如果您對本書的內容或表達上有不清楚的地方或其他建議，請至碁峰網站：「聯絡我們」\「圖書問題」留下您所購買之書籍及問題。（請註明購買書籍之書號及書名，以及問題頁數，以便能儘快為您處理）
http://www.gotop.com.tw

- 售後服務僅限書籍本身內容，若是軟、硬體問題，請您直接與軟體廠商聯絡。

- 若於購買書籍後發現有破損、缺頁、裝訂錯誤之問題，請直接將書寄回更換，並註明您的姓名、連絡電話及地址，將有專人與您連絡補寄商品。